實變函數論（第二版）

朱文莉 ● 主編

財經錢線

第二版前言

本書第一版是2011年出版的,在四年多的時間裡,把此書用作教材的廣大讀者和教師,通過各種形式對此書存在的不足向編者提出了許多寶貴的意見和建議,對此我們深表感謝.

為了使數學專業和非數學專業的本科生和研究生更好地學習實變函數論,本書第二版在第一版的基礎上,通過整理和修正,校正了書中出現的錯誤與不妥之處,補充和調整了部分內容和習題,並增加了各章知識點及學法概要和教材所列習題的詳解,使其更適合不同層次的讀者,以達到學以致用的目的. 為了知識體系的完整性,部分重要知識和習題需要讀者掌握但由於其證明很抽象、敘述較為繁瑣,我們便在它的前面加了「*」號,非數學專業的讀者在學習過程中可以跳過這部分知識.

本書由朱文莉擔任主編,由張文燕編寫第6章.

書中不足之處,敬請讀者批評指正.

編　者

第一版前言

本書是作者根據自己多年對實變函數論課程的學習與教學編寫的一部實變函數論教材. 實變函數論是數學專業的一門重要的基礎課程. 通過學習,學生能掌握近代抽象分析的基本思想,加深對數學分析知識的理解,深化對中學數學有關內容的認識,同時為今后學習泛函分析、函數論、概率論、微分方程、拓撲學等課程提供必要的測度論和積分論的基礎,並為進一步學習現代數學打下必要的基礎.

本書主要包括六部分,分別是集合及其基數、n 維空間中的點集、測度理論、可測函數、積分理論和函數空間 L^p. 每章各節后均附習題,以便讀者學習和掌握實變函數論的基礎知識.

本書適用於高等院校數學系本科生、研究生學習,也可供其他有關學科學生、教師和科研工作人員參考和學習.

序言

以實數作為自變量的函數叫做實變函數,以實變函數作為研究對象的數學分支就叫做實變函數論,集合論方法與極限方法是其主要的研究方法,因而該課程又稱「實分析」.

中學學的函數都是以實數為變量的函數,大學中的數學分析、常微分方程也是研究以實數為變量的函數.而實變函數仍然以實數作為自變量,那麼實變函數還有哪些可學的呢?簡單地說:實變函數論只做一件事,那就是恰當地改造數學分析中 Riemann 積分的定義,使得更多的函數可積.

由 Newton、Leibniz 等人開創,后經 Cauchy、Riemann 等人改進的經典微積分,在 19 世紀后期已經成熟,並成為普遍應用的數學工具.那麼何以說明現有數學分析中 Riemann 積分範圍小了呢?這是因為在 Riemann 積分中形如 Dirichlet 函數

$$D(x)=\begin{cases}1, & x\in Q,\\ 0, & x\notin Q\end{cases}$$

這樣形式極為簡單的函數都不可積,所以我們認為積分範圍狹窄.那麼如何改造積分定義來達到拓廣積分範圍的目的呢?

讓我們先剖析一下造成這一缺陷的根本原因在何處.只有先找準病根,然后才能對症下藥.由數學分析知:對任意分劃 $\Delta: a=x_0<x_1<\ldots<x_n=b$,由於函數 $D(x)$ 在任意一個正長度區間內既有有理數又有無理數,所以恒有

$$S(\Delta,D)-s(\Delta,D)\equiv 1-0=1.$$

如果分劃不是這樣呆板且苛刻地要求一定要分成區間的話,還是有可能滿足大小和之差任意小的.比如,只要允許將有理數分在一起,將無理數分在一起,那麼大小和之差就等於零了.

從而問題的著眼點為:首先讓分劃概念更加廣泛,更加靈活,從而可將函數值接近的分在一起,以保證大小和之差任意小.即

$$\Delta: E=\bigcup_{i=1}^{n} E[y_{i-1}\leqslant f<y_i],$$

其中 $m\leqslant f<M, m=y_0<y_1<\ldots<y_n=M$.

序言

此時,要使 $S(\Delta,D)-s(\Delta,D)=\sum_{i=1}^{n}(y_i-y_{i-1})\cdot mE[y_{i-1}\leqslant f<y_i]$

$$\leqslant \max_{1\leqslant i\leqslant n}(y_i-y_{i-1})\cdot mE$$
$$<\varepsilon,$$

只需 $\max_{1\leqslant i\leqslant n}(y_i-y_{i-1})<\frac{\varepsilon}{mE}$. 上式中的 $mE[y_{i-1}\leqslant f<y_i]$ 相當於集合 $E[y_{i-1}\leqslant f<y_i]$ 的長度. Lebesgue 正是基於這個思路創立了 Lebesgue 積分理論.

上述思路非常簡單,但實現起來並非易事. 這是因為 $E[y_{i-1}\leqslant f<y_i]$ 可能很不規則,如何求 $mE[y_{i-1}\leqslant f<y_i]$ 呢? 這就是第三章要學習的一般集合的測度問題,而測度論所度量的對象是集合,尤其是多元函數定義域所在空間 $\mathbf{R}^n$ 的子集. 因此,我們必須先在第一章、第二章分別介紹集合與點集知識. 測度論本來是為了推廣長度、面積、體積概念到一般的集合,然而在實施過程中卻非常遺憾,我們無法對直線上所有集合規定恰當測度,使其滿足以下兩點最基本要求:

(1) 落實到具體區間的測度就是長度(即測度的確為長度概念的推廣);

(2) 總體測度等於部分測度之和(即可列可加性成立).

實際上,我們只能對部分集合規定「滿足這兩點基本要求」的測度, 這一部分集合便是第三章要學習的可測集合. 那麼哪些函數才能保證形如

$$E[y_{i-1}\leqslant f<y_i]$$

的集合可測呢? 這就是第四章要學習的可測函數論問題. 由於

$$E[y_{i-1}\leqslant f<y_i]=E[f\geqslant y_{i-1}]-E[f\geqslant y_i],$$

所以我們採用「對任意的實數 a,有 $E[f\geqslant a]$ 可測」作為函數可測的定義.

有了上述準備之后,才根據前述思路對「可測集上所定義的可測函數」先定義大(小)和,即

$$S(\Delta,f)=\sum_{i=1}^{n}y_i\cdot mE[y_{i-1}\leqslant f<y_i]$$

和

$$s(\Delta,D)=\sum_{i=1}^{n}y_{i-1}\cdot mE[y_{i-1}\leqslant f<y_i].$$

當$\sup\limits_{\Delta}S(\Delta,f)=\inf\limits_{\Delta}s(\Delta,f)$時,我們稱此值為積分值,定義並討論新積分的性質(即第五章內容).

以上所述,既是 Lebesgue 創立新積分的原始思路,也是傳統實變函數論教材介紹 Lebesgue 積分定義的普遍方法.

人們在研究可測函數時發現:可測函數的本質特徵是正、負部函數的下方圖形均為可測集. 那麼結合 Riemann 積分的幾何意義,我們自然想到:與其說測度推廣了定義域的長度(面積、體積)概念后使得我們作大、小和更加靈活多樣,以達到推廣積分的目的,不如說由於定義域與值域的乘積空間的面積(體積)概念的推廣,使得大量的像 Dinichni 函數那樣圖形極其不規則的下方圖形都可以求面積(體積)了,從而拓寬了可積範圍. 因而我們在本書中採取直接規定其測度之差為積分值(如果存在的話)的辦法,這種方法的優點是簡單、明瞭、直觀.

L^p 空間在積分方程與微分方程中都有著十分重要的應用;L^p 空間與 R^n 空間都是線性賦範空間,而 L^p 空間是完備的,所以 L^p 空間是 Banach 空間,這些空間都是泛函分析中研究的重要對象,故本書最后在第六章簡單介紹 L^p 空間及其性質.

今天,實變函數論已成為現代分析不可缺少的理論基礎. 泛函分析的誕生,在一定程度上正是受到實變函數論的推動. 實變函數論的概念、結論與方法,已廣泛應用於微分方程與積分方程論、Fourier 分析、逼近論等學科. 現代概率論已經完全建立在測度論與 Lebesgue 積分論的基礎上,在這個意義上甚至可以說,概率論是「概率測度空間中的實函數論」. 實變函數論對於現代數學的重要性,由此可見一斑,所有數學類專業及某些理工科、財經類專業將實變函數作為一門重要基礎課,是理所當然的.

然而不少學過實變函數的學生除了留下抽象、晦澀的印象之外,收穫不多. 這種為分析數學帶來如此巨大簡化的理論,竟被當作一種複雜得令人難以接受的東西! 這是特別值得數學學者們深思的一個問題. 應當承認,實變函數論的許多概念有一定的抽象性,許多重要結論異常深刻,而為達到這些結論所需的

序言

理論推演亦不簡單.

下面舉兩例來說明實變函數論的抽象性.

例1 將若干個紅球與白球排成一排,且紅白球交叉排列,任意兩個紅球之間有白球,任意兩個白球之間有紅球,在其中任意截取一斷,紅白球的個數有三種可能:或紅白球一樣多或紅球多一個或白球多一個,即在任意截取的一斷中紅白球個數至多相差一個.

直線上的有理數、無理數表面看來很類似,任意兩個有理數中間有無理數,任意兩個無理數中間有有理數,在其中任取一節線段,無理數、有理數的個數似乎也有三種可能:或有理數、無理數一樣多或有理數多一個或無理數多一個,即在任一片段中有理數、無理數個數至多相差一個. 但通過第一章嚴密的邏輯推理告訴我們:這樣似是而非的說法是錯誤的.

事實上,有理數比無理數少得多. 少到什麼程度? 有理數相對於無理數而言是那樣地微不足道,正是「有它不多,無它不少」.

例2 有理數在直線上密密麻麻,而自然數在直線上稀稀拉拉;無理數僅是實數的真子集;我們既無法承認自然數與有理數的個數一樣多,也無法相信無理數居然與實數一樣多. 這樣似非而是的結論通過實變函數論第一章的嚴密論證得到了肯定.

而理論性強則是由實變函數論的內容結構所確定的,因為它只做一件事,就是恰當地改造積分定義,擴大積分範圍. 這就使得實變函數論的絕大部分篇幅都在做理論上的準備,應用和例題都極少.

鑒於實變函數論的高度抽象性和理論性,本書盡了最大努力來突出那些體現實變函數論基本特徵的思想,簡化或迴避一些複雜的構造,盡可能降低難度,提高可讀性;在撰寫過程中強調培養讀者的邏輯思維、抽象思維、對錯觀和分析問題、論證問題的能力. 因而,凡是問題的引入我們都力爭說清問題的歷史背景和來龍去脈,凡是主要概念我們都反覆說明它的意義和作用,凡是重要的論證我們都全力闡述它的價值,盡可能詳細地給出必要的推導. 本書在每一節都準備了較多難度不大的習題,其中填空、選擇、判斷、計算、構造、證明題都是一些基本的題目,希望讀者結合教材內容完成這些題目,再閱讀書后習題解析,這樣有助於較好地理解本書的核心內容.

針對實變函數論的特點,讀者在學習的時候應該注意:對於每一個尚未證明的結論都應持謹慎態度,不能簡單類比后就盲目承認和否定,必須進行嚴格論證或舉出反例,否則就可能出現例 1、例 2 類似的錯誤;而對於每一個已經證明了的結論不僅僅要記住,更重要的是理解其證明,想像其合理的直觀意義.只有理解了其證明,才能借鑑其方法;只有想像其合理的直觀意義,才能有開闊的思路,即嚴密與直觀二者不可偏廢.

本書主要內容包括六部分,分別是集合及其基數、n 維空間中的點集、測度論、可測函數、積分理論和函數空間 L^p.

本書先介紹近代數學的基礎——集與映射等有關概念,同時介紹實直線上的點集的性質;接著講 Lebesgue 測度以及 Lebesgue 可測集的概念與性質;再介紹可測函數的概念與性質;然后介紹 Lebesgue 積分的概念與性質,還有積分的極限定理,Riemann積分與Lebesgue積分的比較,Fubini定理,有界變差函數,絕對連續函數及其牛頓 - 萊布尼茲公式;最后簡單介紹 L^p 空間及其性質.

本書適用於高等院校數學專業本科生、金融專業本科生、統計專業本科生以及研究生學習,也可供其他相關學科學生、教師和科研工作人員參考和學習.

借本書出版之機,向關心、支持、參與本書編寫工作的張紫莎、崔紅衛表示衷心的感謝,他們對我的工作給予了熱情鼓勵和幫助.電子科技大學應用數學學院鐘守銘教授仔細地審閱了全稿,提出了不少中肯的意見,使本書增色不少,在此向他表示萬分的謝意!

由於作者水平有限,經驗不足,加上編著時間倉促,書中不當之處在所難免,敬請讀者批評指正,並提出建設性的建議,將在再版時予以更正.

朱文莉

目 錄

目 錄

目 錄

目 錄

第 1 章　集合及其基數

研究集合的一般性質的數學分支稱之為集合論. 集合論是 19 世紀末 20 世紀初才開始蓬勃發展起來的, 德國數學家 G. Cantor 是這個理論的奠基人. Cantor 關於集合論的概念研究產生於三角級數的收斂性問題.

實變函數論是在集合論的觀點與方法滲入到數學分析的過程中產生的. 在實變函數論裡, 我們習慣於把對函數性質的研究轉化為對一簇集合關係的討論. 因而我們常常需要從一簇集合出發, 按某種要求進行分解與組合, 產生若干新的集合, 這就是集合的運算, 是實變函數論中一種基本的論證方法.

集與集的運算是測度與積分理論的基礎. 本章先介紹集論的一些基本知識, 包括集與集的運算、可數集和基數、具有一定運算封閉性的集類如環與 σ - 域等, 然后介紹 R^n 中的一些常見的點集.

1.1　集合及其運算

1.1.1　集合的基本概念

集是數學的基本概念之一. 它不能用其他更基本的數學概念嚴格定義之, 只能給予一種描述性的說明. 我們稱具有某種性質的事物的全體為一個集合, 簡稱**集**. 組成集的事物稱為該集的元素.

所謂給出一個集合, 就是按某條準則規定了這個集合是由哪些元素組成的. 當一個集合給定時, 某一事物或者是這個集合的元素, 或者不是這個集合的元素, 二者有且僅有一個成立.

一般用大寫字母如 A, B, C 等表示集, 用小寫字母如 a, b, c 等表示集的元素. 若 a 是集 A 的元素, 則用記號 $a \in A$ 表示(讀作 a 屬於 A). 若 a 不是集 A 的元素, 則用記號 $a \notin A$ 表示(讀作 a 不屬於 A).

不含任何元素的集稱為空集, 用符號 $\varnothing$ 表示. 約定分別用 R^1、Q、$\bar{Q}$、N、Z 和 C 表示實數集(或直線)、有理數集、無理數集、自然數集、整數集和復數集(或復平面).

1. 集的表示方法

第一種方法: 列舉法. 即列出給定集的全部元素. 例如 $A = \{a, b, c\}$, B

$= \{1,3,5,\cdots,2n-1,\cdots\}$.

第二種方法:描述法. 當集 A 是由具有某種性質 P 的元素的全體所構成時, 用下面的方式表示集 A:

$$A = \{x \mid x \text{ 具有性質} P\} \text{ 或 } A = \{x : x \text{ 具有性質 } P\}.$$

例如,設 $f(x)$ 是定義在 R 上的實值函數, 則 $f(x)$ 的零點所成的集 A 可表示成:

$$A = \{x \mid f(x) = 0, x \in \mathrm{R}\}.$$

2. **集的相等與包含**

設 A 和 B 是兩個集, 如果 A 和 B 具有完全相同的元素, 則稱 A 與 B(它們實際是同一個集合)相等, 記為 $A = B$.

如果 A 的元素都是 B 的元素, 則稱 A 是 B 的**子集**, 記為 $A \subset B$(讀作 A 包含於 B)或 $B \supset A$(讀作 B 包含 A). 顯然, 空集 $\varnothing$ 是任何集合的子集, 任何集合 A 也是 A 自身的子集.

若 $A \subset B$, 並且存在 $x \in B$, 但 $x \notin A$, 則稱 A 為 B 的**真子集**, 記為 $A \subsetneqq B$.

依子集定義還可得:

定理 1 設 A,B 為二集, $A = B$ 當且僅當 $A \subset B$ 並且 $B \subset A$.

定理 2 設 A,B,C 為三集, $A \subset B, B \subset C$, 則 $A \subset C$.

1.1.2 集合的運算

1. **並運算與交運算**

設 A 和 B 是兩個集, 由 A 和 B 的所有元素構成的集稱為 A 與 B 的**並集**(或**和集**), 如圖 1.1.1, 記為 $A \cup B$, 即

$$A \cup B = \{x \mid x \in A \text{ 或 } x \in B\} \triangleq A + B.$$

由同時屬於 A 和 B 的元素構成的集稱為 A 與 B 的**交集**(或**通集**), 簡稱為交, 如圖 1.1.2, 記為 $A \cap B$, 即

$$A \cap B = \{x \mid x \in A \text{ 或 } x \in B\} \triangleq AB.$$

若 $A \cap B = \varnothing$, 則稱 A 與 B **不相交**.

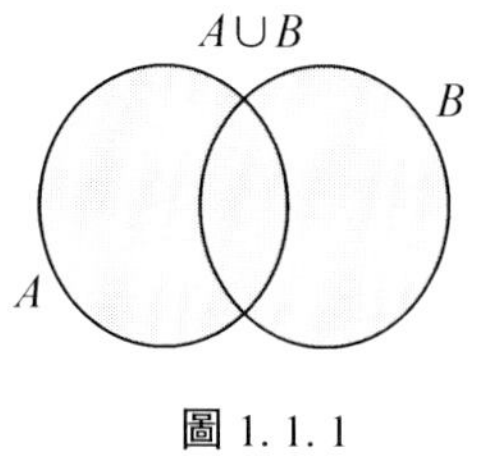

圖 1.1.1

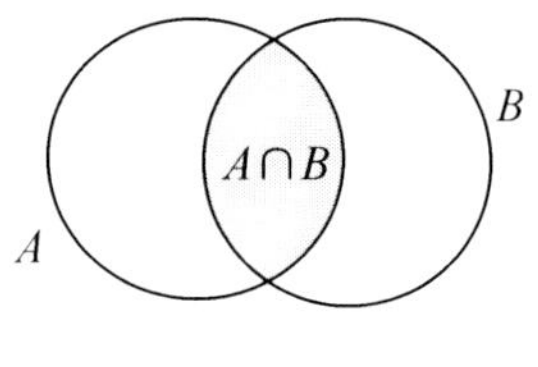

圖 1.1.2

2. **集簇的交與並**

設 Λ 是一非空集(Λ 可以是有限集或無限集)，對於每一 $\lambda \in \Lambda$，都相應地給定了一個集合 A_λ，則我們就說給定了以 Λ 為下標集的**一簇集合** $\{A_\lambda\}_{\lambda \in \Lambda}$，其中 Λ 為指標集，λ 為指標.

特別當 $\Lambda = \mathrm{N}$ 時，稱集簇為**集列**，記為 $\{A_n\}_{n \geqslant 1}$，簡記為 $\{A_n\}$.

集簇的交　這簇集合的交定義為

$$\bigcap_{\lambda \in \Lambda} A_\lambda = \{x \mid \text{對每一 } \lambda \in \Lambda,\text{ 都有 } x \in A_\lambda\}.$$

當 $\Lambda = \mathrm{N}$ 時，集列 $\{A_n\}$ 的交稱為**可數交**，即

$$\bigcap_{\lambda \in \Lambda} A_\lambda = \{x \mid \text{對任意正整數 } n,\text{ 都有 } x \in A_n\}.$$

集簇的並　這簇集合的並定義為

$$\bigcup_{\lambda \in \Lambda} A_\lambda = \{x \mid \text{存在某個 } \lambda \in \Lambda,\text{使 } x \in A_\lambda\}.$$

$\Lambda = \mathrm{N}$ 時，集列 $\{A_n\}$ 的並稱為**可數並**，即

$$\bigcup_{n=1}^{\infty} A_n = \{x \mid \text{存在正整數 } n,\text{ 使 } x \in A_n\}.$$

例 1　若 $A_n = \left\{x \,\middle|\, 0 \leqslant x < 1 + \dfrac{1}{n}\right\}, n = 1,2,3,\cdots$，則 $\bigcup\limits_{n=1}^{\infty} A_n = [0,2)$，$\bigcap\limits_{n=1}^{\infty} A_n = [0,1]$.

例 2　若 $A_n = \left\{x \,\middle|\, -1 + \dfrac{1}{n} < x < 1 - \dfrac{1}{n}\right\}, n = 1,2,3,\cdots$，則

$$\bigcup_{n=1}^{\infty} A_n = (-1,1),\quad \bigcap_{n=1}^{\infty} A_n = \varnothing.$$

若 $A_n = \left\{x \,\middle|\, -\dfrac{1}{n} < x < \dfrac{1}{n}\right\}, n = 1,2,3,\cdots$，則 $\bigcap\limits_{n=1}^{\infty} A_n = \{0\} \neq \varnothing$.

例 3　設 $\Lambda = \mathrm{R}, A_\lambda = \{x \mid \lambda \leqslant x < \infty\}, \lambda \in \Lambda$，則 $\bigcap\limits_{\lambda \in \Lambda} A_\lambda = \varnothing$.

設 $\Lambda = \{\lambda \mid 0 < \lambda < 1, \lambda \in \mathrm{Q}\}, A_\lambda = \left\{x \,\middle|\, \dfrac{\lambda}{2} < x < 2\lambda, \lambda \in \Lambda\right\}$，則

$$\bigcup_{\lambda \in \Lambda} A_\lambda = (0,2).$$

註 1　在本書中我們未把 0 包含在 N 內.

3. **並與交的運算性質**

定理 3　下列各式恒成立.

(1) **(冪等性)**　$A \cup A = A, A \cap A = A$;

(2) **(吸收律)**　$A \cup \varnothing = A, A \cap \varnothing = \varnothing$;

(3)（交換律） $A \cup B = B \cup A, A \cap B = B \cap A$;

(4)（結合律） $A \cup (B \cup C) = (A \cup B) \cup C, A \cap (B \cap C) = (A \cap B) \cap C$;

(5)（分配律） $A \cap (B \cup C) = (A \cap B) \cup (A \cap C), A \cup (B \cap C) = (A \cup B) \cap (A \cup C)$.

定理 4 下列各式恒成立.

(1) $A \cap B \subset A \subset A \cup B$;

(2) 若 $A_\lambda \subset B_\lambda (\lambda \in \Lambda)$, 則 $\bigcup_{\lambda \in \Lambda} A_\lambda \subset \bigcup_{\lambda \in \Lambda} B_\lambda$;

特別地，若 $A_\lambda \subset C(\lambda \in \Lambda)$, 則 $\bigcup_{\lambda \in \Lambda} A_\lambda \subset C$.

(3) 若 $A_\lambda \subset B_\lambda (\lambda \in \Lambda)$, 則 $\bigcap_{\lambda \in \Lambda} A_\lambda \subset \bigcap_{\lambda \in \Lambda} B_\lambda$;

特別地，若 $C \subset B_\lambda (\lambda \in \Lambda)$, 則 $C \subset \bigcap_{\lambda \in \Lambda} B_\lambda$.

(4) $\bigcup_{\lambda \in \Lambda} (A_\lambda \cup B_\lambda) = (\bigcup_{\lambda \in \Lambda} A_\lambda) \cup (\bigcup_{\lambda \in \Lambda} B_\lambda)$;

(5) $A \cap (\bigcup_{\lambda \in \Lambda} B_\lambda) = \bigcup_{\lambda \in \Lambda} (A \cap B_\lambda), A \cup (\bigcap_{\lambda \in \Lambda} B_\lambda) = \bigcap_{\lambda \in \Lambda} (A \cup B_\lambda)$;

(6) 若 $B \subset A$, 則 $A \cap B = B, A \cup B = A$.

證 只證明(2)、(5) 的第一個式子, 其余留給讀者課后練習.

先證(2). 由並的定義, 如果對任意的 $x \in \bigcup_{\lambda \in \Lambda} A_\lambda$, 則存在 $\lambda \in \Lambda$, 使 $x \in A_\lambda$. 因為 $A_\lambda \subset B_\lambda$, 所以有 $x \in B_\lambda$, 從而 $x \in \bigcup_{\lambda \in \Lambda} B_\lambda$; 故 $\bigcup_{\lambda \in \Lambda} A_\lambda \subset \bigcup_{\lambda \in \Lambda} B_\lambda$.

再證(5) 的第一個式子.先證明 $A \cap (\bigcup_{\lambda \in \Lambda} B_\lambda) \subset \bigcup_{\lambda \in \Lambda} (A \cap B_\lambda)$. 若 $A \cap (\bigcup_{\lambda \in \Lambda} B_\lambda) \neq \varnothing$, 則可任取 $x \in A \cap (\bigcup_{\lambda \in \Lambda} B_\lambda)$, 由交的定義, 有 $x \in A$ 且 $x \in \bigcup_{\lambda \in \Lambda} B_\lambda$.

由並集的定義, 存在 $\lambda \in \Lambda$, 使 $x \in B_\lambda$, 從而 $x \in A \cap B_\lambda$; 故 $x \in \bigcup_{\lambda \in \Lambda} (A \cap B_\lambda)$. 從而必有 $A \cap (\bigcup_{\lambda \in \Lambda} B_\lambda) \subset \bigcup_{\lambda \in \Lambda} (A \cap B_\lambda)$.

再證明 $\bigcup_{\lambda \in \Lambda} (A \cap B_\lambda) \subset A \cap (\bigcup_{\lambda \in \Lambda} B_\lambda)$. 若 $\bigcup_{\lambda \in \Lambda} (A \cap B_\lambda) \neq \varnothing$, 則可任取 $x \in \bigcup_{\lambda \in \Lambda} (A \cap B_\lambda)$,

由並的定義, 存在 $\lambda \in \Lambda$, 使 $x \in A \cap B_\lambda$.

由交集的定義, 有 $x \in A$ 且 $x \in B_\lambda$; 再由 $x \in B_\lambda$ 可得 $x \in \bigcup_{\lambda \in \Lambda} B_\lambda$, 從而 $x \in A \cap (\bigcup_{\lambda \in \Lambda} B_\lambda)$; 故 $\bigcup_{\lambda \in \Lambda} (A \cap B_\lambda) \subset A \cap (\bigcup_{\lambda \in \Lambda} B_\lambda)$.

綜上所述, 有 $A \cap (\bigcup_{\lambda \in \Lambda} B_\lambda) = \bigcup_{\lambda \in \Lambda} (A \cap B_\lambda)$.

4. **集合的差與余**

差集、余集 由所有屬於A但不屬於B的元素構成的集稱為A減B的**差集**，記為$A-B$(或$A\backslash B$)，即

$$A-B \text{ 或 } A\backslash B=\{x\mid x\in A \text{ 但 } x\notin B\}=A\cap B^c.$$

此時並未要求B是A的子集. 假如B是A的子集，則稱$A-B$為B關於A的余集，記作$C_AB=A-B$，簡記為A^C.

註 2 當我們說某個集合的余集時，必須要弄清楚是關於哪個集合的余集.

需指出的是：$(A-B)\cup B=A$不一定成立，如圖 1.1.3. 但有$B\subset A$當且僅當$(A-B)\cup B=A$(即習題 1.1 第 4 題) 時成立.

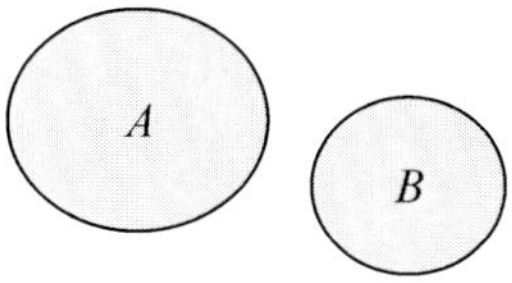

圖 1.1.3

註 3 本教材如無特別指明，通常用「$\subset$」表示包含或真包含關係.

定理 5 設S為全集，則下列各式恒成立.

(1) $S^c=\varnothing,\varnothing^c=S$;

(2) $A\cup A^c=S,A\cap A^c=\varnothing,A-\varnothing=A$;

(3) $(A^c)^c=A$;

(4) 如果$A\supset B$，則$A^c\subset B^c$;

(5) 如果$A\subset B$，則$A-B=\varnothing$;

(6) $(A-B)\cap C=(A\cap C)-(B\cap C)$;

(7) $(C-A)-B=C-(A\cup B)$;

(8) 如果$A\subset C,B\subset C$，則$A-B=A\cap(C-B)$.

證 只證明(8)，其余留給讀者課后練習.先證明$A-B\subset A\cap(C-B)$.

若$A-B\neq\varnothing$，則可任取$x\in A-B$；由差集的定義，有$x\in A$，但$x\notin B$；因$A\subset C$，則$x\in C$；從而$x\in C-B$；故$x\in A\cap(C-B)$，從而$A-B\subset A\cap(C-B)$.

再證明$A\cap(C-B)\subset A-B$. 若$A\cap(C-B)\neq\varnothing$，則可任取$x\in A\cap(C-B)$，從而$x\in A$,且$x\in C-B$. 由$x\in C-B$，可得$x\notin B$，則$x\in A-B$，故$A\cap(C-B)\subset A-B$；從而$A-B=A\cap(C-B)$.

定理 6 (De Morgan 公式) 設$\{A_\lambda\}_{\lambda\in\Lambda}$是一簇集合，那麼有以下的關係：

(1) $\left(\bigcup_{\lambda\in\Lambda}A_\lambda\right)^c=\bigcap_{\lambda\in\Lambda}A_\lambda^c$(並的余集等於每個集的余集的交)；

(2) $(\bigcap_{\lambda\in\Lambda} A_\lambda)^c = \bigcup_{\lambda\in\Lambda} A_\lambda^c$(交的余集等於每個集的余集的並).

證 以下只證明(1), 讀者可類似證明(2). 先證明$(\bigcup_{\lambda\in\Lambda} A_\lambda)^c \subset \bigcap_{\lambda\in\Lambda} A_\lambda^c$.

若$(\bigcup_{\lambda\in\Gamma} A_\lambda)^c \neq \varnothing$, 則可任取 $x \in (\bigcup_{\lambda\in\Lambda} A_\lambda)^c$; 由余集的定義, 有 $x \in S$ 且 $x \notin \bigcup_{\lambda\in\Lambda} A_\lambda$. 由並的定義, 對任意 $\lambda \in \Lambda$, 都有 $x \notin A_\lambda$, 從而有 $x \in \bigcap_{\lambda\in\Lambda} A_\lambda^c$; 故 $(\bigcup_{\lambda\in\Lambda} A_\lambda)^c \subset \bigcap_{\lambda\in\Lambda} A_\lambda^c$.

再證 $\bigcap_{\lambda\in\Lambda} A_\lambda^c \subset (\bigcup_{\lambda\in\Lambda} A_\lambda)^c$. 若 $\bigcap_{\lambda\in\Lambda} A_\lambda^c \neq \varnothing$, 則可任取 $x \in \bigcap_{\lambda\in\Lambda} A_\lambda^c$, 由交的定義, 對任意 $\lambda \in \Lambda$, 都有 $x \in A_\lambda^c$, 即 $x \in S$ 且 $x \notin A_\lambda$, 從而 $x \in (\bigcup_{\lambda\in\Lambda} A_\lambda)^c$, 故 $\bigcap_{\lambda\in\Lambda} A_\lambda^c \subset (\bigcup_{\lambda\in\Lambda} A_\lambda)^c$.

綜上所述, $(\bigcup_{\lambda\in\Lambda} A_\lambda)^c = \bigcap_{\lambda\in\Lambda} A_\lambda^c$.

註 4 通過取余集, 使 A 與 A^C, $\cup$ 與 $\cap$ 互相轉換.

1.1.3 集的分解

有些集合的表達式看起來較複雜, 但是可以分解成一些比較簡單的集合, 通過運算而得到. 在以后的學習中, 集合的這種表示方法是很有用的.

例 4 設 $\{f_n(x)\}$ 是定義在集 E 上的一列實值函數. 令 $A = \{x \mid \lim_{n\to\infty}\{f_n(x)\} = 0\}$, 則

$$A = \bigcap_{k=1}^{\infty}\bigcup_{m=1}^{\infty}\bigcap_{n=m}^{\infty}\left\{x \,\middle|\, |f_n(x)| < \frac{1}{k}\right\}.$$

證 由數列極限定義知, $\lim_{n\to\infty}\{f_n(x)\} = 0$ 當且僅當對任意 $k \geqslant 1$, 存在 $m \geqslant 1$, 使得對任意 $n \geqslant m$, 恒有 $|f_n(x)| < \frac{1}{k}$ 成立. 即 $x \in A$ 當且僅當對任意的 $k \geqslant 1$, 存在 $m \geqslant 1$, 使得對任意的 $n \geqslant m$, 恒有 $x \in \left\{x \,\middle|\, |f_n(x)| < \frac{1}{k}\right\}$ 成立. 則 $x \in A$ 當且僅當對任意的 $k \geqslant 1$, 存在 $m \geqslant 1$, 恒有 $x \in \bigcap_{n=m}^{\infty}\left\{x \,\middle|\, |f_n(x)| < \frac{1}{k}\right\}$ 成立. 從而有 $x \in A$ 當且僅當對任意的 $k \geqslant 1$, 恒有 $x \in \bigcup_{m=1}^{\infty}\bigcap_{n=m}^{\infty}\left\{x \,\middle|\, |f_n(x)| < \frac{1}{k}\right\}$ 成立. 故有 $x \in A$ 當且僅當 $x \in \bigcap_{k=1}^{\infty}\bigcup_{m=1}^{\infty}\bigcap_{n=m}^{\infty}\left\{x \,\middle|\, |f_n(x)| < \frac{1}{k}\right\}$.

設 $f(x)$ 是定義在集 E 上的實值函數. 如果存在一對應關係 f, 使得對每一

$x \in E$, 都有唯一的實數$f(x)$與之對應,對任意給定的實數a, 用記號$E[f>a]$來表示E中滿足$f(x)>a$的點x的全體, 即

$$E[f>a]=\{x \mid x \in E, f(x)>a\}.$$

類似地, 可理解$E[f \geqslant a]$,$E[f<a]$,$E[f \leqslant a]$,$E[f=a]$,$E[a<f \leqslant b]$,$E[a \leqslant f<b]$等記號的含義.

利用集合包含或相等的定義, 易驗證

(1) $E[f \geqslant a]+E[f<a]=E$;

(2) $E[f \geqslant a]=E[f>a] \cup E[f=a]$;

(3) 當$a \leqslant b$時, $E[f>a] E[f \leqslant b]=E[a<f \leqslant b]$;

(4) 當$a \geqslant 0$時, $E[f^2>a]=E[f>\sqrt{a}] \cup E[f<-\sqrt{a}]$;

(5) 當$f \geqslant g$時, $E[f>a] \supset E[g>a]$;

(6) $E[f \geqslant a]=\bigcap_{n=1}^{\infty} E[f>a-\frac{1}{n}]$(對任意的$n \geqslant 1$, 恒有$f(x)>a-\frac{1}{n}$成立); 特別地,$[a,+\infty)=\bigcap_{n=1}^{\infty}(a-\frac{1}{n},+\infty)$.

(7) $E[f>a]=\bigcup_{n=1}^{\infty} E[f \leqslant a-\frac{1}{n}]$(存在某一個$n \geqslant 1$, 使得$f(x) \geqslant a+\frac{1}{n}$成立); 特別地,$(a,+\infty)=\bigcup_{n=1}^{\infty}[a+\frac{1}{n},+\infty)$.

(8) $E[f<a]=\bigcup_{n=1}^{\infty} E[f \leqslant a-\frac{1}{n}]$;特別地,$(-\infty, a)=\bigcup_{n=1}^{\infty}(-\infty, a-\frac{1}{n}]$.

(9) $E[f \leqslant a]=\bigcap_{n=1}^{\infty} E[f<a+\frac{1}{n}]$;特別地,$(-\infty, a]=\bigcap_{n=1}^{\infty}(-\infty, a+\frac{1}{n}]$.

註5 按照某種意義將一個集合進行適當的分解是實變函數的一種重要方法. 上述集合分解的一些等式在今后的學習中將常常用到, 請讀者牢記!

1.1.4 笛卡爾乘積集

設$A_1, A_2, \cdots, A_n$為n個集, 稱集$\{(x_1, x_2, \cdots, x_n) \mid x_i \in A_i, i=1,2, \cdots, n\}$為$A_1, A_2, \cdots, A_n$的**笛卡爾乘積集**(簡稱為**乘積集**), 記為$A_1 \times A_2 \times \cdots \times A_n$或者$\prod_{i=1}^{n} A_i$.

註6 即使$A_1, A_2, \cdots, A_n$都是X的子集, 但$A_1 \times A_2 \times \cdots \times A_n$卻已經不是$X$的子集了, 而是$X \times X \times \cdots \times X$的子集. 例如, 二維歐氏空間$\mathrm{R}^2$可以看做是$\mathrm{R}^1$與$\mathrm{R}^1$的乘積集, 即$\mathrm{R}^2=\mathrm{R}^1 \times \mathrm{R}^1$; 又如, $E=[a, b] \times[c, d]$是平面上的長方形.

乘積集的個數還可推廣到可數無窮多個, 即

$$\prod_{i=1}^{\infty} A_i=\{(x_1, x_2, \cdots, x_n, \cdots) \mid x_i \in A_i, i=1,2, \cdots, n, \cdots\}.$$

1.1.5 域

1. 域的定義

實數集和復數集相對於四則運算是封閉的，我們通常稱它們為實數域和復數域. 前面已經定義了集合的「並」「交」「差」運算，我們通常考慮由某種類型的集合組成的集簇，那麼什麼樣的集簇相對於集合的運算是封閉的呢？

對於給定的集合 S，若$\mathcal{F}$是 S 的一簇子集，即$\mathcal{F}$是以 S 的一些子集為元素的一個集合，稱為 S 的**子集簇**. 如果滿足條件：

(1) $\varnothing \in \mathcal{F}$;

(2) 當 $A \in \mathcal{F}$時，$A^c = C_S A \in \mathcal{F}$;

(3) 當 $A,B \in \mathcal{F}$時，$A \cup B \in \mathcal{F}$.

則我們就說$\mathcal{F}$是由 S 的一些子集構成的一個**域**(或**代數**).

由定義可推出：(i) $S \in \mathcal{F}$;

(ii) 當 $A,B \in \mathcal{F}$時，$A \cap B \in \mathcal{F}$.

若將定義中的條件(3) 改為

(3)′ 當 $A_1,A_2,\cdots,A_n,\cdots$ 都是$\mathcal{F}$中一串元素時，必有 $\bigcup_{n=1}^{\infty} A_n \in \mathcal{F}$.

則稱$\mathcal{F}$為由 S 的一些子集構成的一個 **σ - 域**(或 **σ - 代數**).

註 7 此時由定義可推出

(ii)′ 當 $A_n \in \mathcal{F}(n = 1,2,3,\cdots)$ 時，$\bigcap_{n=1}^{\infty} A_n \in \mathcal{F}$.

顯然，σ - 域一定是域，但反之不成立，即域不一定是 σ - 域. 這是因為滿足條件(1)、(2)、(3) 的域未必滿足條件(3)′. 條件(3)′中的「一串」A_n 是可數無窮多個，但並不是說$\mathcal{F}$中任意無限多個元素的並都仍然是$\mathcal{F}$的元素. 我們將在 1.2 至 1.4 節詳細討論可數無限與不可數無限.

2. 域的性質

對於任意給定的非空集合 S，由 S 的子集構成的 σ - 域顯然是存在的. 例如，由空集$\varnothing$和 S 本身構成的集簇$\mathcal{F}_0 = \{\varnothing, S\}$，以及由 S 的全體子集所構成的集簇$\mathcal{F}_1$都是 σ - 域.

易推出性質：對任意由 S 的子集構成的 σ - 域$\mathcal{F}$，都有

$$\mathcal{F}_0 \subset \mathcal{F} \subset \mathcal{F}_1,$$

即$\mathcal{F}_0$和$\mathcal{F}_1$分別是由 S 的子集構成的 σ - 域中的最小者和最大者.

問題：對於 S 的一個給定的子集簇$\mathcal{K}$，它關於「並」「交」「差」可能不是封閉的，但我們能否通過$\mathcal{K}$來構造一個 σ - 域呢？

我們的回答是肯定的，而且還可以讓這樣的 σ - 域$\mathcal{F}(\mathcal{K})$ 滿足如下兩個

條件:

(i) $\mathcal{K} \subset \mathcal{F}(\mathcal{K})$;

(ii) $\mathcal{F}(\mathcal{K})$ 是包含$\mathcal{K}$的 σ - 域中最小者.

定理7 對於S的一個給定的子集簇$\mathcal{K}$, 則有唯一一個由S的子集構成的σ - 域$\mathcal{F}(\mathcal{K})$, 使$\mathcal{K} \subset \mathcal{F}(\mathcal{K})$, 且對於$S$的子集構成的任意$\sigma$ - 域$\mathcal{F}$, 只要$\mathcal{K} \subset \mathcal{F}$, 就有$\mathcal{F}(\mathcal{K}) \subset \mathcal{F}$, 即$S$的子集包含$\mathcal{K}$的$\sigma$ - 域中有一個最小的$\mathcal{F}(\mathcal{K})$, 稱這個σ - 域$\mathcal{F}(\mathcal{K})$ 為由$\mathcal{K}$產生的σ - 域.

證 由於S的全體子集所構成的σ - 域$\mathcal{F}_1$是包含S的, 因而包含$\mathcal{K}$. 則由S的子集構成的σ - 域總是存在的.

用$\mathcal{F}(\mathcal{K})$ 表示包含$\mathcal{K}$的所有σ - 域的交, 則顯然有$\mathcal{K} \subset \mathcal{F}(\mathcal{K})$. 設$\mathcal{F}$是包含$\mathcal{K}$的,由$S$的子集構成的任意$\sigma$ - 域, 則必有$\mathcal{F}(\mathcal{K}) \subset \mathcal{F}$.

下面我們只需證明$\mathcal{F}(\mathcal{K})$ 的確是一個σ - 域即可.

(1) 每一包含$\mathcal{K}$的σ - 域$\mathcal{F}$中都含有 $\varnothing$, 則$\mathcal{F}(\mathcal{K})$ 中也含有 $\varnothing$.

(2) 若$A \in \mathcal{F}(\mathcal{K})$, 則對於任何包含$\mathcal{K}$的$\sigma$ - 域$\mathcal{F}$, 都有$A \in \mathcal{F}$, 從而$A^C \in \mathcal{F}$. 由$\mathcal{F}$的任意性及$\mathcal{F}(\mathcal{K})$ 的定義可得:$A^C \in \mathcal{F}(\mathcal{K})$.

(3) 若$A_n \in \mathcal{F}(\mathcal{K})$, 則對於任何包含$\mathcal{K}$的$\sigma$ - 域$\mathcal{F}$, 都有$A_n \in \mathcal{F}(n = 1,2, \cdots)$, 則由定理 4 的(2) 可得 $\bigcup_{n=1}^{\infty} A_n \in \mathcal{F}$. 從而有 $\bigcup_{n=1}^{\infty} A_n \in \mathcal{F}(\mathcal{K})$.

綜上所述, $\mathcal{F}(\mathcal{K})$ 的確是一個σ - 域.

下證唯一性. 假設另有一個σ - 域$\overline{\mathcal{F}}(\mathcal{K})$ 滿足定理條件, 則$\overline{\mathcal{F}}(\mathcal{K}) \subset \mathcal{F}(\mathcal{K})$, 且$\mathcal{F}(\mathcal{K}) \subset \overline{\mathcal{F}}(\mathcal{K})$, 從而 $\overline{\mathcal{F}}(\mathcal{K}) = \mathcal{F}(\mathcal{K})$.

特別地, 實軸上所有開區間產生的σ - 域稱為**波雷爾σ - 代數**, 記為$\mathcal{B}$, $\mathcal{B}$中的元稱為 Borel **集**.

1.1.6 集列的極限

若集列$\{A_n\}_{n\geqslant 1}$ 滿足$A_n \subset A_{n+1}(n \in N)$, 則稱$\{A_n\}$ 為單調增加的集列; 若集列$\{A_n\}_{n\geqslant 1}$ 滿足$A_n \supset A_{n+1}(n \in N)$, 則稱$\{A_n\}$ 為單調減少的集列. 單調增加和單調減少的集列統稱為**單調集列**.

對任意給定的一個集列$\{A_n\}_{n\geqslant 1}$, 我們可以構造兩個新的集列$\{B_n\}_{n\geqslant 1}$ 和$\{C_n\}_{n\geqslant 1}$, 其中

$$B_n = \bigcup_{k=n}^{\infty} A_k,\ C_n = \bigcap_{k=n}^{\infty} A_k. \qquad (1.1.1)$$

它們分別對應集列$\{A_n\}_{k\geqslant n}$ 的並和交. 顯然$\{B_n\}$ 單調減少和$\{C_n\}$ 單調增加.

就像數列不一定有極限, 集列也可能沒有極限, 如何定義集列的極限呢?

類似數列上、下極限概念，我們也可以定義集列的上、下極限集.

1. 上、下極限定義

我們稱(1.1.1)式中的集列$\{B_n\}$的交為集列$\{A_n\}_{n\geq 1}$的**上極限集**，記為$\overline{\lim\limits_{n\to\infty}}A_n$(或$\limsup\limits_{n} A_n$)，即

$$\overline{\lim_{n\to\infty}}A_n=\bigcap_{n=1}^{\infty}\bigcup_{k=n}^{\infty}A_k,$$

稱(1.1.1)式中的集列$\{C_n\}$的並為集列$\{A_n\}_{n\geq 1}$的**下極限集**，記為$\underline{\lim\limits_{n\to\infty}}A_n$(或$\liminf\limits_{n} A_n$)，即

$$\underline{\lim_{n\to\infty}}A_n=\bigcup_{n=1}^{\infty}\bigcap_{k=n}^{\infty}A_k.$$

上述定義似乎不太直觀，對於給定的集列$\{A_n\}$，其上、下極限集都是由什麼元素組成的呢？類似於例4的分析，我們先來看看上極限集：$x\in\overline{\lim\limits_{n\to\infty}}A_n=\bigcap\limits_{n=1}^{\infty}\bigcup\limits_{k=n}^{\infty}A_k$當且僅當對任意$n\geq 1$，存在$k\geq n$，恒有$x\in A_n$，即上限集是「屬於集列中無限多個集的那種元素全體所組成的集」. 因此我們又可以將$\overline{\lim\limits_{n\to\infty}}A_n$敘述為：$\overline{\lim\limits_{n\to\infty}}A_n=\{x\,|$對任意的$n$，存在$k\geq n$，使$x\in A_n\}$，即$\{A_n\}$中有無窮多項包含$x$. 類似地分析，可以得知：下限集是「屬於集列中從某個指標$n(x)$(這個指標與x有關)以后所有集A_n的那種元素x全體(即除去有限多個集以外的所有集A_n都含有的那種元素)所組成的集」. 因此我們又可以將$\underline{\lim\limits_{n\to\infty}}A_n$敘述為：$\underline{\lim\limits_{n\to\infty}}A_n=\{x\,|$存在$n(x)$，對任意的$k\geq n(x)$，使$x\in A_n\}$，即$\{A_n\}$中不含$x$的項只有有限多項.

例5　設$A_{2n}=[0,1]$，$A_{2n+1}=[1,2]$ $(n=1,2,\cdots)$，則上限集為$[0,2]$，下限集為$\{1\}$.

例6　設$A_{2n+1}=\left[0,2-\frac{1}{2n+1}\right]$ $(n=0,1,2,\cdots)$，$A_{2n}=\left[0,1+\frac{1}{2n}\right]$ $(n=1,2,\cdots)$，試確定上限集和下限集.

解　顯然$[0,1]\subset A_n$ $(n=1,2,\cdots)$. 當$x\in(1,2)$時，必存在自然數$n(x)$，使當$n>n(x)$時，$1+\frac{1}{2n}<x<2-\frac{1}{2n+1}$(如下圖)，即當$n>n(x)$時，$x\notin A_{2n}$，但$x\in A_{2n+1}$. 這就說明了：當$x\in(1,2)$時，具有充分大奇數指標的集合都含有$x$，從而$\{A_n\}$中有無限多個集合含有$x$；但充分大偶數指標的集合都不含有$x$，即$\{A_n\}$中不含$x$的集不是有限多個. 而區間$[0,2)$以外的點都不屬於任何$A_n$，從而

$$\overline{\lim_{n\to\infty}}A_n=[0,2),\quad \underline{\lim_{n\to\infty}}A_n=[0,1].$$

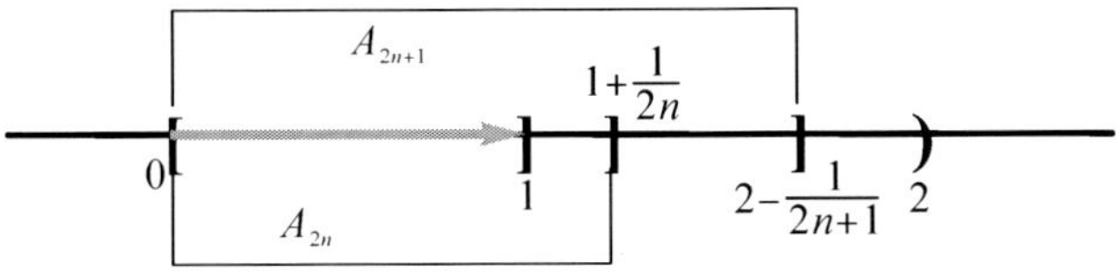

例 7 設 $A_n = [\frac{1}{n}, 3 + (-1)^n]\ (n = 1,2,\cdots)$，則 $\overline{\lim_{n\to\infty}} A_n = (0,4]$，$\underline{\lim_{n\to\infty}} A_n = (0,2]$.

例 8 設 $A_n = [0, 1 + \frac{1}{n}]\ (n = 1,2,\cdots)$，則 $\overline{\lim_{n\to\infty}} A_n = \underline{\lim_{n\to\infty}} A_n = [0,1]$，但 $\bigcup_{n=1}^{\infty} A_n = [0,2]$.

註 8 由定義，顯然有 $\bigcap_{n=1}^{\infty} A_n \subset \underline{\lim_{n\to\infty}} A_n \subset \overline{\lim_{n\to\infty}} A_n \subset \bigcup_{n=1}^{\infty} A_n$.

定理 8 設 $\{A_n\}$ 是任意一列集，S 是任意一個集. 則

$$S - \overline{\lim_{n\to\infty}} A_n = \underline{\lim_{n\to\infty}}(S - A_n),\quad S - \underline{\lim_{n\to\infty}} A_n = \overline{\lim_{n\to\infty}}(S - A_n).$$

證 先證第一式.

$$\begin{aligned} S - \overline{\lim_{n\to\infty}} A_n &= S - \bigcap_{n=1}^{\infty}\bigcup_{k=n}^{\infty} A_k = S \cap \left(\bigcap_{n=1}^{\infty}\bigcup_{k=n}^{\infty} A_k\right)^C = \bigcup_{n=1}^{\infty}\left(S \cap \left(\bigcup_{k=n}^{\infty} A_k\right)^C\right) \\ &= \bigcup_{n=1}^{\infty}\left(S \cap \left(\bigcap_{k=n}^{\infty} A_k^{\ C}\right)\right) = \bigcup_{n=1}^{\infty}\left(\bigcap_{k=n}^{\infty}(S \cap A_k^{\ C})\right) \\ &= \bigcup_{n=1}^{\infty}\bigcap_{k=n}^{\infty}(S - A_k) = \underline{\lim_{n\to\infty}}(S - A_n). \end{aligned}$$

讀者可類似地證明第二式.

2. **集列的極限定義**

若 $\underline{\lim_{n\to\infty}} A_n = \overline{\lim_{n\to\infty}} A_n$，則稱集列 $\{A_n\}_{n\geqslant 1}$ 存在極限或收斂，並稱 $A = \underline{\lim_{n\to\infty}} A_n = \overline{\lim_{n\to\infty}} A_n$ 為集列 $\{A_n\}_{n\geqslant 1}$ 的極限，記為 $\lim_{n\to\infty} A_n$.

定理 9 單調集列必存在極限，並且

(1) 若集列 $\{A_n\}$ 單調增加，則 $\lim_{n\to\infty} A_n = \bigcup_{n=1}^{\infty} A_n$；

(2) 若集列 $\{A_n\}$ 單調減少，則 $\lim_{n\to\infty} A_n = \bigcap_{n=1}^{\infty} A_n$.

證 (1) 因為 $\{A_n\}$ 單調增加，故對任意的 $n \geqslant 1$，有 $\bigcap_{k=n}^{\infty} A_k = A_n$，$\bigcup_{k=n}^{\infty} A_k = \bigcup_{k=1}^{\infty} A_k$. 由上、下極限集定義可得

$$\overline{\lim_{n\to\infty}} A_n = \bigcap_{n=1}^{\infty}\bigcup_{k=n}^{\infty} A_k = \bigcap_{n=1}^{\infty}\bigcup_{k=1}^{\infty} A_k = \bigcup_{k=1}^{\infty} A_k,\quad \underline{\lim_{n\to\infty}} A_n = \bigcup_{n=1}^{\infty}\bigcap_{k=n}^{\infty} A_k = \bigcup_{n=1}^{\infty} A_n,$$

則$\underline{\lim}_{n\to\infty} A_n = \overline{\lim}_{n\to\infty} A_n = \bigcup_{n=1}^{\infty} A_n$，即$\lim_{n\to\infty} A_n = \bigcup_{n=1}^{\infty} A_n$.

同理可證結論(2)，請讀者課后自行完成.

例 9 設$A_n = \left(0,1-\dfrac{1}{n}\right], B_n = \left(0,1+\dfrac{1}{n}\right] (n=1,2,\cdots)$，則$\{A_n\}$單調增加，$\{B_n\}$單調減少，且$\lim_{n\to\infty} A_n = \bigcup_{n=1}^{\infty} A_n = (0,1)$，$\lim_{n\to\infty} B_n = \bigcap_{n=1}^{\infty} B_n = (0,1]$.

定理 10 如果$\mathcal{F}$是一σ－域，$A_n \in \mathcal{F} (n=1,2,3,\cdots)$，則$\overline{\lim}_{n\to\infty} A_n$和$\underline{\lim}_{n\to\infty} A_n$也都屬於$\mathcal{F}$.

習題 1.1

1. 判斷題

(1) 設$A_n = \left[\dfrac{1}{n}, 3+(-1)^n\right], n=1,2,\cdots$，則$\overline{\lim}_{n\to\infty} A_n = (0,4]$.　（　）

(2) 若集列$\{A_n\}$滿足$A_n \subset A_{n+1}, n=1,2,\cdots$，則$\lim_{n\to\infty} A_n = \bigcup_{n=1}^{\infty} A_n$.　（　）

(3) 設$A_{2n} = \left[\dfrac{1}{n}, 3-\dfrac{1}{n}\right], A_{2n-1} = \left[-\dfrac{1}{n}, 1+\dfrac{1}{n}\right]$，則$A_n$的下極限為$[0,1]$.　（　）

2. 單項選擇

(1) 設$\{A_n\}$是一集列，則下述等式中(　)是正確的.

A. $\overline{\lim}_{n\to\infty} A_n = \bigcup_{k=1}^{\infty} \bigcap_{n=k}^{\infty} A_n$　　B. $\underline{\lim}_{n\to\infty} A_n = \bigcap_{k=1}^{\infty} \bigcup_{n=k}^{\infty} A_n$

C. $\overline{\lim}_{n\to\infty} A_n = \bigcap_{k=1}^{\infty} \bigcup_{n=k}^{\infty} A_n$　　D. $\underline{\lim}_{n\to\infty} A_n = \bigcap_{k=1}^{\infty} \bigcap_{n=k}^{\infty} A_n$

(2) 下述關係中，(　)是正確的.

A. $\left(\bigcap_{\lambda\in\Lambda} A_\lambda\right)^c = \bigcap_{\lambda\in\Lambda} A_\lambda^c$　　B. $\left(\bigcap_{\lambda\in\Lambda} A_\lambda\right)^c = \bigcup_{\lambda\in\Lambda} A_\lambda^c$

C. $\left(\bigcup_{\lambda\in\Lambda} A_\lambda\right)^c = \bigcup_{\lambda\in\Lambda} A_\lambda^c$

(3) 設$\{A_n\}$是一列集合，其中$A_{2n} = B, A_{2n-1} = C (n \geqslant 1)$，則$\overline{\lim}_{n\to\infty} A_n =$ (　).

A. B　　B. C

C. $B \cup C$　　D. $B \cap C$

(4) 設$\{f_n(x)\}$，$f(x)$是定義在集合E上的函數列，則下述等式中(　)是正確的.

A. $\{x \in E \mid \lim\limits_{n\to\infty} f_n(x) = f(x)\} = \bigcap\limits_{k=1}^{\infty} \bigcup\limits_{N=1}^{\infty} \bigcap\limits_{n \geqslant N} \left\{x \in E \mid |f_n(x) - f(x)| < \dfrac{1}{k}\right\}$

B. $\{x \in E \mid \lim\limits_{n\to\infty} f_n(x) = f(x)\} = \bigcup\limits_{k=1}^{\infty} \bigcap\limits_{N=1}^{\infty} \bigcup\limits_{n \geqslant N} \left\{x \in E \mid |f_n(x) - f(x)| < \dfrac{1}{k}\right\}$

C. $\{x \in E \mid \lim\limits_{n\to\infty} f_n(x) \neq f(x)\} = \bigcap\limits_{k=1}^{\infty} \bigcup\limits_{N=1}^{\infty} \bigcup\limits_{n \geqslant N} \left\{x \in E \mid \mid |f_n(x) - f(x)| \geqslant \dfrac{1}{k}\right\}$

D. $\{x \in E \mid \lim\limits_{n\to\infty} f_n(x) \neq f(x)\} = \bigcup\limits_{k=1}^{\infty} \bigcup\limits_{N=1}^{\infty} \bigcap\limits_{n \geqslant N} \left\{x \in E \mid |f_n(x) - f(x)| \geqslant \dfrac{1}{k}\right\}$

3. 填空題

(1) 設集合 $A_n = \left[0, 1 - \dfrac{1}{n}\right), n = 1, 2, 3, \cdots$，則 $\overline{\lim\limits_{n\to\infty}} A_n =$ ______.

(2) 設 $A_n = \left\{x \mid -\dfrac{1}{n} \leqslant x \leqslant \dfrac{1}{n}\right\}, n = 1, 2, \cdots$，則 $\bigcap\limits_{n=1}^{\infty} A_n =$ ______.

(3) 設 $A_n = [n-1, n), n = 1, 2, \cdots$，則 $\bigcup\limits_{n=1}^{\infty} A_n =$ ______.

(4) 集簇 $\{A_\lambda\}_{\lambda \in \Lambda}$ 的交 $\bigcap\limits_{\lambda \in \Lambda} A_\lambda =$ ______.

(5) 設 $A_{2n} = \left[-1 + \dfrac{1}{n}, 2 - \dfrac{1}{2n+1}\right]$，$A_{2n+1} = \left[-\dfrac{1}{n}, 1 + \dfrac{1}{n}\right]$，$\lim\limits_{n\to\infty} A_n$ $=$ ______.

(6) 設 $A_n = \left[0, 1 - \dfrac{1}{n}\right] (n = 1, 2, \cdots)$，則 $\lim\limits_{n\to\infty} A_n =$ ______.

(7) 設 $A_n = \left(-2 - \dfrac{1}{2n}, 1 - \dfrac{1}{3n}\right]$，則 $\bigcup\limits_{n=1}^{\infty} A_n =$ ______.

(8) $A \cap (\bigcup\limits_{\lambda \in \Lambda} B_\lambda) =$ ______.

(9) 設 $A_n = \left[1, 2 + \dfrac{1}{n}\right], n = 1, 2, \cdots$，則 $\underline{\lim\limits_{n\to\infty}} A_n =$ ______.

4. 證明 $(B - A) \cup A = B$ 的充要條件是 $A \subset B$.

5. 證明 $(A - B) \cup B = (A \cup B) - B$ 的充要條件是 $B = \varnothing$.

6. 設 $f(x)$ 是定義於 E 上的實函數，a 為一常數，證明

(1) $E[f \geqslant a] + E[f < a] = E$;

(2) 當 $a \geqslant 0$ 時，$E[f^2 > a] = E[f > \sqrt{a}] \cup E[f < -\sqrt{a}]$;

(3) 當 $f \geqslant g$ 時，$E[f > a] \supset E[g > a]$;

(4) $E[f > a] = \bigcup\limits_{n=1}^{\infty} E\left[f \geqslant a + \dfrac{1}{n}\right]$;

(5) $E[f \geqslant a] = \bigcap\limits_{n=1}^{\infty} E\left[f > a - \dfrac{1}{n}\right]$.

7. 證明：(1) $\overline{\lim_{n\to\infty}} A_n = \{x \mid 對任意的 n,存在 k \geqslant n,使得 x \in A_n\}$，

(2) $\underline{\lim_{n\to\infty}} A_n = \{x \mid 存在 n,對任意的 k \geqslant n,使得 x \in A_n\}$.

8. 敘述題(不需證明)：

敘述集列的上、下極限集的定義和集列交、並的定義，並說明它們之間的關係.

1.2　映射與基數

在抽象地研究集合(即不考慮集合中元素的特徵)時，一個集合中元素的多少應該是基本的概念. 比如大廳裡有著若干個人和若干把單人椅，這是兩個不同的集合. 為了知道哪個集合元素多些，我們可以不計較他們元素的集體屬性，只要讓人們都去找座位，如果有人沒有座位，那麼人就比椅子多；如果余下椅子無人坐，那麼椅子就比人多；如果所有的位子恰好坐滿，那麼人和椅子一樣多.

這就是說，對於兩個有限集合，如果元素個數相等，那麼他們的元素之間能建立一對一的對應關係；反之，如果兩個集合元素之間能建立一對一的對應關係，那麼他們的元素個數相等(這就是本節要引入的集合的「對等」).

怎樣表示集合所含元素的多少呢？對於只含有限個元素的集合，元素多少的概念自然就是元素的個數. 空集的元素個數是零，一個非空的有限集的元素個數都是一個正整數. 但對於無限集，元素個數這個概念已完全沒有意義了. 然而不同的無窮集，它們是有明顯的差別的，比如整數集與實數集顯然不同，直觀感覺「實數比自然數多得多」，那麼整數集與有理數集呢？直觀感覺稠密的有理數比稀疏的整數多得多，但此時的直覺發生錯誤了！因此我們有必要瞭解如何對無限集進行計數(這就是本節要引入的集合的「勢或基數」)，這使我們得以分清無限集中哪些集有相同的個數，哪些集的個數不同.

上述比較人和椅子兩個不同的集合元素個數的方法看起來比較笨拙，卻比依次數元素個數的方法優越得多. 因為這種方法不需要進行多大的改變，就可以適用於元素個數是無限的集合.

為了導出「對等」的概念需先敘述集合的「映射」等概念.

1.2.1　映射的概念

映射是數學中最基本的概念之一，它是函數概念的推廣.

定義 1　設 A、B 為兩個非空集合. 如果存在某一規則 φ，使得對於 A 中任何一個元素 x，按照規則 φ，在 B 中有唯一的一個元素 y 與 x 對應，則稱 φ 為 A 到 B 的**映射**或**變換**或**算子**，記為 $\varphi: A\to B$. 稱 y 為 x 在映射 φ 下的**像**，記作 $y=\varphi(x)$

或$\varphi: x \mapsto y$；稱x為y在映射φ下的**原像**，記為$\varphi^{-1}(y)$. 集合A稱為映射φ的**定義域**，稱$\varphi(A)=\{\varphi(x) \mid x \in A\}$為映射$\varphi$的值域.

顯然，$\varphi(\varnothing)=\varnothing$.

若集$Y=B$，記$\varphi^{-1}(Y)=\{x \mid x \in A, \varphi(x) \in Y\}$，並稱$\varphi^{-1}(Y)$為$Y$關於$\varphi$的原像集.

讀者課后可以證明映射具有如下簡單**性質** 1：

(i) $\varphi\left(\bigcup_{\lambda \in \Lambda} A_{\lambda}\right)=\bigcup_{\lambda \in \Lambda} \varphi(A_{\lambda})$；

(ii) $\left(\bigcap_{\lambda \in \Lambda} A_{\lambda}\right) \subset \bigcap_{\lambda \in \Lambda} \varphi(A_{\lambda})$.

讀者課后還可以證明原像集具有如下簡單**性質** 2：

(i) 若$B_1 \subset B_2$，則$\varphi^{-1}(B_1) \subset \varphi^{-1}(B_2)$；

(ii) $\varphi^{-1}\left(\bigcup_{\lambda \in \Lambda} A_{\lambda}\right)=\bigcup_{\lambda \in \Lambda} \varphi^{-1}(A_{\lambda})$；

(iii) $\varphi^{-1}\left(\bigcap_{\lambda \in \Lambda} A_{\lambda}\right)=\bigcap_{\lambda \in \Lambda} \varphi^{-1}(A_{\lambda})$；

(iv) $\varphi^{-1}(A^{C})=(\varphi^{-1}(A))^{C}$.

映射是一個相當普遍的概念，普通的函數就可以看做是從數集到數集的映射，除此之外，我們還會經常遇到許多其他的集合間的映射.

例 1 (1) 定積分可以看做是可積函數集到實數集的映射；

(2) 求導運算可以看做是可導函數集到函數集的映射；

(3) 設$C[0,1]$是區間$[0,1]$上所有連續函數全體. $\mathrm{R}=(-\infty,+\infty)$，$x_0 \in [0,1]$. 令

$$\varphi: f \mapsto f(x_0)\ (f \in C[0,1]),$$

則φ就是$C[0,1]$到R的映射.

定義 2 設φ是A到B的映射. 若$\varphi(A)=B$，則稱φ是A到B的**滿射**(或到上的).

如果對任意的$x, y \in A$，當$x \neq y$時，$\varphi(x) \neq \varphi(y)$，即不同的點映射后的象也不同，則稱$\varphi$是**單射**(或一一的). 如果$\varphi$既是單射，又是滿射，則稱$\varphi$是$A$到$B$上的一一對應(或雙射).

例 2 (1) 設$A=B=[0,1]$，$\varphi_1(x)=\dfrac{1}{2}x$，$\varphi_2(x)=\sin\pi x$，$\varphi_3(x)=x$.

顯然，φ_1是A到B的單射，而非滿射；

φ_2是A到B的滿射，而非單射；

φ_3是A到B的雙射.

(2) 任何一個嚴格單調的函數都可以看成是它的定義域到值域的雙射(一一對應的).

(3) 設$A=\{1,2,\cdots,n,\cdots\}$，$B=\{1,2,\cdots,2^{n-1},\cdots\}$，則$\varphi: n \mapsto 2^{n-1}$是$A$到$B$

上的一一對應.

(4) 設$A=\{(x,y)\mid x^2+y^2=1\}$, $B=\{(x,y)\mid x^2+y^2=4\}$. 只要從原點出發引任意一條射線(如下圖), 則 φ 是 A 到 B 上的一一對應.

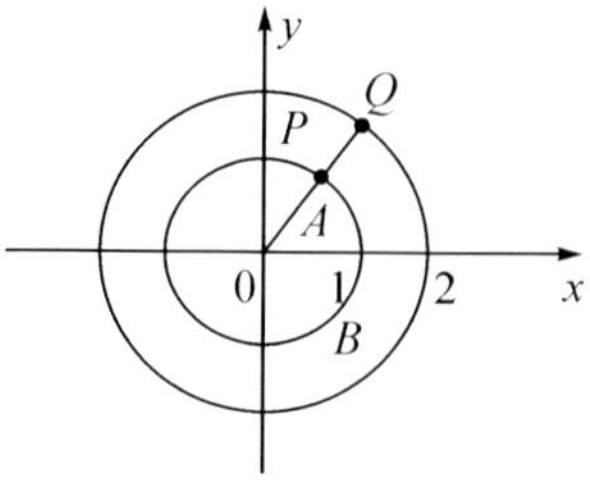

關於一一對應, 顯然有如下簡單性質.

性質 3 設 $\varphi:A\to B$ 是滿射, 則下列命題等價:

(i) φ 是一一對應;

(ii) 對任意 $E_1,E_2\subset A$, 均有 $\varphi(E_1\cap E_2)=\varphi(E_1)\cap\varphi(E_2)$;

(iii) 對任意 $E_1,E_2\subset A$, $E_1\cap E_2=\varnothing$ 均有 $\varphi(E_1)\cap\varphi(E_2)=\varnothing$;

(iv) 對任意 $E_1\subset E_2\subset A$, 均有 $\varphi(E_2\backslash E_1)=\varphi(E_1)\backslash\varphi(E_2)$.

與通常的函數概念類似, 我們可以引入複合映射、映射的限制和延拓等概念.

定義 3 設 φ 是 A 到 B 的映射, ψ 是 C 到 D 的映射. 當 $\varphi(A)\subset C$ 時, 作 A 到 D 的映射

$$h:x\mapsto\psi(\varphi(x)),$$

則稱 h 是 φ,ψ 的**複合映射**, 記為 $h=\psi\cdot\varphi$.

顯然複合映射是複合函數概念的推廣, 從定義不難證明, 若 φ,ψ 均為雙射, 則 $h=\psi\cdot\varphi$ 為雙射.

定義 4 設 A 是一個集, φ 是 A 到 A 的映射, 且滿足

$$\varphi:x\mapsto x(x\in A),$$

則稱 φ 是 A 上的恒等映射, 記為 I_A, 簡記為 I.

設 A、B 是兩個集, ψ 是 A 到 B 的映射. 如果存在 B 到 A 的映射 ψ^{-1}, 使得

$$\psi^{-1}\cdot\psi=I_A,\ \psi\cdot\psi^{-1}=I_B,$$

則稱 ψ 是 A 到 B 上的**可逆映射**, 並稱 ψ^{-1} 為 ψ 的**逆映射**. 由此定義, 易得如下定理.

定理 1 φ 是 A 到 B 上可逆映射的充要條件是 φ 為 A 到 B 的雙射.

定義 5 設 A 是 X 的子集, φ_1、φ_2 是兩個映射, 且滿足 $\varphi_1:A\to Y$, $\varphi_2:X\to Y$; 對任意的 $x\in A$, 有 $\varphi_1(x)=\varphi_2(x)$, 則稱 φ_1 是 φ_2 在 A 上的限制, φ_2 是 φ_1 在 X 上的**延拓**, 記為 $\varphi_1=\varphi_2|_A$.

例 3 設 $f(x)=\sin x(x\in[0,\pi])$, $g(x)=\sin x(x\in\mathrm{R})$, 則函數 $f(x)$ 是函

數 $g(x)$ 在 $[0,2\pi]$ 上的限制，而 $g(x)$ 是 $f(x)$ 在直線 R^1 上的一個延拓.

1.2.2 對等

為了對集合按其所含的元素個數進行分類，我們引入集合與集合之間對等的概念.這個概念是下面建立勢的理論基礎.

定義6 設 A,B 均為非空集，如果存在一個 A 到 B 的雙射，則稱 A 和 B 是**對等的**，記為

$$A \sim B.$$

此外還規定：$\varnothing \sim \varnothing$.

由定義6知：A 與 B 對等就是兩個集的元素可以建立一一對應的關係. 一般說來，任取兩個集 A 和 B，不一定存在 A 到 B 的雙射.

例4 (1) $A=\{1,2\}, B=\{3\}$，就不存在 A 到 B 的雙射. 如果 φ 是 A 到 B 的映射，則必有 $\varphi(1)=3=\varphi(2)$. 所以 φ 不是單射，當然更不是雙射.

(2) $\mathrm{N} \sim \mathrm{N}_{奇數} \sim \mathrm{N}_{偶數} \sim \mathrm{Z}$.

其中取 $\varphi(n)=\begin{cases}2n \to n, & n=1,2,\cdots \\ 2n+1 \to -n, & n=0,1,2,\cdots\end{cases}$ 時，$\mathrm{N} \sim \mathrm{Z}$；取 $\varphi(n)=2n-1$ 時，$\mathrm{N} \sim \mathrm{N}_{奇數}$；取 $\varphi(n)=2n$ 時，$\mathrm{N} \sim \mathrm{N}_{偶數}$；取 $\varphi(n)=n+1$ 時，$\mathrm{N}_{奇數} \sim \mathrm{N}_{偶數}$；其余對等情形請讀者課后完成.

(3) 令 $\varphi(x)=\tan(\pi x-\frac{\pi}{2})$ 時，$(0,1) \sim \mathrm{R}^1$.

註1 此例說明「一個集合可能與它的某些真子集對等」.

一個集與自己的一個真子集對等，這在有限集是不可能的. 但可以證明這是無限集的一個特徵. 由此我們可以將**無限集**定義為「能與它自身的一個真子集對等的集合」.

對等關係具有如下性質.

定理2 設 A、B、C 是任意三個集合，則

(1)(**自反性**) $A \sim A$；

(2)(**對稱性**) $A \sim B$，則 $B \sim A$；

(3)(**傳遞性**) $A \sim B, B \sim C$，則 $A \sim C$.

證 (1) 由於 $I_A: A \to A$ 是一個雙射，所以 $A \sim A$.

(2) 設 $A \sim B$，則存在雙射 $\varphi: A \to B$；由定理1可知，$\varphi^{-1}: B \to A$ 存在且也是雙射，故 $B \sim A$.

(3) 設 $A \sim B$, $B \sim C$，則存在雙射 $\varphi: A \to B$，和雙射 $\psi: B \to C$；從而 $\psi \cdot \varphi: A \to C$ 是雙射，則 $A \sim C$.

問題：是否有「任意兩個無限集都是對等的」結論呢？為了說明情況不是如此，我們先簡單介紹一下數的進位制，然后通過例子說明命題「任意兩個無

限集都是對等的」是錯誤的.

1.2.3 數的進位制簡介

為了以后的應用，下面來介紹 $p(p \geq 1, p \in \mathrm{N})$ 進位表數法. p 進位制對我們來說並不陌生，比如，一丈等於三尺，採用的就是三進制. 再比如，在過去的度量中，一斤等於十六兩，用的是十六進制，平常我們說的「半斤對八兩」便由此而來(參見閱讀材料 1). 對任何正整數 p，我們都可以定義 p 進位制，p 進位制在許多情況下會給我們帶來極大的方便，我們的日常生活中採用的基本都是十進制，而計算機邏輯代數中採用的就是二進制位數. 下面我們來看看，如何用 p 進位製表示[0, 1] 之間的點.

我們首先回顧熟悉的十進制小數:將區間[0, 1] 十等分，第一次十等分確定第一位小數，第二次十等分確定第二位小數，如此繼續下去，如下圖.

關於十進制小數需要說明的是:區間(0, 1) 內的實數可以表示為十進制無限小數

$$x = 0.a_1a_2a_3\cdots,$$

其中 a_i 是 $0,1,\cdots,9$ 中的數字，並且有無限多個 a_i 不為 0. 這樣(0,1) 中每個實數的表示是唯一的. 比如，區間(0,1) 第一次十等分的分點 0.5 應表示為 0.499···，而不表示為 0.500···.

更一般地，對任意的 $x \in (0,1)$，下面用分點 $C_0^1 = 0, C_1^1, C_2^1, \cdots, C_{p-1}^1, C_p^1$ 將閉區間[0, 1] 均分為 p 段. 以 $p = 3$ 的三進制小數為例:相應於對區間[0, 1] 進行三等分，如下圖.

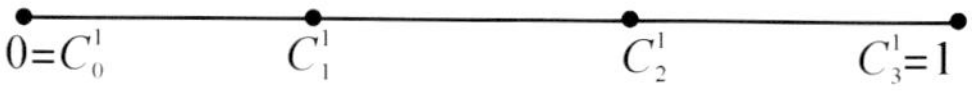

若 x 不是分點，則存在唯一的一小段$[C_{a_1}^1, C_{a_1+1}^1]$包含了 x，其中整數 $a_1 \leq p-1$(當然 a_1 也可能為 0)，此時我們可得 x 的第一位小數是 a_1.

若 x 是分點，不妨設 $x = C_{i_1}^1 (0 \leq i \leq p-1)$，則包含 x 的小段就有兩個，即$[C_{i_1-1}^1, C_{i_1}^1]$ 和$[C_{i_1}^1, C_{i_1+1}^1]$. 此時 x 的第一位小數的取法就有兩種，即 $i_1 - 1$ 或 i_1. 如果是前者，則 x 可記為 $x = 0.\ i_1 - 1\ \ p-1\ \ p-1\ \cdots$(第二位小數必為 $p-1$，而且以后各位小數永遠也是 $p-1$)；如果是后者，則 x 可記為 $x = 0.\ i_1\ 0\ 0\ \cdots$(第二位小數必為 0，並且以后各位小數也永遠是 0).

現假設已選定了其中一種，再來考慮小數的第二位，不妨設 x 位於區間$[C_{a_1}^1, C_{a_1+1}^1]$. 於是可用分點

$$C_0^2 = C_{a_1}^1, C_1^2, C_2^2, \cdots, C_{p-1}^2, C_p^2 = C_{a_1+1}^1$$

將閉區間$[C_{a_1}^1, C_{a_1+1}^1]$均分為p段，如下圖. 仿照前面，可定義x的第二位小數a_2，此時仍然存在x是不是某個分點的問題，處理方法同前. 如果x是第二次分割時的分點$x = C_{i_2}^2 (0 \leqslant i_2 \leqslant p-1)$（此時$x$不可能是第一次分割的分點，故第一位是唯一確定的），則x既可寫成$x = 0.a_1\ i_2-1\ p-1\ p-1\ \cdots$，又可寫成$x = 0.a_1\ i_2\ 0\ 0\ \cdots$.

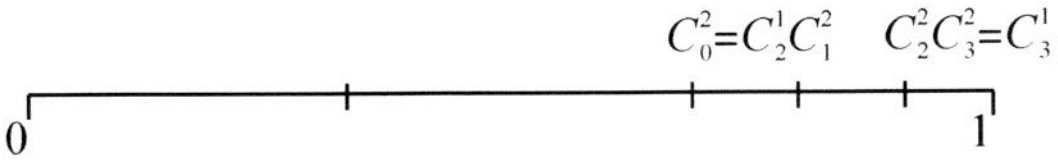

需注意的是：只要x是前一步等分的分點，就不可能是下一步的等分點. 因此不可能發生x同時屬於下一步等分區間中兩個的情形. 進而，下一位的表示一定是唯一的. 如此繼續這個過程，如果繼續到第k步，x是第k次分割時的某個等分點

$$x = C_{i_k}^k \quad (0 \leqslant i_k \leqslant p-1),$$

則x既可寫成$x = 0.a_1 \cdots a_{k-1}\ i-1\ p-1\ p-1\ \cdots$，又可寫成$x = 0.a_1 \cdots a_{k-1}\ i_k\ 0, 0\ \cdots$. 如果$x$永遠不是分點，則$x$可寫成$x = 0.a_1 a_2 a_3 \cdots$，且表示法是唯一的.

綜上所述，如果x永遠不是分點，則x的表示法唯一；如果x是第k次等分的第i_k個分點，而不是第$k-1$次的分點，則有兩種表示法：

$$x = \begin{cases} 0.a_1 a_2 a_3 \cdots a_{k-1} i_k (p-1)(p-1) \cdots & (k\text{ 位以后均為 } p-1), \\ 0.a_1 a_2 a_3 \cdots a_{k-1} (i_k+1) 0, 0 \cdots & (k\text{ 位以后均為 } 0). \end{cases} \quad (1.2.1)$$

註 2　若x為第k次分割的分點，則x必可寫成$\frac{m}{p^k}(0 < m < p^k)$的形式，比如十進制小數$0.27 = \frac{27}{10^2}$. 從而我們得出結論：對於$(0,1)$上的每一點$x$，如果$x \neq \frac{m}{P^k}(0 < m < P^k)$，則$x$可唯一地表示成$p$進位無限小數的形式：$x = 0.a_1 a_2 a_3 \cdots$.

綜上所述，我們知道$(0,1)$中任一點都可以表示成上述p進位無限小數的形式；反之是否任意一個由小於p的非負整數作成的「序列」

$$x = 0.a_1 a_2 a_3 \cdots \quad (1.2.2)$$

都表示一個$(0,1)$上的點呢？而且當它不是(1.2.1)式右端的那種形式時，這種對應是否還是一對一的呢？即不同的「序列」是否對應不同的點呢？

這個結論顯然是成立的. 因為對於任意一個序列(1.2.2)（不是(1.2.1)式中右端那種「序列」），我們總可以按照$a_1, a_2, a_3, \cdots$出現的次序，從我們上述的區間分割過程中挑出一串逐個包含的閉區間來，它們的長度為

$$\frac{1}{p^n} \to 0 (n \to \infty).$$

由 Cantor 的閉區間套定理，存在唯一的一點 x 屬於所有這些閉區間. 顯然與 x 對應的無窮「序列」就是(1.2.2)，故 $x = 0.a_1a_2a_3\cdots$.

如果 $p = 10$，則所有 a_i 都是由數字 0,1,2,…,9 作成的，得出普通的十進位表示法；如果 $p = 2$，則 a_i 或為 0 或為 1，這就是二進位表示法.

註 3　說明「不同的序列對應不同的點」的另一個辦法是：將序列 $x = 0.a_1a_2a_3\cdots$ 與級數 $\frac{a_1}{p} + \frac{a_2}{p^2} + \cdots + \frac{a_k}{p^k} + \cdots$ 對應，由於 $a_k \leqslant p - 1$，故上述級數顯然收斂到 $(0,1)$ 之間的唯一數 x. 從而有結論：所謂 p 進位小數就是將 $(0,1)$ 中的 x 表示成級數

$$x = \sum_{k=1}^{\infty} \frac{a_k}{p^k}$$

的形式，這對於兩種進制進行換算是方便的.

例 5　數集 $(0,1)$ 與自然數集 N 不對等.

證　反設 $(0,1)$ 中的實數可以與自然數建立一一對應的關係，則區間 $(0,1)$ 內的全部實數可以排序為一個無窮序列，即 $(0,1) = \{x_1, x_2, x_3, \cdots\}$，其中

$$\begin{aligned} x_1 &= 0.a_1^{(1)}a_2^{(1)}a_3^{(1)}\cdots, \\ x_2 &= 0.a_1^{(2)}a_2^{(2)}a_3^{(2)}\cdots, \\ x_3 &= 0.a_1^{(3)}a_2^{(3)}a_3^{(3)}\cdots, \\ &\cdots\cdots\cdots\cdots\cdots\cdots \end{aligned}$$

現在考慮區間 $(0,1)$ 內的某一小數 $x_0 = 0.a_1a_2a_3\cdots$，其中 $a_i(i = 1,2,\cdots)$ 是 0,1,…,9 中的數字，且 $a_1 \neq a_1^{(1)}$，$a_2 \neq a_2^{(2)}$，$a_3 \neq a_3^{(3)}$，…. 比如，若 $a_i^{(i)} \neq 1$，則令 $a_i = 1$；若 $a_i^{(i)} = 1$，則令 $a_i = 2$. 從而雖然 $x_0 \in (0,1)$，但 $x_0 \neq x_i(i = 1, 2, 3, \cdots)$，這是因為至少 x_0 與 x_i 中的第 i 位數字不同. 這與假設矛盾，因而 $(0,1)$ 中的實數不能與自然數建立一一對應的關係.

註 4　例 5 表明：利用一一對應的思想，是可以比較兩個無限集的元素的多少的. 比如，因為自然數集 $\mathrm{N} \sim \left\{\frac{1}{2}, \frac{1}{3}, \cdots, \frac{1}{n+1}, \cdots\right\} \subset (0,1)$，並由例 4(3) 知：區間 $(0,1)$ 與實數集 R 對等，則可推知：自然數集 N 比區間 $(0,1) \subset \mathrm{R}$ 的元素少. 再如，我們令 $[0,1]$ 中的 $0, 1, \frac{1}{2}, \cdots, \frac{1}{n}, \cdots$ 分別和 $(0,1)$ 中的 $\frac{1}{2}, \frac{1}{3}, \frac{1}{4}\cdots, \frac{1}{n+2}, \cdots$ 對應，而將 $[0,1]$ 中其余的 x 和 $(0,1)$ 中的同一 x 對應，則 $(0,1) \sim [0,1]$（$\sim (0,1] \sim [0,1)$，請讀者自證）.

至此，我們已經說明了任意兩個無限集可能不是對等的.

1.2.4 伯恩斯坦定理

引理 1 若集簇$\{A_\lambda\}_{\lambda\in\Lambda}$與滿足$\{B_\lambda\}_{\lambda\in\Lambda}$:

(1) 對任意的$A_\lambda \sim B_\lambda$;

(2) $\{A_\lambda\}_{\lambda\in\Lambda}$中任意兩個集合互不相交, $\{B_\lambda\}_{\lambda\in\Lambda}$中任意兩個集合互不相交, 則$\bigcup_{\lambda\in\Lambda} A_\lambda \sim \bigcup_{\lambda\in\Lambda} B_\lambda$.

推論 1 若$\Lambda = \mathrm{N}$, 則$\bigcup_{n=1}^{\infty} A_n \sim \bigcup_{n=1}^{\infty} B_n$.

定理 3(Bernstein) 設A,B是兩個集合, 如果存在A的子集A^*, B的子集B^*, 使$A \sim B^*, B \sim A^*$, 則$A \sim B$.

在證明定理 3 之前, 先舉一個例子說明定理 3 的假設是可能發生的.

例 6 設$A = \{1,2,\cdots,n,\cdots\}$, $B = \{2,3,\cdots,n,\cdots\}$.

如果在B上取自然數集的恒等映射, 那麼B就對等於A的一個(真)子集$\{2,3,\cdots,n,\cdots\}$.

反之, 如果取$\varphi(k)=k+2$, 那麼φ便是A到B的一個(真子集$\{3,4,\cdots,n,\cdots\}$)雙射, 即A也能對等於B的一個真子集.

下面來證明定理 3.

證 由題意知:$B^* \subset B, A^* \subset A$. 則存在雙射$\varphi_1$和$\varphi_2$, 滿足

$$\varphi_1: A \to B^* \text{ 和 } \varphi: B \to A^*.$$

令$A_1 = A - A^*$, 則$B_1 = \varphi_1(A_1)$, 從而

$A_2 = \varphi_2(B_1), B_2 = \varphi_1(A_2)$; $A_3 = \varphi_2(B_2), B_3 = \varphi_1(A_3)$; $\cdots$

其中

$$B_1 = \varphi_1(A_1) \overset{\text{定義}}{=} \{y \mid y = \varphi_1(x), x \in A_1\},$$

$$A_2 = \varphi_2(B_1) \overset{\text{定義}}{=} \{x \mid x = \varphi_2(y), y \in B_1\}.$$

由於$A_1 = A - A^*$, 且$B_1 \subset B^* \subset B$, 從而$\varphi_2(B_1) = A_2 \subset A^*$; 則$A_1 \cap A_2 = \varnothing$. 而$B_2 = \varphi_1(A_2)$, 且$\varphi_1$是一一對應的, 從而$B_1 \cap B_2 = \varnothing$.

一般說來, 如果由上述規則作出的$A_1,\cdots,A_n$互不相交, $B_1,\cdots,B_n$互不相交, 且$A_{i+1} = \varphi_2(B_i)$, $B_1 = \varphi_1(A_i)(i = 1,2,\cdots,n-1)$, 則可取$A_{n+1} = \varphi_2(B_n)$, $B_{n+1} = \varphi_1(A_{n+1})$.

由於φ_2是一一對應的, 從$B_1,\cdots,B_n$互不相交可推知A_{n+1}和$A_2,\cdots,A_n$也互不相交; 而$A_{n+1} \subset A^*$, 故A_{n+1}和A_1也不相交; 從而$A_1,\cdots,A_n,A_{n+1}$互不相交.

由於φ_1是一一對應的, 故可推知B_{n+1}和$B_1,\cdots,B_n$也互不相交.

綜上所述, 我們得到了兩串互不相交的集列$\{A_n\}_{n\geq 1}$, $\{B_n\}_{n\geq 1}$, 使$A_{n+1} = \varphi_2(B_n)$, $B_n = \varphi_1(A_n)(n = 1,2,\cdots)$. 由推論 1, 可得

$$\bigcup_{n=1}^{\infty} A_n \overset{\varphi_1}{\sim} \bigcup_{n=1}^{\infty} B_n.$$

如前所說，通過 φ_2 有，$B \sim A^*$，$B_k \sim A_{k+1}$；則可通過 φ_2，有

$$B - \bigcup_{k=1}^{\infty} B_k \sim A^* - \bigcup_{k=1}^{\infty} A_{k+1} = A^* - \bigcup_{n=2}^{\infty} A_n.$$

又由 $A_1 = A - A^*$，$A^* \subset A$ 可知，$A^* = A - A_1$；從而 $A^* - \bigcup\limits_{n=2}^{\infty} A_n = A - \bigcup\limits_{n=1}^{\infty} A_n$. 故

$$\begin{aligned} A &= (A - \bigcup_{n=1}^{\infty} A_n) \cup (\bigcup_{n=1}^{\infty} A_n) \\ &= (A^* - \bigcup_{n=2}^{\infty} A_n) \cup (\bigcup_{n=1}^{\infty} A_n) \sim (B - \bigcup_{n=1}^{\infty} B_n) \cup (\bigcup_{n=1}^{\infty} B_n) \\ &= B. \end{aligned}$$

註 5　Bernstein 定理是在證明兩個集合對等時常用的有力工具.

推論 2　若 $A \subset B \subset C$，如果 $A \sim C$，那麼 $A \sim B$ 和 $B \sim C$.

證　先證 $A \sim B$. 設 φ 是 A 和 C 之間的一一對應，則可令

$$A^* = \{x \mid x \in A, \varphi(x) \in B \subset C\},$$

從而 $A^* \subset A$ 且 $A^* \sim B$.

取 $B^* = A \subset B$，則有 $A \sim B^*$. 由 Bernstein 定理知 $A \sim B$.

同理，讀者可證 $B \sim C$.

1.2.5　有限集、無限集及基數

下面我們利用集的對等概念，給「有限」和「無限」這兩個概念賦予嚴格的數學定義，並給出它們的特徵.

定義 7　設 $M_n = \{1, 2, \cdots, n\}$，$A$ 是一個集合. 如果 A 是空集或能與某個 M_n 對等，則稱 A 為**有限集**，並稱 n 為 A 的**計數**. 空集的計數規定為0. 不是有限集的集稱為**無限集**.

引理 2　M_n 不能與它的真子集對等.

利用此引理可以推出有限集和無限集的特徵如下：

定理 4　(1) 集合 A 為有限集的充要條件是 A 絕不與其真子集對等；

(2) 集合 A 為無限集的充要條件是 A 必能與其某些真子集對等.

可以證明，有限集的計數是唯一的，有限集的計數實際上就是它們所含元素的個數.

怎樣比較兩個無限集元素個數的多少呢？下面以「對等」為工具引入基數（或勢）的概念. 我們把所有集合進行分類：將彼此對等的集歸於同一類，不對等的集歸於不同的類，並且對於每個這樣的集類賦予一個記號.

定義 8　對於所有相互對等的集，我們給予它同一個記號，稱此記號為這其中每個集的**基數**(或勢)，集 A 的基數記為 $\overline{\overline{A}}$.

空集的基數為 0，有限集的基數就是它的計數. 從而集的基數是一切彼此對等的集之間的某種共同屬性，是有限集元素個數的推廣.

性質 1　如果 A 與 B 對等，則 $\overline{\overline{A}} = \overline{\overline{B}}$.

定義 9　設 A、B 是兩個集. 如果 A 與 B 的一個子集對等，則稱 A 的基數(或勢)小於或等於 B 的基數(或勢)，記為 $\overline{\overline{A}} \leqslant \overline{\overline{B}}$. 若 A 與 B 的一個子集對等，但 A 與 B 不對等，即

$$\overline{\overline{A}} \leqslant \overline{\overline{B}} \text{且 } \overline{\overline{A}} \neq \overline{\overline{B}},$$

則稱 A 的基數(或勢)小於 B 的基數(或勢)，記為 $\overline{\overline{A}} < \overline{\overline{B}}$；或說 B 的基數大於 A 的基數，記為 $\overline{\overline{B}} < \overline{\overline{A}}$.

註 6　基數的大小雖然意味著元素個數的「多少」，但是 $A \subset B$，並且 $A \neq B$，卻並不能推出 $\overline{\overline{A}} < \overline{\overline{B}}$. 比如，偶數集雖然是自然數集的真子集，但因為二者是對等的，從而基數相同.

從基數的觀點來看 Bernstein 定理，它可等價敘述如下.

定理 3′(Bernstein)　如果 $\overline{\overline{A}} \leqslant \overline{\overline{B}}, \overline{\overline{B}} \leqslant \overline{\overline{A}}$，那麼 $\overline{\overline{A}} = \overline{\overline{B}}$.

註 7　Bernstein 定理確保了 $\overline{\overline{A}} < \overline{\overline{B}}$ 和 $\overline{\overline{B}} < \overline{\overline{A}}$ 不能同時成立. 但是關於基數大小的比較，還有一個重要的問題沒有解決，即

$$\overline{\overline{A}} = \overline{\overline{B}},\ \overline{\overline{A}} < \overline{\overline{B}},\ \overline{\overline{B}} < \overline{\overline{A}}$$

三者之中是否必有一個成立呢?

回答是肯定的. 從合理性方面講，任何兩個集合 A 和 B 的基數都應該是可以比較大小的，即三種情況 $\overline{\overline{A}} = \overline{\overline{B}}$, $\overline{\overline{A}} < \overline{\overline{B}}$, $\overline{\overline{B}} < \overline{\overline{A}}$ 必有且僅有一種情況出現. 遺憾的是，至今尚無法證明這是真的. Zermelo 給集合論加上了一條公理，即 Zermelo 公理(見閱讀材料 1)，依據這條公理便可證明 $\overline{\overline{A}} = \overline{\overline{B}}$, $\overline{\overline{A}} < \overline{\overline{B}}$, $\overline{\overline{B}} < \overline{\overline{A}}$ 有且僅有一種情形發生.

習題 1.2

1. 判斷題

設 A、B 是兩個非空集，$\overline{\overline{A}} < \overline{\overline{B}}$，則存在 B 的子集與 A 對等.　(　　)

2. 單項選擇

設 $\varphi: A \to B$ 是映射，$A_n \subset A, n \in \mathrm{N}$，則下述關係中(　　)是正確的.

A. $\varphi(\bigcap_{n=1}^{\infty} A_n) \subset \bigcap_{n=1}^{\infty} \varphi(A_n)$　　B. $\varphi(\bigcap_{n=1}^{\infty} A_n) = \bigcap_{n=1}^{\infty} \varphi(A_n)$

C. $\varphi(\bigcap_{n=1}^{\infty} A_n) \supset \bigcap_{n=1}^{\infty} \varphi(A_n)$ D. 以上都不對

3. 填空題

試找出一個$(0,1)$與$[0,1]$之間的一一對應：______________________.

4. 證明原像集的如下性質(可任選兩個小題作)

(1) 若$B_1 \subset B_2$，則$\varphi^{-1}(B_1) \subset \varphi^{-1}(B_2)$；

(2) $\varphi^{-1}\left(\bigcup_{\lambda \in \Lambda} A_\lambda\right) = \bigcup_{\lambda \in \Lambda} \varphi^{-1}(A_\lambda)$；

(3) $\varphi^{-1}\left(\bigcap_{\lambda \in \Lambda} A_\lambda\right) = \bigcap_{\lambda \in \Lambda} \varphi^{-1}(A_\lambda)$；

(4) $\varphi^{-1}(A^C) = (\varphi^{-1}(A))^C$.

5. 設$\varphi:A \to B$是滿射，則下列命題等價.

(1) φ是一一對應；

(2) 對任意$E_1, A_2 \subset A$，均有$\varphi(E_1 \cap E_2) = \varphi(E_1) \cap \varphi(E_2)$；

(3) 對任意$E_1, E_2 \subset A$，$E_1 \cap E_2 = \varnothing$均有$\varphi(E_1) \cap \varphi(E_2) = \varnothing$；

(4) 對任意$E_1 \subset E_2 \subset A$，均有$\varphi(E_2 \backslash E_1) = \varphi(E_1) \backslash \varphi(E_2)$.

6. 構造題

(1) 用可數個開區間的集合運算表示閉區間$[a,b]$；

(2) 構造區間(a,b)至$[0,1]$的一個一一對應表達式；

(3) 構造區間$(-1,1)$至R^1的一個一一對應表達式；

(4) 構造區間$[-1,1]$至R^1的一個一一對應表達式；

(5) 構造$\{(x,y) \mid x^2 + y^2 = 1\}$與$[-1,1]$之間的一一對應表達式；

(6) 構造區間$\mathrm{N} \times \mathrm{N}$至$\mathrm{N}$的一個一一對應表達式；

(7) 寫出R^1與無理數$\overline{\mathrm{Q}}$之間的一個一一對應表達式.

7. 設A、B、C為三個集合，且$A \supset B \supset C$，$A \sim C$，證明：$A \sim B$.

閱讀材料 1

1. 關於秦朝制定斤兩的十六進位制，有個傳說：秦始皇統一六國之后，負責制定度量衡標準的是丞相李斯. 李斯很順利地制定了錢幣、長度等方面的標準，但在重量方面沒了主意，他實在想不出到底要把多少兩定為一斤才比較好，於是向秦始皇請示. 秦始皇寫下了四個字的批示：「天下公平」(秦始皇統一后用小篆，此四字筆畫不吻合)，算是給出了制定的標準，但並沒有確切的數目. 李斯為了避免以后在實行中出問題而遭到罪責，決定把「天下公平」這四個字的筆畫數作為標準，於是定出了一斤等於十六兩. 這一標準在此后兩千多年一直被沿用.

半斤八兩的意思是兩人相差不多. 但半斤和八兩差不少，怎麼回事呢？因為秦朝制定斤兩是十六進位制. 所以半斤和八兩是相等的了.

2. 選擇公理(*Zermelo* 公理)　設$\mathcal{F}=\{A_\lambda\}_{\lambda\in\Lambda}$是一簇兩兩不相交的非空集，則存在集合 M 滿足下列條件：

(1) $M\subset\bigcup_{\lambda\in\Lambda}A_\lambda$；

(2) M 與$\mathcal{F}$中每一個集合有且僅有一個公共元素.

直觀地看，可以從$\mathcal{F}$的每個集合中各自僅取出一個元素來構造一個新的集合 M.

1.3　可數集合

1.3.1　可數集的定義

下面把無限集分成可數集與不可數集.

定義 1　與自然數集 N 對等的集合都稱為**可數集**或**可列集**，其基數記為 $\aleph_0$.

$$\begin{array}{ccccccc} a_1, & a_2, & a_3, & a_4, & a_5, & a_6, & \cdots \\ \updownarrow & \updownarrow & \updownarrow & \updownarrow & \updownarrow & \updownarrow & \updownarrow \\ 1, & 2, & 3, & 4, & 5, & 6, & \cdots \end{array}$$

如果不是可數的集，就稱為**不可數集**.

由定義 1，顯然有

定理 1　集 A 是可數集，當且僅當 A 的所有元素都可以編號排成一個無窮序列的形式，即 $A=\{a_1,a_2,a_3,\cdots\}$.

例 1　(1) $A=\{0,1,-1,2,-2,3,-3,\cdots\}$ 是可數集；

(2) $[0,1]$ 中的有理數全體 $=\left\{0,1,\frac{1}{2},\frac{1}{3},\frac{2}{3},\frac{1}{4},\frac{3}{4},\frac{1}{5},\frac{2}{5},\cdots\right\}$ 是可數集；

(3) 三角函數系$\{1,\cos x,\sin x,\cos 2x,\sin 2x,\cdots,\cos nx,\sin nx,\cdots\}$ 是可數集；

(4) 自然數集 N、整數集 Z、奇數集、偶數集都是可數集；

(5) 由 1.2 節例 5 知區間$(0,1)$ 和實數集 R 都是不可數集.

1.3.2　可數集的性質

定理 2($\aleph_0$ 為最小無限勢)　任何無限集合 M 必包含一個可數子集.

證　假設M是一個無限集，先從M中任取一個元素e_1，顯然$M-\{e_1\}$是無限集；再從$M-\{e_1\}$中取另一元素$e_2\neq e_1$，顯然$M-\{e_1,e_2\}$仍是無限集；如此繼續下去，我們可以從M中取出n個互異的元素$e_1,e_2,\cdots,e_n$，由於M是一個無限集，則$M-\{e_1,e_2,\cdots,e_n\}\neq\varnothing$.從而又可在$M-\{e_1,e_2,\cdots,e_n\}$中取出一元素$e_{n+1}$，它顯然是不同於$e_1,e_2,\cdots,e_n$中的任何一個元素的.

繼續下去，我們便可得到一個由 M 中取出的互不相同的元素組成的無窮序列

$$e_1, e_2, \cdots, e_n, \cdots.$$

記 $M^* = \{e_1, e_2, \cdots, e_n, \cdots\}$，顯然它是從 M 中取出的一個可數子集.

註 1 此定理說明「可數集合的基數是無限集的基數中的最小者」，即可數集是最「小」的無限集，或者說可數集是無限集中具有最小勢的集合.

定理 3 可數集的任何子集，如果不是有限集，則一定是可數集.

證 設 M^* 是可數集 M 的子集. 若 M^* 不是有限集合，即為無限集時，由定理 2 知：M^* 一定有可數子集 M^{**}，即

$$M^{**} \subset M^* \subset M.$$

從而 $M^{**} \sim M$，則由 Bernstein 定理的推論 2 知：$M \sim M^*$，即 M^* 也是可數集.

1. 可數集的並集性質

定理 4 設 A 是可數集，B 是有限集，則 $A \cup B$ 是可數集（即有限集與可數集的並仍為可數集）.

證 若 $B \subset A$，則 $A \cup B = A$，當然是可數集. 若 B 不全包含於 A 內，令 $B^* = B - A$，則 B^* 是一非空的有限集合，記為 $B^* = \{b_1, b_2, \cdots, b_m\}$.

由於 A 是可數的，則可以將其元素排成無窮序列的形式，即 $A = \{a_1, a_2, \cdots, a_n, \cdots\}$. 而 $A \cup B = A \cup (B - A)$，則 $A \cup B$ 的元素可以編號排序為

$$A \cup B = \{b_1, b_2, \cdots, b_m, a_1, a_2, \cdots, a_n, \cdots\}$$

這樣一個無窮序列的形式，即 $A \cup B$ 可數.

下面的定理說明從可數集出發，通過「並」的運算可以產生什麼樣的集合.

定理 5 若 A、B 都是可數集合，則 $A \cup B$ 是可數的.

證 仿定理 4 的證明，不妨令 $B^* = B - A$，則 B^* 要麼為有限集合，要麼為可數集合.

如果 B^* 是有限集合，則由定理 4 知：$A \cup B = A \cup B^*$ 是可數的；如果 B^* 是可數集合，則可將其元素排成無窮序列的形式，即

$$B^* = \{b_1, b_2, \cdots, b_n, \cdots\}.$$

同樣 A 也可排成無窮序列的形式，即

$$A = \{a_1, a_2, \cdots, a_n, \cdots\}.$$

從而 $A \cup B = A \cup B^*$ 便可排成 $A \cup B^* = \{a_1, b_1, a_2, b_2, \cdots, a_n, b_n, \cdots\}$ 這樣一個無窮序列的形式，即 $A \cup B$ 可數.

推論 1 若 $A_i (i = 1, 2, \cdots, n)$ 中的每一個集都是有限集合或可數集合，則 $\bigcup_{i=1}^{n} A_i$ 是有限集合或可數集合. 而只要其中有一個 A_i 不是有限的，則 $\bigcup_{i=1}^{n} A_i$ 就是可數的（有限個可數集的並仍為可數集）.

定理 6　如果 $A_n(n=1,2,\cdots)$ 中的每一個集都是可數集，則 $\bigcup_{n=1}^{\infty} A_n$ 也是可數集(可數個可數集的並仍為可數集).

推論 1 及定理 6 說明了可數集的有限並或可數並仍是可數集，它們的證明如下.

證　設 $A_n = \{a_{n1}, a_{n2}, \cdots, a_{nm}, \cdots\}$ $(n=1,2,\cdots)$ 是一列可數集. 先證定理 5 的推論 1 (有限並) 的情形. 只需將 $\bigcup_{i=1}^{n} A_i$ 的元素按下面的方式 (依箭頭指向) 編號排序，便可得到一個無窮序列，結論即可得證.

$$
\begin{array}{cccccc}
A_1 & = & \{a_{11}, & a_{12}, \to & a_{13}, & a_{14}, \to \cdots \\
& & \downarrow & \uparrow & \downarrow & \uparrow \quad \cdots \\
A_2 & = & \{a_{21}, & a_{22}, & a_{23}, & a_{24}, \cdots \\
& & \downarrow & \uparrow & \downarrow & \uparrow \quad \cdots \\
\cdots & \cdots & \cdots & \cdots & \cdots & \cdots \\
& & \downarrow & \uparrow & \downarrow & \uparrow \quad \cdots \\
A_n & = & \{a_{n1}, \to & a_{n2}, & a_{n3}, \to & a_{n4}, \cdots \\
\end{array}
$$

再證可數並的情形. 只需將 $\bigcup_{n=1}^{\infty} A_n$ 的元素按下面的方式 (依箭頭指向) 編號排序列，便可得到一個無窮序列，結論即可證.

$$
\begin{aligned}
A_1 &= \{a_{11} \to a_{12}, \ a_{13} \to a_{14}, \ \cdots\} \\
A_2 &= \{a_{21}, \ a_{22}, \ a_{23}, \ a_{24}, \ \cdots\} \\
A_3 &= \{a_{31}, \ a_{32}, \ a_{33}, \ a_{34}, \ \cdots\} \\
A_4 &= \{a_{41}, \ a_{42}, \ a_{43}, \ a_{44}, \ \cdots\}
\end{aligned}
$$

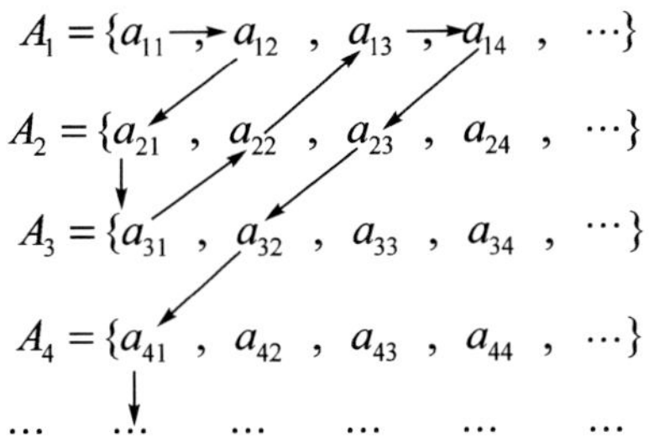

註 2　在編號排序時，若碰到前面已編過號的重複元素，則跳過去不再編號排序.

如果以 $\bar{n}$ 表示有限正整數，則推論 1 及定理 6 蘊含了下列各式：
(1) $\bar{n} + \aleph_0 = \aleph_0$；
(2) $\bar{n} \cdot \aleph_0 = \aleph_0$；
(3) $\aleph_0 + \aleph_0 = \aleph_0$；
(4) $\aleph_0 \cdot \aleph_0 = \aleph_0$.

思考題 1　若 $A_n(n=1,2,\cdots)$ 是一列有限集，則 $\bigcup_{n=1}^{\infty} A_n$ 是有限集或可數集.

思考題 2　任意無限多個可數集的並不一定是可數集.

如前所述，利用可數集的運算性質，從一些已知的可數集出發，可以得到更多的可數集.

例 3 全體有理數 Q 構成一個可數集合.

證 因為每一個有理數都可以寫成既約分數的形式，即

$$A_i = \left\{\frac{n}{i} \mid n = 1,2,3,\cdots\right\} \ (i = 1,2,3,\cdots)，且 (n,i) = 1,$$

則每個 $A_i = \left\{\frac{1}{i},\frac{2}{i},\cdots,\frac{n}{i},\cdots\right\} \ (i = 1,2,3,\cdots)$ 都是可數集，從而全體正有理數構成的集合 $Q^+ = \bigcup_{i=1}^{\infty} A_i$ 是可數的. 同理，全體負有理數構成的集合 Q^- 也是可數的. 從而全體有理數構成的集合 $Q = Q^+ \cup \{0\} \cup Q^-$ 也可數.

註 3 儘管有理數全體在實數軸上是處處稠密的，即實軸上任何一個小的開區間中都有無限多個有理數存在，但是有理數集仍然是一個可數集，它和自然數集是對等的，而后者僅僅是稀疏地分佈在實數軸上，這與我們的直覺是多麼的不同！這個表面看來難以置信的事實告訴我們：要判斷一個集合是否可數，不應該僅憑直觀感覺.

2. 可數集的乘積集的性質

定理 7 若 $A_i(i = 1,2,\cdots,n)$ 是可數集，則它們的乘積集

$$A_1 \times A_2 \times \cdots \times A_n$$

是可數集.

證 用數學歸納法證明. 當 $n = 2$ 時，

$$A_1 \times A_2 = \{(x,y) \mid x \in A_1, y \in A_2\} = \bigcup_{x \in A_1} \{(x,y) \mid y \in A_2\}.$$

由於集 $\{(x,y) \mid y \in A_2\}$ 可數，由定理 6 知，$A_1 \times A_2$ 是可數集.

假設 $A_1 \times A_2 \times \cdots \times A_{n-1}$ 是可數集，若記 $A_n = \{\alpha_1,\alpha_2,\cdots\}$，且對任意的 $k \geqslant 1$，令 $E_k = A_1 \times A_2 \times \cdots \times A_{n-1} \times \{\alpha_k\}$，則

$$E_k \sim A_1 \times A_2 \times \cdots \times A_{n-1}.$$

所以每個 E_k 是可數集. 而 $A_1 \times A_2 \times \cdots \times A_n = \bigcup_{k=1}^{\infty} E_k$，則 $A_1 \times A_2 \times \cdots \times A_n$ 是可數集.

推論 2 設集 A 是由有限個可數指標集所決定的元素全體，即若設 $I_1,\cdots,I_n$ 是 n 個可數集，且 $A = \{a_{i_1 i_2,\cdots, i_n} \mid i_1 \in I_1,\cdots,i_n \in I_n\}$，則 A 是可數集.

證 將 $a_{i_1 i_2,\cdots, i_n}$ 與 $(i_1,\cdots,i_n)$ 對應，即可推知

$$A \sim I_1 \times \cdots \times I_n.$$

由定理 7 知 $I_1 \times \cdots \times I_n$ 是可數集，從而 A 是可數集.

例 4 R^n 中的有理點（即坐標全為有理數的點）的全體所成的集 Q^n 是可數集.

證　因 $Q^n = Q \times \cdots \times Q$, 而 Q 是可數的, 則由定理 7 知 Q^n 也是可數集.

例 5　整系數多項式的全體是可數集.

證　記整數全體為 Z, 記 n 次多項式 $\sum_{i=0}^{n} a_i x^i$ 為 $P_{a_0,\cdots,a_n}$, 從而整系數多項式的全體為

$$\{P_{a_0,\cdots,a_n} \mid a_0,\cdots,a_n \in Z, n = 0,1,2,\cdots\} = \bigcup_{n=0}^{\infty} \{P_{a_0,\cdots,a_n} \mid a_0,\cdots,a_n \in Z\}.$$

由推論 2 可知整系數多項式的全體是一個可數集.

定義 2　整系數多項式方程的實根稱為代數數, 不是代數數的實數稱為超越數(參見閱讀材料 2).

定理 8　代數數的全體是一個可數集.

證　由代數學的基本定理可知,每個整系數多項式方程的根只有有限個, 則代數數的全體可以表示成可數個有限集的並. 從而代數數的全體是一個可數集.

註4　由定理2可知:任何無限集必包含有一個可數子集, 即可數集是無限集中勢最小者. 下面的這個定理說明「在一個無限集中添加任一個有限集或可數集時, 不會改變這個無限集的基數」.

定理 9　設 A 是無限集, B 為有限集或可數集, 則 $\overline{\overline{A \cup B}} = \overline{\overline{A}}$.

證　因為 B 為有限集或可數集, 則 $B - A$ 也為有限集或可數集, 且 $A \cap (B - A) = \varnothing$, 故不妨設 $A \cap B = \varnothing$, 否則用 $B - A$ 代替 B 即可.

由於 A 為無限集, 則從 A 中可以取出一個可數子集 M, 從而當 B 為可數集時, $M \cup B$ 是可數集; 當 B 為有限集時, $M \cup B$ 仍是可數集. 故

$$M \cup B \sim M.$$

由於 $(A - M) \cap (M \cup B) = \varnothing$, 則

$$A \cup B = ((A - M) \cup M) \cup B = (A - M) \cup (M \cup B) \sim (A - M) \cup M = A$$

即 $\overline{\overline{A \cup B}} = \overline{\overline{A}}$.

例 6　設 A 是直線上一簇互不相交的開區間構成的集, 則 A 必是有限集或可數集(簡稱至多可數集).

證　由於有理數在直線上是稠密的, 故可在每個開區間 $d \in A$ 內, 任取一有理點 $r_d \in d$, 作映射

$$\varphi: d \mapsto r_d.$$

當 $d_1, d_2 \in A$, $d_1 \neq d_2$ 且 $d_1 \cap d_2 = \varnothing$ 時, 必有 $\varphi(d_1) \neq \varphi(d_2)$, 即 φ 是 A 到有理數集的單射. 從而 φ 是 A 到有理數集的子集 $\varphi(A)$ 的雙射, 即

$$A \sim \varphi(A) \subset Q.$$

而有理數集是可數集, 由定理 3 可知:A 必是有限集或可數集.

註 5　讀者通過 1.4 節的學習可知:若在例 6 中開區間 d 內選無理點 $\overline{Q}$ 作映射, 則 $A \sim \varphi(A) \subset \overline{Q}$, 由此只能得出 A 的基數至多 $\aleph$.

習題 1.3

1. 判斷題

以有理數為端點的區間全體是可數集.　　　　　　　　　　　　　　　　　(　　)

2. 填空題

(1) 平面上頂點是有理坐標的一切三角形所成集合 E 的基數 $\overline{\overline{E}}$ = ________;

(2) $A = \{a_{x_1x_2x_3\cdots} \mid x_i \in \{0,1,2\}, i = 1,2,\cdots\}$, 則 $\overline{\overline{A}}$ = ________.

3. 證明平面上坐標為有理數的點構成一可數集.

4. 證明有理系數代數多項式全體是可數集.

5. 證明下列命題

(1) R 上單調函數 f 的不連續點集為至多可數集;

* (2) 設 f:R → R 為實函數. 令

$$f_{\max} = \{f(x) \mid x \in \text{R且為} f \text{的極大值點}\},$$

$$f_{\min} = \{f(x) \mid x \in \text{R且為} f \text{的極小值點}\},$$

則 $f_{\max}$ 和 $f_{\min}$ 都為至多可數集;

*(3) 設 f:R → R 為實函數, 則其第一類間斷點是可數的;

*(4) 設 $f:[a,b] \to \text{R}$ 為實函數, 則左導數 $f'_-(x)$ 及右導數 $f'_+(x)$ 都存在(包括 ±∞)但不相等的點集是至多可數的;

*(5) 設 $f:[a,b] \to \text{R}$ 為凸(凹)函數, 則 f 的不可導點集是至多可數集;

*(6) 對於有理數集 Q, 施行 +, −, ×, ÷, $\sqrt{\quad}$, $\sqrt[3]{\quad}$, … 有限次(包括零次)運算所得到的一切數的全體為可數集;

*(7) p 進制有限小數全體為可數集, 無限循環小數全體為可數集.

6. 設 A 是一無限集合, 證明必有 $A^* \subset A$, 使 $A^* \sim A$ 且 $A - A^*$.

閱讀材料 2

有關超越數的說明:

我們證明了代數數全體是可數集合, 通過后面可知道超越數全體是不可數集, 故超越數比代數數多得多.

· 1874 年 Cantor 開始研究無限集的計數問題;

· 1873 年 C.埃爾米特證明了 e 是超越數;

· 1882 年 Lindemann 證明了 π 是超越數;

· 1934 年 A.O.蓋爾豐得證明了若 α 不是 0 和 1 的代數數, β 是無理代數數, 則 α^β 是超越數(此問題為 Hilbert 於 1900 年提出的 23 個問題中的第 7 問題).

1.4 不可數集合

是不是所有的無限集都是可數集呢？如果是這樣的話，那麼所有的無限集都將具有同一個勢，從而勢這一概念的引進也就沒有多大意義了.

事實上並非如此！比如，在 1.2 節例 5 中，我們已證明「數集 $(0,1)$ 與自然數集 N 不對等」. 這就是說 $(0,1)$ 是一不可數的無限集.

定義 1 我們稱不是可數集的無限集為**不可數集**（或**不可列集**）.

由於對等關係具有傳遞性，任何能與 $(0,1)$ 對等的集合也一定是不可數的無限集.

定義 2 通常用 $\aleph_0$ 表示可數集合的基數，稱為**可數基數**. 用 $\aleph$ 表示區間 $(0,1)$ 以及能與 $(0,1)$ 對等的集合（稱為連續勢集）的基數，稱為**連續基數**（或**連續勢**）.

定理 1 全體實數所作成的集合 R^1 的基數是 $\aleph$.

證 令 $\varphi(x)=\tan(\pi x-\frac{\pi}{2})$，則由 1.2 節例4 知 φ 是區間 $(0,1)$ 到 R^1 的一個一一對應，則由定義 2 知：R^1 的基數是 $\aleph$.

例 1 直線上任何區間的基數都是 $\aleph$.

證 首先證明當 $a<b$，開區間 (a,b) 的基數是 $\aleph$.

令 $\varphi(x)=\tan(\pi\cdot\frac{x-a}{b-a}-\frac{\pi}{2})$，則由 1.2 節例4 知 φ 是區間 (a,b) 到 R 的一個一一對應，則 $\overline{\overline{(a,b)}}=\aleph$.

讀者易證 $\overline{\overline{(a,b]}}=\overline{\overline{[a,b)}}=\overline{\overline{[a,b]}}$，從而直線上的任何有限區間的基數都是 $\aleph$. 同樣讀者可證明 $[a,+\infty)$，$(-\infty,a]$，$(a,+\infty)$，$(-\infty,a)$ 的基數也都是 $\aleph$，從而直線上的任何區間的基數都是 $\aleph$.

由於 N 是最小的無限集，所以

$$n<\aleph_0<\aleph.$$

註1 由 1.3 節定理9 可知：相應於具有連續基數的集而言，可數集是無足輕重的.

推論 1 直線上無理數的基數是 $\aleph$.

證 記無理數集為 $\overline{Q}$，有理數集為 Q，則由 1.3 節定理 9 可知：添加一個可數集到無限集上時，並不改變其基數，即

$$\overline{\overline{\overline{Q}}}=\overline{\overline{\overline{Q}\cup Q}}=\overline{\overline{R}}=\aleph,$$

從而直線上無理數的基數是 $\aleph$，所以無理數比有理數多得多.

註 2　由 1.3 節定義 2 及定理 9 可知：超越數的全體具有基數 $\aleph$，從而超越數是存在的，而且要比代數數多得多.

註 3　平面與直線有「相同多」的點.

以上看到的都是直線上的點集，平面內點集的勢又有多大呢？1874 年 Cantor 考慮 R^1 與 R^n 的對應關係，並企圖證明這兩個集合不可能構成一一對應；過了三年，他證明了一一對應關係是存在的，從而說明 R^n 具有連續基數. 他當初寫信給 Dedekind 說：「我看到了它，但我簡直不能相信它」.

下面我們來證明 R^2 的勢.

例 2　證明 R^2 的基數是 $\aleph$.

證　顯然，$\overline{\overline{R^2}} \geqslant \aleph$，那麼$\overline{\overline{R^2}}$是大於 $\aleph$ 還是等於 $\aleph$ 呢？

由於 $R^2 = R^1 \times R^1 = \{(x,y) \mid x \in R^1, y \in R^1\}$，且$\overline{\overline{R^1}} = \overline{\overline{[0,1]}}$，從而$\overline{\overline{R^2}} = \overline{\overline{[0,1]^2}}$，所以下面只需考慮$[0,1]^2$ 的基數.

如果將 R^2 中的 x 與 y 按適當順序排成一個新的數，則$[0,1]^2$ 可與 R^1 的某一個子集對等. 不妨設 $x = 0.x_1x_2x_3\cdots, y = 0.y_1y_2y_3\cdots$，我們總可以按下述方式來排列 x 與 y，即令

$$z = 0.x_1y_1x_2y_2\cdots x_ny_n\cdots.$$

在規定「不允許出現只有有限個數字非零」的情形下，作如下的對應關係：

$$\varphi:(x,y) = (0.x_1x_2x_3\cdots, 0.y_1y_2y_3\cdots) \in [0,1]^2 \mapsto 0.x_1y_1x_2y_2\cdots x_ny_n\cdots,$$

則 φ 是區間$[0,1]^2$ 到 R^1 的某個子集的一一對應，故$\overline{\overline{[0,1]^2}} \leqslant \aleph$，從而$\overline{\overline{R^2}} \leqslant \aleph$. 這就證明了

$$\overline{\overline{R^2}} = \aleph.$$

由例 2 的證明說明了有限個、可數個連續勢集的乘積集仍為連續勢集.

比如，(1) 平面上的單位正方形$\{(x,y) \mid x,y \in (0,1)\}$上的點所構成的點集的基數是 $\aleph$.

(2) 設 $A = \{(x_1,x_2,\cdots,x_n,\cdots) \mid x_i \in (0,1)\}$，則$\overline{\overline{A}} = \aleph$.

類似方法可證明如下定理.

定理 2　$\overline{\overline{R^n}} = \overline{\overline{R^\infty}} = \aleph$，其中 R^∞ 是指可數個 R^1 的笛卡爾乘積.

R^1, R^n, R^∞ 具有連續勢與我們直觀是相容的，但是下面集合的勢為 $\aleph$ 就不是那麼直觀了.

定理 3　設 M 代表由兩個元素 p、$q(p \neq q)$ 所組成的元素序列全體，則 $\overline{\overline{M}} = \aleph$.

證　如果我們將 p 對應到 0，q 對應到 1，那麼 p、q 排成的序列 M 就對應於由 0、1 兩個數字排列而成的序列 T，則$\overline{\overline{M}} = \overline{\overline{T}}$.

設 $T=\{\{\xi_1,\xi_2,\cdots\}\mid\xi_i=0$ 或 $1,i=1,2,\cdots\}$，作 T 到 R^∞ 的映射

$$\varphi:\{\xi_1,\xi_2,\cdots\}\mapsto(\xi_1,\xi_2,\cdots),$$

則 φ 是 T 到 R^∞ 的子集 $\varphi(T)$ 的一一對應，從而$\overline{\overline{T}}\leqslant\overline{\overline{\mathrm{R}^\infty}}=\aleph$.

如果我們將$(0,1)$中的任意 x 用二進位小數表示，則每一個 x 都對應由 0、1 重複排成的序列. 現在我們約定小數表示排除了僅有有限個不為零的情形，則對任意的 $x\in(0,1)$ 就對應於唯一的一個由 0、1 重複排成的序列，即對任意的 $x\in(0,1)$ 都可唯一地寫成 $x=0.\xi_1\xi_2\cdots$，其中每個 $\xi_i=0$ 或 1.

令 $f(x)=\{\xi_1,\xi_2,\cdots\}$，則 f 是$(0,1)$到 T 的子集 $f((0,1))$ 上的一一對應，因而$\overline{\overline{T}}\geqslant\overline{\overline{(0,1)}}=\aleph$.

綜上所述，由 Bernstein 定理可知：$\overline{\overline{T}}=\aleph$.

定理 4 若 M 是可數集，則 M 的子集全體所構成的集合 E 有連續勢.

證 定理 4 的證明與定理 3 的證明基本類似. 由於 M 可數，則可設 $M=\{m_1,m_2,\cdots\}$，對任意的 $m\in E$，令 $\varphi(m)=0.t_1t_2\cdots$，其中當 $m_n\in m$ 時，$t_n=1$，否則 $t_n=0$. 不難驗證，在我們約定小數表示排除了僅有有限個不為零的情形，即可知 φ 建立了 $E-E_0$(E_0 是 E 的可數子集)與$(0,1)$之間的一一對應關係，進而$\overline{\overline{E}}=\aleph$.

定理 5 如果 $A_i(i=1,2,3,\cdots)$ 都是基數小於或等於 $\aleph$ 的集合，且其中至少有一個的基數等於 $\aleph$，則 $\bigcup\limits_{i=1}^{\infty}A_i$ 的基數也是 $\aleph$.

證 不妨設$\overline{\overline{A_1}}=\aleph$. 令 $A_1^*=A_1$，$A_i^*=A_i-\bigcup\limits_{j=1}^{i-1}A_j(i\geqslant2)$，則 $A_i^*\cap A_j^*=\varnothing(i\neq j)$，且 $\bigcup\limits_{i=1}^{\infty}A_i^*=\bigcup\limits_{i=1}^{\infty}A_i$.

由題意知：對任意的 $i\in\mathrm{N}^+$，有$\overline{\overline{A_i}}\leqslant\aleph$，則$\overline{\overline{A_i^*}}\leqslant\aleph$. 而區間$[i-1,i)$的基數是 $\aleph$，故存在 $B_i^*\subset[i-1,i)$，使 $A_i^*\sim B_i^*$.

由 1.2 節引理 1 的推論 1 知：$\bigcup\limits_{i=1}^{\infty}A_i\sim\bigcup\limits_{i=1}^{\infty}B_i^*$. 一方面，由於 $\bigcup\limits_{i=1}^{\infty}A_i\sim\bigcup\limits_{i=1}^{\infty}B_i^*\subset[0,+\infty)$，則 $\bigcup\limits_{i=1}^{\infty}A_i\sim\bigcup\limits_{i=1}^{\infty}B_i^*\subset[0,+\infty)$；另一方面$[0,+\infty)\sim A_1\subset\bigcup\limits_{i=1}^{\infty}A_i$. 則由 Bernstein 定理可知：$[0,+\infty)\sim A_1$，即 $\bigcup\limits_{i=1}^{\infty}A_i$ 的基數為 $\aleph$.

定理 5 說明了可數個基數不超過 $\aleph$ 的集合之並集的基數也不超過 $\aleph$，用公式表示就是：

$$\aleph_0\cdot\aleph=\aleph.$$

註 4　請讀者切不可認為不可數無限集的基數都不會超過 $\aleph$. 下面的(無最大勢或 Cantor) 定理告訴我們, **不可能存在一個最大的基數**. 這說明了無限也是分很多層次的, 且不存在基數最大的集合.

定理 6　設 M 是一個任意的非空集合, 如果用 E 表示 M 的全體子集構成的集合(稱為 M 的冪集, 記為 2^M), 則 $\overline{\overline{E}} > \overline{\overline{M}}$.

證　記 $E^* = \{\{x\} \mid x \in M\}$, 則 $E^* \subset E$, 且 $M \sim E^*$. 從而 $\overline{\overline{M}} \leqslant \overline{\overline{E}}$.

反設 $M \sim E$, 即存在 M 到 E 上的雙射 $\varphi: M \to E$, 使得對任意的 $\alpha \in M$, 都有 E 中一確定元素 $M_\alpha = \varphi(\alpha) \subset M$ 與之對應. 我們定義

$$M^* = \{\alpha \mid \alpha \in M, \alpha \notin \varphi(\alpha) = M_\alpha\},$$

則 M^* 是 M 的子集, 從而 $M^* \in E$.

而 $M \sim E$, 則必存在 $\alpha^* \in M$ 通過雙射 φ, 使得 $\varphi(\alpha^*) = M^*$, 則元素 α^* 與 M^* 的關係要麼屬於要麼不屬於. 下面討論 α^* 與 M^* 的關係.

1° 如果 $\alpha^* \in M^*$, 則由 M^* 的定義有 $\alpha^* \notin M_{\alpha^*} = M^*$, 矛盾;

2° 如果 $\alpha^* \notin M^* = \varphi(\alpha^*)$, 則由 M^* 的定義有 $\alpha^* \in M^*$, 矛盾.

從而在任何方式下都矛盾, 這只能說明 $M \sim E$ 是不可能的.

註 5　特別地, 如果 M 是一個包含 n 個元素的有限集合, 則通過簡單的計算可知, E 是一個包含 2^n 個元素的集合, 即

$$\overline{\overline{E}} = 2^n = 2^{\overline{\overline{M}}}.$$

當 M 為無限集時, 我們也可將 E 的基數記為 $2^{\overline{\overline{M}}}$. 從而定理 6 說明了非空集 M 與其冪集不對等, 且 $2^{\overline{\overline{M}}} > \overline{\overline{M}}$; 定理 4 說明了 $2^{\aleph_0} = \aleph_0$.

至此, 我們已經討論了 $\aleph_0$ 和 $\aleph$ 這兩個重要的無限勢. 那麼有一個很意思的問題: 是否存在一個數 α, 使得 $\aleph_0 < \alpha < \aleph$ 成立呢?

Cantor 首先看到了這個自然而又基本的問題, 但他並沒有解決這一問題, 他猜想介於 $\aleph_0$ 和 $\aleph$ 中間的勢 α 是不存在的, 這就是著名的連續統假設: 沒有大於 $\aleph_0$ 而小於 $\aleph$ 的勢. 嚴格說來, 至今沒有人能證明是否存在這種勢, 但大家普遍承認 Cantor 的猜想, 並將連續統假設作為集合論的一條公理. 人們已經證明, 這條公理與集合論的其他公理是相互獨立的, 換句話說, 無論是接受還是拒絕這條公理, 都不會與其他公理發生衝突. 初學的讀者有時會不自覺地應用連續統假設. 例如, 按某種條件給定了集合 A, 已知 $\overline{\overline{A}} \leqslant \aleph$, 如果我們僅僅證明了 A 是不可數的, 就斷言 $\overline{\overline{A}} = \aleph$, 那麼這個證明是不可取的, 因為這裡實際上已應用了連續統假設, 讀者應避免使用這類不盡完善的推理.

習題 1.4

1. 判斷題

(1) 無限集減去無限集得到有限集. ( )

(2) R^2 與 R^3 的勢是不等的. ( )

(3) 如果 A 是 B 的真子集, 那麼 $\overline{\overline{A}} < \overline{\overline{B}}$. ( )

(4) 設 A 是不可數集, B 是可數集, 則 $A \cup B$ 與 A 的勢相等. ( )

(5) 設 $A \cup B$ 為不可數集, 則 A,B 中至少有一個為不可數集. ( )

2. 單項選擇

(1) 設 Q 是有理數集, 則( ) 是正確的.

A. $\overline{\overline{Q}} > \overline{\overline{[0,1]}}$　　B. $\overline{\overline{Q}} = \overline{\overline{[0,1]}}$

C. $\overline{\overline{Q}} < \overline{\overline{[0,1]}}$　　D. 以上都不對

(2) 以下集合中, ( ) 是不可數集合.

A. 所有係數為有理數的多項式集合

B. $[0,1]$ 中的無理數集合

C. 單調函數的不連續點所成集合

D. 以直線上互不相交的開區間為元素的集合

(3) 設 A 為不可數集, B 為可數集, 則 $\overline{\overline{A \cup B}}$ 為( ).

A. $\aleph$　　B. $\aleph_0$

C. 大於 $\aleph_0$　　D. 不能確定

(4) 下列斷言( ) 是錯誤的.

A. 無限個可數集的並不一定是可數集

B. 無限集和無限集的並不一定是不可數集

C. 任一無限集都包含一個可數子集

D. 設 A 和 B 為兩個可數集, 若 A 為 B 的真子集, 則 $\overline{\overline{A}} < \overline{\overline{B}}$

3. 敘述題(不需證明)

設一旅館有無限多個房間, 編號為 $1,2,3,\cdots,n,\cdots$, 所有房間都住了人(一人一間), 試問若(1) 又來了 3 個人; (2) 每個人帶來一個親戚; (3) 每個人帶來可數個親戚; (4) 來了 $\overline{\overline{[0,1]}}$ 個人, 是否能讓新來的人住進(一人一間), 並說明理由.

4. 證明 $[0,1]$ 上的全體無理數構成一不可數無限集合.

5. 證明全體代數數(即整係數多項式的零點) 構成一可數集合, 進而證明必存在超越數.

6. 證明如果 $\overline{\overline{A \cup B}} = \aleph$, 則 $\overline{\overline{A}}, \overline{\overline{B}}$ 中至少有一個為 $\aleph$.

7. 證明下列命題：

（1）證明實數列全體 R^{∞} 的基數是 $\aleph$，進而證明 n 維 Euclid 空間 R^{n} 的基數為 $\aleph$；

（2）R^{1} 中一切開區間的全體記為 G，則 $\overline{\overline{G}} = \aleph$；

（3）設 F 是 $[0,1]$ 上全體實函數所構成的集合，證明 $\overline{\overline{F}} = 2^{\aleph} > \aleph$；

*（4）區間 $[a,b]$ 上的連續函數全體 $C([a,b])$ 的基數為 $\aleph$；

*（5）定義在區間 $[a,b]$ 上單調函數全體形成的集合 X 的基數為 $\aleph$；

*（6）設 X 是 $[a,b)$ 上的右連續的單調函數全體，則 $\overline{\overline{X}} = \aleph$；

*（7）$\aleph_0^{\aleph_0} = \aleph_0^{\infty} = \aleph$，$\aleph^{\aleph_0} = \aleph^{\infty} = \aleph$，$2^{\aleph_0} = \aleph$，$\aleph^{\aleph} = 2^{\aleph}$，$\aleph_0^{\aleph} = 2^{\aleph}$.

8. 試問是否存在 $f \in C(\mathrm{R})$，使得

$$f(x) = \begin{cases} \overline{\mathrm{Q}}, & x \in \mathrm{Q}, \\ \mathrm{Q}, & x \in \mathrm{R} \setminus \mathrm{Q}? \end{cases}$$

第 2 章　n 維空間中的點集

顧名思義，實變函數以 n 維 Euclid 空間 R^n 上的實值函數為研究對象. 因此，除掌握第一章一般的集合論基礎外，還需進一步準備一些 R^n 中點集的性質，這裡主要是指與極限有關的性質. 本章將根據積分論的需要，簡單介紹關於 R^n 中點集最基本的一些概念.

我們先介紹 R^n 中的距離、極限、鄰域、區間等基本概念；然后定義內點、聚點、外點、邊界點、開集、閉集等特殊的點和集，並討論開集與閉集的性質及其構造；最后介紹聚點原理、有限覆蓋定理、距離可達定理和隔離性定理. 這些知識，可以使實變函數論建立在比初等數學分析更深刻而堅實的基礎上，也可以使我們能用初等分析中已熟悉的概念來理解、處理實變函數中的新概念. 通過后面的學習，我們將看到:所謂勒貝格可測集，其特徵可以用開集或閉集來描述；所謂勒貝格可測函數，又可以用連續函數在某些意義下逼近或近似取代；而可測集和可測函數正是積分論的主要研究對象.

設 n 維 Euclid 空間 R^n 是由 n 個實數組成的有序數組 $(x_1,x_2,\cdots,x_n)$ 全體所構成的集合，在線性代數中已初步研究過它的性質，如線性結構、基底的存在性、距離公式等. 回憶一下，R^n 中任意兩點 $X=(x_1,x_2,\cdots,x_n)$，$Y=(y_1,y_2,\cdots,y_n)$ 之間的距離公式為

$$\rho(X,Y)=\left\{\sum_{i=1}^{n}(x_i-y_i)^2\right\}^{\frac{1}{2}}.$$

顯然，對任何 $X,Y,Z\in\mathrm{R}^n$，距離 ρ 具有下列性質：

(i) **非負性**(正定性)　$\rho(X,Y)\geqslant 0$，且 $\rho(X,Y)=0$ 當且僅當 $X=Y$；

(ii) **對稱性**(往返距離相等)　$\rho(X,Y)=\rho(Y,X)$；

(iii) **三角不等式**　$\rho(X,Y)\leqslant\rho(X,Z)+\rho(Z,Y)$.

證　由距離的定義可知，(i) 和(ii) 是顯然成立的. 下面來驗證(iii).

對任意的 $\lambda\in\mathrm{R}$，任意的 $(a_1,a_2\cdots,a_n)$，$(b_1,b_2,\cdots,b_n)\in\mathrm{R}^n$，有

$$0\leqslant\sum_{i=1}^{n}(a_i+\lambda b_i)^2=\sum_{i=1}^{n}a_i^{\,2}+2\lambda\sum_{i=1}^{n}a_ib_i+\lambda^2\sum_{i=1}^{n}b_i^{\,2},\qquad(2.1.1)$$

式(2.1.1) 右端是關於實數 λ 的二次三項式，由於它對一切實數 λ 都是非負的，所以其判別式 $\Delta\leqslant 0$，從而可推得

$$\left(\sum_{i=1}^{n} a_i b_i\right)^2 \leqslant \sum_{i=1}^{n} a_i^2 \sum_{i=1}^{n} b_i^2. \tag{2.1.2}$$

將式(2.1.2)代入式(2.1.1)，並令 $\lambda = 1$，可得

$$\begin{aligned}\sum_{i=1}^{n} (a_i + b_i)^2 &= \sum_{i=1}^{n} a_i^2 + 2\sum_{i=1}^{n} a_i b_i + \sum_{i=1}^{n} b_i^2 \\ &\leqslant \sum_{i=1}^{n} a_i^2 + 2\left(\sum_{i=1}^{n} a_i^2 \sum_{i=1}^{n} b_i^2\right)^{\frac{1}{2}} + \sum_{i=1}^{n} b_i^2 \\ &= \left(\sqrt{\sum_{i=1}^{n} a_i^2} + \sqrt{\sum_{i=1}^{n} b_i^2}\right)^2,\end{aligned} \tag{2.1.3}$$

式(2.1.2)、(2.1.3)分別稱為 Cauchy 不等式和 Minkowski 不等式.

令 $a_i = x_i - y_i$，$b_i = y_i - z_i$，則由式(2.1.3)可得

$$\rho(X,Z) \leqslant \rho(X,Y) + \rho(Y,Z).$$

一般地，對一個點集，如果能引進滿足性質(i)、(ii)、(iii)的距離，則稱此點集為**距離空間**，記為(R^n,ρ). 關於更為一般的距離空間將在 6.1 節討論.

定義 1 對任意的 $X = (x_1, x_2, \cdots, x_n) \in \mathrm{R}^n$，定義 X 的模(或長度)為

$$\|X\| = \rho(X,\theta) = \left\{\sum_{i=1}^{n} x_i^2\right\}^{\frac{1}{2}},$$

其中 $\theta = (0,\cdots,0)$ 為 R^n 的原點.

設 M 是 R^n 中一點集，若存在 $K > 0$，使得對任意 $X = (x_1, x_2, \cdots, x_n) \in M$，都有 $\|X\| \leqslant K$，則稱 M 為有界的.

有了距離概念就可以仿照數學分析定義數列極限那樣，定義點列極限了.

定義 2 設 $P_m, P_0 \in \mathrm{R}^n (m = 1,2,,3\cdots)$，如果 $\lim\limits_{m\to\infty}\rho(P_m, P_0) = 0$，則稱點列 $\{P_m\}$ 收斂於 P_0，記為 $\lim\limits_{m\to\infty} P_m = P_0$，或 $\rho(P_m, P_0) \to 0 (m \to +\infty)$. 即對任意的 $\varepsilon > 0$，存在正整數 N，當 $m > N$ 時，有 $\rho(P_m, P_0) < \varepsilon$.

在距離空間(R^n,ρ)中，$\rho(P_m, P_0) \to 0 (m \to +\infty)$ 當且僅當 $x_{m_k} \to x_{0_k} (m \to +\infty)(k = 1,2,\cdots,n)$，其中 $P_m = (x_{m_1}, x_{m_2}, \cdots, x_{m_n})$，$P_0 = (x_{0_1}, x_{0_2}, \cdots, x_{0_n})$.

易證，當 $\rho(X_m, X_0) \to 0$ 且 $\rho(Y_m, Y_0) \to 0 (m \to +\infty)$ 時，$\rho(X_m, Y_m) \to \rho(X_0, Y_0)$，即 $\rho(X,Y)$ 是 X,Y 的「二元」連續函數.

同樣也可以用鄰域來描述極限.

定義 3 對定點 $P_0 \in \mathrm{R}^n$ 及 $\delta > 0$，稱 R^n 中到點 P_0 的距離小於 δ 的點 P 的全體所作成的集合 $\{P \mid \rho(P, P_0) < \delta\}$ 為以 P_0 為心，δ 為半徑的**開球**(或**鄰域**)，記為 $N(P_0, \delta)$. 從而稱 $\{P \mid \rho(P, P_0) \leqslant \delta\}$ 為**閉球**，稱 $\{P \mid \rho(P, P_0) = \delta\}$ 為以 P_0 為心，δ 為半徑的**球面**.

顯然，在 R^1，R^2，R^3 中，$N(P_0, \delta)$ 就是以 P_0 為心，以 δ 為半徑的開區間，開圓盤和開球.

定義4　設 $a_i, b_i \in \mathrm{R}(i=1,2,\cdots,n)$ 皆為實數且 $a_i < b_i(i=1,2,\cdots,n)$，稱點集

$$\{x=(x_1,x_2,\cdots,x_n)\mid a_i < x_i < b_i(i=1,2,\cdots,n)\}$$

為 R^n 中的開矩體($n=2$時為矩形，$n=1$時為區間)，即為笛卡爾乘積集 $(a_1,b_1)\times\cdots\times(a_n,b_n)$. 類似地，$\mathrm{R}^n$ 中的閉矩體以及半開半閉矩體就分別是乘積集

$$[a_1,b_1]\times\cdots\times[a_n,b_n],\ (a_1,b_1]\times\cdots\times(a_n,b_n],$$

將開矩體、閉矩體和半開半閉矩體統稱為矩體，稱 $b_i - a_i(i=1,2,\cdots,n)$ 為矩體的邊長. 若各邊長度相等，則稱矩體為方體. 矩體也常用符號 I,J 等表示，其體積用 $|I|$，$|J|$ 等表示. 比如，如果 $I=(a_1,b_1)\times\cdots\times(a_n,b_n)$，則

$$|I|=\prod_{i=1}^{n}(b_i - a_i).$$

更一般地，設 $I_j(1\leqslant j\leqslant n)$ 是 R^1 中有界區間(開的、閉的或半開半閉)，我們稱集 $I=I_1\times I_2\times\cdots\times I_n$ 為 R^n 中的一個區間(或矩體). 如果每個 $I_j(1\leqslant j\leqslant n)$ 都是開(閉或半開半閉)的，則稱 I 為開(閉或半開半閉)的.

2.1　聚點、內點、邊界點、Bolzano - Weierstrass 定理

設 $E\subset\mathrm{R}^n$，$P_0\in\mathrm{R}^n$，下面來研究 P_0 與的關係.

(i) 我們可以通過看是否有 P_0 的完整鄰域含於其中，從而將 R^n 中的點 P_0 分為三類：

(1) **外點**：存在 $\delta>0$，使 $N(P_0,\delta)\cap E=\varnothing$(即 P_0 附近根本沒有的點)；

(2) **內點**：存在 $\delta>0$，使 $N(P_0,\delta)\subset E$(即 P_0 附近全是的點)，記為 E^{o}；

(3) **邊界點**：對任意的 $\delta>0$，總有 $N(P_0,\delta)\cap E\neq\varnothing$，$N(P_0,\delta)\cap E^{c}\neq\varnothing$(即 P_0 附近既有屬於的點，也有不屬於的點)，記為 ∂E.

直線上的有理數全體的邊界是整個實數集.

(ii) 我們也可以通過看 P_0 的鄰域含有 E 中點的多少，將 R^n 中的點 P_0 分為三類：

(1) **聚點**：對任意的 $\delta>0$，總有 $N(P_0,\delta)\cap E-\{P_0\}\neq\varnothing$；

(2) **孤立點**：存在 $\delta>0$，使 $N(P_0,\delta)\cap E=\{P_0\}$；

(3) **外點**：存在 $\delta>0$，使 $N(P_0,\delta)\cap E=\varnothing$.

兩種分類方法的關係如下：

$$\begin{cases}\left.\begin{array}{l}\text{內點}\\ \text{邊界點}\begin{cases}\text{不是孤立點的邊界點}\\ \text{孤立點}\end{cases}\end{array}\right.\text{聚點}\\ \text{外點}\end{cases}$$

註1　E 的內點一定屬於 E，而 E 的聚點則既可能屬於 E，也可能不屬於 E；E 的內點必為 E 的聚點，但 E 的聚點可以不是 E 的內點，因為還有可能是邊界點.

孤立點與聚點雖然是相對應的概念，但這並不意味著孤立點集就一定沒有聚點，如下例.

例1　集合 $A=\left\{1,\frac{1}{2},\cdots,\frac{1}{n},\cdots\right\}$ 是孤立點集，但 0 是孤立點集 A 的聚點，且 $0 \notin A$.

定理1　設 $E \subset \mathrm{R}^n$ 且 $E \neq \varnothing$，以下命題是等價的：

(1) P_0 為 E 的聚點；

(2) 在 E 中存在互異點列 $\{P_n\}$，滿足對任意的 n，$P_n \neq P_0$ 且 $P_n \to P_0 (n \to \infty)$；

(3) 任意的 $N(P_0,\delta)$ 都包含 E 中的無限多個相異點.

證　(1)⇒(2). 對任意的 $n \in \mathrm{N}$，取 P_0 的一列鄰域 $N(P_0,\frac{1}{n})$. 由聚點定義，有 $N(P_0,\frac{1}{n}) \cap E-\{P_0\} \neq \varnothing$. 取 $P_n \in N(P_0,\frac{1}{n}) \cap E$，且 $P_n \neq P_0 (n=1,2,\cdots)$，得到點列 $\{P_n\}$. 令 $n \to \infty$，則 $\rho(P_0,P_n) < \frac{1}{n} \to 0$.

若這樣的點列 $\{P_n\}$ 中只有有限個點不一樣，由於 $P_n \neq P_0$，則 $P_n \nrightarrow P_0$，矛盾；

若點列 $\{P_n\}$ 中有無限個點不一樣，此時，存在 $\{P_{n_k}\}$ 為 $\{P_n\}$ 的互異子列，且 $P_{n_k} \to P_0 (k \to \infty)$，滿足條件(2).

(2)⇒(3). 由 $P_n \to P_0 (n \to \infty)$ 知，對任意的 $\delta>0$，存在 $N_\delta>0$，當 $n>N_\delta$ 時，有 $P_n \in N(P_0,\delta)$. 再由 $\{P_n\}$ 的互異性及 $\{P_n\} \subset E$ 可知，$N(P_0,\delta)$ 包含 E 中的無限多個相異點.

(3)⇒(1). 顯然.

由定理 1 可知：之所以稱為「聚點」，是因為在的任意一個小鄰域內都「聚集」著 E 的無限多個點.

R^n 中點集的聚點有如下四種情形：

(i) 沒有聚點；

例2　非空的有限點集或發散到無窮遠點的點列所成的點集都沒有聚點，所以是孤立點集.

(ii) 一個點集的聚點可以都不屬於這個點集. 比如，例 1.

(iii) 一個點集 A 的聚點可以一部分在 A 中，另一部分不在 A 中，甚至聚點比 A 本身的點還多；

例3　以 Q 表示區間 $[0,1]$ 中的有理數全體，那麼區間 $[0,1]$ 中任何一點都是 Q 的聚點.

(iv) 一個點集的聚點的全體就是這個點集自身.

例 4　R^2 中閉圓盤 $D = \{(x_1, x_2) \mid x_1^2 + x_2^2 \leqslant 1\}$ 的聚點全體, 就是 D 自身.

定義 5　對於 $E \subset \mathrm{R}^n$, 稱 E 的全體聚點所作成的點集為 E 的**導集**, 記為 E'. 又稱 $E \cup E'$ 為 E 的**閉包**, 記為 $\overline{E}$.

由聚點的定義, 顯然有如下定理 2.

定理 2　若 $A \subset B \subset R^n$, 則 $A' \subset B'$.

定理 3　若 $A \subset \mathrm{R}^n$, $B \subset \mathrm{R}^n$, 則$(A \cup B)' = A' \cup B'$.

證　因 $A \subset A \cup B$, $B \subset A \cup B$, 則由定理 2 可知:$A' \subset (A \cup B)'$, $B' \subset (A \cup B)'$. 從而 $A' \cup B' \subset (A \cup B)'$.下證$(A \cup B)' \subset A' \cup B'$.

若 $P \in (A \cup B)'$, 則由定理 1 可得:存在一串互異的點列 $P_n \in A \cup B$, 使 $\rho(P_n, P) \to 0$.

若 $P \in A'$, 則 $P \in A' \cup B'$.

若 $P \notin A'$, 則 P_n 中至多有有限多個屬於 A, 其余無限多個都是屬於 B 的, 從而由定理 1 知:$P \in B' \subset A' \cup B'$, 即$(A \cup B)' \subset A' \cup B'$.

綜上所述, 有 $(A \cup B)' = A' \cup B'$.

定理 4 (Bolzano - Weierstrass 聚點原理)　若是 R^n 中一有界的無限集合, 則 E 至少有一個聚點 P(P 可以不屬於 E), 即 $E' \neq \varnothing$.

證　就 $n = 2$ 的情形進行證明, 一般情形可類似證明, 只需將正方形換成 n 維立方體即可.

由於 E 有界, 所以存在 $M > 0$, 使 $E \subset$ 正方形 $R_0 = \{(x, y) \mid |x| \leqslant M, |y| \leqslant M\}$ 中. 如圖 2.1.1, 用坐標軸將其分為四個小正方形, 則其中至少有一個小閉正方形中有無限多個屬於 E 的點. 現令這個小正方形為 R_1, 則 R_1 的邊長為 M, 如圖 2.1.2.

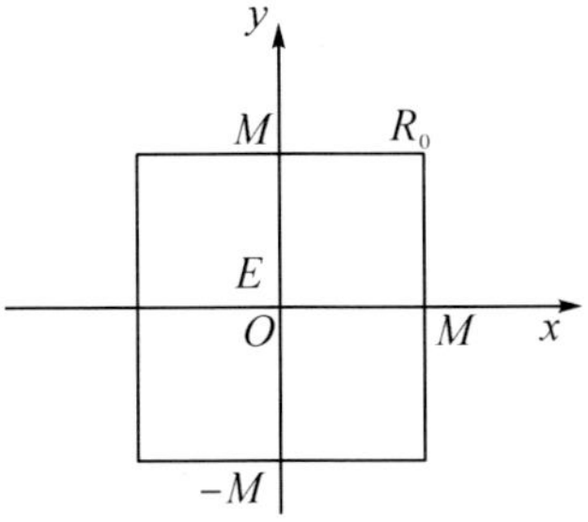

圖 2.1.1

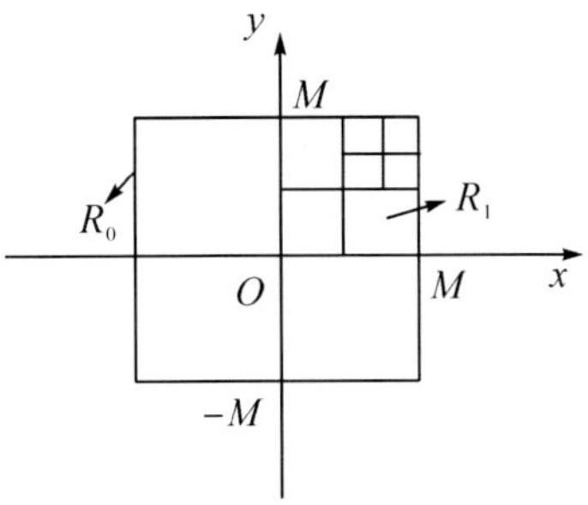

圖 2.1.2

一般說來, 已作出了 n 個邊平行於坐標軸的逐個包含的閉正方形:

$$R_0 \supset R_1 \supset \cdots \supset R_n,$$

且 $R_n \cap E$ 為無限集, R_k 的邊長為 $2^{-k+1}M$($\mathrm{k} = 0, 1, 2, \cdots, \mathrm{n}$).

再將 R_n 用平行於坐標軸的直線等分為四個小閉子正方形后，這四個小正方形中至少有一個必含有無限多個屬於 E 的點，取其中一個這樣的正方形記為 R_{n+1}. 顯然，R_{n+1} 的邊長為 $2^{-n}M$. 從而我們得到了一串緊縮的閉正方形 $\{R_n\}$，即

$$R_0 \supset R_1 \supset R_2 \supset \cdots \supset R_n \supset \cdots,$$

且 $R_n \cap E$ $(n = 0,1,2,3,\cdots)$ 為無限集合，R_n 的邊長為 $2^{-n+1}M \to 0(n \to +\infty)$.

由 Cantor 的緊縮閉矩形套定理，必有唯一的一點 $P \in \bigcap\limits_{n=0}^{\infty} R_n$.

下面證明 P 就是 E 的一個聚點.

設 $N(P,\delta)$ 是以 P 為心的任意一個鄰域. 由於 $2^{-n}M \to 0(n \to +\infty)$，則只要 n_0 充分大，便有 $2^{-n_0}M < \dfrac{\delta}{\sqrt{2}}$. 從而 R_{n_0+1} 的對角線的長小於 δ. 而 $P \in R_{n_0+1}$，則 $R_{n_0+1} \subset N(P,\delta)$. 故 $E \cap R_{n_0+1} \subset N(P,\delta)$，即在 $N(P,\delta)$ 中確有無限多個屬於 E 的點，從而 P 為 E 的一個聚點.

推論 1　若 $\{x_n\}$ 是 R^n 中一有界的無窮序列，則必存在 $\{x_n\}$ 的一個收斂子序列.

證　若 $\{x_n\}$ 有無限多個不同的元素，則由 Bolzano - Weierstrass 定理，有聚點 x_0；如果 $\{x_n\}$ 只有有限多個不同的元素，則至少有一個點 x_0 出現無限多次. 因而無論 $\{x_n\}$ 的元素怎樣，總有 $\{x_n\}$ 的一個子序列 $\{x_{n_i}\}$，使 $x_{n_i} \to x_0(n_i \to \infty)$.

定理 5　凡孤立點集都是有限集或可數集.

證　就 $n = 1$ 的情形進行證明. 設 $E \subset \mathrm{R}^1$ 為孤立點集,則對任意的 $x \in E$,均有 $\delta_x > 0$,使得 $N(x,\delta_x) \cap E = \{x\}$，因而區間簇 $N(x,\delta_x)$ 互不相同,則由 1.3 節例 6 知這樣的區間總數是至多可數的,從而 E 也是至多可數的.

結論　E 是孤立集當且僅當 $E \cap E' = \varnothing$.

定義 6　假設集合 E 沒有聚點，即 $E' = \varnothing$，則稱 E 為離散集合.

離散集合都是孤立集合，但孤立集合不一定是離散集合.

例如，在 R^1 中的點集 $\left\{\dfrac{1}{n} \mid n = 1,2,3,\cdots\right\}$ 是孤立集合，但不是離散集合，因為 0 是它的一個聚點.

習題 2.1

1. 判斷題

(1) 對任意集列 $\{A_n\}$，有 $\left(\bigcup\limits_{n=1}^{\infty} A_n\right)' = \bigcup\limits_{n=1}^{\infty} A_n'$.　（　　）

(2) 設 R^1 是全體實數，Q 是 $[0,1]$ 中的全部有理點，則 $\mathrm{Q}' = \varnothing$.　（　　）

(3) 設 R^1 是全體實數, Q 是[0,1]的全體有理點, 則 $\partial Q=[0,1]$.

( )

(4) 設 $E\subset R^n$, 若 E' 是可數集, 則 E 是至多可數集. ( )

(5) 設 $E\subset R^n$, 則 $(\overline{E})^C=(E^C)^o, E^o=(\overline{E^C})^C, \partial E=\overline{E}\setminus E^o, \partial E^C=\partial E$.

( )

(6) 設 $E\subset R^1$ 是不可數集, 則 E 中有互異的點列 $\{x_n\}$ 以及 $x_0\in E$, 使得 $\lim\limits_{n\to\infty}x_n=x_0$. ( )

(7) 設 A,B 是 R^1 中點集, 則 $\overline{A\cap B}=\overline{A}\cap\overline{B}$. ( )

2. 單項選擇

(1) 設 $E_1,E_2\subset R^n$, 下述關係中( )是正確的.

A. $(\overline{E_1})^C\supset(E_1{}^C)^o$　　B. $(E_1\cup E_2)'=E_1{}'\cup E_2{}'$

C. $\overline{E_1}\subset\partial E_1$　　D. $E_2{}'\subset\partial E_2$

(2) 若 $E\subset(0,\infty)$ 中的點不能以數值大小加以排列, 則( ).

A. $E'\neq\varnothing$　　B. $E'=\varnothing$

C. $E'=(0,\infty)$　　D. $E'=[0,\infty)$

3. 填空題

(1) 若 $P\notin E'$, 且____________, 則 P 是 E 的孤立點.

(2) 若 $E=\left\{\dfrac{1}{n}+\dfrac{1}{m}\,\middle|\,n,m\in N\right\}$, 則 $E'=$____________.

(3) 若 $E=\{\cos n\}$, 則 $\overline{E}=$____________.

4. 構造及計算題

(1) 設 $E=\left\{(x,y)\,\middle|\,y=\begin{cases}\sin\dfrac{1}{x}, & x\neq 0\\ 2, & x=0\end{cases}\right\}\subset R^2$, 求 $E^o,E',\overline{E}$.

(2) E 是 $[0,1]\times[0,1]$ 中有理點對全體, 求 $E^o,E',\overline{E}$.

(3) 設 $E=\{(x,y)\mid x^2+y^2<1\}\subset R^2$, 求 $E^o,E',\overline{E}$.

5. 證明

(1) $P_0\in E'$ 的充要條件是對於任意含有 P_0 的鄰域 $N(P,\delta)$(不一定以 P_0 為中心)中, 恒有異於 P_0 的點 P_1 屬於 E(事實上, 這樣的 P_1 其實還有無窮多個).

(2) $P_0\in E^0$ 的充要條件是存在含有 P_0 的鄰域 $N(P,\delta)$(不一定以 P_0 為中心), 使 $N(P,\delta)\subset E$.

2.2 開集、閉集與完備集

2.2.1 稠密與疏朗

我們知道，任何兩個實數之間存在有理數，任何一個實數都是有理數點集的聚點，我們說這是有理數的稠密性. 一般地，我們引入下面的定義.

定義 1 設 A,B 是 R^n 上的兩個點集，若 $A \subset B$ 且 $\overline{A}=B$，則稱 A 在 B 中**稠密**，或稱 A 是 B 的**稠密子集**. 如果 A 在 R^n 中**稠密**，就簡稱 A 是**稠密集**. 若 $E \subset \mathrm{R}^n$ 且 $\overline{E}$ 無內點（即不包含任何鄰域），則稱 E 為**疏朗集**（或**無處稠密集**）. 可數個無處稠密集的並集稱為**第一綱集**，不是第一綱集的稱為**第二綱集**.

顯然 R^n 中坐標全是有理數的點集或無理數的點集在 R^n 中都是稠密的. 由定義 1 易推證如下定理.

定理 1 設 $E \subset \mathrm{R}^n$，則

(1) E 為疏朗集當且僅當 $(\overline{E})^{\circ}=\varnothing$；

(2) E 為稠密集當且僅當 $\overline{E}=\mathrm{R}^n$.

例 1 設 A 是 R^n 中的孤立點集，則 A 必是疏朗集.

證 因 A 是 R^n 中的孤立點集，所以 $(\overline{A})^{\circ}=\varnothing$，則由定理 1 即可知 A 是疏朗集.

需指出的是：疏朗集並不一定是孤立點集. 比如，集合 $E=\left\{0,1,\frac{1}{2},\cdots,\frac{1}{n},\cdots\right\}$ 是疏朗集，但它並不是孤立點集.

定義 1 還說明了「R^n 中的疏朗集不能含有任何一個開球」. 由此我們可直接得出如下性質.

性質 1 R^n 中點集 A 是疏朗的充要條件是 R^n 的任何非空開球 $N(x_0,\varepsilon)$ 中至少包含一個非空開球 $N(x_1,\delta)$，使得 $N(x_1,\delta)$ 中不含有 A 的點.

讀者課后還可證明如下性質.

性質 2 疏朗集的余集必是稠密集，但稠密集的余集未必是疏朗集. 例如，R^1 中的有理點集與無理點集均是 R^1 中的稠密集，但它們互為余集.

2.2.2 開集、閉集

開區間 (a,b) 與閉區間 $[a,b]$ 之間有什麼差別呢？差別在於作為邊界的兩個端點是否包含在內. 從集合的角度看，a 或 b 與 (a,b) 內的點有什麼不同呢？依據前面的定義易知，(a,b) 內的每一點都是其內點，而 a 與 b 則是其邊界點，

換句話說，開區間(a,b)都是由內點組成的，而閉區間$[a,b]$則是由其內點並上其邊界點(也就是聚點)組成的．對於R^n中一般的集合是開或是閉，仍然是以是否包含其邊界集作為判斷依據，從而我們給出如下定義.

定義 3　若集合E的每一個點都是它的內點(即E不包含其邊界)，則稱E為**開集**．若E包含了它所有的聚點(當然包含了其邊界)，即$E' \subset E$，則稱E為**閉集**.

例 2　直線上的開區間、平面上的開圓盤皆為開集，鄰域都是開集；R^n中的開矩體和開球都是開集．直線上的閉區間、平面上的閉圓盤皆為閉集；R^n中的閉矩體和閉球都是閉集.

2.1 節的例 2 和例 4 中的集合都滿足$E' \subset E$，因而都是閉集．而例 1 與例 3 中的集合不滿足$E' \subset E$，因而均非閉集.

R^n中的單點集，不是R^n中的開集，而是R^n中的閉集.

一方面，由開集定義易知$\varnothing$和R^n是開集．另一方面，因為$\varnothing' = \varnothing \subset \varnothing$，所以$\varnothing$是閉集；因為$(R^n)' = R^n \subset R^n$，所以$R^n$是閉集．即整個空間$R^n$及空集$\varnothing$都是既開又閉的集合.

註 1　開集與空間的維數有關．如將R^1中的開區間(a,b)放在R^2中，即考察點集$\{(x_1,x_2) \mid a < x_1 < b, x_2 = 0\}$，由於這個點集的任何一點都不是內點，所以它不是開集.

$\varnothing$和R^n既是開集又是閉集．那麼R^n中是否還有其他的既開又閉的集合呢？回答是否定的！有興趣的讀者可就$n = 1$的情形做一個討論(參見本節習題的第 7 題).

定義 3 告訴我們，要討論一個集是否為閉集，就看它是否包含所有的聚點即可，這是判別一個集合是否為閉集常用的方法.

定理 2　設$E \subset R^n$，則E^o為開集，而E'，$\bar{E}$為閉集.

證　先證E^o為開集，即證E^o中的任何點必定是E^o的內點.

對任意的$P_0 \in E^o$，即P_0為E的內點．則存在$\delta > 0$，使得$N(P_0,\delta) \subset E$.

下證$N(P_0,\delta) \subset E^o$，即證$N(P_0,\delta)$中的每一點均是$E$的內點．則對任意的$P_0^* \in N(P_0,\delta)$，存在$\delta_1 = \delta - \rho(P_0,P_0^*) > 0$；下證$P_0^*$是$E$的內點，即證$N(P_0^*,\delta_1) \subset E$．從而對任意的$P \in N(P_0^*,\delta_1)$，都有

$$\rho(P_0,P) \leqslant \rho(P_0,P_0^*) + \rho(P_0^*,P) < \delta - \delta_1 + \delta_1 = \delta,$$

即$P \in N(P_0,\delta)$．故$N(P_0^*,\delta_1) \subset N(P_0,\delta) \subset E$，即$P_0^*$為$E$的內點．從而$N(P_0,\delta) \subset E^o$，即$E^o$是開集.

下證E'為閉集，只需證$(E')' \subset E'$即可.

對任意的$x \in (E')'$，則對任意的ε，有$N(x,\varepsilon) \cap E' - \{x\} \neq \varnothing$．從而存在$y \in N(x,\varepsilon)$，$y \in E'$且$y \neq x$．由於$y \in N(x,\varepsilon)$，所以$y$為$N(x,\varepsilon)$的內點，則存

在$N(y,\delta) \subset N(x,\varepsilon)$，使$N(y,\delta) \cap E - \{y\}$中含有無限多個點.

不妨取$z \in N(y,\delta) \cap E - \{y\}$，且$z \neq x$，則$N(x,\delta) \cap E - \{x\} \neq \varnothing$，這說明$x$的任意鄰域中均含$E$中除$x$外的點，從而$x \in E'$，即$(E')' \subset E'$，故$E'$為閉集.

而$\overline{E} = E \cup E'$，則$(\overline{E})' = E' \cup (E')' \subset E' \cup E' = E' \subset \overline{E}$，從而$\overline{E}$也是閉集.

註 2 2.1 節例 3 中的閉包$\overline{Q} = [0,1]$，顯然$[0,1]$是R^1中的閉集.

下面給出點集E是閉集的幾個等價條件.

定理 3

(1) 點集E是閉集；

(2) $E = \overline{E}$；

(3) 點集E中任何一個收斂點列必收斂於E中的一點.

證 (1)⇒(2). 若E是閉集，由定義知$E' \subset E$，則$\overline{E} = E' \cup E \subset E \subset \overline{E}$，即$E = \overline{E}$.

(2)⇒(1). 若$E = \overline{E} = E \cup E'$，從而$E' \subset E$，則$E$是閉集.

(1)⇒(3). 若E是閉集，則設$\{P_n\}$是E中一個收斂點列，且$P_n \to P_0 (n \to \infty)$. 下證$P_0 \in E$.

如存在某個n，使$P_n = P_0$，那麼自然有$P_0 \in E$；如果對任意的n，都有$P_n \neq P_0$，則由聚點的定義可知：P_0是E的聚點. 從而$P_0 \in E' \subset E$，即$P_0 \in E$.

(3)⇒(1). 若E中任何一個收斂點列必收斂於E中一點，下證E為閉集.

設P_0為E的任意一個聚點，即$P_0 \in E'$，由聚點的定義知：有E中的收斂點列$\{P_n\}$收斂於P_0. 由題設條件知$P_0 \in E$，則$E' \subset E$，即E是閉集.

註 3 由定理 3 可知，閉集就是對於極限運算封閉的點集. 此性質是使閉集成為一類重要點集的根本原因.

定理 4（開集與閉集的對偶性）

(1) 若E為閉集，則E^C為開集；

(2) 若E為開集，則E^C為閉集.

證 (1) 對任意的$x \in E^C$，則$x \notin E$，而E為閉集，則$E' \subset E$. 從而$x \notin E'$，則存在$\delta > 0$，使得$N(x,\delta) \cap E - \{x\} = \varnothing$，這說明$N(x,\delta) \subset E^C$，即$x$為$E^C$的內點，故$E^C$為開集.

(2) 假設$x \in (E^C)'$，如果$x \notin E^C$，則$x \in E$，而E為開集，則存在$\delta > 0$，使得$N(x,\delta) \cap E - \{x\} \neq \varnothing$，進而$N(x,\delta) \cap E^C - \{x\} = \varnothing$，這與$x$為$E^C$的聚點矛盾，所以$x \in E^C$，即$(E^C)' \subset E^C$.

定理 5（閉集的運算性質）

(1) 有限個閉集之並是閉集；

（2）任意一簇閉集之交是閉集.

證　(1) 只就兩個集合的情形證明即可. 設 $F = F_1 \cup F_2$，其中 F_1、F_2都是 R^n 中的閉集. 則$(F_1 \cup F_2)' = F_1' \cup F_2' \subset F_1 \cup F_2$，即 $F_1 \cup F_2$ 是閉集. 從而由歸納法可知有限個閉集之並是閉集.

(2) 設$\{F_\lambda \mid \lambda \in \Lambda\}$ 是 R^n 中的一個閉集簇，因 $F \subset F_\lambda(\lambda \in \Lambda)$，故 $F' \subset F_\lambda'(\lambda \in \Lambda)$，則由 1.1 節定理 4(3) 可知：$F' \subset \bigcap\limits_{\lambda \in \Lambda} F_\lambda'$.

由 $F_\lambda(\lambda \in \Lambda)$ 為閉集可知：$F_\lambda' \subset F_\lambda(\lambda \in \Lambda)$，故 $F' \subset \bigcap\limits_{\lambda \in \Lambda} F'_\lambda \subset \bigcap\limits_{\lambda \in \Lambda} F_\lambda = F$. 即 F 是閉集.

定理 6(開集的運算性質)

（1）有限個開集之交是開集；

（2）任意一簇開集之並是開集.

證　(1) 設 $G_i(i = 1,2,\cdots,n)$ 為開集，由於 $G \triangleq \bigcap\limits_{i=1}^{n} G_i = ((\bigcap\limits_{i=1}^{n} G_i)^C)^C = (\bigcup\limits_{i=1}^{n} G_i^C)^C$，所以由定理 5 可知 G 為開集.

(2) 設$\{G_\lambda \mid \lambda \in \Lambda\}$ 是 R^n 中的一個開集簇，因 $G \triangleq \bigcup\limits_{\lambda \in \Lambda} G_\lambda = ((\bigcup\limits_{\lambda \in \Lambda} G_\lambda)^C)^C = (\bigcap\limits_{\lambda \in \Lambda} G_\lambda^C)^C$，則由定理 5 可知 G 為開集.

註 4　無限多個閉集的並未必是閉集，無限多個開集的交未必是開集.

例 3　設 $F_n = \left[\dfrac{1}{n+1}, \dfrac{1}{n}\right] \subset \mathrm{R}^1(n \in N)$，則 F_n 是閉集，而 $\bigcup\limits_{n=1}^{\infty} F_n = (0,1]$ 不是閉集. 請讀者注意 $\overline{\bigcup\limits_{n=1}^{\infty} F_n} \neq \bigcup\limits_{n=1}^{\infty} \overline{F_n}$ 這個事實，但我們卻有下列簡單事實：設 $E_\lambda \subset \mathrm{R}^n(\lambda \in \Lambda)$，則

$$\bigcup_{\lambda \in \Lambda} \overline{E_\lambda} \subset \overline{\bigcup_{\lambda \in \Lambda} E_\lambda}, \overline{\bigcap_{\lambda \in \Lambda} E_\lambda} \subset \bigcap_{\lambda \in \Lambda} \overline{E_\lambda}.$$

設 $G_n = (-1 - \dfrac{1}{n}, 1 + \dfrac{1}{n})(n = 1,2,\cdots)$，則 G_n 是開集，而 $\bigcap\limits_{n=1}^{\infty} G_n = [-1,1]$ 不是開集.

設 $H_n = (-\dfrac{1}{n}, \dfrac{1}{n})(n = 1,2,\cdots)$，則 H_n 是開集，而 $\bigcap\limits_{n=1}^{\infty} G_n = \{0\}$ 是單點集，不是 R^1 中的開集.

例 4　證明[0,1] 中無理數全體不可能表示為可數個閉集之和.

證　設 $\overline{\mathrm{Q}}$ 為[0,1] 中無理數全體構成的集合. 反設 $\overline{\mathrm{Q}}$ 能表示為可數個閉集

之和，即存在一列閉集$\{F_n\}$，使得 $\overline{Q}=\bigcup_{n=1}^{\infty}F_n$.

由於 F_n 是只含有無理數的閉集，所以不會含有任何開區間. 從而由定義 1 知，F_n 必是**疏朗集**. 若將$[0,1]$中有理數全體記為$\{r_1,r_2,\cdots,r_n,\cdots\}$，對任意的 n，單點集$\{r_n\}$總是疏朗集，從而有

$$[0,1]=(\bigcup_{n=1}^{\infty}F_n)(\bigcup_{n=1}^{\infty}\{r_n\}),$$

即$[0,1]$是可列個疏朗集的並，這與本節習題5矛盾. 則$[0,1]$中無理數全體不可能表為可數個閉集之和.

2.2.3 開覆蓋、緊集

定義 4 設 $F\subset\mathbf{R}^n$，$\mathcal{K}$是一族開集，即$\mathcal{K}=\{G_\lambda\mid\lambda\in\Lambda\}$，如果$\mathcal{K}$完全覆蓋了 E，即 $E\subset\bigcup_{\lambda\in\Lambda}G_\lambda$，則稱$\{G_\lambda\}_{\lambda\in\Lambda}$為 E 的一個開覆蓋. 若 E 的任一開覆蓋中存在有限多個開集仍構成 E 的一個開覆蓋，則稱 E 為緊集.

定理 7（Borel 有限覆蓋定理） 設 F 是 $\mathbf{R}^n$ 中的有界閉集，$\mathcal{K}=\{G_\lambda\}_{\lambda\in\Lambda}$為 F 的一個開覆蓋，即 $F\subset\bigcup_{\lambda\in\Lambda}G_\lambda$. 則在$\mathcal{K}$中一定存在有限多個開集 $G_1,G_2,\cdots,G_m$，使得

$$F\subset\bigcup_{i=1}^{m}G_i,$$

即這有限多個開集完全覆蓋了 F.

證 下面的證明方法基本上是屬於 Lebesgue 的，我們分成兩步來證明.

(1) 先證一定存在$\delta>0$，使得對任意的$x\in F$，$N(x,\delta)$都將包含在某一個$G_\lambda\in\mathcal{K}$中，否則的話，找不到這樣的$\delta>0$. 那麼對任意的$n\in N$，$\frac{1}{n}$都不能取為δ，即必存在$x_n\in F$，使$N(x_n,\frac{1}{n})$不包含在任何屬於$\mathcal{K}$的開集中. 從而可得 F 中一串點列$\{x_n\}$滿足

$$N(x_n,\frac{1}{n})-G_\lambda\neq\varnothing(\text{對任意的 }\lambda\in\Lambda).$$

又因 F 有界，則$\{x_n\}\subset F$也有界. 則由 Bolzano - Weierstrass 定理的推論 1 可推知，總有$\{x_n\}$的一個子序列$\{x_{n_i}\}$，使$x_{n_i}\to x_0(i\to\infty)$. 由於 F 是閉集，則 $x_0\in F$.

由於$\mathcal{K}$覆蓋了 F，所以存在某一個$\lambda_0\in\Lambda$，使$x_0\in G_{\lambda_0}$. 因G_{λ_0}是開集，則存在$\delta>0$，使$N(x_0,\delta)\subset G_{\lambda_0}$. 由於$x_{n_i}\to x_0$，則當$n_i$充分大時，有$\rho(x_{n_i},x_0)\to 0$. 從而必有

$$N(x_{n_i},\frac{1}{n_i}) \subset N(x_0,\delta) \subset G_{\lambda_0} \in \mathcal{K},$$

這與 x_{n_i} 的定義相矛盾. 所以滿足上述要求的 δ(稱這個正數 δ 為 Lebesgue 數) 是存在的.

(2) 由於 F 有界, 我們就可以用平行於坐標平面的超平面將 F 分成有限多個小塊, 使每一小塊中任意兩點的距離都小於 δ, 不妨記這些小塊為 $F_1,F_2,\cdots,F_m$, 在每一 F_i 中任取一點 $x_i(i=1,2,\cdots,m)$, 則存在 $G_i \in \mathcal{K}$, 使得 $N(x_i,\delta) \subset G_i$. 顯然, $F_i \subset N(x_i,\delta)$.

即屬於 $\mathcal{K}$ 的有限多個開集 $G_1,G_2,\cdots,G_m$, 滿足

$$F=\bigcup_{i=1}^{m} F_i \subset \bigcup_{i=1}^{m} N(x_i,\delta) \subset \bigcup_{i=1}^{m} G_i.$$

定理 7 表明 R^n 中的緊集就是有界閉集, 即有以下推論.

推論 1 集 $F \subset \mathrm{R}^n$ 為緊集的充要條件是 F 為有界閉集.

證 充分性. 由定理 7 及緊集的定義即可證.

必要性. 設 F 是緊集, 此時可設 $\{N(0,k)\}_{k\geqslant 1}$ 是 F 的一個開覆蓋, 從而存在 k_0, 使得 $\{N(0,k)\}_{1\leqslant k\leqslant k_0}$ 仍是 F 的覆蓋, 即 $F \subset N(0,k_0)$, 則 F 有界.

若設 $x \in F^C$, 則 $\left\{y \middle| \rho(x,y) > \frac{1}{k}\right\}_{k\geqslant 1}$ 是 F 的一個開覆蓋, 從而存在 k_1, 使得

$$\left\{y \middle| \rho(x,y) > \frac{1}{k}\right\}_{1\leqslant k\leqslant k_0}$$

仍是 F 的一個開覆蓋, 即 $N(x,\frac{1}{k_1}) \subset F^C$, 由此可知 F^C 是開集, 則 F 是閉集.

2.2.4 完備集

前面已討論了 $E' \cap E=\varnothing$(E 是孤立點集) 和 $E' \subset E$(E 是閉集) 的情況, 下面對 E' 和 E 的另外兩個重要關係進行簡單的討論.

定義 4 設 E 是 R^n 中的點集, 如果 $E \subset E'$(即當集合 E 的每一個點都是它自身的聚點, 也就是說沒有孤立點的集), 則稱 E 為**自密集**.

在 2.1 節例 1 和例 2 的集合中, 每一點都是孤立點, 自然就不是自密集; 在例 3 和例 4 的集合中, 每一點都是聚點, 則它們都是自密集.

定義 5 設 E 是 R^n 中的點集, 如果 $E=E'$(E 是自密的閉集或沒有孤立點的閉集), 則稱 E 是**完備集**(或**完全集**).

$\varnothing$ 和 R^n 都是完備集; 2.1 節例 1、例 2、例 3 中出現的集合都不是完備集; 例 4 中的集合是完備集.

就完備集的定義而言, 可能會使人產生一種錯覺: 認為完備集 E 既然是閉

集，而自身的每一個點又都是聚點，所以 E 就應該充滿 R^n 中的一小塊，但下面的著名例子卻說明了事實並非如此.

例 5（Cantor 集合） 先給出康托集合的構造.

（1）將區間 $[0,1]$ 三等分，去掉中間長為 $\frac{1}{3}$ 的開區間 $I_1^{(1)}=(\frac{1}{3},\frac{2}{3})$，如下圖；

圖 2.2.1

（2）將剩下的兩個閉區間 $[0,\frac{1}{3}]$，$[\frac{2}{3},1]$ 分別再三等分，且分別去掉其中間長為 $\frac{1}{9}$ 的一個開區間 $I_1^{(2)}=(\frac{1}{9},\frac{2}{9})$，$I_2^{(2)}=(\frac{7}{9},\frac{8}{9})$，如下圖；

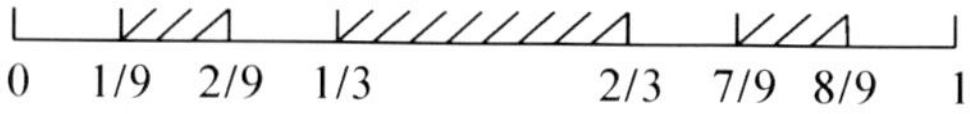

圖 2.2.2

（3）再將剩下的四個閉區間 $[0,\frac{1}{9}]$，$[\frac{2}{9},\frac{3}{9}]$，$[\frac{6}{9},\frac{7}{9}]$，$[\frac{8}{9},1]$，又分別三等分，再分別去掉其中間長為 $\frac{1}{27}$ 的一個開區間，得

$$I_1^{(3)}=(\frac{1}{27},\frac{2}{27}),\ I_2^{(3)}=(\frac{7}{27},\frac{8}{27}),\ I_3^{(3)}=(\frac{19}{27},\frac{20}{27}),\ I_4^{(4)}=(\frac{25}{27},\frac{26}{27}),$$

如此這樣繼續下去，自然有些點是永遠刪不去的. 例如 $\frac{1}{3}$ 和 $\frac{2}{3}$，以及所有這些被刪去的開區間（稱為余區間）的端點就是這樣的點.

圖 2.2.3

如圖 2.2.3，將所有這些永遠刪不去的點所構成的點集記為 C，就稱之為 Cantor 集合.

下面我們來證明 Cantor 集合 C 是一完備集.

（1）康托集 C 是一閉集，即 $C'\subset C$.

設 A 是所有被刪去的點構成的集合，則 A 是可數多個開區間的和，所以是閉集. 而 $C = [0,1] - A$, 故 C 是閉集.

(2) C 是自密的, 即 $C' \subset C$.

由 C 的定義可知, 在進行第 n 次三等分時, 在$[0,1]$中已取走 2^{n-1} 個兩兩不相交且無公共端點的開區間 $I_1^{(n)} = (\frac{1}{3^n},\frac{2}{3^n})$, $I_2^{(n)} = (\frac{7}{3^n},\frac{8}{3^n})$, …, $I_{2^{n-1}}^{(n)} = (\frac{3^n-2}{3^n},\frac{3^n-1}{3^n})$. 此時, 在$[0,1]$中剩下 2^n 個長度為$\frac{1}{3^n}$的區間.

不妨設 $x \in C$, (α,β) 是包含 x 的任意一開區間, 令 $\delta = \min\{x-\alpha, \beta-x\}$, 則 $\delta > 0$. 需注意的是:第一次刪去的區間長度為$\frac{1}{3}$, 第二次刪去的區間長度為$\frac{1}{3^2}$, …, 第 n 次刪去的區間長度為$\frac{1}{3^n}$, 所以只要 n_0 充分大時, 便有$\frac{1}{3^{n_0}} < \delta$.

由 Cantor 集 C 的定義知, x 是永遠也刪不去的點, 那麼 x 也應屬於刪去 n_0 次以后所余下的某一個閉區間; 不妨設這個閉區間是 $I_{n_0}^{(i)}$, 則 $I_{n_0}^{(i)} \subset (\alpha,\beta)$, 從而閉區間 $I_{n_0}^{(i)}$ 的兩個端點也應該在(α,β)中. 而 $I_{n_0}^{(i)}$ 的兩個端點也是 C 中的點, 故(α,β)中至少有一異於 x 的點屬於 C, 從而 $x \in C'$, 故 $C \subset C'$.

綜上所述, Cantor 集是一個自密的閉集, 即是一完備集合.

由上述證明過程可知:Cantor集不包含任何一個開區間, 即對於任意的(α,β), 總有$(\alpha,\beta) - C \neq \varnothing$. 從而 Cantor 集合便是直線上的一個無處稠密的完備集.

註 5 在許多問題的討論中都會用到Cantor集合, 因為它有許多很「奇特」的性質, 可以用來舉出種種反例, 破除許多似是而非的錯覺.

無論是從無處稠密性還是從 Cantor 集的構造法, 可能都會讓人覺得: Cantor 集的點比$[0,1]$應該「少了很多」, 換句話說, 它的勢應該比 $\aleph$ 小. 而且從長度看, 我們在構造 Cantor 集時所挖去的那些開區間的長度的總和為

$$\sum_{n=1}^{\infty}\frac{2^{n-1}}{3^n} = \frac{1}{3} + \frac{2}{3^2} + \cdots + \frac{2^{n-1}}{3^n} + \cdots = \frac{1}{3}[1 + \frac{2}{3} + \cdots + (\frac{2}{3})^n + \cdots] = 1,$$

它和$[0,1]$區間的長度是一樣的. 粗略地看, 剩下的集合 $C = [0,1] - A$ 的「長度」應為0. 事實上, 在我們定義了測度的概念之后, 將會證明 C 的測度的確為0. 但下面的例 6 將告訴我們 Cantor 集和$[0,1]$竟然是對等的, 其基數是 $\aleph$.

例6 用三進制無限小數表示Cantor集 C 中的數時, 完全用不著數字1, 試用此事實證明 C 的基數為 $\aleph$.

證 先用三進制小數來表示集 C 的余區間的端點(都屬於 C), 其中三進制有理小數採用有限位小數表示. 則有

$$(\frac{1}{3},\frac{2}{3}) = (0.1, 0.2),$$

$$(\frac{1}{9},\frac{2}{9}) = (0.01, 0.02),$$

$$(\frac{7}{9},\frac{8}{9}) = (0.21, 0.22),$$

....

一般地，第 n 次挖掉的 2^{n-1} 個開區間為

$$I_k^{(n)} = (0.a_1a_2\cdots a_{n-1}1, 0.a_1a_2\cdots a_{n-1}2)\ (k = 1,2,\cdots,2^{n-1})$$

其中 $a_1, a_2, \cdots, a_{n-1}$ 都只是 0 或 2，即只要 x 點在某個刪去的區間內，則 x 的三進製表示中，必有某一位是 1. 因此，$[0,1] - C$ 中的數表示為三進制小數時，其中至少有一位是 1，必然具有

$$0.a_1a_2\cdots a_{n-1}1a_{n+1}\cdots$$

的形式. 反之，如果 x 不是分點，且在某位出現 1 這個數字，則在經過若干次刪除手續后，x 必然在被刪去的區間內，即 x 不屬於 Cantor 集合.

因此，除了分點外，x 在 C 中當且僅當其三進製表示中不出現數字 1. 即把 C 中的數表示為三進制無限位小數時可以用不著數字 1. 也就是說當 $x \in C$ 時，x 可表示成

$$x = \frac{a_1}{3} + \frac{a_2}{3^2} + \cdots + \frac{a_n}{3^n} + \cdots,$$

其中 a_n 或為 0 或為 2，記這種小數全體為 E，則 $E \subset C$. 事實上，$E \subset [0,1]$，而 $[0,1] - C$ 中的數展成三進制小數時，諸 a_i 中至少有一位是 1，所以 $[0,1] - C$ 中沒有 E 中的數，因此 $E \subset C$.

作 E 到二進制小數全體(記為 B) 的映射 $\varphi: E \to B$，即

$$\varphi: x = \sum_{k=1}^{\infty} \frac{a_k}{3^k} \mapsto \sum_{k=1}^{\infty} \frac{1}{2^k} \cdot \frac{a_k}{2},$$

其中 a_k 或為 0 或為 2. 這個映射 φ 是 E 到 B 的雙射.

由 1.4 節定理 3 知 $\overline{\overline{B}} = \aleph$，從而 $\overline{\overline{E}} = \aleph$. 而 $E \subset C$，則 $\overline{\overline{C}} \geqslant \aleph$. 又 $\overline{\overline{C}} \leqslant \aleph$，所以 $\overline{\overline{C}} = \aleph$.

結論：由此說明了 Cantor 集合中不是只有那些分點的，因為全部分點只作成一可數集.

2.2.5 Borel 集

我們知道，有限多個開集的交集還是開集，而可數多個開集的交，卻不一定是開集了，我們稱之為 G_δ 集.

定義5　如果點集 $E \subset \mathrm{R}^n$ 是可數個開集的交，則我們稱 E 是一 G_δ **型集**；如果點集 $E \subset \mathrm{R}^n$ 是可數個閉集的並，則我們稱 E 是一 F_σ **型集**. 但可數個 G_δ 的並就不一定是 G_δ 集了，可數多個 F_σ 的交也不一定是 F_σ 集了.

定義6　把能表示成可數個 G_δ 集的並的點集稱為 $G_{\delta\sigma}$ 集；把能表示成可數個 F_σ 集的交的集稱為 $F_{\sigma\delta}$ 集. 依此類推，還可定義 $G_{\delta\sigma\delta}$ 集等.

易知：F_σ 集的余集是 G_δ 集；G_δ 集的余集是 F_σ 集. 讀者課后可證明有理點集 Q^n 和無理點集 $\mathrm{R}^n - \mathrm{Q}^n$ 分別為 F_σ 集和 G_δ 集.

定義7　我們將由 R^n 中一切開集 G 構成的開集簇所生成的 σ - 域稱為 Borel σ - 代數，記為 $\mathcal{B}$，統稱為 R^n 中的 Borel 集類. 而 $\mathcal{B}$ 中的元，則稱為 R^n 中的 Borel 集.

顯然，開集、閉集、F_σ 集、G_δ 集等都是 Borel 集；任意 Borel 集的余集、可數交、可數並仍為 Borel 集，從而一串 Borel 集的上、下極限集也都是 Borel 集. 例如，可數個 F_σ 集的交 $F_{\sigma\delta}$ 集是 Borel 集. 雖然 Borel 集類是一個相當廣泛的集合類，我們常見的點集幾乎都是 Borel 集；但是確實還有許多不是 Borel 集的點集，我們將在 3.3 節說明確實存在不是 Borel 集的點集.

2.2.6　點集上的連續函數

下面把區間上連續函數的概念推廣到一般點集上去.

定義8　設 $f(x)$ 是定義在 $E \subset \mathrm{R}^n$ 上的實值函數，$x_0 \in E$. 如果對任意的 $\varepsilon > 0$，存在 $\delta > 0$，使得當 $x \in E \cap N(x_0, \delta)$ 時，有

$$|f(x) - f(x_0)| < \varepsilon,$$

則稱 $f(x)$ 在 $x = x_0$ 處相對於 E 連續，稱 x_0 為 f 的一個連續點. 若 E 中任一點皆為 f 的連續點，則稱 $f(x)$ 在 E 上是處處連續的，或者稱 $f(x)$ 是 E 上的連續函數. 我們將 E 上的全體連續函數記為 $C(E)$.

由定義易知，當 $x_0 \notin E'$ 時，即 x_0 是 E 的孤立點時，即有 $\delta > 0$，使 $N(x_0, \delta)$ 中除了 x_0 以外，再沒有其他屬於 E 的點，則 $f(x)$ 一定在 x_0 點相對於 E 連續；由定義 7，如果 $f(x)$ 是 E 上的連續函數，則 $f(x)$ 在 E 的任意子集上連續.

註6　函數的連續性是一個相對概念. 定義 7 所說的連續性與某個特定的集合 E 是有關的，相對於不同的集合，連續性就不一樣了.

例7　區間 $[0,1]$ 上的 Dirichlet 函數 $D(x)$，它在 $E = [0,1]$ 上處處不連續. 若用 $\overline{\mathrm{Q}}$ 表示 $[0,1]$ 中的無理點全體，把 $D(x)$ 看作 $\overline{\mathrm{Q}}$ 上的函數，記作 $D(x)|_{\overline{\mathrm{Q}}}$，其值處處為 0，則 $D(x)|_{\overline{\mathrm{Q}}}$ 在 $\overline{\mathrm{Q}}$ 上便是連續的. 注意 $D(x)|_{\overline{\mathrm{Q}}}$ 與 $D(x)$ 是兩個不同的函數，因為它們的定義域不同.

關於 $C(E)$ 中的函數，同樣也有類似四則運算的性質，讀者課后也不難證明下述性質.

性質 3 設 $E \subset \mathrm{R}^n$ 為緊集, $f \in C(E)$, 則

(1)(**有界性定理**)$f(E)$ 是 R^1 中的有界集;

(2)(**最值定理**)存在 $x_0, y_0 \in E$, 使得

$$f(x_0) = \sup\{f(x) \mid x \in E\} = \max\{f(x) \mid x \in E\},$$
$$f(y_0) = \inf\{f(x) \mid x \in E\} = \min\{f(x) \mid x \in E\}.$$

(3)(**一致連續性**)$f(x)$ 在 E 上是一致連續的, 即對任意的 $\varepsilon > 0$, 存在 $\delta > 0$, 當 $x', x'' \in E$ 且 $|x' - x''| < \delta$ 時, 有

$$|f(x') - f(x'')| < \varepsilon.$$

性質 4 若 $E \subset \mathrm{R}^n$ 上的連續函數序列 $\{f_k(x)\}$ 一致收斂於 $f(x)$, 則 $f(x)$ 是 E 上的連續函數.

定理 8 (Baire 定理) 設 $E \subset \mathrm{R}^n$ 為 F_σ 集, 即 $E = \bigcup_{k=1}^{\infty} F_k$, $F_k(k \in \mathrm{N})$ 皆為閉集. 如果每個 $F_k(k \in \mathrm{N})$ 皆無內點, 則 E 也無內點. 或者說如果 E 有內點, 就必存在某個 F_{k_0} 包含內點.

由 De Morgan 公式立知:Baire 定理等價於命題「設 $G_k(k \in \mathrm{N})$ 為 R^n 中稠密(即 $\overline{G_k} = \mathrm{R}^n$)開集, 則 G_δ 集 $\bigcap_{k=1}^{\infty} G_k$ 在 R^n 中也稠密」.

習題 2.2

1. 判斷題

(1) 設 $E \subset \mathrm{R}^n$, 若 E 的任意子集均為閉集, 則 E 是有限點集. ( )

(2) 若 $E \subset \mathrm{R}^1$ 中的點都是孤立點, 則 E 是閉集. ( )

(3) 若 $E \subset \mathrm{R}^1$ 中不含有孤立點, 則 E 不是閉集就是開集. ( )

(4) 康托三分集沒有孤立點. ( )

(5) 閉集列的交集為閉集, 開集列的並集為開集. ( )

(6) 若 $G \subset \mathrm{R}^1$ 是稠密開集, 則 G^C 是無處稠密集. ( )

(7) 若 $E \subset \mathrm{R}^n$ 為可數的非空集, 則 E 必含有孤立點. ( )

(8) 設 $E \subset \mathrm{R}^n$, 若 $E \neq \varnothing, E \neq \mathrm{R}^n$, 則 $\partial E \neq \varnothing$. ( )

(9) 設 E 為 $[0,1]\backslash C$ 的可列個區間的中點全體, 則 $E' = C$. ( )

(10) G_δ 型集一定為開集, F_σ 型集合一定為閉集. ( )

2. 單項選擇

(1) 設下列斷言( )是正確的.

A. 任意個開集的交是開集　　B. 任意個閉集的交是閉集

C. 任意個閉集的並是閉集　　D. 以上都不對

(2) 設下列斷言(　　　) 是正確的.

A. $\frac{1}{4}$ 屬於 Cantor 疏朗集　　B. $\frac{1}{13}$ 屬於 Cantor 疏朗集

C. $\frac{1}{4},\frac{1}{13}$ 都屬於 Cantor 疏朗集　　D. 以上都不對

*(3) 下列斷言(　　　) 是正確的.

A. 無理數集是 F_σ 型集　　B. 有理數集是 F_σ 型集

C. 有理數集是 G_δ 型集　　D. 以上都不對

(4) 設 $E\subset \mathrm{R}^n$ 是可數集. 若 $\overline{E}=\mathrm{R}^n$, 則下列斷言(　　　) 是正確的.

A. E 是 G_δ 集　　B. E 不是 F_σ 集

C. E 是 F_σ 集, 且不是 G_δ 集　　D. 以上都不對

3. 設 A 是 R^n 中的一個閉集, 證明:如果 A 不含有任何一個非空開球, 那麼 A 必是一個疏朗集.

4. 證明:疏朗集的余集必是稠密集.

5. 證明:任何閉區間 $[a,b]$ 不能表為可列個疏朗集的並集.

6. 用開集的定義證明:F 是閉集, 則 F^C 是開集.

7. 證明:設 $E\subset \mathrm{R}^n$, 且 E 既是開集又是閉集, 則 $E=\varnothing$ 或 $E=\mathrm{R}^n$.

8. 證明:對任意 $E\subset \mathrm{R}^n$, $\overline{E}$ 都是 R^n 中包含 E 的最小閉集.

*9. 證明:R^1 中非空完備集 E 是不可數集.

10. 試作 R^1 中稠密點列 $\{E_k\}$, 使得 $\bigcap_{k=1}^{\infty} E_k=\varnothing$.

11. 敘述 Cantor 三分集的作法及它的特性.

12. 證明:用十進制小數表示 $[0,1]$ 中的數時, 其中不出現數字 7 的一切數組成一個完備集.

13. 設 Δ 是一有界閉區間, $F_n(n=1,2,\cdots)$ 都是 Δ 的閉子集, 證明:如果 $\bigcap_{n=1}^{\infty} F_n=\varnothing$, 則必有正整數 N, 使得 $\bigcap_{n=1}^{N} F_n=\varnothing$.

14. 設 $f(x)$ 是 R^n 上的實函數, 證明:$f(x)\in C(\mathrm{R}^n)$ 的充要條件是對任意開集 $G\subset f(\mathrm{R}^n)\subset \mathrm{R}^1$, $f^{-1}(G)=\{x\mid x\in \mathrm{R}^n, f(x)\in G\}$ 是 R^n 的開集.

15. 證明:$f\in C(\mathrm{R}^1)$ 的充要條件是對任意的 $K\subset \mathrm{R}^1$ 緊集, $f(K)$ 必為 R^1 中的緊集.

16. 證明:$f\in C(\mathrm{R}^n)$ 的充要條件是對任意的閉集 $F\subset \mathrm{R}^1$, $f^{-1}(F)$ 必為閉集.

17. 證明:$f\in C(\mathrm{R}^n)$ 的充要條件是對任意 $E\subset \mathrm{R}^n$, 均有 $f(\overline{E})\subset \overline{f(E)}$.

18. 設 $f(x)$ 是 R^1 上的實值連續函數, 證明: 對於任意常數 a,

$\{x\,|f(x)>a\}$，$\{x\,|f(x)<a\}$ 都是開集；$\{x\,|f(x)\geqslant a\}$，$\{x\,|f(x)\leqslant a\}$ 都是閉集.

19. 證明：不可能在 $[0,1]$ 上定義如下的函數 f，它在每個有理點上連續，而在每個無理點上不連續. 並證明不存在函數 $f:\mathrm{R}^1\to\mathrm{R}^1$，使得 f 的連續點集恰為 Q.

*20.（函數連續點的結構）證明：設 $f(x)$ 是定義在開集 $G\subset\mathrm{R}^n$ 上的實值函數，則 f 的連續點集是 G_δ 集，也為 Borel 集.

*21.（連續函數可微點集的結構）證明：若 $f(x)$ 是 R^1 上的連續函數，則 f 的可微點集是 $F_{\sigma\delta}$ 集.

2.3 一維開集、閉集、完備集的結構

本節專門研究一維空間，即實數直線 R^1 上的開集、閉集及完備集的結構. 實數直線 R^1 上的開集的結構較為簡單，討論如下.

由前面的討論可知：R^1 中任意一簇互不相交的非空開區間（由 1.3 節的例 6 可知：這簇開區間至多是可數個）的並集 $\bigcup\limits_{v}(a_v,b_v)$ 是開集，下面我們來證明，這正是 R^1 上非空開集的一般形式. 為此先引入 R^1 上開集的構成區間的概念.

定義 1 設 G 是直線 R^1 上的開集，如果開區間 $(\alpha,\beta)\subset G$，而且端點 α、β 都不屬於 G，那麼稱 (α,β) 為 G 的一個**構成區間**.

例 1 開集 $(0,1)\cup(2,\infty)$ 的構成區間是 $(0,1)$ 及 $(2,\infty)$.

定理 1（開集的構造） R^1 上任意一個非空的有界開集都是至多可數個互不相交的構成區間的並集.

證 設 G 是 R^1 上的一個非空開集，分以下三步來證明.

(1) 對開集中任何一點必能找到唯一一個包含其自身的構成區間.

由於 G 是有界的，則存在 $M>0$，使得 $G\subset(-M,M)$；由於 G 是開集，則對任意的 $x_0\in G$，必存在開區間 (α,β)，使 $x_0\in(\alpha,\beta)\subset G$，並將適合條件 $x_0\in(\alpha,\beta)\subset G$ 的開區間 (α,β) 全體所構成的區間集記為 A. 由於 G 是開集，則 A 非空.

記 $\alpha_0=\inf\{\alpha\,|\,(\alpha,\beta)\in A\}$，$\beta_0=\sup\{\beta\,|\,(\alpha,\beta)\in A\}$，作開區間 (α_0,β_0). 下面證明 (α_0,β_0) 是 G 的構成區間. 先證 $(\alpha_0,\beta_0)\subset G$.

任取 $\tilde{x}\in(\alpha_0,\beta_0)\subset G$，記 $\delta=\min\{\beta_0-\tilde{x},\tilde{x}-\alpha_0\}$. 由 α_0,β_0 的定義，則必有 $(\alpha_1,\beta_1)\in A$，且 $\alpha_1<\alpha_0+\delta$，$\beta_1>\beta_0-\delta$. 從而

$$\alpha_1<\alpha_0+\delta\leqslant\alpha_0+\tilde{x}-\alpha_0=\tilde{x}\leqslant\beta_0-(\beta_0-\tilde{x})\leqslant\beta_0-\delta<\beta_1,$$

則 $\tilde{x}\in(\alpha_1,\beta_1)\subset G$.

綜上所述，$(\alpha_0,\beta_0)\subset G$.

再證端點不屬於開集G. 先證$\alpha_0\notin G$，否則若$\alpha_0\in G$，由於G是開集，則必有α_0的鄰域$(\overline{\alpha},\overline{\beta})$，使得$\alpha_0\in(\overline{\alpha},\overline{\beta})\subset G$，從而$\overline{\alpha}<\alpha_0$. 這與$\alpha_0$是集$A$中區間左端點的下確界矛盾，故$\alpha_0\notin G$.

同理可證$\beta_0\notin G$. 從而(α_0,β_0)是G的構成區間.

(2) 下證開集G的任何兩個不同的構成區間必不相交.

對任意的$x,y\in G$，與它們對應的構成區間記為(α_x,β_x)，(α_y,β_y). 則或者$(\alpha_x,\beta_x)=(\alpha_y,\beta_y)$，或者$(\alpha_x,\beta_x)\cap(\alpha_y,\beta_y)=\varnothing$. 否則的話，設$(\alpha_x,\beta_x)\neq(\alpha_y,\beta_y)$且$(\alpha_x,\beta_x)\cap(\alpha_y,\beta_y)\neq\varnothing$(即它們是兩個不同的構成區間，但相交)，此時必有一個區間的端點在另一個區間內，不妨設$\alpha_x\in(\alpha_y,\beta_y)\subset G$，這和$(\alpha_x,\beta_x)$是$G$的構成區間矛盾，從而不同的構成區間互不相交.

再由1.3節的例6可知：開集G的構成區間至多只有可數個，不妨記為

$$\{(a_v,b_v)\mid v=1,2,\cdots\}.$$

(3) 由(1)和(2)，可得$G\subset\bigcup\limits_v(a_v,b_v)$，再由構成區間的定義有

$$G\supset\bigcup_v(a_v,b_v),$$

故$G=\bigcup\limits_v(a_v,b_v)$.

R^1中的開集分解為其構成區間的並時，分解形式是唯一的. 一維開集的上述構造定理在高維空間有其自然的推廣. 遺憾的是敘述這一分解需引入新概念——連通分支，而這個概念無助於我們后面對可測集相關概念的討論，所以在此不進行更多的說明，為了測度理論的需要簡述如下.

定理2 $R^n(n\geqslant 2)$中任何非空開集G均可表示為至多可數個互不相交的半開半閉矩體的並，即

$$G=\bigcup_{i=1}^{\infty}I^{(i)},$$

其中$I^{(i)}=\{(x_1,x_2,\cdots,x_n)\mid a_j^{(i)}<x_j\leqslant b_j^{(i)},j=1,2,\cdots,n\}$為互不相交的半開半閉矩體.

這個結果的證明雖不複雜，但是其細節的敘述頗為繁瑣，故在此略去其證明. 下面僅就R^2的情形加以直觀說明，此時$I^{(i)}=\{(x_1,x_2)\mid a^{(i)}<x_1\leqslant b^{(i)},a^{(i)}<x_2\leqslant b^{(i)}\}(i=1,2,\cdots)$. 如圖2.4.1，用直線網$x_i=k(i=1,2;k\in Z)$將平面$R^2$分成可數多個邊長為1的互不相交的半開半閉矩體. 如圖2.4.2，完全落在G內的半開閉矩體顯然有至多可數多個，記作

$$I_1^{(i)}(i=1,2,\cdots,k_1),$$

其中 k_1 是有限或可數的.

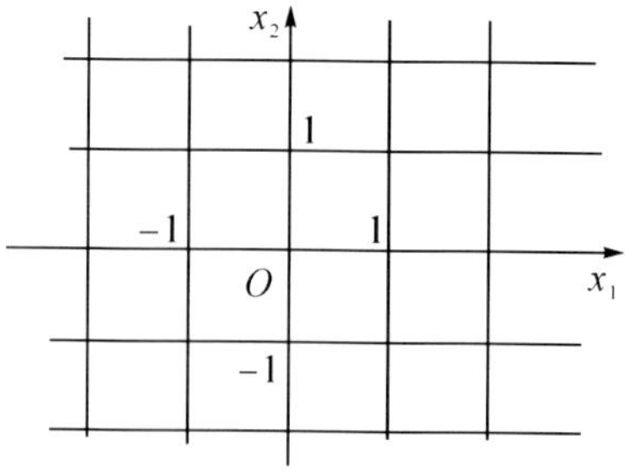

圖 2.4.1

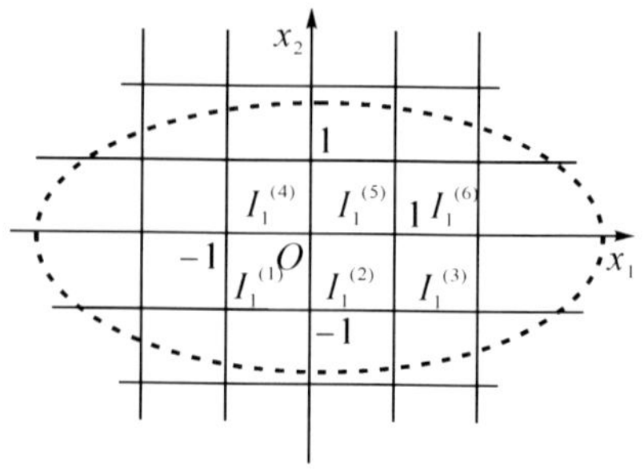

圖 2.4.2

除此之外的其余正方形域再進行第二次四等分，如圖 2.4.3. 從而可得可數多個邊長為$\dfrac{1}{2}$的互不相交的半開半閉矩體. 如圖 2.4.3，完全落在 G 內的半開半閉矩體也是至多可數多個，將它們記作

$$I_2^{(i)}(i=1,2,\cdots,k_2)\ ,$$

其中 k_2 是有限或可數的.

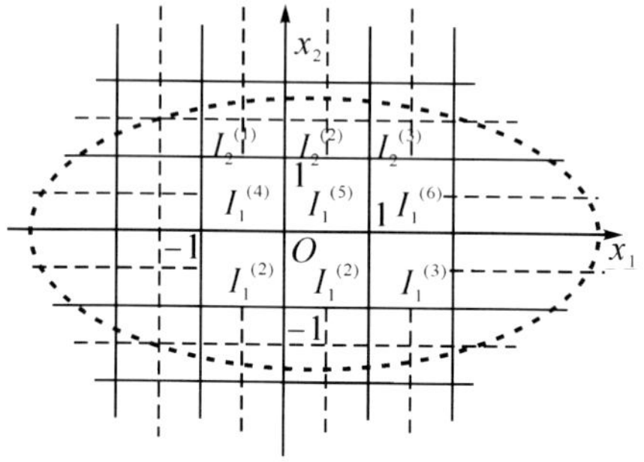

圖 2.4.3

依次繼續下去，得到完全落在 G 內的半開半閉矩體有至多可數多組，每組半開半閉矩體彼此互不相交，即

$$I_1^{(1)}, I_1^{(2)}, \cdots, I_1^{(k_1)},$$
$$I_2^{(1)}, I_2^{(2)}, \cdots, I_2^{(k_2)},$$
$$\cdots\cdots\cdots\cdots\cdots\cdots,$$
$$I_m^{(1)}, I_m^{(2)}, \cdots, I_m^{(k_m)},$$
$$\cdots\cdots\cdots\cdots\cdots\cdots$$

其中每組半開半閉矩體的邊長依次為 $1, \dfrac{1}{2}, \cdots, \dfrac{1}{2^{m-1}}, \cdots$，現將它們重新編號為 $I^{(i)}(i=1,2,\cdots)$，則必有

$$G=\bigcup_{i=1}^{\infty} I^{(i)}=\bigcup_{m=1}^{\infty}\bigcup_{j=1}^{k_m} I_m^{(j)},$$

其中 k_m 是有限或可數的.

事實上，任取 $x\in G$，則必有 $N(x,\delta)\subset G$. 由於 $I_m^{(j)}$ 的邊長為$\frac{1}{2^{m-1}}\to 0(m\to+\infty)$，令 $\delta\to 0$，則 $N(x,\delta)\subset I_m^{(j)}$，即 $G\subset\bigcup_{m=1}^{\infty}\bigcup_{j=1}^{k_m} I_m^{(j)}$；由定義，顯然有 $G\supset\bigcup_{m=1}^{\infty}\bigcup_{j=1}^{k_m} I_m^{(j)}$.

定理 3　設 F 是一非空有界閉集，則 $\inf_{x\in F}x\in F$，$\sup_{x\in F}x\in F$，即 F 中必有一最大點(最大數) 和一最小點(最小數).

證　因為 F 有界，所以存在 $M>0$，使得 $|x|\leqslant M(x\in F)$，從而 $x\leqslant M(x\in F)$，即所有 x 作成一有上界的數集. 設 $\mu=\sup_{x\in F}x$ 是它的上確界，則要證 F 有最大點，只需證明 $\mu\in F$ 即可.

由於 μ 是上確界，故對任意的 $n\in\mathrm{N}$，恒有 $x_n\in F$，使 $\sup_{x\in F}(x-\frac{1}{n})<x_n\leqslant\sup_{x\in F}x$.

若 $\mu=x_n$，則 $\mu\in F$；若 $\mu\neq x_n$，則 $\mu\in F'$；由於 F 為閉集，則 $\mu\in F$. 即 F 有最大點.

同理可證 F 有最小點 $\nu=\inf_{x\in F}x\in F$.

定理 4　設 F 是一非空的有界閉集. 則 F 是由一閉區間中去掉至多可數個互不相交的開區間(稱為該閉集的余區間) 而成，這些開區間的端點還是屬於 F 的.

證　取 $\mu=\sup_{x\in F}x$ 和 $\nu=\inf_{x\in F}x$. 由定理 3 可知：$\mu,\nu\in F$，$F\subset[\nu,\mu]$，則

$$G=[\nu,\mu]-F=(\nu,\mu)-F=(\nu,\mu)\cap F^C$$

是有界開集. 由定理 1 可知：存在至多可數多個互不相交的開區間(a_ν,b_ν)，使

$$G=[\nu,\mu]-F=\bigcup_{\nu}(a_\nu,b_\nu).$$

這些區間的端點都是不屬於 G 的，從而是屬於 F 的. 而 $G\subset[\nu,\mu]$，則

$$F=[\nu,\mu]-G=[\nu,\mu]-\bigcup_{\nu}(a_\nu,b_\nu)=\bigcap_{\nu}([\nu,\mu]-(a_\nu,b_\nu)).$$

至此我們已經圓滿解決了線性開集和閉集的結構問題.

設 F 是 R^1 中完備集. 由完備集定義，F 首先是閉集，則 F^C 是開集，則由定理 1，F^C 是至多可數個互不相交的開區間的並，不妨設

$$F^C=\bigcup_{n=1}^{\infty}(a_n,b_n),$$

其中$\{(a_n,b_n)\}$兩兩不相交. 其次F沒有孤立點, 所以$\{(a_n,b_n)\}$中任何兩個開區間沒有公共端點.

反之, 若$F^C=\bigcup_{n=1}^{\infty}(a_n,b_n)$中開區間序列$\{(a_n,b_n)\}$兩兩不相交且無公共端點, 則$F$是完備集. 從而有下面的定理.

定理5 集$F\subset \mathrm{R}^1$是完備集的充要條件是$F^C=\mathrm{R}^1-F$是至多可數個兩兩不相交且沒有公共端點的開區間的並.

習題 2.3

1. 判斷題

(1) 設Ω是直線上開集的全體所成之集, 則$\overline{\overline{\Omega}}=\aleph$. ( )

(2) 設Ω是直線上閉集的全體所組成的集合, 則$\overline{\overline{\Omega}}=\aleph$. ( )

(3) 直線上的任何閉集可表示為至多可數個互不相交的閉區間之並. ( )

2. 證明R^1中全體開集$\mathcal{G}$構成一基數為$\aleph$的集類, 從而R^1中全體閉集$\mathcal{F}$也構成一基數為$\aleph$的集類.

3. 證明直線上 Borel 集全體的勢為$\aleph$.

*4. 證明R^n中緊致集全體$\mathcal{A}_1$構成一基數為$\aleph$的集類; R^n中孤立點集全體$\mathcal{A}_2$構成一基數為$\aleph$的集類; R^n中至多可數子集全體$\mathcal{A}_3$構成一基數為$\aleph$的集類; R^n中完備集全體$\mathcal{A}_4$構成一基數為$\aleph$的集類.

5. 以R^1為例證明有界閉集上所定義的連續函數都是有界的.

6. R^1不可表示為可數個互不相交的閉區間之並.

7. 開區間(a,b)不能表為R^1中至多可數個互不相交的閉集之並.

2.4 點集間的距離

定義1 設A,B是R^n中兩個非空的點集, 定義點集A和B之間的**距離**為

$$\rho(A,B)=\inf\{\rho(P,Q)\mid P\in A,Q\in B\}.$$

特別地, 如果A是由唯一的一個點P所作成的單點集, 則A和B之間的距離也稱為點P到點集B的距離, 即

$$\rho(A,B)=\rho(\{P\},B)=\inf\{\rho(P,Q)\mid Q\in B\}.$$

顯然, 對任意兩個非空點集A、B都有$\rho(A,B)\geqslant 0$; 當$A\cap B\neq\varnothing$, 則$\rho(A,B)=0$, 反之卻不一定成立.

例1 若$A=(-1,0)$, $B=(0,1)$, 則$A\cap B=\varnothing$, 但$\rho(A,B)=0$.

讀者課后可驗證下述性質成立. 設$E\subset\mathrm{R}^n$, 則

(i) 若 $x \in E$, 則 $\rho(x,E)=0$;

(ii) $x \in E^{\circ}$ 當且僅當 $\rho(x,E^{C}) > 0$;

(iii) $x \in E'$ 當且僅當 $\rho(x,E\setminus\{x\})=0$;

(iv) $x \in \overline{E}$ 當且僅當 $\rho(x,E)=0$;

(v) $x \in \partial E$ 當且僅當 $\rho(x,E)=\rho(x,E^{C})=0$.

定理 1(閉集間的距離可達定理) 設 A,B 是 R^n 中兩個非空閉集, 且其中至少有一個有界, 則必有 $P^* \in A, Q^* \in B$, 使 $\rho(P^*,Q^*)=\rho(A,B)$.

證 不妨設 A 有界, 則存在 $M>0$, 對任意的 $P \in A$, 恒有 $\rho(P,O) \leqslant M$.

由於 $\rho(A,B)=\inf\{\rho(P,Q) \mid P \in A, Q \in B\}$, 則由下確界定義知, 對任意的 $\frac{1}{n}>0$, 恒有 $\{\rho(P,Q)\}$ 中的 $\rho(P_n,Q_n)$, 使

$$\rho(A,B) \leqslant \rho(P_n,Q_n) < \rho(A,B)+\frac{1}{n},$$

其中 $P_n \in A, Q_n \in B$. 從而可得一個序列 $\{(P_n,Q_n)\}$.

由於 A 有界, 則由 Bolzano - Weierstrass 定理的推論 1 知:總可以從 $\{P_n\}$ 中挑出一子序列 $\{P_{n_k}\}$, 使它和某一定點 P^* 的距離趨於 0, 即 $\rho(P_{n_k},P^*) \to 0$ $(k \to \infty)$. 由於 A 是閉集, 則 $P^* \in A$.

下面來考察與 $\{P_{n_k}\}$ 所對應的 $\{Q_n\}$ 的子序列 $\{Q_{n_k}\}$. 由於

$$\begin{aligned}\rho(Q_{n_k},0) &\leqslant \rho(Q_{n_k},P_{n_k})+\rho(P_{n_k},0)\\ &\leqslant \rho(A,B)+\frac{1}{n_k}+M\\ &\leqslant \rho(A,B)+1+M,\end{aligned}$$

即序列 $\{Q_{n_k}\}$ 也是有界的, 故 $\{Q_{n_k}\}$ 也有一個子序列 $\{Q_{n_{k_i}}\}$, 使它與某一定點 Q^* 的距離趨於 0, 即 $\rho(Q_{n_{k_i}},Q^*) \to 0 (i \to \infty)$.

而 B 是閉集, 則 $Q^* \in B$. 又因為 $\{P_{n_{k_i}}\}$ 是 $\{P_{n_k}\}$ 的子序列, 所以當 $i \to \infty$ 時, $\rho(P_{n_{k_i}},P^*) \to 0$. 故

$$\begin{aligned}\rho(A,B) &\leqslant \rho(P^*,Q^*)\\ &\leqslant \rho(P^*,P_{n_{k_i}})+\rho(P_{n_{k_i}},Q_{n_{k_i}})+\rho(Q_{n_{k_i}},Q^*)\\ &< \rho(P^*,P_{n_{k_i}})+\rho(A,B)+\frac{1}{n_{k_i}}+\rho(Q_{n_{k_i}},Q^*)\\ &\to \rho(A,B)\ (i \to \infty),\end{aligned}$$

即 $\rho(P^*,Q^*)=\rho(A,B)$.

定理 2 設 E 是一點集, $\delta>0$, G 是所有到 E 的距離小於 δ 的點 P 作成的點集, 即 $G=\{P \mid \rho(P,E)<\delta\}$. 則 G 是一開集, 且 $E \subset G$.

證 設 $P \in E$, 則 $\rho(P,E)=0<\delta$. 從而 $P \in G$, 故 $E \subset G$. 下面只需證明 G

是開集，即只要證明 G 中的點都是 G 的內點即可.

對任意的 $P_0 \in G$，有 $\rho(P_0,E) < \delta$.從而存在 $P^* \in E$，使 $\rho(P_0,P^*) < \delta$. 令 $\eta = \delta - \rho(P_0,P^*)$，對任一 $P \in N(P_0,\eta)$，有

$$\begin{aligned}\rho(P,P^*) &\leqslant \rho(P,P_0) + \rho(P_0,P^*)\\ &< \eta + \rho(P_0,P^*)\\ &< \delta - \rho(P_0,P^*) + \rho(P_0,P^*) = \delta,\end{aligned}$$

則$P \in G$，即 $N(P_0,\eta) \subset G$. 這就證明了 P_0 是 G 的內點. 由 P_0 的任意性知:G 是一開集.

定理 3（隔離性定理） 設 F_1，F_2 是兩個非空有界閉集，$F_1 \cap F_2 = \varnothing$. 則有開集 G_1,G_2，使 $F_1 \subset G_1$，$F_2 \subset G_2$，$G_1 \cap G_2 = \varnothing$.

證 由於 $F_1 \cap F_2 = \varnothing$，則由定理 1 可知 $r = \rho(F_1,F_2) > 0$. 令

$$G_1 = \left\{P \middle| \rho(P,F_1) < \frac{r}{2}\right\}, \quad G_2 = \left\{Q \middle| \rho(Q,F_2) < \frac{r}{2}\right\},$$

則由定理 2 可知,G_1,G_2 都是開集，且 $F_1 \subset G_1,F_2 \subset G_2$.

下證 $G_1 \cap G_2 = \varnothing$. 否則，設$P^* \in G_1 \cap G_2$，則由 G_1,G_2 的定義，有點 $P_1 \in F_1$，$Q_1 \in F_2$，使得

$$\rho(P^*,P_1) < \frac{r}{2}, \rho(P^*,Q_1) < \frac{r}{2}.$$

從而 $r \leqslant \rho(P_1,Q_1) \leqslant \rho(P_1,P^*) + \rho(P^*,Q_1) < \frac{r}{2} + \frac{r}{2} = r$，矛盾！ 故 $G_1 \cap G_2 = \varnothing$.

習題 2.4

1.判斷題

(1) 如果 $x_0 \notin \overline{E}$,那麼 $\rho(x_0,E) > 0$. ( )

(2) R^n 中的開集必是 F_σ 型集. ( )

(3) R^n 中的閉集必是 G_δ 型集. ( )

2.舉例說明:距離可達定理中關於 A,B 為兩個非空閉集的條件不能減弱.

3.證明:R^n 中每個閉集為 G_δ 集，每個開集為 F_σ 集.

4. 設E是 R^n 中非空點集，$P \in \mathrm{R}^n$ 且$\rho(P,E) = \inf\{\rho(P,Q) \mid Q \in E\}$. 證明:$\rho(P,E)$ 是關於 P 的在 R^n 上的一致連續函數.

5. 證明對於 R^n 中任意兩個互不相交的非空閉集 F_1,F_2，都有 R^n 上的連續函數$f(P)$，使 $0 \leqslant f(P) \leqslant 1$,且在 F_1 上 $f(P) \equiv 0$，在 F_2 上 $f(P) \equiv 1$.

第 3 章　測度論

實變函數論的中心問題就是研究一種新的積分—Lebesgue 積分理論.古典的積分理論，即數學分析中介紹的 Riemann 積分理論，基本上是處理「幾乎連續」的函數. 但是伴隨著理論的發展，Riemann 積分理論的缺點越來越明顯，為了解決數學分析中提出的許多問題，有必要改造和推廣原有的積分定義.

我們注意到，Riemann 積分與長度、面積、體積等度量有緊密的聯繫. 所以積分概念的推廣，自然也首先要求對 R^n 中更一般的點集給予一種度量，使之成為長度、面積或體積等概念的推廣，這就導致了測度的概念. 不同的積分概念總是緊密地聯繫著不同的測度概念.

當今，測度論的思想和方法已經是近代分析、概率論及其他學科必不可少的工具. 本教程實變函數論的主要目的，就是介紹在理論和應用上都十分重要的 Lebesgue 測度與 Lebesgue 積分理論. 為了說明建立 Lebesgue 積分的思想方法，下面我們從分析 Riemann 積分入手. 在 Riemann 積分的定義中，並沒有要求被積函數具有任何的連續性，為什麼定義出來的積分都如此嚴重地依賴函數的連續性呢？

設 $f(x)$ 是定義在區間 $[a,b]$ 上的有界函數，在 $[a,b]$ 中任意取一組分點 $a = x_0 < x_1 < \cdots < x_n = b$，再在每個小區間 $[x_{i-1},x_i]$ 上任取一點 $\xi_i(i = 1,2,\cdots,n)$，作和式

$$S = \sum_{i=1}^{\infty} f(\xi_i)(x_i - x_{i-1}).$$

如果存在常數 A，使得對任意的 $\varepsilon > 0$，都有相應的 $\delta > 0$，只要分點組 $\{x_i\}$ 滿足 $\lambda = \max_i(x_i - x_{i-1}) < \delta$，且對 ξ_i 的任意取法，都滿足

$$|S - A| < \varepsilon,$$

那麼就稱 f 在 $[a,b]$ 上是黎曼可積的. 稱數 A 為 $f(x)$ 在 $[a,b]$ 上的黎曼積分，並且把它記為

$$(R)\int_a^b f(x)\,\mathrm{d}x.$$

如果我們把在第 i 個小區間 $[x_{i-1},x_i]$ 上函數值 $f(x)$ 的上確界及下確界分別記為 M_i 及 m_i，即 $M_i = \sup\{f(x) \mid x_{i-1} \leqslant x \leqslant x_i\}$，$m_i = \inf\{f(x) \mid x_{i-1} \leqslant x \leqslant x_i\}$. 又記 $\omega_i = M_i - m_i$，稱 ω_i 為 $f(x)$ 在區間 $[x_{i-1},x_i]$ 上的振幅. 在數學分析中，$f(x)$

在$[a,b]$上 Riemann 可積的充要條件是對任意的 $\varepsilon > 0$，存在 $\delta > 0$，只要 $\max_i(x_i - x_{i-1}) < \delta$，就有 $\sum_{i=1}^{n}\omega_i(x_i - x_{i-1}) < \varepsilon$.

Riemann 積分的幾何意義：如果 $f(x)$ 是非負的函數，$f(x)$ 在$[a,b]$上的 Riemann 積分就是由 x 軸，直線 $x = a$，$x = b$ 及曲線 $y = f(x)$ 所圍成的曲邊梯形的面積，如圖 3.1.1.

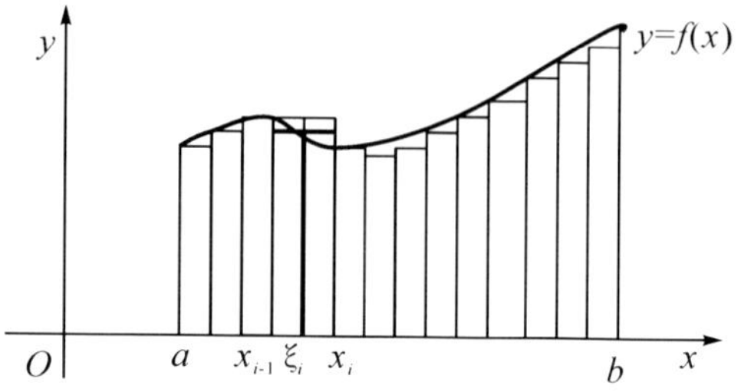

圖 3.1.1

而和式 S 就相當於把曲邊梯形分成 n 個狹長條的曲邊梯形且把每一個小曲邊梯形的面積用一個矩形的面積來代替，小矩形面積之和就是 S. 而當分法越來越細密時，S 將趨近於曲邊梯形的面積. 但是，在給定了一個分點組之后，當每個小曲邊梯形用小矩形代替時，矩形的高即 $f(\xi_i)$ 之值，還是有一個範圍的. 如果在各個小區間中，$f(\xi_i)$ 都接近於「最大」，或都接近於「最小」時，相應地作出的兩個和數就有差. 相差的這個數值就近似認為是 $\sum_{i=1}^{n}\omega_i(x_i - x_{i-1})$. 因此函數 $f(x)$ 的黎曼可積性就相當於 $\sum_{i=1}^{n}\omega_i(x_i - x_{i-1}) \to 0$ $(\lambda \to 0)$.

顯然，當函數值變化急遽，ω_i 不變小的區間很多時，就會有黎曼不可積的情況出現. 例如，Dirichlet 函數

$$D(x) = \begin{cases} 1, & x \text{ 為}[0,1]\text{ 上的有理數}, \\ 0, & x \text{ 為}[0,1]\text{ 上的無理數} \end{cases}$$

在任何小區間$[x_{i-1}, x_i]$上，皆有 $\omega_i = 1$，從而 $\sum_{i=1}^{n}\omega_i(x_i - x_{i-1}) = b - a \neq 0$. 所以 $D(x)$ 不是 Riemann 可積的.

由此可見，引起函數 $f(x)$ Riemann 不可積的原因是：「當把曲邊梯形分為若干個小曲邊梯形時，在小區間上的函數值變化很大，從而用小矩形去替代曲邊梯形時誤差就會相當大.」

針對這種情況，可以嘗試一種改進的方案，下面具體討論這一方案.

設 $f(x)$ 是定義在區間$[a,b]$上的有界函數，其函數值滿足 $A < f(x) < B$. 現在不是在$[a,b]$上取分點組，而是在函數值的所在範圍$[A,B]$上取一組分點

$\{y_i\}$，即

$$A = y_0 < y_1 < \cdots < y_n = B.$$

記 $E_i = \{x \mid x \in [a,b], y_{i-1} \leqslant f(x) < y_i\}$，它相當於前述的「第 i 個小區間」，E_i 的「長度」記為 $|E_i|$. 任取 $f(\xi_i) \in [y_{i-1}, y_i]$，作和式

$$S = \sum_{i=1}^{n} f(\xi_i) |E_i|.$$

當分割無限地細密，即當 $\max_i (y_i - y_{i-1}) \to 0$ 時，和式 S 的極限就稱為 $f(x)$ 在 $[a,b]$ 上的積分. 例如，圖 3.1.2 表示關於函數 $f(x)$ 的一種分割，E_2 就相應於「第二個小區間」，即 x 軸上用粗線標出的四個小區間的並集，而 $|E_2|$ 自然應當理解為這四個小區間的長度之和.

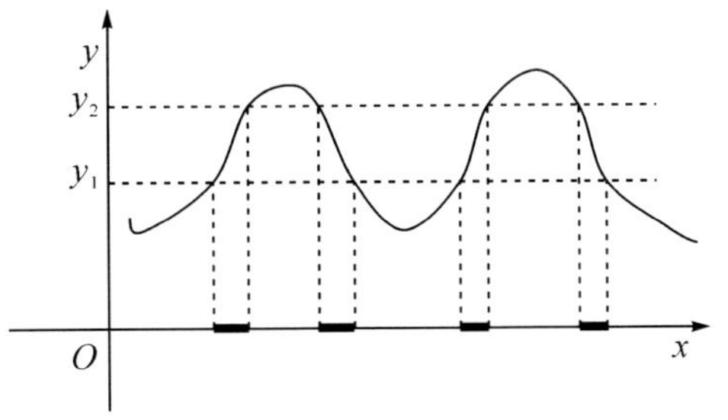

圖 3.1.2

上述的這個想法是否可行呢？從要求和式 S 的極限存在的角度看，這個方案無疑是優化於黎曼積分的思想的. 這是因為：現在分割精細的標誌正是讓所有的 ω_i 都很小. 因而 $\sum_{i=1}^{n} \omega_i |E_i|$ 自然會隨著分割的無限精細而趨於零. 這樣，似乎就不會發生不可積的情形了. 但是，問題在於對一般的函數 $f(x)$，$|E_i|$ 是否都有意義呢？

例如，對 Dirichlet 函數 $D(x)$，如果 $1 \in [y_{i-1}, y_i]$，那麼集 E_i 就是 $[0,1]$ 中有理數全體；如果 $0 \in [y_{i-1}, y_i]$，那麼集 E_i 就是 $[0,1]$ 中無理數全體.那麼此時的問題就是區間的「長度」概念能否推廣到有理數集與無理數集這種複雜的點集上呢？

由此可知，要實施新方案，我們自然希望第一步把「長度」概念推廣到一些較為複雜的點集上去，並且像「長度」一樣具有可加性.

出於多重積分的考慮，我們同樣希望對一般 n 維空間 R^n 中的點集 E 也有度量 $|E|$，且它具有如下的性質：

(i) 非負性：$|E| \geqslant 0$；

(ii) 單調性：若 $E_1 \subset E_2$，則 $|E_1| \leqslant |E_2|$；

(iii) 可加性：若 $E_1 \cap E_2 = \varnothing$，則 $|E_1 \cup E_2| = |E_1| + |E_2|$；

(iv) 次可加性：$|E_1 \cup E_2| \leqslant |E_1| + |E_2|$；

(v) 平移不變性和旋轉不變性：若 E 經過平移變換和旋轉變換后變為 $\hat{E}$，則 $|E| = |\hat{E}|$；

(vi) 如果 E 本來是區間(或矩形或長方體)，則 $|E|$ 就是它的長度(或面積或體積).

這樣的話，一切有界函數都可以積分了. 然而，一般說來這是辦不到的. 我們只能做到直線上相當廣泛的一類集合(即勒貝格可測集)具有「長度」(即勒貝格測度). 既然只有一部分集合才具有「長度」，那麼我們第二步就要解決：哪些函數 $f(x)$ 才能使 $E_i = \{x \mid y_{i-1} \leqslant f(x) < y_i\}$ 是有「長度」的集呢？換言之，我們要討論對任何 $c < d$，集 $\{x \mid c \leqslant f(x) < d\}$ 總是具有「長度」的函數(即勒貝格可測函數)的特點和性質. 第三步我們就討論上面這類函數什麼時候可積、積分(即勒貝格積分)的性質和應用以及它和黎曼積分的關係. 這一章我們主要做第一步的工作，第二與第三步工作將分別在第四、五兩章中進行.

3.1 開集的體積

定義 1 設 $A \subset S$，令 $\chi_A: S \to \mathrm{R}$，即

$$\chi_A(x) = \begin{cases} 1, & x \in A, \\ 0, & x \notin A, \end{cases}$$

則 $\chi_A(x)$ 為定義在 S 上的實函數，稱之為定義在 S 上的關於它的子集 A 的**特徵函數**(或**示性函數**).

例如，Q 表示 $[0,1]$ 中的有理數，則 $\chi_{\mathrm{Q}}(x)$ 就是 Dirichlet 函數.

容易看出，$x \in A$ 當且僅當 $\chi_A(x) = 1$，即特徵函數是由其相應的集合唯一確定的. 反之，任何集合也由該集合的特徵函數唯一確定. 這也是之所以稱 $\chi_A(x)$ 為 A 的特徵函數的原因.

易知特徵函數具有如下的性質.

性質 1 (1) $A = B$ 當且僅當 $\chi_A(x) = \chi_B(x)$，且 $A \neq B$ 當且僅當 $\chi_A(x) \neq \chi_B(x)$；

(2) 對任意的 $x \in S$，有 $A \subset B$ 當且僅當 $\chi_A(x) \leqslant \chi_B(x)$；

(3) $\chi_{A \cup B}(x) = \chi_A(x) + \chi_B(x) - \chi_{A \cap B}(x)$；

(4) $\chi_{A \cap B}(x) = \chi_A(x) \cdot \chi_B(x)$；

(5) $\chi_{A \setminus B}(x) = \chi_A(x)[1 - \chi_B(x)]$.

設 $\Omega \subset \mathrm{R}^n$ 是一有界閉區間. 對於包含在 Ω 中的區間 I，其特徵函數

$$\chi_I(x) = \begin{cases} 1, & x \in I, \\ 0, & x \notin I \end{cases}$$

在 Ω 上是分片連續的，因而是 Riemann 可積的，且重積分 $\int_\Omega \chi_I(x)\,\mathrm{d}x$ 等於 I 的體

積$|I|$.

對於有限個集合 $E_j(1 \leqslant j \leqslant k)$，顯然

$$\chi_{\bigcup\limits_{j=1}^{k} E_j}(x) \leqslant \sum_{j=1}^{k} \chi_{E_j}(x),$$

其中$\chi_*(x)$ 表示集合 $*$ 的特徵函數. 由於重積分$\int_\Omega \chi_I(x)\,\mathrm{d}x$ 等於 I 的體積$|I|$，則上式等價於$\left|\bigcup\limits_{j=1}^{k} I_j\right| \leqslant \sum\limits_{j=1}^{k} |I_j|$. 特別地，當 I_j 不相交時，有

$$\left|\bigcup_{j=1}^{k} I_j\right| = \sum_{j=1}^{k} |I_j|.$$

由$\int_\Omega \chi_I(x)\,\mathrm{d}x = |I|$及 Riemann 積分的性質，易證下面的定理成立.

定理1　設$\{I_j\}_{j=1}^{n_1}$和$\{J_k\}_{k=1}^{n_2}$是兩組區間. 如果$\{I_j\}_{j=1}^{n_1}$兩兩不相交，且$\bigcup\limits_{j=1}^{n_1} I_j \subset \bigcup\limits_{k=1}^{n_2} J_k$，則$\sum\limits_{j=1}^{n_1} |I_j| \leqslant \sum\limits_{k=1}^{n_2} |J_k|$.

定理2　設$\{I_j\}_{j=1}^{\infty}$和$\{J_k\}_{k=1}^{\infty}$是兩組區間. 若$\{I_j\}_{j=1}^{\infty}$兩兩不相交，且$\bigcup\limits_{j=1}^{\infty} I_j \subset \bigcup\limits_{k=1}^{\infty} J_k$，則$\sum\limits_{j=1}^{\infty} |I_j| \leqslant \sum\limits_{k=1}^{\infty} |J_k|$.

證　不妨假設對任意的自然數j，I_j 是有界集. 否則，如果存在 I_{j_0} 無界，則存在區間 I,使 $I_{j_0} \subset I \subset \bigcup\limits_{k=1}^{\infty} J_k$,故$|I| = +\infty$. 而 I 中的點全在 $J_k(k=1,2,\cdots)$ 中，故$|I| \leqslant \sum\limits_{k=1}^{\infty} |J_k|$. 因而$\sum\limits_{k=1}^{\infty} |J_k| = +\infty$，定理成立.

對於有界區間序列$\{I_j\}_{j=1}^{\infty}$，存在閉區間 $F_j \subset I_j(j = 1,2,\cdots)$，對任意 $\varepsilon > 0$，有

$$|I_j| - \frac{\varepsilon}{2^{j+1}} < |F_j| \leqslant |I_j|.$$

對於$\{J_k\}_{k=1}^{\infty}$，存在開區間 $G_k \supset J_k(k = 1,2,\cdots)$，對上述 $\varepsilon > 0$，有

$$|J_k| \leqslant |G_k| < |J_k| + \frac{\varepsilon}{2^{k+1}}.$$

故 $\bigcup\limits_{j=1}^{\infty} F_j \subset \bigcup\limits_{j=1}^{\infty} I_j \subset \bigcup\limits_{k=1}^{\infty} J_k \subset \bigcup\limits_{k=1}^{\infty} G_k$. 即對任意的自然數$N \geqslant 1$，有$\bigcup\limits_{j=1}^{N} F_j \subset \bigcup\limits_{j=1}^{\infty} F_j \subset \bigcup\limits_{k=1}^{\infty} G_k$.

由 Borel 有限覆蓋定理知，存在自然數 $M \geqslant 1$，使得 $\bigcup\limits_{j=1}^{N} F_j \subset \bigcup\limits_{k=1}^{M} G_k$.

因為$\{I_j\}_{j=1}^{\infty}$兩兩不相交，而$F_j \subset I_j(j=1,2,\cdots)$，故$\{F_j\}_{j=1}^{\infty}$也是兩兩不相交. 由定理1，有$\sum_{j=1}^{N}|F_j| \leqslant \sum_{k=1}^{M}|G_k|$且

$$\sum_{j=1}^{N}\left(|I_j| - \frac{\varepsilon}{2^{j+1}}\right) < \sum_{j=1}^{N}|F_j| \leqslant \sum_{k=1}^{M}|G_k|$$
$$< \sum_{k=1}^{M}\left(|J_k| + \frac{\varepsilon}{2^{k+1}}\right) \leqslant \sum_{k=1}^{\infty}\left(|J_k| + \frac{\varepsilon}{2^{k+1}}\right).$$

故$\sum_{j=1}^{N}|I_j| \leqslant \sum_{k=1}^{\infty}|J_k| + \varepsilon$. 由$N$的任意性，可得$\sum_{k=1}^{\infty}|J_k| \leqslant \sum_{j=1}^{\infty}|I_j| + \varepsilon$；再由$\varepsilon$的任意性，可得

$$\sum_{j=1}^{\infty}|I_j| \leqslant \sum_{k=1}^{\infty}|J_k|.$$

定理3　設G是R^n中非空開集，$\{I_j\}_{j=1}^{\infty}$和$\{J_k\}_{k=1}^{\infty}$是兩組互不相交的左開右閉的區間，且$G = \bigcup_{j=1}^{\infty} I_j = \bigcup_{k=1}^{\infty} J_k$. 那麼$\sum_{j=1}^{\infty}|I_j| = \sum_{k=1}^{\infty}|J_k|$.

證　由定理2，結論顯然成立.

定義2　設G是R^n中開集.

(i) 若$G = \varnothing$，則記$|G| = 0$；

(ii) 若$G \neq \varnothing$，且G可表示成可數個互不相交的左閉右開之並$\bigcup_{j=1}^{\infty} I_j$，則記$|G| = \sum_{j=1}^{\infty}|I_j|$. 並稱$|G|$為開集$G$的「體積」.

根據定理3，這個定義是合理的. 開集的「體積」有下面性質.

性質2　設G和$G_k(k \geqslant 1)$是R^n中開集.

(i) 若$G \neq \varnothing$，則$|G| > 0$；

(ii) 單調性：若$G_1 \subset G_2$，則$|G_1| \leqslant |G_2|$；

(iii) 次可加性：$\left|\bigcup_{j=1}^{\infty} G_j\right| \leqslant \sum_{j=1}^{\infty}|G_j|$；

(iv) 可加性：如果$\{G_j\}_{j=1}^{\infty}$是互不相交的，則$\left|\bigcup_{j=1}^{\infty} G_j\right| = \sum_{j=1}^{\infty}|G_j|$.

證　(i) 顯然.

(ii) 不妨設$G_1 \neq \varnothing$，則可將G_1和G_2分別表示成可數個互不相交的左開右閉區間之並，即$G_1 = \bigcup_{j=1}^{\infty} I_j$和$G_2 = \bigcup_{k=1}^{\infty} J_k$，故$\bigcup_{j=1}^{\infty} I_j \subset \bigcup_{k=1}^{\infty} J_k$，由定理2和開集體積的定義，結論得證.

(iii) 記$G = \bigcup_{j=1}^{\infty} G_j$，$G$為開集. 不失一般性，可設$G_j \neq \varnothing(j=1,2,\cdots)$. 由開

集構造定理，有 $G=\bigcup_{k=1}^{\infty} I_k,\{I_k\}$ 為互不相交的開區間；$G_j=\bigcup_{k=1}^{\infty} I_k^{(j)},\{I_k^{(j)}\}$ 為互不相交的開區間. 由定理 2，知

$$|G|=\sum_{k=1}^{\infty}|I_k|\leqslant\sum_{j=1}^{\infty}\left|\bigcup_{k=1}^{\infty} I_k^{(j)}\right|\leqslant\sum_{j=1}^{\infty}\sum_{k=1}^{\infty}|I_k^{(j)}|=\sum_{j=1}^{\infty}|G_j|,$$

即 $|G|=\left|\bigcup_{j=1}^{\infty} G_j\right|\leqslant\sum_{j=1}^{\infty}|G_j|$.

(iv) 不失一般性，可設 $G_j\neq\varnothing(j=1,2,\cdots)$. 將 G_j 表示成可數個互不相交的左開右閉區間之並，即 $G_j=\bigcup_{k=1}^{\infty} I_k{}^{(j)}$. 那麼 $\{I_k{}^{(j)}\mid j,k\geqslant 1\}$ 是可數個互不相交的左開右閉區間，從而 $\bigcup_{j=1}^{\infty} G_j=\sum_{j=1}^{\infty}\sum_{k=1}^{\infty}|I_k^{(j)}|$. 故

$$\left|\bigcup_{j=1}^{\infty} G_j\right|=\sum_{j=1}^{\infty}|G_j|.$$

顯然在性質 2 的(iii) 和(iv) 中，如果當 $j>k$，$G_j=\varnothing$ 時，則對應的結論為

$$\left|\bigcup_{j=1}^{k} G_j\right|\leqslant\sum_{j=1}^{k}|G_j|.$$

當 $\{G_j\}_{j=1}^{k}$ 兩兩不相交時，$\left|\bigcup_{j=1}^{k} G_j\right|=\sum_{j=1}^{k}|G_j|$. 所以開集的「體積」具有次可加性和可加性.

習題 3.1

1. 設 X 為固定的集合，$A\subset X$，設 $\chi_A(x)$ 為 A 的特徵函數. 其中 A,B,A_α,A_n 都為 X 的子集，$\alpha\in\Gamma$，Γ 為指標集，n 為自然數. 證明：

(1) $A=X$ 當且僅當 $\chi_A(x)\equiv 1$；$A=\varnothing$ 當且僅當 $\chi_A(x)\equiv 0$.

(2) $\chi_{\bigcup_{\alpha\in\Gamma} A_\alpha}(x)=\max_{\alpha\in\Gamma}\chi_{A_\alpha}(x)$；$\chi_{\bigcap_{\alpha\in\Gamma} A_\alpha}(x)=\min_{\alpha\in\Gamma}\chi_{A_\alpha}(x)$.

(3) 設 $A_n(n=1,2,\cdots)$ 為一集列，則 $\lim_{n\to+\infty} A_n$ 存在的充要條件是 $\lim_{n\to+\infty}\chi_{A_n}(x)$ 存在. 而當極限存在時，有

$$\chi_{\lim_{n\to+\infty} A_n}(x)=\lim_{n\to+\infty}\chi_{A_n}(x)$$

2. 設 I 是 R^2 中一個開區間，G 是 I 繞原點旋轉 $\frac{\pi}{6}$ 后得到的集合，那麼 G 是 R^2 中開集. 證明：$|G|=|I|$.

3.2　點集的外測度

3.2.1　外測度的定義

在生活中，一個物體的「體積」常用可盛該物之容器的容積的最小值來代替. 對於 R^n 中的點集 E 來說，用什麼可作它的「容器」呢？

首先，這個「容器」應該能計算它的「容積」. 如果將開集作為一個「容器」，那麼它的「容積」和它的「體積」是相等的.

引例 1　計算圖 3.2.1 中圓的面積.

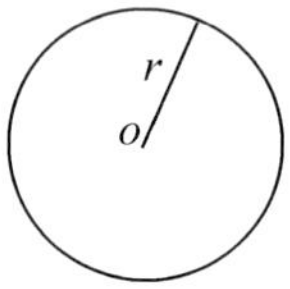

圖 3.2.1

先求圓的外切正 n 邊形的面積(外包)，如圖 3.2.2.

$$S_{外}=n\cdot\frac{1}{2}\cdot 2R\tan\frac{2\pi}{2n}\cdot R=\pi\cdot\frac{\sin\frac{\pi}{n}}{\frac{\pi}{n}}\cdot\frac{1}{\cos\frac{\pi}{n}}\cdot R^2\to\pi R^2(n\to\infty).$$

圖 3.2.2

圖 3.2.3

再求圓的內接正 n 邊形的面積(內填)，如圖 3.2.3.

$$S_{內}=n\cdot\frac{1}{2}\cdot 2R\sin\frac{2\pi}{2n}\cdot R\cos\frac{2\pi}{2n}=\pi\cdot\frac{\sin\frac{\pi}{n}}{\frac{\pi}{n}}\cdot R^2\to\pi R^2(n\to\infty).$$

由夾逼準則，我們可得圓的面積為 πR^2.

引例 2　計算圖 3.2.4 中固定曲邊梯形的面積.

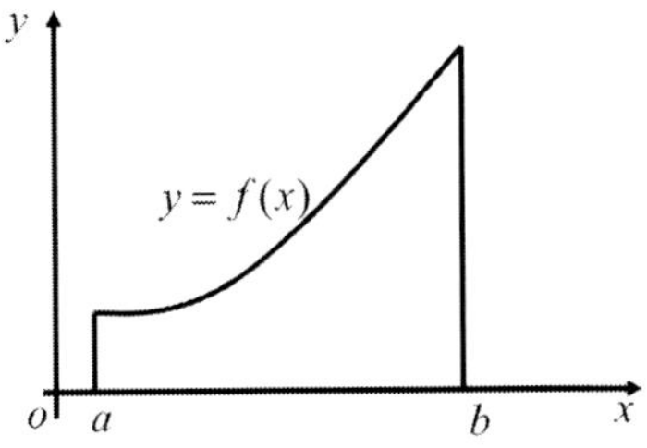

圖 3.2.4

如圖 3.2.5，先求達布上和的極限，即上積分為

$$\overline{\int_a^b} f(x)\,\mathrm{d}x = \lim_{\lambda\to 0}\sum_{i=1}^{n} M_i \Delta x_i.$$

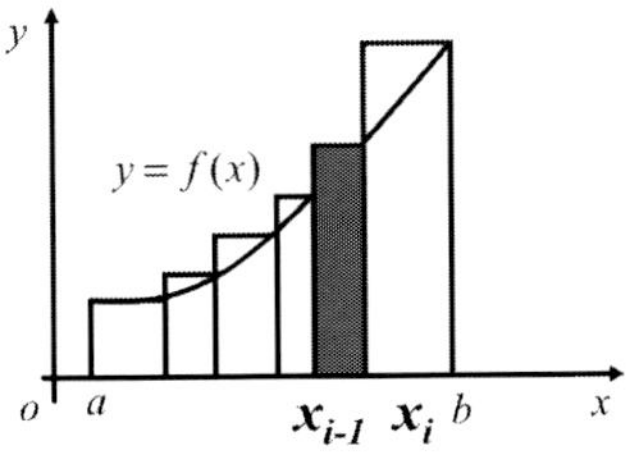

圖 3.2.5

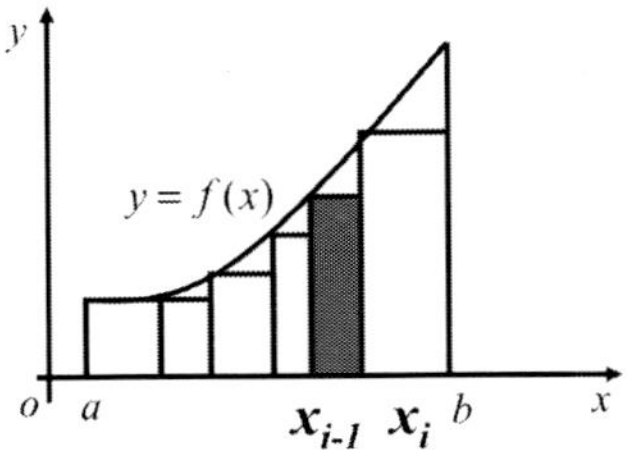

圖 3.2.6

再求達布下和的極限，即下積分為

$$\underline{\int_a^b} f(x)\,\mathrm{d}x = \lim_{\lambda\to 0}\sum_{i=1}^{n} m_i \Delta x_i.$$

當包含曲邊梯形的階梯形面積(外包)的下確界等於包含於曲邊梯形內的階梯形面積（內填）的上確界時，我們規定這個曲邊梯形是可求面積的. 上述的共同確界就稱為這個曲邊梯形的面積. 但值得注意的是，如果 E 是一般的集合，它有可能不含任何方體，例如 E 如果是有理數集的話，它就不可能充滿任何方體，因而我們不能像數學分析那樣企圖用方體內外夾擠的辦法來定義一般集合的「容積」. 儘管如此，上述兩個引例的想法還是給了我們極大的啟示：我們可以先定義點集的外測度和內測度，當某一點集的外測度等於其內測度時，這個公共的數值就稱為該點集的測度.

定義 1　設 $E \subset \mathbb{R}^n$. 若 $\{I_i\}$ 是 $\mathbb{R}^n$ 中可數個開矩體，且有

$$E \subset \bigcup_{i=1}^{\infty} I_i,$$

則稱 $\{I_i\}$ 為 E 的一個 **L - 覆蓋**.

顯然，這樣的覆蓋有很多，且每一個 L - 覆蓋 $\{I_i\}$ 確定一個非負廣義實值 $\sum_{i=1}^{\infty} |I_i|$，即這些和數組成一個非負的實數集合(或 $+\infty$)，其下確界稱為 E 的

勒貝格(Lebesgue) **外測度**, 簡稱為**外測度**(或**外包**), 記為 m^*E, 即

$$m^*E = \inf\left\{ \sum_{i=1}^{\infty} |I_i| \,\middle|\, \{I_i\} \text{ 為 } E \text{ 的一個 } L-\text{覆蓋} \right\}.$$

顯然, 若 E 的任意一個 L − 覆蓋 $\{I_i\}$ 均有 $\sum_{i=1}^{\infty} |I_i| = \infty$, 則 $m^*E = +\infty$, 否則 $m^*E < +\infty$.

3.2.2 外測度的性質

利用外側度的定義易驗證外測度具有如下性質.

性質 1 (i) 非負性:對每個 $E \subset \mathrm{R}^n$, 都有 $m^*E \geqslant 0$. 特別地, $m^*\varnothing = 0$.

(ii) 單調性:若 $A \subset B \subset \mathrm{R}^n$, 則 $m^*A \leqslant m^*B$.

證 非負性是顯然的. 當 $A \subset B$ 時, 凡是能蓋住 B 的開矩體序列也一定能蓋住 A, 則由外側度定義易得 $m^*A \leqslant m^*B$.

當 E 本身就是矩體或是開集時, $m^*E = |E|$, 即有如下性質.

性質 2 對於任何矩體 I, 有 $m^*I = |I|$.

此結論雖然簡單, 但其證明頗費手續, 故在此略去. 有興趣的讀者可參見曹廣福的《實變函數論與泛函分析》第二版第 31 至 32 頁, 下面僅對其證明作一個簡單的提示.

(1) 證明在閉矩體的情形下, 用有限覆蓋定理把可列覆蓋簡化為有限覆蓋.

(2) 對一般的矩體, 則可利用外側度的單調性使用閉矩體逼近.

註 1 外測度是用和式的下確界來定義, 這給進一步研究帶來不便. 下面的例子為外測度提供了一個較為簡潔的表達式.

例 3 設 E 是 R^n 中的任一點集. 證明 $m^*E = \inf\{|G| \mid G \supset E, G \text{ 是開集}, G \subset \mathrm{R}^n\}$,其中 G 是 R^n 中包含 E 的開集.

證 當 $m^*E = +\infty$ 時, 由於 $G \supset E$, 有 $m^*E \leqslant m^*G$. 結論顯然成立.

下設 $m^*E < +\infty$. 首先, 對任何開集 G, 當 $G \supset E$ 時, $m^*G \geqslant m^*E$. 其次, 對任何 $\varepsilon > 0$, 由外測度的定義, 有開矩體序列 $\{I_i\}$, 使得 $E \subset \bigcup_{i=1}^{\infty} I_i$, 而且 $\sum_{i=1}^{\infty} |I_i| < m^*E + \varepsilon$.

記 $G = \bigcup_{i=1}^{\infty} I_i$, 從而 G 為 R^n 中的開集, 且 $G \supset E$, 則

$$m^*E \leqslant |G| = \left| \bigcup_{i=1}^{\infty} I_i \right| \leqslant \sum_{i=1}^{\infty} |I_i| < m^*E + \varepsilon,$$

從而 $m^*E = \inf\{|G| \mid G \text{ 是 } \mathrm{R}^n \text{ 中開集}, E \subset G\}$.

由例 3 我們不難推證外測度具有如下性質.

性質 3(次可列可加性)　對 R^n 中任意一列子集 $\{E_j\}_{j=1}^{\infty}$，有 $m^*(\bigcup_{j=1}^{\infty} E_j) \leqslant \sum_{j=1}^{\infty} m^* E_j$.

證　由外側度的等價定義例 3 知,對任意的 $\varepsilon > 0$ 及正整數 j，可取開集 $G_j \supset E_j$，使得 $|G_j| \leqslant m^* E_j + \frac{\varepsilon}{2^j}$.

記 $G = \bigcup_{j=1}^{\infty} G_j$，則 G 是開集，且 $\bigcup_{j=1}^{\infty} E_j \subset G$. 從而

$$m^*(\bigcup_{j=1}^{\infty} E_j) \leqslant |G| \overset{\text{由3.1節定理2}}{\leqslant} \sum_{j=1}^{\infty} |G_j| \leqslant \sum_{j=1}^{\infty} (m^* E_j + \frac{\varepsilon}{2^j}) = \varepsilon + \sum_{j=1}^{\infty} m^* E_j,$$

由 ε 的任意性知：$m^*(\bigcup_{j=1}^{\infty} E_j) \leqslant \sum_{j=1}^{\infty} m^* E_j$.

例 4　在 R^1 中，設 Q 為[0,1] 中的有理數全體，則 $m^* \mathrm{Q} = 0$.

證　由性質 1，$m^* \mathrm{Q} \geqslant 0$. 由於 Q 為可數集，故不妨令 $\mathrm{Q} = \{r_1, r_2, \cdots, r_n, \cdots\}$. 對任意的 $\varepsilon > 0$，作開區間 $I_i = (r_i - \frac{\varepsilon}{2^{i+1}}, r_i + \frac{\varepsilon}{2^{i+1}})$ $(i = 1,2,3,\cdots)$. 則

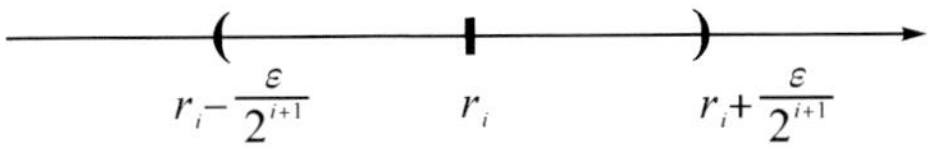

$|I_i| = \frac{\varepsilon}{2^i}$，且 $E \subset \bigcup_{i=1}^{\infty} I_i$，從而 $\sum_{i=1}^{\infty} |I_i| = \sum_{i=1}^{\infty} \frac{\varepsilon}{2^i} = \varepsilon$. 由外側度的定義，可得 $m^* \mathrm{Q} \leqslant \varepsilon$. 再由 ε 的任意性知：$m^* \mathrm{Q} = 0$.

通過此例，我們看到了一類外測度為 0 的無限集合，這類集合在勒貝格測度與積分理論中佔有特殊的地位. 在今后的學習中我們將看到，在討論與測度或積分有關的問題時，往往可以忽略外測度為 0 的集合上函數的差異.

定義 2　設 E 是 R^n 中的點集，且滿足 $m^* E = 0$. 則稱 E 為**Lebesgue 零集**，簡稱**零集**.

仿例 2，讀者可自證任一可數集都是零集.

關於零集有如下常用的簡單結論.

定理 1　(1) 零集的任何子集仍是零集；

(2) 有限個或可數個零集的並集仍是零集.

證　(1) 假設 $E_0 \subset E$ 且 $m^* E = 0$，則由性質 1 知，$0 \leqslant m^* E_0 \leqslant m^* E = 0$，即零集的任何子集仍是零集.

(2) 假設 $m^* E_i = 0 (i = 1,2,\cdots)$，則由次可列可加性，得

$$0 \leqslant m^*(\bigcup_{j=1}^{\infty} E_j) \leqslant \sum_{j=1}^{\infty} m^* E_j \leqslant 0,$$

即 $m^*(\bigcup_{j=1}^{\infty} E_j) = 0$.

下面來證明外測度平移和旋轉不變性.

設 E 是 R^n 中的一個點集，$x^0 \in \mathrm{R}^n$，且 $x^0 = (x_1^0, x_2^0, \cdots, x_n^0)$，記

$$E + \{x^0\} = \{(x_1 + x_1^0, x_2 + x_2^0, \cdots, x_n + x_n^0) \mid (x_1, x_2, \cdots, x_n) \in E\},$$

即 $E + \{x^0\}$ 是把點集 E 平移 x^0 后所得的點集.

性質 4(外測度的平移不變性) 對於 R^n 中任何點集 E 和任意點 x^0，均有

$$m^*(E + \{x^0\}) = m^* E.$$

證 首先，對於 R^n 中的任何開矩體 I，顯然 $I + \{x^0\}$ 仍是一個開矩體，且二者相應的邊長均相等，從而 $m^* I = m^*(I + \{x^0\})$.

其次，設 $\{I_k\}$ 為 E 的一個 L－覆蓋，那麼序列 $\{I_k + \{x^0\}\}$ 的並集必包含 $E + \{x^0\}$，即 $E + \{x^0\} \subset \bigcup_{k=1}^{\infty} (I_k + \{x^0\})$. 從而由 $m^*(E + \{x^0\}) \leqslant \sum_{k=1}^{\infty} m(I_k + \{x^0\}) = \sum_{k=1}^{\infty} mI_k$ 可知

$$m^*(E + \{x^0\}) \leqslant m^* E.$$

另一方面，點集 E 又可以由 $E + \{x^0\}$ 作平移 $-x^0$ 而得，從而有

$$m^* E \leqslant m^*(E + \{x^0\}),$$

則 $m^*(E + \{x^0\}) = m^* E$.

性質 5(外測度的旋轉不變性) 將 R^n 中任何點集 E 經旋轉變換后所成的集記為 $T(E)$，證明

$$m^*(T(E)) = m^* E.$$

證 以 $n = 2$ 為例，證明 R^2 上外測度的旋轉不變性. 由 3.1 節習題 2 知：R^2 上的旋轉變換實際就是由矩陣

$$T = \begin{pmatrix} \cos\theta & \sin\theta \\ -\sin\theta & \cos\theta \end{pmatrix} \quad (TT' = T'T = I)$$

表示的線性變換，其中 θ 表示旋轉角，T' 為 T 矩陣的轉置矩陣. 從而對 $E \subset \mathrm{R}^2$，我們有

$$m^*(T(E)) = \det T \cdot m^* E = m^* E.$$

綜上所述，外測度似乎具有「體積」(或「面積」「長度」) 所應具有的性質，那麼集合的「體積」問題似乎已經得到圓滿解決，但事情遠非如此簡單. 因為如果外側度是體積概念的自然推廣的話，那麼當 $A \cap B = \varnothing$ 時，必有

$$m^*(A \cup B) = m^* A + m^* B$$

成立. 但遺憾的是，外側度並非對所有的集合都具有可加性，比如例 5.

例 5 說明對 R^n 中一列互不相交的集列 $\{E_j\}_{j\geqslant 1}$，等式

$$m^*(\bigcup_{j=1}^{\infty} E_j) = \sum_{j=1}^{\infty} m^* E_j \tag{3.2.1}$$

不一定成立.

解 對實數域中開區間 $(0,1)$ 中每個點 x，作點集

$$R_x = \{z \mid z \in (0,1), z - x \text{ 是有理數}\},$$

顯然，$x \in R_x$，從而 $R_x \neq \varnothing$.

對任意的 $x, y \in (0,1)$，如果 $R_x \neq R_y$，則必有 $R_x \cap R_y = \varnothing$. 否則，若有 $\eta \in R_x \cap R_y$，則 $\eta - x$ 和 $\eta - y$ 同為有理數. 故對任意的 $\xi \in R_x$，有 $\xi - y = (\xi - x) + (x - \eta) + (\eta - y)$ 也一定是有理數，即 $\xi \in R_y$. 故 $R_x \subset R_y$. 同理可證 $R_y \subset R_x$.

綜上所述，$R_x = R_y$（實際上 $R_x = R_y$ 當且僅當 $R_x \cap R_y \neq \varnothing$）. 從而整個區間 $(0,1)$ 就分解為互不相交的上述 R_x 之並，即 $(0,1) = \cup\{R_x \mid x \in (0,1)\}$. 現從每個這樣的 R_x 中取出一點且僅取一點構成一個集合 S，從而 $S \subset (0, 1)$.

再將 $(-1, 1)$ 中全體有理數排成序列 $\{r_k\}_{k=1}^{\infty}$，記 $S_k = \{t + r_k \mid t \in S\}$，即 S_k 是將 S 平移 r_k 后得到的，顯然 $S_k \subset (-1,2)$，且當 $k \neq m$ 時，$S_k \cap S_m = \varnothing$. 否則存在 $\omega \in S_k \cap S_m$，則必有 $t_1, t_2 \in S$，使得 $t_1 + r_k = \omega = t_2 + r_m$. 從而 $t_1 - t_2 = r_m - r_k$ 是有理數，即 t_1，t_2 屬於同一個 R_x. 由 S 的構造可知，在每個 R_x 中只取一個點，則必有 $t_1 = t_2$，從而 $r_m = r_k$，矛盾！ 所以必有 $S_k \cap S_m = \varnothing$.

下證 $(0,1) \subset \bigcup_{k=1}^{\infty} S_k$. 任取 $x \in (0,1)$，則 $x \in R_x$，由 S 的構造可知 $R_x \cap S$ 為單點集，記為 $\{\tau\} = R_x \cap S$，則 $x - \tau$ 是有理數，且 $-1 < x - \tau < 1$. 從而一定存在 k，使得 $r_k = x - \tau$，即 $x = r_k + \tau \in S_k$. 故 $(0,1) \subset \bigcup_{k=1}^{\infty} S_k \subset (-1,2)$.

假設外測度具有可加性，即等式(3.2.1)成立，則有

$$1 = m^*(0,1) \leqslant m^*(\bigcup_{k=1}^{\infty} S_k) = \sum_{k=1}^{\infty} m^* S_k \leqslant m^*(-1,2) = 3.$$

對任一 k，S_k 都是由 S 經過平移后得到的，故 $m^* S_k = m^* S$. 則由級數 $\sum_{k=1}^{\infty} m^* S_k$ 收斂的必要條件知 $m^* S = 0$，於是就導致了 $1 \leqslant 0 \leqslant 3$，這個矛盾說明了外側度的確不具有可加性.

此例說明互不相交的點集之並的外測度並不等於這些點集外測度之和，這顯然與常理相悖. 問題出在哪裡呢？是不是外側度的定義有缺陷呢？從上面例子的推導過程中可看到，整個證明並未用到外測度的具體構造，因而問題與外測度的定義方式無關，即無論如何改變定義方式，都不能使任意兩個不相交的集合之並的外測度等於它們的外測度之和，這是「天然」的「障礙」. 換句話說，總有一些集合，其測度是不具有可加性的. 既然無法克服這個困難，那最好的

辦法就是把這些集合排除在外，只考慮那些具有可加性的集合. 我們把前者稱為不可測集，后者稱為可測集.

3.2.3 內測度

如何判斷一個集合是可測或不可測的呢？有兩種方法來做出判斷.

其一採用引例 1、2 中類似的方法 —— 內外測度法. 集合 E 的外側度是包住 E 的一些小矩體體積之和的下確界，如何作內測度呢？

和外測度不同的是點集的內測度不能直接從區間的測度出發來定義，也就是我們不能期望它可表示為包含於此點集之中的區間測度的和的上確界. 比如，由例 4 可知：區間 $[0,1]$ 中有理數全體是 R 中的零集. 從而 $[0,1]$ 中的無理數全體在 R 中應當具有「正測度」，但是這個點集並不包含任何區間，所以我們得從另一角度來探索定義內測度的途徑. 為敘述方便，以直線上有界點集 E 為例，不妨設 $E \subset [a,b]$，如果開矩體序列 $\{I_n\}_{n=1}^{\infty}$ 蓋住了 $(a,b) - E$，則 $(a,b) - \bigcup_{n=1}^{\infty} I_n \subset E$，因此一種自然的定義方式是：定義 E 的內測度為

$$m_* E = b - a - m^*((a,b) - E).$$

將這一方法推廣到 R^n 中去，就有如下的定義 3.

定義 3　設 E 是 R^n 中的有界點集，它包含於一個有界矩體 I 中，記

$$m_* E = |I| - m^*(I - E),$$

稱 $m_* E$ 為點集 E 的勒貝格內測度，簡稱內測度. 當 $m_* E = m^* E$ 時，稱 E 是可測集.

由於內測度本身是通過外測度來定義的，所以可以證明內測度也具有和外測度的基本性質相對應的若干性質.

人們深入探討發現破壞集合外測度的可加性的同時也破壞內測度的可加性，而且對這樣的集合而言，必有 $m^* E > m_* E$，即問題的癥結在於存在著內外測度不一致的點集. 鑒於「可加性」在處理問題時的重要性，我們只好把內外測度不一致的集合稱為「不可測」集，使在余下的所謂「可測」集範圍內，保證任意兩個不相交的集合之並的「體積」等於它們的「體積」和.

綜上所述，用內外側度法來判斷 R^n 中任一個集合是可測或不可測的，會給我們討論問題帶來不便，所以我們將在 3.3 節介紹另一種判斷 R^n 中任一點集「可測」與「不可測」的標準 —— 卡拉皆屋杜利條件.

習題 3.2

1. 證明下列命題

(1) R^n 中單點集的外側度為零，即若 $x_0 \in \mathrm{R}^n$ 中，則 $m^*\{x_0\} = 0$.

(2) 設 $I \subset \mathrm{R}^n$ 是開矩體，$\bar{I}$ 是閉矩體，則 $m^* I = m^* \bar{I} = |I|$.

(3) 若 $E \subset \mathbf{R}^n$ 是可數點集，則 $m^* E = 0$.

(4) $[0,1]$ 中的 Cantor 集 C 的外側度為 0.

(5) 設 $E \subset \mathbf{R}^1$，對 $\lambda \in \mathbf{R}$，記 $\lambda E = \{\lambda x \mid x \in E\}$，則 $m^*(\lambda E) = |\lambda| m^* E$.

2. 判斷題

(1) 若 E 為 $\mathbf{R}^1$ 中無限集且 $m^* E = 0$，則 E 為可數集. (　　)

(2) 對常數 a，有 E 是 $\mathbf{R}^n$ 中的零集. (　　)

其中 $E = \{(x_1, x_2, \cdots, x_n) \mid$存在某個整數$j(1 \leqslant j \leqslant n)$，使 $x_j = a, -\infty < x_i < +\infty, i \neq j\}$.

(3) 設 E 是 $\mathbf{R}^1$ 中的閉集，且又是零集，則 E 必為疏朗集. (　　)

(4) 設 E 為零集，則其閉包 $\overline{E}$ 仍為零集. (　　)

3. 設 $A \subset \mathbf{R}^n$，且 $m^* A = 0$，試證明：對任意的 $B \subset \mathbf{R}^n$，有 $m^*(A \cup B) = m^*(B)$.

4. 證明：若 E 為有界集，則 $m^* E < +\infty$.

5. 設 $E \subset \mathbf{R}^n$，利用例 3 來證明：

$$m^* E = \inf\left\{ \sum_{i=1}^{\infty} |I_i| \,\middle|\, \{I_i\} \text{ 為 } E \text{ 的一個 } L - \text{覆蓋} \right\}.$$

6. 用外測度定義證明平面上的有理點集的外測度為 0.

7. 用外測度定義證明 $\mathbf{R}^3$ 中的 xoy 平面的外測度為 0.

8. 證明（外側度介值定理）：對於一維空間 $\mathbf{R}^1$ 中任何外測度大於零的有界集合 E 及任意常數 μ，只要 $0 \leqslant \mu \leqslant m^* E$，就有 $E_1 \subset E$，使 $m^* E_1 = \mu$.

9. 證明：對於任意集 E 都可找到 G_δ 型集 G，使 $G \supset E$，而且 $m^* G = m^* E$.

10. 設 $n > 1$，證明存在 $\mathbf{R}^n$ 的不相交的子集 A, B，使得 $m^*(A \cup B) \neq m^*(A) + m^*(B)$.

3.3 可測集及測度

3.3.1 可測集的定義

什麼樣的集合才是可測的呢？ 用什麼樣的標準來劃分集合的「可測」與「不可測」呢？我們可以將滿足 $m^* E = m_* E$ 的集 E 稱為**可測集**. 這樣的定義雖然直觀和自然，但它要同時使用內、外測度兩個概念，給問題的討論帶來了不便，所以我們期望有一個形式上較為簡潔的定義. 既然把集合分成兩類是出於對不相交的集合的外測度是否可以相加的願望，那麼我們自然希望如果 E 是可測集合，那麼 E 和 E^C 的外測度可以相加.卡拉皆屋杜利（Carathéodory）給出瞭解決上述問題的可測集的等價定義.

定義 1　設點集 $E \subset \mathrm{R}^n$，如果對 R^n 的任意子集 T 都有

$$m^* T = m^*(T \cap E) + m^*(T \cap E^C) \tag{3.3.1}$$

恒成立. 則稱 E 為 Lebesgue **可測的**，簡稱可測的. 記為 $mE = m^* E$，並稱其為 E 的 Lebesgue **測度**，簡稱為**測度**. 如果 E 不是可測的，則稱 E 為**不可測的**.

通常稱定義 1 中等式(3.3.1) 為**卡拉皆屋杜利條件**，簡稱**卡氏條件**. 它表明：點集 E 可測當且僅當點集 E 能夠分割測量任何點集 T 的外側度. 直觀地講，可測集 E 是具有良好分割性能的集合. 即點集 E 把 T 分為 $T \cap E$(在 E 內) 和 $T \cap E^C$(在 E 外) 兩部分，它們的並集 T 的外側度就等於這兩個集的外側度之和.

顯然，條件(3.3.1) 正是為了滿足測度可加性而作出的重要限制.

例 1　Lebesgue 零集 E 必定是 Lebesgue 可測集，且 $mE = 0$.

證　由題設知 $m^* E = 0$. 對任意集合 $T \subset \mathrm{R}^n$，由外側度的單調性，可得

$$m^*(T \cap E) + m^*(T \cap E^C) \leqslant m^* E + m^* T = m^* T.$$

又由外側度的次可列可加性，得不等式

$$m^* T = m^*((T \cap E) \cup (T \cap E^C)) \leqslant m^*(T \cap E) + m^*(T \cap E^C),$$

所以 E 滿足卡拉皆屋杜利條件 $m^* T = m^*(T \cap E) + m^*(T \cap E^C)$，從而 E 是可測的，且 $mE = 0$.

定理 1　E 可測的充要條件是對任意的 $A \subset E$，$B \subset E^C$，有

$$m^*(A \cup B) = m^* A + m^* B.$$

證　必要性. 對任意的 $A \subset E$，$B \subset E^C$，因為 E 可測，所以可令 $T = A \cup B$，則

$$T \cap E = A,\ T \cap E^C = B.$$

故 $m^* T = m^*(T \cap E) + m^*(T \cap E^C)$，即 $m^*(A \cup B) = m^* A + m^* B$.

充分性. 若對任意的 $A \subset E$，$B \subset E^C$，有 $m^*(A \cup B) = m^* A + m^* B$. 則對任意的 $T \subset \mathrm{R}^n$，在 $m^*(A \cup B) = m^* A + m^* B$ 中，如果取 $A = T \cap E \subset E, B = T \cap E^C \subset E^C$，那麼 $A \cup B = (T \cap E) \cup (T \cap E^C) = T \cap (E \cup E^C)$，從而

$$m^* T = m^*(T \cap E) + m^*(T \cap E^C).$$

以 Carathéodory 條件為標準，可以將集合分為可測的和不可測的，這個標準合適嗎？如果這個標準不能保證矩體是可測的，那麼這個標準是不合適的.

定理 2　設 $I \subset \mathrm{R}^n$ 是一個矩體，則矩體 I 為可測集，且 $mI = |I|$.

證　在 3.2 節我們已經知道：對任意的矩體 $I \subset \mathrm{R}^n$，有 $m^* I = |I|$. 所以下面只需證明 I 是可測的即可.

$$I^C = \mathrm{R}^n - I \overset{\text{記為}}{=} I_1 + I_2,$$

其中 I_1 和 I_2 是兩個互不相交的矩體(它們可能為空集). 對任意的 $T \subset \mathrm{R}^n$，若 $m^* T = +\infty$，顯然有 $m^* T = m^*(T \cap I) + m^*(T \cap I^C)$ 成立，所以以下不妨設 $m^* T < +\infty$. 對任意的 $\varepsilon > 0$，有開矩體序列 $\{I_n\}_{n-1}^{\infty}$，使 $T \subset \bigcup_{n=1}^{\infty} I_n$ 且 $m^* T + \varepsilon >$

$\sum_{n=1}^{\infty} |I_n|$.

由於 $T \cap I \subset \bigcup_{n=1}^{\infty} (I_n \cap I)$ 且 $I_n \cap I$ 都是矩體, 則

$$m^*(T \cap I) \leqslant m^*\left[\bigcup_{n=1}^{\infty} (I_n \cap I)\right]$$
$$\leqslant \sum_{n=1}^{\infty} m^*(I_n \cap I)$$
$$\leqslant \sum_{n=1}^{\infty} |I_n \cap I|. \qquad (3.3.2)$$

類似可推得 $$m^*(I_n \cap I_1) \leqslant \sum_{n=1}^{\infty} |I_n \cap I_1|, \qquad (3.3.3)$$

$$m^*(I_n \cap I_2) \leqslant \sum_{n=1}^{\infty} |I_n \cap I_2|. \qquad (3.3.4)$$

由 I_1 及 I_2 的定義知, 對任意的 $n \geqslant 1$, $I_n \cap I$, $I_n \cap I_1$, $I_n \cap I_2$ 是三個兩兩不相交的矩體, 它們的並是矩體 I_n, 故由矩體的可加性, 有

$$|I_n \cap I| + |I_n \cap I_1| + |I_n \cap I_2| = |I_n|.$$

由式(3.3.2) + 式(3.3.3) + 式(3.3.3), 得

$$m^*(T\cap I)+m^*(T\cap I_1)+m^*(T\cap I_2) \leqslant \sum_{n=1}^{\infty} (|I_n \cap I|+|I_n \cap I_1|+|I_n \cap I_2|)$$
$$\leqslant \sum_{n=1}^{\infty} |I_n| < m^*T+\varepsilon. \qquad (3.3.5)$$

而 $T \cap I^C = (T \cap I_1) \cup (T \cap I_2)$, 則由次可列可加性, 得

$$m^*(T \cap I^C) \leqslant m^*(T \cap I_1) + m^*(T \cap I_2). \qquad (3.3.6)$$

由式(3.3.5) 和(3.3.6), 有

$$m^*(T \cap I) + m^*(T \cap I^C) \leqslant m^*(T \cap I) + m^*(T \cap I_1) + m^*(T \cap I_2)$$
$$< m^*T + \varepsilon,$$

而 $m^*T \leqslant m^*(T \cap I) + m^*(T \cap I^C)$, 則 $m^*T = m^*(T \cap I) + m^*(T \cap I^C)$. 即矩體 I 可測, 且 $mI = |I|$.

定理 2 說明以 Carathéodory 條件為標準, 將集合分為可測的和不可測的, 保證了矩體是可測的.

3.3.2 可測集的運算

定理 3　對 $E \subset \mathrm{R}^n$, E 可測當且僅當 E^C 可測.

證　顯然 $(E^C)^C = E$. 由定義 1 知, 對任意的 $T \subset \mathrm{R}^n$,

E 可測當且僅當 $m^*T = m^*(T \cap E) + m^*(T \cap E^C)$

$= m^*(T \cap (E^C)^C) + m^*(T \cap E^C)$ 當且僅當 E^C 可測.

註 1 因為 $m^*\varnothing = 0$, 則由例 1 和定理 3 易得 $\varnothing$ 和 R^n 都可測.

定理 4 如果 $E_1, E_2 \subset \mathrm{R}^n$ 均可測, 那麼 $E_1 \cup E_2$ 和 $E_1 \cap E_2$ 都可測.

若 $E_1 \cap E_2 = \varnothing$, 有 $m(E_1 \cup E_2) = mE_1 + mE_2$.

證 由 De Morgan 公式, 得 $E_1 \cap E_2 = ((E_1 \cap E_2)^C)^C = (E_1{}^C \cup E_2{}^C)^C$. 所以由定理 3, 只需證明 $E_1 \cup E_2$ 可測.

設 $T \subset \mathrm{R}^n$, 如圖 3.3.1, 可通過 E_1、E_2 將 T 分解成互不相交的四部分, 即

$$T = A \cup B \cup C \cup D,$$

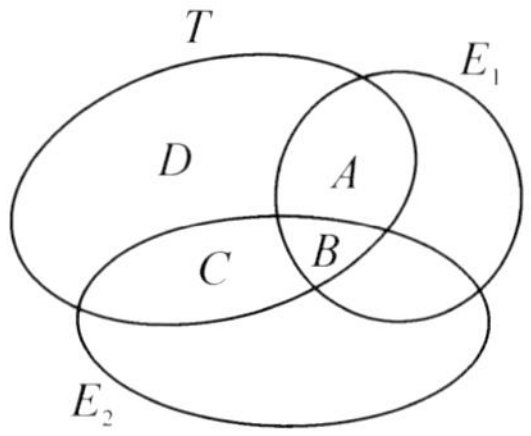

圖 3.3.1

其中 $A = T \cap (E_1 - E_2)$, $B = T \cap (E_2 \cap E_1)$, $C = T \cap (E_2 - E_1)$, $D = T - E_1 - E_2 = T \cap (E_1 \cup E_2)^C$. 則

$$\begin{aligned} m^*T &= m^*(T \cap E_1) + m^*(T \cap E_1{}^C) \ (\text{因 } E_1 \text{ 可測}) \\ &= m^*(A \cup B) + m^*(D \cup C) \\ &= m^*(A \cup B) + m^*C + m^*D \ (\text{因 } C \subset E_2,\ D \subset E_2{}^C \text{ 且 } E_2 \text{ 可測}) \\ &= m^*(A \cup B \cup C) + m^*D \ (\text{因 } A \cup B \subset E_1,\ C \subset E_1{}^C \text{ 且 } E_1 \text{ 可測}) \\ &= m^*(T \cap (E_2 \cup E_1)) + m^*(T \cap (E_2 \cup E_1)^C), \end{aligned}$$

故 $E_1 \cup E_2$ 可測, 從而 $E_1 \cap E_2$ 也可測.

若 $E_1 \cap E_2 = \varnothing$, 則 $T \cap E_1 \subseteq E_1$, $T \cap E_2 \subseteq E_1{}^C$. 由 E_1 可測, 有

$$\begin{aligned} m^*[T \cap (E_1 \cup E_2)] &= m^*[(T \cap E_1) \cup (T \cap E_2)] \\ &= m^*(T \cap E_1) + m^*(T \cap E_2). \end{aligned}$$

特別地, 在上式中取 $T = \mathrm{R}^n$, 則有 $m(E_1 \cup E_2) = mE_1 + mE_2$.

例 2 證明 Cantor 集 C 的側度為 0.

解 法一. 由 3.2 節習題 1 中(4) 知 $mC = 0$.

法二. 因 C 在 $[0,1]$ 上余集 $[0,1] - C$ 的測度為 $\sum_{n=1}^{\infty} 2^{n-1} \cdot 3^{-n} = 1$(區間長度的可加性). 而

$$m[0,1] = m[C \cup ([0,1] - C)] = mC + m([0,1] - C) = mC + 1 = 1,$$

即 $mC = 0$.

推論 1 設 $E_i (i = 1,2,\cdots,n)$ 均可測, 則 $\bigcup_{i=1}^{n} E_i$ 及 $\bigcap_{i=1}^{n} E_i$ 均可測.

若 $E_i \cap E_j = \varnothing (i,j = 1,2,\cdots,n, i \neq j)$，則

$$m[\bigcup_{i=1}^{n}] = \sum_{i=1}^{n} mE_i.$$

證　由定理 4 及歸納法立知，$\bigcup_{i=1}^{n} E_i$ 可測. 由於 $\bigcap_{i=1}^{n} E_i = \left(\bigcup_{i=1}^{n} E_i^C\right)^C$，從而 $\bigcap_{i=1}^{n} E_i$ 可測.

如果 $E_i (i = 1,2,\cdots,n)$ 互不相交，記 $E = \bigcup_{i=1}^{n-1} E_i$，則 $E_n \subset E^C$. 從而由定理 4，有

$$m(\bigcup_{i=1}^{n-1} E_i) + mE_n = m(\bigcup_{i=1}^{n} E_i).$$

類似地，$m(\bigcup_{i=1}^{n-1} E_i) = mE_{n-1} + m(\bigcup_{i=1}^{n-2} E_i) = \sum_{i=1}^{n-1} mE_i$.

故 $m(\bigcup_{i=1}^{n} E_i) = \sum_{i=1}^{n} mE_i$.

推論 2　若 $E_1, E_2 \subset \mathrm{R}^n$ 均可測，則 $E_1 - E_2$ 也可測.

如果 $E_2 \subseteq E_1$ 且 $mE_2 < +\infty$，則

$$m(E_1 - E_2) = mE_1 - mE_2.$$

證　由於 $E_1 - E_2 = E_1 \cap E_2^C$，則 $E_1 - E_2$ 是可測的，且

$$mE_1 = m[(E_1 - E_2) \cup E_2] = m(E_1 - E_2) + mE_2,$$

移項，即得

$$m(E_1 - E_2) = mE_1 - mE_2.$$

註 2　條件 $mE_2 < +\infty$ 確保上面的移項可實施.

定理 5　設 $\{E_i\}_{i=1}^{\infty}$ 是 R^n 中可測集列，下述結論成立.

(1) $\bigcup_{i=1}^{\infty} E_i$ 和 $\bigcap_{i=1}^{\infty} E_i$ 都可測.

(2) 如果 $\{E_i\}_{i=1}^{\infty}$ 是互不相交的，那麼有

$$m(\bigcup_{i=1}^{\infty} E_i) = \sum_{i=1}^{\infty} mE_i.$$

證　分兩種情況證明. 先證特殊情形(2).

(1) 若 $E_1, E_2, \cdots, E_n, \cdots$ 互不相交，要證 $\bigcup_{i=1}^{\infty} E_i$ 可測，只需證對任意的 $T \subset \mathrm{R}^n$，有

$$m^* T = m^*(T \cap (\bigcup_{i=1}^{\infty} E_i)) + m^*(T \cap (\bigcup_{i=1}^{\infty} E_i)^C).$$

由定理 4 的推論 1 知，對任意正整數 n，有

$$m^*T = m^*\left(T \cap \left(\bigcup_{i=1}^{n} E_i\right)\right) + m^*\left(T \cap \left(\bigcup_{i=1}^{n} E_i\right)^C\right)$$

↓有限可加性　　　　↓外側度單調性

$$\geqslant \sum_{i=1}^{n} m^*(T \cap E_i) + m^*\left(T \cap \left(\bigcup_{i=1}^{\infty} E_i\right)^C\right).$$

令 $n \to \infty$，則上式為 $m^*T \geqslant \sum_{i=1}^{\infty} m^*(T \cap E_i) + m^*\left(T \cap \left(\bigcup_{i=1}^{\infty} E_i\right)^C\right)$

$$\geqslant m^*\left(T \cap \left(\bigcup_{i=1}^{\infty} E_i\right)\right) + m^*\left(T \cup \left(\bigcup_{i=1}^{\infty} E_i\right)^C\right).$$

另一方面，由外側度的次可加性，得 $m^*T \leqslant m^*\left(T \cap \left(\bigcup_{i=1}^{\infty} E_i\right)\right) + m^*\left(T \cup \left(\bigcup_{i=1}^{\infty} E_i\right)^C\right)$，即 $\bigcup_{i=1}^{\infty} E_i$ 滿足卡拉皆屋杜利條件，從而 $\bigcup_{n=1}^{\infty} E_i$ 可測.

由於 $m^*\left(T \cap \left(\bigcup_{i=1}^{\infty} E_i\right)\right) \geqslant m^*\left(T \cap \left(\bigcup_{i=1}^{k} E_i\right)\right) = \sum_{i=1}^{k} m^*(T \cap E_i)$，令 $k \to \infty$，則

$$m^*\left(T \cap \left(\bigcup_{i=1}^{\infty} E_i\right)\right) \geqslant \sum_{i=1}^{\infty} m^*(T \cap E_i).$$

由次可加性知：$m^*\left(T \cap \left(\bigcup_{i=1}^{\infty} E_i\right)\right) \leqslant \sum_{i=1}^{\infty} m^*(T \cap E_i)$，則

$$m^*\left(T \cap \left(\bigcup_{i=1}^{\infty} E_i\right)\right) = \sum_{i=1}^{\infty} m^*(T \cap E_i).$$

特別地，在上式中令 $T = \mathrm{R}^n$，可得 $m\left(\bigcup_{i=1}^{\infty} E_i\right) = \sum_{i=1}^{\infty} mE_i$.

(2) 當 $E_1, E_2, \cdots, E_n, \cdots$ 可能相交時，可將 $\bigcup_{i=1}^{\infty} E_i$ 表示為一列互不相交的集的並，即

$$\bigcup_{i=1}^{\infty} E_i = E_1 \cup (E_2 - E_1) \cup (E_3 - (E_2 \cup E_1)) \cup (E_4 - (E_3 \cup E_2 \cup E_1)) \cup \cdots$$

$$= \bigcup_{i=1}^{\infty} (E_i - E_{i-1} - \cdots - E_1),$$

而 $(E_i - E_{i-1} - \cdots - E_1)(i = 1, 2, \cdots)$ 互不相交，由定理 4 的推論 2 知

$$(E_i - E_{i-1} - \cdots - E_1)(i = 1, 2, \cdots)$$

可測. 再由定理 5 所證的第二種情形知：$\bigcup_{i=1}^{\infty} E_i$ 可測.

由 $\bigcap_{i=1}^{\infty} E_i = (\bigcup_{i=1}^{\infty} E_i^{\,C})^C$ 知 $\bigcap_{i=1}^{\infty} E_i$ 也可測.

定理 5 告訴我們，可測集合的確是完全可加的. 由此可見，3.2 節的例 4 中構造的集合 S 是 $(0,1)$ 中的一個不可測集，否則每個 S_n 都將可測，而當 $n \neq m$ 時，$S_n \cap S_m = \varnothing$，故應有 $m(\bigcup_n S_n) = \sum_n mS_n$，而正是這導致了矛盾的關鍵!

由定理 3、4 及其推論可知：可測集關於集合的「並」「交」「差」運算是封閉的；由定理 5 可知：可測集對於可數「並」「交」運算也是封閉的；因而對於可測集合來說，它們的測度不僅是可加的，而且是可數可加的. 其所以能從有限可加過渡到可數可加，是由於外測度本來就有次可列可加性. 滿足這一性質的集類即 **σ - 域**. 因此，如果將 $\mathbb{R}^n$ 中的所有可測子集放在一起，就構成一個子集簇，這個子集簇是一個 σ - 域，記作 $\mathcal{L}_n$，即 $\mathcal{L}_n = \{E \subset \mathbb{R}^n \mid E \text{ 可測}\}$，而 $\mathcal{L}_{n+m}$ 則表示 $\mathbb{R}^{n+m}$ 中的可測集類. 測度便是一個定義於 $\mathcal{L}_n$ 上取廣義實數值(可取 $+\infty$) 的具有可數可加性的非負集合的函數，且 $m\varnothing = 0$.

定理 5 還告訴我們：區別可數無限與不可數無限是一件相當重要的事情，測度的可加性只對至多可數個集合而言是成立的，否則會導致「任意集合皆可測且測度均為 0」的荒謬結果. 事實上，對任意多個集合，如果都滿足可加性，則對任意集合 E，有 $E = \bigcup_{x \in E} \{x\}$ 可測，且 $mE = \sum_{x \in E} m\{x\} = 0$.

3.3.3 可測集列的極限

由於 $\mathcal{L}_n = \{E \subset \mathbb{R}^n \mid E \text{ 可測}\}$ 是一 σ - 域，因而可測集列的上、下極限自然也是可測的. 那麼當可測集列取極限時，其測度將會如何變化呢? 以下我們只考慮單調集合的情形.

定理 6（外極限定理） 設 $\{E_k\}$ 是一列可測集，且 $E_1 \subseteq E_2 \subseteq \cdots \subseteq E_k \subseteq \cdots$，則 $\lim\limits_{k\to\infty} E_k$ 可測，且 $m(\lim\limits_{k\to\infty} E_k) = \lim\limits_{k\to\infty}(mE_k)$.

證 因 E_k 單調遞增，故 $\lim\limits_{k\to\infty} E_k = \bigcup_{k=1}^{\infty} E_k$. 則由定理 5 知，$\lim\limits_{k\to\infty} E_k$ 可測.

若 $\lim\limits_{k\to\infty}(mE_k) = +\infty$，則 $m(\lim\limits_{k\to\infty} E_k) = +\infty$，此時等式顯然成立. 因而下面只需證 $\lim\limits_{k\to\infty}(mE_k) < +\infty$ 的情形.

由 E_k 的單調性知，對任意的 k，$mE_k < +\infty$. 令 $E_0 = \varnothing$，$S_k = E_k - E_{k-1}(k \geqslant 1)$，則 $\{S_k\}$ 可測且互不相交，且 $E = \bigcup_{k=1}^{\infty} E_k = \bigcup_{j=1}^{\infty} S_j$，$E_k = \bigcup_{j=1}^{k} S_j$. 則由定理 5 知

$$mE = m(\bigcup_{j=1}^{\infty} S_j) = \sum_{j=1}^{\infty} mS_j = \lim_{k\to\infty}(\sum_{j=1}^{k} mS_j) = \lim_{k\to\infty}[m(\bigcup_{j=1}^{k} S_j)] = \lim_{k\to\infty}(mE_k).$$

定理 7（內極限定理） 設 $\{E_k\}$ 是一列可測集，且 $E_1 \supseteq E_2 \supseteq \cdots \supseteq E_k \supseteq \cdots$，

則$\lim_{k\to\infty}E_k$可測. 如果存在k_0, 使得$mE_{k_0}<+\infty$, 則$m(\lim_{k\to\infty}E_k)=\lim_{k\to\infty}(mE_k)$.

證 因E_k單調遞減, 故$\lim_{k\to\infty}E_k=\bigcap_{k=1}^{\infty}E_k$. 由定理5知,$\lim_{k\to\infty}E_k$可測.

由於$E_1\supseteq E_2\supseteq\cdots\supseteq E_k\supseteq\cdots$, 則$E_1-E_1\subseteq E_1-E_2\subseteq\cdots\subseteq E_1-E_k\subseteq\cdots$.

令$S_k=E_{k_0}-E_k,k=k_0+1,k_0+2,\cdots$, 則$\{S_k\}$是單調遞增的可測集列, 由外極限定理6可知$\lim_{k\to\infty}S_k$可測, 且

$$m(\lim_{k\to\infty}S_k)=\lim_{k\to\infty}(mS_k).$$

由於$E_k\subset E_{k_0}$, 所以$mS_k=m(E_{k_0}-E_k)=mE_{k_0}-mE_k$, 且

$$\lim_{k\to\infty}S_k=\bigcup_{k=k_0+1}^{\infty}(E_{k_0}-E_k)=E_{k_0}-\bigcap_{k=k_0+1}^{\infty}E_k,$$

從而$m(\lim_{k\to\infty}S_k)=mE_{k_0}-m(\bigcap_{k=k_0+1}^{\infty}E_k)=\lim_{k\to\infty}(mS_k)=mE_{k_0}-\lim_{k\to\infty}(mE_k)$. 故

$$m(\bigcap_{k=1}^{\infty}E_k)=m(\bigcap_{k=k_0+1}^{\infty}E_k)=\lim_{k\to\infty}(mE_k).$$

註3 條件$mE_{k_0}<+\infty$在於保證在證明過程中可用定理4的推論2, 因而此條件不能隨意去掉.

例3 設$E_k=[k,+\infty)$, 但$E=\bigcap_{k=1}^{\infty}E_k=\varnothing$, 故$0=mE\neq\lim_{k\to\infty}(mE_k)=+\infty$.

定理8 設$\{E_n\}$是一列可測集, 若$\lim_{n\to\infty}E_n$存在, 則極限集也可測; 如果存在k_0, 使$m(\bigcup_{n\geqslant k_0}E_n)<+\infty$, 則

$$m(\lim_{n\to\infty}E_n)=\lim_{n\to\infty}(mE_n).$$

證 由於$\overline{\lim_{n\to\infty}}E_n=\bigcup_{n=1}^{\infty}\bigcap_{k\geqslant n}E_k$, $\underline{\lim_{n\to\infty}}E_n=\bigcup_{n=1}^{\infty}\bigcap_{k\geqslant n}$. 則由定理5可知, $\overline{\lim_{n\to\infty}}E_n$與$\underline{\lim_{n\to\infty}}E_n$都可測, 從而當$\lim_{n\to\infty}E_n$存在時必可測.

令$S_n=\bigcup_{k\geqslant n}E_k$, 則$\{S_n\}$單調下降, 由定理的條件知: 當$n\geqslant k_0$時, 使$mS_n<+\infty$, 則由內極限定理7知

$$\lim_{n\to\infty}(mS_n)=m[\bigcap_{n=k_0}^{\infty}(\bigcup_{k=n}E_k)]\overset{S_n\text{單減}}{=\!=}m[\bigcap_{n=1}^{\infty}(\bigcup_{k=n}E_k)]$$

$$=m(\overline{\lim_{n\to\infty}}E_n)=m(\lim_{n\to\infty}E_n).$$

而$E_n\subset S_n$, 所以$\overline{\lim_{n\to\infty}}(mE_n)\leqslant\lim_{n\to\infty}(mS_n)=m(\lim_{n\to\infty}E_n)$.

另一方面, 若令$F_n=\bigcap_{k\geqslant n}E_k$, 則$\{F_n\}$單調遞增, 由定理6知

$$\lim_{n\to\infty}(mF_n)=m(\lim_{n\to\infty}F_n)=m[\bigcup_{n=1}^{\infty}(\bigcap_{k\geqslant n}E_k)]=m(\varliminf_{n\to\infty}E_n)=m(\lim_{n\to\infty}E_n).$$

但 $E_n\supset F_n$，所以 $\lim_{n\to\infty}(mE_n)\geqslant m(\lim_{n\to\infty}F_n)=m(\lim_{n\to\infty}E_n)$. 從而

$$m(\lim_{n\to\infty}E_n)=\lim_{n\to\infty}(mE_n).$$

3.3.4 Lebesgue(勒貝格)可測集的結構

由上述討論以及開集與閉集的互補性可知：我們只要證明了開集的可測性，則 R^n 中閉集、F_σ 集、G_δ 集都是可測的.

定理 9　R^n 中的任意開集、閉集均為可測集，且當 G 為開集時，$mG=|G|$.

證　當 G 為 R^n 中開集時，不妨設 $G\neq\varnothing$，則由 2.3 節的定理 2，可將 G 分成可數個互不相交的半開半閉矩體 $I_j(j\geqslant 1)$ 之並，即 $G=\bigcup\limits_{j=1}^{\infty}I_j$.

由定理 2 知 $I_j(j\geqslant 1)$ 是可測的，從而由定理 5 知 G 是可測的，且

$$mG=m(\bigcup_{j=1}^{\infty}I_j)=\sum_{j=1}^{\infty}mI_j=\sum_{j=1}^{\infty}|I_j|=|G|.$$

若 F 為閉集，則 F^C 為開集，從而 F^C 可測，F 也可測.

開集、閉集和一般的 Lebesgue 可測集有下面的重要關係.

定理 10　設 $E\subset\mathrm{R}^n$，則對任給的 $\varepsilon>0$，以下四個命題等價.

(1) E 是可測.

(2) 存在開集 $G\supset E$，使得 $m^*(G-E)<\varepsilon$.

(3) 存在閉集 $F\subset E$，使得 $m^*(E-F)<\varepsilon$.

(4) 存在開集 G 和閉集 F，使得 $G\supset E\supset F$，且 $m(G-F)<\varepsilon$.

證　(1)⇒(2). 當 $mE<+\infty$ 時，對任意的 $\varepsilon>0$，存在一列開矩體 $\{I_i\}(i=1,2,\cdots)$，使 $\bigcup\limits_{i=1}^{\infty}I_i\supset E$，且 $\sum\limits_{i=1}^{\infty}|I_i|<m^*E+\varepsilon$.

令 $G=\bigcup\limits_{i=1}^{\infty}I_i$，則 G 為開集，$G\supset E$，且 $mE\leqslant mG\leqslant\sum\limits_{i=1}^{\infty}|I_i|<m^*E+\varepsilon$. 因為 $mE<+\infty$，則 $mG-mE<\varepsilon$，即 $m(G-E)<\varepsilon$.

當 $mE=+\infty$ 時，對任意自然數 k，令

$$E_k=\{(x_1,\cdots,x_n)\mid(x_1,\cdots,x_n)\in E,\ -k<x_i<k,i=1,\cdots,n\}.$$

顯然，E_k 是可測集，且 $E=\bigcup\limits_{k=1}^{\infty}E_k$，$mE_k<\infty$. 對每個 E_k，皆可找到開集 G_k，使 $G_k\supset E_k$，且 $m(G_k-E_k)<\dfrac{\varepsilon}{2^k}$.

令 $G=\bigcup\limits_{k=1}^{\infty}G_k$，則 G 為開集，$G\supset E$，且

$$G-E=\bigcup_{k=1}^{\infty} G_k-\bigcup_{k=1}^{\infty} E_k \subset \bigcup_{k=1}^{\infty}(G_k-E_k),$$

因此 $m(G-E) \leqslant \sum_{k=1}^{\infty} m(G_k-E_k) < \sum_{k=1}^{\infty} \frac{\varepsilon}{2^k}=\varepsilon.$

(2)⇒(1). 由(2)知, 對任意的 $k \geqslant 1$, 有包含 E 的開集 G_k, 使 $m^*(G_k-E) < \frac{1}{k}$. 令 $G=\bigcap_{k=1}^{\infty} G_k$, 則 G 是包含 E 的可測集.

對任意的 $k \geqslant 1$, $G-E \subset G_k-E$, 所以 $m^*(G-E) \leqslant m^*(G_k-E) < \frac{1}{k}$. 從而

$$m^*(G-E)=0,$$

故 $G-E$ 是可測的, 從而 $E=G-(G-E)$ 可測.

(1)⇒(3). 當 E 可測時, E^C 也可測. 所以對任意的 $\varepsilon>0$, 有開集 G, $G \supset E^C$, 且

$$m(G-E^C)<\varepsilon,$$

而 $G-E^C=G \cap E=E \cap (G^C)^C=E-G^C$, 則令 $F=G^C$, 從而 F 是閉集, 且 $E-F=G-E^C$. 故有 $m(E-F)=m(G-E^C)<\varepsilon$.

(3)⇒(1). 由(3)知, 對任意的 $k \geqslant 1$, 有包含 E 的閉集 F_k, 使 $m^*(E-F_k) < \frac{1}{k}$. 令 $F=\bigcup_{k=1}^{\infty} F_k$, 則 F 是包含在 E 中的可測集.

對任意的 $k \geqslant 1$, $E-F \subset E-F_k$, 所以 $m^*(E-F) \leqslant m^*(E-F_k) < \frac{1}{k}$. 從而

$$m^*(E-F)=0,$$

故 $E-F$ 是可測的, 從而 $E=F \cup (E-F)$ 可測.

(1)⇒(4). 由(1) 和(2), 對可測集 E, 可以找到開集 G 和閉集 F, 使得 $G \supset E \supset F$, 且 $m(G-E)<\frac{\varepsilon}{2}, m(E-F)<\frac{\varepsilon}{2}$. 而 $G-F=(G-E) \cup (E-F)$, 則

$$m(G-F)=m(G-E)+m(E-F)<\varepsilon.$$

(4)⇒(1). 取 $\varepsilon=\frac{1}{n}$, 由假設, 有開集 G_n 及閉集 F_n, 適合 $G_n \supset E \supset F_n$, 而且

$$m(G_n-F_n)<\frac{1}{n}.$$

作集合 $\tilde{G}=\bigcap_{n=1}^{\infty} G_n$, $\tilde{F}=\bigcup_{n=1}^{\infty} F_n$, 則 $\tilde{G}$, $\tilde{F}$ 都是可測的, 而且 $\tilde{G} \supset E \supset \tilde{F}$. 但是因

為 $\tilde{G} \subset G_n, F_n \subset \tilde{F}$, 從而對於任何自然數 n, 有 $\tilde{G} - \tilde{F} \subset G_n - F_n$, 從而

$$m(\tilde{G} - \tilde{F}) \leqslant m(G_n - F_n) < \frac{1}{n} \ (n = 1,2,\cdots).$$

令 $n \to \infty$, 即得 $m(\tilde{G} - \tilde{F}) = 0$, 即 $\tilde{G} - \tilde{F}$ 為零集. 又因為 $\tilde{G} - E \subset \tilde{G} - \tilde{F}$, 則 $\tilde{G} - E$ 也是零集, 從而 $\tilde{G} - E$ 可測. 故 $E = \tilde{G} - (\tilde{G} - E)$ 是可測集.

由定理 4 可知:由開集、閉集經過可數次的交、並、差運算后, 所得的集仍然是可測集. 從而不僅有 R^n **中任意 G_δ 型集和 F_σ 型集都是可測的**, 而且由 R^n 中所有開集、閉集經過上述運算而得的 σ **- 域也是一個可測集類**. 我們將這個集類記作 $\mathcal{B}(\mathrm{R}^n)$ 或 $\mathcal{B}$, 稱為 R^n **中的 Borel 集類**, $\mathcal{B}$ 中的元稱為 R^n **中的 Borel 集**. 因此我們又可以將剛才的結論敘述為:R^n **中任意 Borel 集都是 Lebesgue 可測集**.

雖然 Borel 集類已包含了我們常見的 R^n 中的大多數集合, 然而的確仍有不少集合不是 Borel 集. 如 3.2 節例 5 中構造的不可測集顯然就不可能是 Borel 集, 那麼是否存在 Lebesgue 可測但卻不是 Borel 集的集合呢? 結論是肯定的, 不僅存在不是 Borel 集的可測集, 而且很多!

事實上, 我們容易證明直線上 Borel 集全體的勢為 $\aleph$ (見 2.3 節習題 3), 但全體 Lebesgue 可測集的勢為 $2^{\aleph}$ (見本節習題 14), 由此可知 Lebesgue 可測集全體遠比 Borel 集全體的勢大, R^n 中確實存在不是 Borel 集的可測集. 比如, Cantor 集是一個勢為 $\aleph$ 的零測集, 因而它的一切零子集也是零測集, 且其子集全體有勢 $2^{\aleph}$, 即知 Cantor 集的一切零子集中, 的確有很多不是 Borel 集, 但它們都是 Lebesgue 可測集. 既然可測集不一定是 Borel 集, 那麼一般的可測集和 Borel 集又有多大差別呢? 下面的幾個定理就說明了 Borel 集與可測集的關係.

(i) Borel 集與 Lebesgue 可測集的差別在於零側集上.

(ii) 即使 $E \subset \mathrm{R}^n$ 不是可測集, 我們也可找到 Borel 集, 使它們有相同的外側度.

定理 11 若 $E \subset \mathrm{R}^n$, 則存在 R^n 中的 G_δ 型集 G, 使 $G \supset E$, 且 $mG = m^* E$.

證 若 $m^* E = +\infty$, 則顯然可以找到合題意的 G (比如 R^n 本身就是其中一個). 不妨設 $m^* E < +\infty$, 對任意的自然數 n, 由外側度的定義易知,存在開集 $G_n \supset E$, 使得

$$mG_n \leqslant m^* E + \frac{1}{n}.$$

令 $G = \bigcap_{n=1}^{\infty} G_n$, 則 G 是 G_δ 型集, 且 $G \supset E$. 則

$$m^* E \leqslant mG \leqslant mG_n \leqslant m^* E + \frac{1}{n}.$$

由 n 的任意性, 有 $mG = m^* E$.

註 4 如果 E 是不可測集, 雖然可以找到 Borel 集 $G \supset E$, 使 $mG = m^* E$, 但

$G-E$ 的外測度不可能等於 0，否則 $E=G-(G-E)$ 將是可測集.

定理 12　設 $E\subset \mathrm{R}^n$，則下面四個命題等價.

(1) E 是可測.

(2) 存在 G_δ 型集 G，使得 $G\supset E$，$m^*(G-E)=0$.

(3) 存在 F_σ 型集 F，使得 $F\subset E$，$m^*(E-F)=0$.

(4) 存在 G_δ 型集 G 和 F_σ 型集 F，使得 $G\supset E\supset F$，且 $m(G-F)=0$.

證　(1)⇒(2). 由 E 可測知，對任意的 $k>0$，存在 G_k 為開集，$G_k\supset E$，且

$$m(G_k-E)<\frac{1}{k}.$$

取 $G=\bigcap_{k=1}^{\infty}G_k$，則 $E\subset G$；對任意的 $k>0$，有 $G-E\subset G_k-E$，故

$$m(G-E)\leqslant m(G_k-E)<\frac{1}{k}.$$

由 k 的任意性可知 $m(G-E)=0$.

(1)⇒(3). E 可測，則 E^c 可測.由(2) 知，存在 $G\supset E^c$，$m(G-E^c)=0$，即

$$m(E-G^C)=0.$$

令 $F=G^C$ 即得證.

(1)⇒(4). 對滿足(2)、(3) 的集合 G 與 F，有 $F\subset E\subset G$，且

$$m(G-F)=m((G-E)\cup(E-F))=m(G-E)+m(E-F)=0.$$

反之，當 $F\subset E\subset G$ 時，因為 $E=G-(G-E)=F\cup(E-F)$，故有(2)⇒(1)，(3)⇒(1).

(4)⇒(1). 由 $F\subset E\subset G$，得 $m^*F\leqslant m^*E\leqslant m^*G$ 且 $m^*(G-F)=0$，則 $m^*(E-F)=0$，即(3) 成立，從而(1) 成立.

定理 12 還可等價地敘述為如下定理.

定理 13　設 $E\subset \mathrm{R}^n$，則下面三個命題等價.

(1) E 是可測.

(2) 存在 F_σ 型集 F 及零測集 N，使得 $E=F\cup N$.

(3) 存在零測集 e，使得 $E\cup e$ 是 G_δ 型集.

定理 13 表明 R^n 中 Lebesgue 可測集構成的 σ - 域恰好是由全體 Borel 集及零測集生成的 σ - 域或者說是由全體開集和零測集生成的 σ - 域.

3.3.5　勒貝格測度的平移、旋轉不變性

因為外側度是平移、旋轉不變的，從而點集的可測性也是平移、旋轉不變的.

定理 14　設 E 是可測集，則對任意點 x^0，$E+\{x^0\}$ 也是可測的，且 $mE=m(E+\{x^0\})$.

證 由3.2節性質4可知，只要證明$E+\{x^0\}$可測即可. 利用定理12，存在G_δ型集G，使得$G\supset E$，$m(G-E)=0$.

令$G=\bigcap_{n=1}^{\infty}G_n$，其中$G_n$都是開集，則$G_n+\{x^0\}$也是開集，從而$\bigcap_{n=1}^{\infty}(G_n+\{x^0\})$是$G_\delta$型集. 由3.2節性質4可知，$m((G-E)+\{x^0\})=0$.

由$E=G-(G-E)$可得，

$$\begin{aligned}E+\{x^0\}&=(G+\{x^0\})-((G-E)+\{x^0\})\\&=\bigcap_{n=1}^{\infty}(G_n+\{x^0\})-((G-E)+\{x^0\}),\end{aligned}$$

則$m(E+\{x^0\})=m(\bigcap_{n=1}^{\infty}G_n+\{x^0\})-m((G-E)+\{x^0\})=m(\bigcap_{n=1}^{\infty}G_n+\{x^0\})=mG=mE$.

由3.2節性質5易推得如下定理15.

定理15 R^n中任何可測集E經旋轉變換后所成的集記為$T(E)$，則$m(T(E))=mE$.

*3.3.6 不可測集

R^n中任何點集是否都是Lebesgue可測的呢？

回答是否定的，比如3.2的例5中的$\{S_k\}$就不是Lebesgue可測的.

定理16 R^n中存在不可測集.

由於我們通常構造集合往往都是從區間出發，經過一系列並、交、差等運算得到的，而這樣的集都是Borel集，當然是勒貝格可測的；因此要作不可測集，我們要像3.2節的例5那樣另闢蹊徑，利用勒貝格測度的平移不變性，在策墨羅選擇公理(見閱讀材料1)的基礎上來構造一個R^1上的勒貝格不可測集.

例4 設可測集$E\subset\mathrm{R}^1$且$mE>0$，試證明存在E中不可測子集W.

解 法一. 由$E=\bigcup_{n=1}^{\infty}(E\cap[-n,n])$可知，存在$n_0$，記$E_0=E\cap[-n_0,n_0]$，使得$mE_0>0$. 對$x\in E_0$，作$E_x=\{t\in E_0\mid t-x\in\mathrm{Q}\}$，易知$E_0=\bigcup_{x\in E_0}E_x$.

設$x_1,x_2\in E_0$，若$x_1-x_2\in\mathrm{Q}$，則$E_{x_1}=E_{x_2}$. 否則有$E_{x_1}\cap E_{x_2}=\varnothing$，從而存在由不同的$E_x$中都取一個點組成的點集$W$，使$W\subset E_0$. 如果記$\{r_n\}=\mathrm{Q}\cap[-2n_0,2n_0]$，則得

$$(W+\{r_k\})\cap(W+\{r_j\})=\varnothing\ (r_k\neq r_j),$$

$$\bigcup_{n=1}^{\infty}(W+\{r_n\})\subset[-3n_0,3n_0],\ E_0\subset\bigcup_{n=1}^{\infty}(W+\{r_n\}).$$

假定W是可測集，那麼每個$W+\{r_n\}$是可測集，我們有

$$0 < mE_0 \leqslant \sum_{n=1}^{\infty} m(W + \{r_n\}) = \sum_{n=1}^{\infty} mW \leqslant 6n_0. \tag{3.3.7}$$

在(3.3.7)式中：若 $mW = 0$，則 $mE_0 = 0$，這導致矛盾；若 $mW > 0$，則級數 $\sum_{n=1}^{\infty} mW = +\infty > 6n_0$，這與(3.3.7)式矛盾. 從而 W 是不可測集.

法二. 設 A 是 $[0,1]$ 中的不可測集，證明存在 ε，當 $0 < \varepsilon < 1$ 時，對於 $[0,1]$ 中任意滿足 $mE \geqslant \varepsilon$ 的可測集 E，$E \cap A$ 就是不可測集. 否則，可設對任何 $0 < \varepsilon < 1$，存在可測集 E_ε，使 $mE_\varepsilon \geqslant \varepsilon$ 且 $E_\varepsilon \cap A$ 可測.

取 $\varepsilon_n = 1 - \dfrac{1}{n}$，則 $\varepsilon_n \to 1 (n \to \infty)$. 記 $E_n = E_{\varepsilon_n}$，則由反設知 $mE_n \geqslant 1 - \dfrac{1}{n}$. 由反設我們還知道 $E_n \subset [0,1]$，則 $E_n \subset \bigcup_{n=1}^{\infty} E_n \subset [0,1]$. 從而 $1 - \dfrac{1}{n} \leqslant mE_n \leqslant m(\bigcup_{n=1}^{\infty} E_n) \leqslant 1$，由此可得 $m(\bigcup_{n=1}^{\infty} E_n) = 1$，即 $[0,1] - \bigcup_{n=1}^{\infty} E_n$ 是零集.

又由反設知 $A \cap E_n$ 可測，從而 $A \cap (\bigcup_{n=1}^{\infty} E_n)$ 可測. 故

$$A = A \cap [0,1] = [A \cap (\bigcup_{n=1}^{\infty} E_n)] \cup [A \cap ([0,1] - \bigcup_{n=1}^{\infty} E_n)],$$

其中 $A \cap ([0,1] - \bigcup_{n=1}^{\infty} E_n)$ 是零集 $[0,1] - \bigcup_{n=1}^{\infty} E_n$ 的子集，則 $A \cap ([0,1] - \bigcup_{n=1}^{\infty} E_n)$ 仍是零集. 從而由上式可知 A 可測，與 A 不可測矛盾. 則反設不成立，即 E 有不可測子集.

習題 3.3

1. 判斷題

(1) 存在可測集列 $\{E_n\}$，使 $\underline{\lim}_{n\to\infty} E_n$ 或 $\overline{\lim}_{n\to\infty} E_n$ 可測. (　　)

(2) 若 $mE = 0$，則 E 是至多可數集，即測度為零的點集一定可數. (　　)

(3) E 是可測集當且僅當存在 F_σ 型集 $F \subseteq E$，使 $m^*(E - F) = 0$. (　　)

(4) E 可測集當且僅當存在 G_δ 型集 $G \supseteq E$，使 $m^*(G - E) = 0$. (　　)

(5) 若 E 是非空完備集，則 $mE > 0$. (　　)

(6) E 是可測集當且僅當存在開集 $G \supseteq E$，使 $m^*E = mG$. (　　)

(7) E 是可測集當且僅當存在閉集 $F \subseteq E$，使 $m^*E = mF$. (　　)

(8) 設 $E_1 \supset E_2 \supset \cdots \supset E_n \supset \cdots$，且 $E_n (n = 1,2,\cdots)$ 可測，即 $\{E_n\}$ 為單調遞減的可測集列，則 $m(\bigcap_{n=1}^{\infty} E_n) = m(\lim_{n\to\infty} E_n) = \lim_{n\to\infty} (mE_n)$. (　　)

(9) 設$E \subset \mathrm{R}^q$，若存在$T \subset \mathrm{R}^q$，使$m^*T = m^*(T \cap E) + m^*(T \cap E^C)$，則$E$可測. ( )

(10) 設$S_n = \left\{x \mid -1 - \frac{1}{n} < x < 1 + \frac{1}{n}\right\}$，$n = 1,2,\cdots$，則$m\left(\bigcap_{n=1}^{\infty} S_n\right) = 0$.

( )

(11) 直線上的可測集全體的勢為連續勢. ( )

(12) 設$E \subset \mathrm{R}^1$，$mE = 0$，則E一定無內點. ( )

(13) 直線上的非空有界開集不可能是零測集. ( )

(14) R^n中存在不是 Borel 集的可測子集. ( )

(15) 若$m^*E = 0$，則E未必可測. ( )

(16) 若集合E不可測，$A \supset E$則$m^*A > 0$. ( )

2. 填空題

(1) 設$\{S_n\}$是一列遞減的可測集列，且$S_1 \supset S_2 \supset \cdots \supset S_n \supset \cdots$，令$S = \bigcap_{n=1}^{\infty} S_n = \lim\limits_{n\to\infty} S_n$，__________，則$mS = \lim\limits_{n\to\infty}(mS_n)$.

(2) 若$m^*E = 0$，而且$E_0 \subset E$，那麼必定有E_0__________可測集(填是或不是).

(3) 一切可數集E皆可測，且測度為______.

3. 單項選擇

(1) 下列斷言中(　　)是錯誤的.

A. 零測集是可測集

B. 零測集的任意子集是可測集

C. 可數個零測集的並是零測集

D. 任意個零測集的並是零測集

(2) 設$\{E_n\}$是一列可測集，$E_1 \supset E_2 \supset \cdots \supset E_n \supset \cdots$，且$mE_1 < +\infty$，則有(　　).

A. $m\left(\bigcap_{n=1}^{\infty} E_n\right) < \lim\limits_{n\to\infty}(mE_n)$

B. $m\left(\bigcap_{n=1}^{\infty} E_n\right) \leqslant \lim\limits_{n\to\infty}(mE_n)$

C. $m\left(\bigcap_{n=1}^{\infty} E_n\right) = \lim\limits_{n\to\infty}(mE_n)$

D. 以上都不對.

(3) 以下斷言中，(　　)是正確的.

A. 閉集的任意一點均為聚點

B. 若可測集E與$[0,1]$對等，則$mE = 1$

C. 零測集的閉包也是零測集

D. 內點必是聚點

(4) 設$\{E_n\}$是一列可測集，$E_1 \subseteq E_2 \subseteq \cdots \subseteq E_n \subseteq \cdots$，則有(　　).

A. $m\left(\bigcup_{n=1}^{\infty} E_n\right) > \lim\limits_{n\to\infty}(mE_n)$

B. $m\left(\bigcup_{n=1}^{\infty} E_n\right) = \lim\limits_{n\to\infty}(mE_n)$

C. $m(\bigcap_{n=1}^{\infty} E_n) < \lim_{n\to\infty}(mE_n)$　　　D. 以上都不對

(5) 下列命題中正確的是(　　).

A. 設 E 為非空可測集, 則必有 $mE > 0$

B. 無界可測集必有正測度

C. 設 E 為無界可測集, 則必有 $mE = +\infty$

D. 康托(Cantor) 集是一個疏朗、完備的可測集

(6) 設 A,B 為任意兩個集合, 且 $A \cap B = \varnothing$, 則(　　).

A. $m^*(A \cup B) = m^*A + m^*B$

B. $m^*(A \cup B) \leqslant m^*A + m^*B$

C. $m(A \cup B) = mA + mB$

D. $m^*(T \cap (A \cup B)) = m^*(T \cap A) + m^*(T \cap B)$, T 為任意集合

(7) 下面關於 Cantor 集 C 的性質哪一條是不正確的(　　).

A. Cantor 集為完備集　　　B. Cantor 集無內點

C. Cantor 集的測度 $mC = 1$　　　D. Cantor 集 $\sim [0,1]$

(8) 下列斷言中(　　) 是錯誤的.

A. 有理點集為零測集　　　B. Cantor 集為零測集

C. 可測集的子集不一定是可測集　　　D. 一簇可測集的交必是可測集

4. 舉例說明

(1) 兩個不可測集的並集可以是可測集.

(2) 是否存在 $E \subset [0,1]$, 使得對於任意的 $x \in \mathrm{R}^1$, 存在 $y \in E$, 有 $x - y \in \mathrm{Q}$?

5. 設 $\{E_n\}$ 是可測集列, 且 $\sum_{n=1}^{\infty} mE_n < +\infty$, 證明: $m(\overline{\lim_{n\to\infty}} E_n) = 0$.

6. 設可測集 $A_i \subset [0,1]\ (i = 1,2,\cdots,n)$ 滿足 $\sum_{i=1}^{n} mA_i > n - 1$, 證明: $m(\bigcap_{i=1}^{n} A_i) > 0$.

7. 一切可數集皆 E 可測, 且測度為 0.

8. 證明: 設 $m^*A < +\infty$, 若存在可測集 $B \subset A$, 使 $mB = m^*A$, 則 A 是可測集.

9. 設 $A \subset \mathrm{R}^n$ 為可測集, 則對任意的 $B \subset \mathrm{R}^n$, 必有

$$m^*A + m^*B = m^*(A \cup B) + m^*(A \cap B).$$

10. 設 $A \subset \mathrm{R}^n$, $B \subset \mathrm{R}^n$ 均為可測集, 證明:

$$mA + mB = m(A \cup B) + m(A \cap B).$$

11. 證明對於 R^n 中任何可測集列 $\{E_k\}_{k=1}^{\infty}$, 都有

$$m(\underline{\lim_{k\to\infty}} E_k) \leqslant \underline{\lim_{k\to\infty}} m(E_k).$$

如果有 k_0，使得 $m(\bigcup_{k=k_0}^{\infty} E_k) < +\infty$，則還有

$$m(\overline{\lim_{k\to\infty}} E_k) \geqslant \overline{\lim_{k\to\infty}} m(E_k).$$

12. 設$f:[a,b]\to \mathrm{R}^1$，若對於$[a,b]$中任一可測集E，$f(E)$必為R^1中的可測集，證明：對於$[a,b]$中任一零測集Z，必有$m(f(Z))=0$.

13. 設$T:\mathrm{R}^n\to\mathrm{R}^n$是一一映射，且保持點集的外側度不變. 則對於可測集$E\subset\mathrm{R}^n$，$T(E)$必為可測集.

14. 證明：R^n中全體可測子集構成的集合與R^n中全體子集構成的集合具有相同的基數.

3.4 乘積空間

定義 1 設A,B是任意兩個集合，稱集合$\{(x,y)\mid x\in A, y\in B\}$為$A$與$B$的笛卡爾乘積集，記作$A\times B$.

例如A和B都是實數直線上的開區間$(0,1)$時，

$$A\times B=\{(x,y)\mid 0<x<1, 0<y<1\}$$

就是R^2平面上的開單位正方形.

如果A是p－維空間R^p，B是q－維空間R^q，則$A\times B=\mathrm{R}^p\times\mathrm{R}^q=\mathrm{R}^{p+q}$是$(p+q)$－維歐氏空間，是$\mathrm{R}^p$與$R^q$的乘積空間. 若$A\subset\mathrm{R}^p, B\subset\mathrm{R}^q$，則$A\times B\subset\mathrm{R}^{p+q}$，稱$A\times B$為$\mathrm{R}^{p+q}$中的矩形.

根據前幾節的討論可知：不論是在R^p還是在R^q或R^{p+q}中都已定義了點集的可測性. 現在我們要討論一個很重要的問題：如果A是R^p中的可測集，B是R^q中的可測集，那麼$A\times B$為R^{p+q}中的可測集嗎？如果$A\times B$可測，那麼$A\times B$的 Lebesgue 測度與A和B的 Lebesgue 測度之間又有什麼關係？下面的定理回答了這個問題.

定理 1 如果A和B分別是R^p和R^q中的可測集，則$C=A\times B$是R^{p+q}中的可測集，且當mA, mB都不為0時，有

$$mC=m(A\times B)=mA\cdot mB.$$

當mA, mB中有一個為零時，不論另一個是否有限，$mA\cdot mB$都應理解為零.

證 分以下幾個步驟證明. 先討論A,B都有界的情形.

(i) 當A,B都是矩體時，$A\times B$是R^{p+q}中的矩體，從而可測，且$|A\times B|=|A|\times|B|$.

(ii) 若A,B都是開集，由2.3節的定理1，我們可將A和B表成可數多個互不相交的左開右閉區間的並，即

$$A=\bigcup_{i=1}^{\infty} I_i,\ B=\bigcup_{j=1}^{\infty} J_j,$$

則 $C=A\times B=\bigcup_{i,j=1}^{\infty}(I_i\times I_j)$，並且 $I_i\times I_j(i,j=1,2,\cdots)$ 也是互不相交的左開右閉區間，從而 C 也可測，且

$$mC=\sum_{i,j=1}^{\infty}m(I_i\times I_j)=\sum_{i,j=1}^{\infty}mI_i\cdot mI_j=\sum_{i=1}^{\infty}mI_i\cdot\sum_{j=1}^{\infty}mI_j=mA\cdot mB.$$

（iii）如果 A,B 都是有界的 G_δ 集，則可以分別找到 R^p 和 R^q 中兩個單調下降的有界開集序列 $\{G_n'\}$ 和 $\{G_n''\}$，使 $A=\bigcap_{n=1}^{\infty}G_n'$，$B=\bigcap_{n=1}^{\infty}G_n''$. 於是 $A\times B=\bigcap_{n=1}^{\infty}(G_n'\times G_n'')$.

由(ii)知：$G_n'\times G_n''$ 是 R^{p+q} 中的可測集，且 $m(G_n'\times G_n'')=mG_n'\cdot mG_n''<+\infty$. 而 $G_n'\times G_n''$ 還是下降的，則由內極限定理知 $A\times B$ 可測，且

$$\begin{aligned}m(A\times B)&=\lim_{n\to\infty}[m(G_n'\times G_n'')]=\lim_{n\to\infty}(mG_n'\cdot mG_n'')\\&=\lim_{n\to\infty}(mG_n')\cdot\lim_{n\to\infty}(mG_n'')=mA\cdot mB.\end{aligned}$$

（iv）對有界的 A,B，若 mA 和 mB 中至少有一個為零，比如說 $mA=0$. 由 3.3 節的定理 12，分別有 R^p 和 R^q 中 G_δ 型集 G'，G''，使 $G'\supset A,G''\supset B$，且

$$mG'=mA=0,\ mG''=mB.$$

而 $A\times B\subset G'\times G''$，且 $m(G'\times G'')=mG'\cdot mG''=0$，即知 $m^*(A\times B)=0$. 故 $A\times B$ 可測，且 $m(A\times B)=mA\cdot mB$.

（v）對於一般的有界可測集 A 和 B，由 3.3 節的定理 12 可知，存在 R^p 和 R^q 中有界的 G_δ 型集 G' 和 G''，使 $G'\supset A,G''\supset B$，且

$$mG'=mA,\ mG''=mB,$$

從而 $A^*=G'-A$，$B^*=G''-B$ 分別是 R^p 和 R^q 中的可測集，且 $G'=A^*\cup A$，$G''=B^*\cup B$，$mA^*=0$，$m^*B=0$. 則

$$G'\times G''=(A^*\times B^*)\cup(A^*\times B)\cup(A\times B^*)\cup(A\times B),$$

從而 $A\times B=G'\times G''-A^*\times B^*-A^*\times B-A\times B^*$.

由(iii)和(iv)可知：等式右邊四個集合皆可測，且后面三項測度皆為0. 則 $A\times B$ 可測，且

$$m(A\times B)=m(G'\times G'')=mG'\cdot mG''=mA\cdot mB.$$

下證 A,B 至少有一個無界，即 mA,mB 中至少有一個無限時的情形. 則 A,B 可以寫成一些互不相交的有界可測集的並，即

$$A=\bigcup_{i=1}^{\infty}A_i,\ B=\bigcup_{j=1}^{\infty}B_j,$$

其中 $mA_i<+\infty,mB_j<+\infty$. 則 $A\times B=(\bigcup_{i=1}^{\infty}A_i)\times(\bigcup_{j=1}^{\infty}B_j)=\bigcup_{i,j=1}^{\infty}(A_i\times B_j)$.

而 $A_i \times B_j$ 可測，且 $m(A_i \times B_j) = mA_i \cdot mB_j$，則 $A \times B$ 可測，且

$$m(A \times B) = m(\bigcup_{i,j=1}^{\infty} A_i \times B_j) = \sum_{i,j=1}^{\infty} mA_i \cdot mB_j$$

$$= (\sum_{i=1}^{\infty} mA_i) \cdot (\sum_{j=1}^{\infty} mB_j) = mA \cdot mB$$

利用乘積集的定義，我們可以用低維空間的點集來構造高維空間的點集. 相反地，在討論高維空間點集性質時，常常得借助於低維空間的下面這類點集.

定義 2 設 $E \subset \mathrm{R}^{p+q}$，對任意的 $x_0 \in \mathrm{R}^p$，令

$$E_{x_0} = \{y \mid y \in \mathrm{R}^q, x_0 \in \mathrm{R}^p, (x_0, y) \in E\},$$

即 E_{x_0} 表示 R^q 中所有使 $(x_0, y) \in E$ 的 y 所作成的集，我們稱 E_{x_0} 為 E 在 x_0 處的**截口**，或以超平面 $x = x_0$ 截 E 的截口（或截面）.

例 1 設 $E = \{(x,y,z) \mid x^2 + y^2 + z^2 \leqslant 1\} \subset \mathrm{R}^2 \times \mathrm{R}^1$.

當 $z = 0$ 時，有截口 $E_{z=0} = \{(x,y) \mid x^2 + y^2 \leqslant 1\} \subset \mathrm{R}^2$；

當 $z = 1$ 時，有截口 $E_{z=1} = \{(x,y) \mid x^2 + y^2 + 1 \leqslant 1\} = \{(0,0,1)\} \in \mathrm{R}^2$；

當 $z = 2$ 時，有截口 $E_{z=2} = \{(x,y) \mid x^2 + y^2 + 4 \leqslant 1\} = \varnothing \subset \mathrm{R}^2$.

由定義易知，截口具有下列簡單性質.

性質 1 (i) 如果 $A_1 \subset A_2$，則 $(A_1)_x \subset (A_2)_x$.

(ii) 如果 $A_1 \cap A_2 = \varnothing$，則 $(A_1)_x \cap (A_2)_x = \varnothing$.

(iii) 如果 $(\bigcup_{\lambda \in \Lambda} A_\lambda)_x = \bigcup_{\lambda \in \Lambda} (A_\lambda)_x$，$(\bigcap_{\lambda \in \Lambda} A_\lambda)_x = \bigcap_{\lambda \in \Lambda} (A_\lambda)_x$.

(iv) 如果 $(A_1 - A_2)_x = (A_1)_x - (A_2)_x$.

下面給出今后常用的幾乎處處成立的概念.

定義 3 我們首先約定如果 $\pi(x)$ 是關於點集 E 上的 x 的命題，則當存在 E 中測度為 0 的子集 N，使在 $E - N$ 上，$\pi(x)$ 恒成立（即命題 $\pi(x)$ 在集 E 上除去一個測度為 0 的集外處處成立）時，則我們稱 $\pi(x)$ 在 E 上幾乎處處成立. 記作 $\pi(x)$ $a.e.$於 E.

換言之，所謂命題 $\pi(x)$ 在 E 上幾乎處處成立，就是 E 中使命題 $\pi(x)$ 不成立的點總是包含在某個測度為 0 的集中.

注意，這裡 E 本身並不一定是可測集.

例 2 $|\tan x| < +\infty$ $a.e.$於 R^1.

解 在 R^1 中除去集合 $N = \left\{k\pi \pm \frac{\pi}{2}, k \in Z\right\}$ 外有 $|\tan x| < +\infty$ 處處成立，而 $mN = 0$，則 $|\tan x| < +\infty$ $a.e.$於 R^1.

例 3 Cantor 集合 C 的特徵函數 $\chi_C(x)$ 在 $[0,1]$ 上幾乎處處為 0.

解 事實上，由於 $mC = 0$，且

$$\chi_C(x) = \begin{cases} 1, & \text{當 } x \in C, \\ 0, & \text{當 } x \notin C, \end{cases}$$

則依據定義 3, $\chi_C(x)$ 在 $[0,1]$ 上幾乎處處為 0.

例 4　設 f 與 g 是 E 上的兩個實值函數, 令 $E_0 = E(f \neq g)$. 若 $mE_0 = 0$, 則說 $f = g$ 在 E 上幾乎處處成立, 即在 $E - E_0$ 上處處有 $f = g$.

* **定理 2**　如果 $E \subset \mathrm{R}^{p+q}$ 的測度為 0, 則有 R^p 的測度為 0 的子集 N, 使當 $x \in \mathrm{R}^p - N$ 時, $mE_x = 0$. 也就是說幾乎對一切 $x \in \mathrm{R}^p$, E_x 都是 R^q 中的測度為 0 的可測子集.

證　我們就 $p = q = 1$ 的情形給出證明, 而一般情形的證明類似. 不妨假設 E 是有界的. 由於

$$\{x \mid m^* E_x > 0\} = \bigcup_{n=1}^{\infty} \left\{x \mid m^* E_x > \frac{1}{n}\right\},$$

所以我們只需證明對任意 $d > 0$, 集 $X \overset{\text{定義}}{=} \{x \mid m^* E_x > d\}$ 為零測集即可.

對任意 $\varepsilon > 0$, 取 $\mathrm{R}^2 = \mathrm{R}^{1+1}$ 中的開集 $G \supset E$, 使 $mG < \varepsilon$. 由 2.3 節定理 2, G 可以表為可數多個互不相交的左開右閉區間的並: $G = \bigcup_{i=1}^{\infty} I_i$, 其中, $I_i = I_i^{(1)} \times I_i^{(2)}$, $I_i^{(1)}$ 和 $I_i^{(2)}$ 都是 R^1 中的左開右閉區間.

令 $S_n = \bigcup_{i=1}^{n} I_i$, 顯然 $S_n \subset S_{n+1}$, $\bigcup_{n=1}^{\infty} S_n = G$, 所以對任意 $x \in \mathrm{R}^1$, 有

$$(S_n)_x \subset (S_{n+1})_x (n \geqslant 1), \ \bigcup_{n=1}^{\infty} (S_n)_x = G_x.$$

由於 $(S_n)_x$ 或為空集或為有限個左開右閉區間的並 (如圖 3.4.1), 因此 $(S_n)_x$ 總是可測集合.

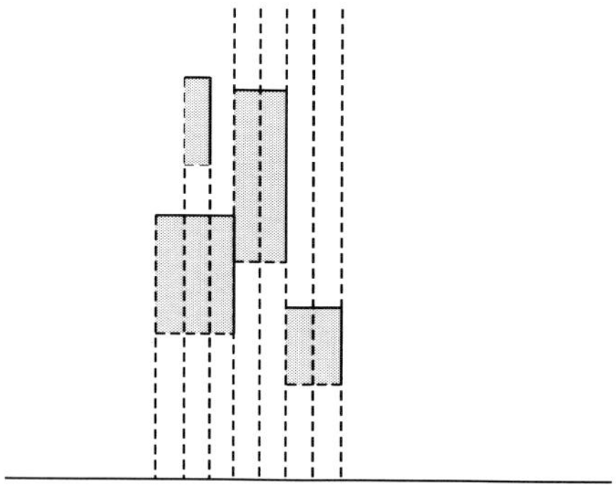

圖 3.4.1

由 3.3 節定理 5 和定理 6, G_x 也對一切 $x \in \mathrm{R}^1$ 都是 R^1 中的可測點集並且

$$mG_x = \lim_{n \to \infty} m(S_n)_x. \qquad (3.4.1)$$

令 $P=\{x \mid m^* G_x > d\}$，$P_n=\{x \mid m^*(S_n)_x > d\}$ $(n=1,2,\cdots)$，則 $X \subset P$ 且由式(3.4.1)有

$$P=\bigcup_{n=1}^{\infty} P_n,\ P_n \subset P_{n+1}(n \geqslant 1). \tag{3.4.2}$$

對於固定的 n，用過 $I_1^{(1)},\cdots,I_n^{(1)}$ 的端點垂直於 x 軸的直線把 S_n 分解為有限個新的互不相交的左開右閉區間 $I_1^*,\cdots,I_h^*$ 的並 $S_n=\bigcup_{k=1}^{h} I_k^*$. 同時也將 $\bigcup_{i=1}^{n} I_i^{(1)}$ 分解為有限個互不相交的左開右閉區間 $J_1^{(1)},\cdots,J_l^{(1)}$ 的並 $\bigcup_{j=1}^{l} J_j^{(1)}=\bigcup_{i=1}^{n} I_i^{(1)}$. 當 x 在同一 $J_j^{(1)}$ 內變動時，$(S_n)_x$ 顯然保持不變，因而 P_n 是有限個左開右閉小區間的並，從而是可測集. 由(3.4.2)即知 P 是可測的，且

$$mP=\lim_{n\to\infty}(mP_n). \tag{3.4.3}$$

當 x 在同一 $J_j^{(1)}$ 內變動時，設 $m(S_n)_x$ 的值為 $r_j(j=1,2,\cdots,l)$. 作 R^2 中的點集

$$S_n^*=\bigcup_{j=1}^{l} J_j^{(1)} \times (0,r_j].$$

顯然，S_n^* 可以通過將 $S_n=\bigcup_{k=1}^{h} I_k^*$ 中的各區間 I_k^* 作適當的上、下平行移動和拼接而得到(如圖 3.4.2)，則 $mS_n^*=mS_n$.

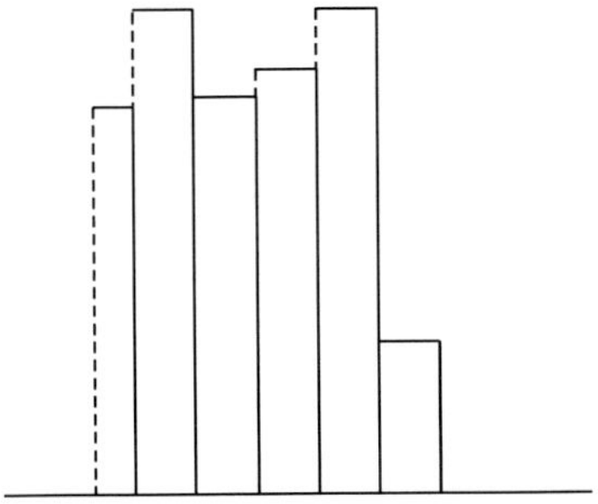

圖 3.4.2

當區間 $J_j^{(1)} \subset P_n$ 時，$r_j > d$，則

$$d\cdot mP_n=d\cdot \sum_{J_j^{(1)}\subset P_n} |J_j^{(1)}| \leqslant \sum_{J_j^{(1)}\subset P_n} |J_j^{(1)}|\cdot r_j \leqslant mS_n^*=mS_n \leqslant mG < \varepsilon,$$

即 $mP_n \leqslant \dfrac{\varepsilon}{d}$，從而 $mP \leqslant \dfrac{\varepsilon}{d}$. 而 $m^*X \leqslant mP$，由 ε 的任意性，便有 $mX=0$.

定理3　如果 E 是 R^{p+q} 中的可測集，則幾乎對於所有的 $x \in \mathrm{R}^p$，E_x 都是 R^q 中的可測集.

證　如果 E 是 R^{p+q} 中的開集，則對一切 $x \in \mathrm{R}^p$，E_x 都是 R^q 中的開集，從而

是可測的.

如果 E 是 R^{p+q} 中的 G_δ 型集，即 $E=\bigcap_{n=1}^{\infty} G_n$，其中 G_n 為開集. 則有 $E_x=\bigcap_{n=1}^{\infty}(G_n)_x$，從而 E_x 也對一切 $x\in\mathrm{R}^p$ 都可測.

對於 R^{p+q} 中的一般可測集合 E，可取 R^{p+q} 中的 G_δ 型集 G，使 $G\supset E$，且 $m(G-E)=0$. 而 $G=(G-E)\cup E$，則對任意的 $x\in\mathrm{R}^p$，有 $G_x=(G-E)_x\cup E_x$. 故

$$E_x=G_x-(G-E)_x.$$

由定理 2 可知：幾乎對所有的 $x\in\mathrm{R}^p$，$(G-E)_x$ 是 R^p 中的可測集. 而對一切的 $x\in\mathrm{R}^p$，都有 G_x 可測，則幾乎對所有的 $x\in\mathrm{R}^p$，E_x 都是 R^q 中的可測集.

定理 3 的逆是不對的，Sierpinski 在二維平面上已作出了一個不可測的點集 E，它在任何 x 處的截口 E_x 和在任何 y 處的截口 E_y 都是單點集，因而總是可測的.

習題 3.4

1. 判斷下列結論是否正確，並說明理由.

設 $E\subset\mathrm{R}^n\times\mathrm{R}^m$ 是可測集，則對任意 $x\in\mathrm{R}^n$，E_x 必是 R^m 的可測集(　　).

2. 設 $E\subset\mathrm{R}^{p+q}$ 是 Borel 集，證明對任意的 $x\in\mathrm{R}^p$ 及 $y\in\mathrm{R}^q$，截口 E_x 和 E_y 都是 Borel 集.

第 4 章　可測函數

本章首先介紹可測函數的定義及其等價描述、簡單性質，然后討論可測函數與簡單函數、連續函數三者之間的相互關係，最后引入依測度收斂概念，並研究依測度收斂與幾乎處處收斂、一致收斂之間的相互關係.

引入可測函數概念的目的是探討哪些函數才有可能按新思路改造積分定義，引入依測度收斂概念的目的在於為新積分號下取極限時，削弱「一致收斂」這個苛刻條件作鋪墊.

在 3.1 節中按新思路改造積分定義時，我們在「分割函數的值域然后作和」的情形中，為了使 $\sum_{i=1}^{n} \omega_i |E_i| < \varepsilon$，就必須使得每個 $|E_i| (i = 1,2,\cdots,n)$ 都有意義，且

$$\sum_{i=1}^{n} |E_i| = b - a,$$

其中 $E_i = \{x \mid x \in [a,b], y_{i-1} \leqslant f(x) < y_i\}$.

通過第三章的學習，我們已經知道 R^n 中確實存在不可測集合，因此有必要對定義於 R^n 中某個可測子集 E 上的函數 f 考察形如

$$\{x \in E \mid c \leqslant f(x) < d\}$$

的集合的可測性. 假如對對任意常數 c、d，集合 $\{x \in E \mid c \leqslant f(x) < d\}$ 都是可測的，則和式 $\sum_{i=1}^{n} \omega_i |E_i|$ 就有意義，從而可以討論它在 $\max_i (y_i - y_{i-1}) \to 0$ 時是否為無窮小. 從而本章將致力於討論：怎樣的函數 f，才能使得對任意常數 c、d，集合 $\{x \in E \mid c \leqslant f(x) < d\}$ 均是可測的？並研究它的結構. 這類函數就是勒貝格可測函數. 它是一類在理論上十分重要，在應用中足夠廣泛的函數.

在第三章我們已經對勒貝格可測集作了充分的討論，本章將把這些結果轉化為分析函數性質的工具. 首先，勒貝格可測函數的概念正是利用勒貝格可測集來刻劃的，這就使我們能用可測集的性質來討論可測函數. 例如，利用可測集類對集合運算的封閉性，可以得到可測函數類對代數運算和極限運算的封閉性. 其次，在對可測函數的性質作初步討論的基礎上，我們將繼續研究可測函數列的各種收斂性，包括可測函數列的一致收斂、幾乎處處收斂和依測度收斂，並細緻地討論各種收斂性間的關係. 最后，本章將介紹用連續函數來刻劃可測

函數的魯金定理.

因為勒貝格可測函數是勒貝格積分的基本對象, 所以, 本章的討論對於深刻理解勒貝格積分是非常必要的.

4.1 可測函數的定義及其簡單性質

4.1.1 勒貝格可測函數的定義

先作一下特別申明, 今后本課程凡提及的函數都是允許函數值取 $\pm\infty$ 的實函數(也可以稱這樣的函數為廣義函數). 通常的實數指的是有限實數, 函數值都是有限實數的函數稱為有限函數.

定義 1 若存在 $M > 0$, 對所有的 $x \in E$, 有 $|f(x)| \leqslant M$, 則稱 $f(x)$ 為 E 上的有界函數.

顯然, 有界函數是有限函數, 反之則不然,比如 $y = x$, $-\infty < x < +\infty$.

關於包含 $\pm\infty$ 在內的實數運算, 我們作如下規定:

$(+\infty) + (+\infty) = +\infty$, $(+\infty) - (-\infty) = +\infty$,

$(-\infty) + (-\infty) = -\infty$, $(-\infty) - (+\infty) = -\infty$,

$|+\infty| = |-\infty| = +\infty$, $(+\infty)\cdot(+\infty) = (-\infty)\cdot(-\infty) = +\infty$,

$(+\infty)\cdot(-\infty) = (-\infty)\cdot(+\infty) = -\infty$.

對於任何有限實數 a, $(+\infty) \pm a = +\infty$, $(-\infty) \pm a = -\infty$, $\dfrac{a}{\pm\infty} = 0$.

對於任何有限實數 $a > 0$, $(+\infty)\cdot a = a\cdot(+\infty) = +\infty$, $(-\infty)\cdot a = a\cdot(-\infty) = -\infty$. 若 $a < 0$, $(+\infty)\cdot a = a\cdot(+\infty) = -\infty$, $(-\infty)\cdot a = a\cdot(-\infty) = +\infty$.

此外, 在本書中, 我們規定記號 $(+\infty) - (+\infty)$, $(-\infty) - (-\infty)$, $(+\infty) + (-\infty)$, $(-\infty) + (+\infty)$, $\dfrac{\pm\infty}{\pm\infty}$, $0 \times (\pm\infty) = (\pm\infty) \times 0 = 0$, $\dfrac{\pm\infty}{0}$, $\dfrac{a}{0}$ 都是沒有意義的.

由於 $E[a \leqslant f < b] = E[f \geqslant a] - E[f \geqslant b]$, 所以下面只需研究哪些函數能保證形如 $E[f \geqslant a]$ 的集合可測即可.

定義 2 設 $f(x)$ 是定義在勒貝格可測集 $E \subset \mathrm{R}^n$ 上的函數, 如果對於任意實數 a, 集合

$$E[f \geqslant a] = \{x \mid x \in E, f(x) \geqslant a\}$$

都可測, 則稱 $f(x)$ 為定義在 E 上的**勒貝格(Lebesgue)可測函數**, 簡稱為**可測函數**. 並稱 $f(x)$ 在 E 上可測. 特別地, 當 $E[f \geqslant a]$ 為 Borel 可測集時, 則稱 $f(x)$ 為 E 上的 Borel **可測函數**(也稱為 Baire **函數**).

例 1 區間$[c,d]$上的單調函數是可測函數.

證 設$E=[c,d]$, 當$f(x)$是$[c,d]$上的單調函數時, 對任意實數a, 集合$E[f\geqslant a]$一定是$[c,d]$的某個子區間或空集或單點集, 從而必是可測集.

例 2 勒貝格測度為 0 的集上所定義的函數必是可測函數.

證 由於零集的任何子集仍是零集, 從而是可測集.

定理 1 對於可測集合$E\subset \mathbf{R}^n$上的函數$f(x)$, 下述各條件都是$f(x)$在E上可測的充要條件.

(1) 對任意常數a, $E[f\geqslant a]$都可測;

(2) 對任意常數a, $E[f>a]$都可測;

(3) 對任意常數a, $E[f\leqslant a]$都可測;

(4) 對任意常數a, $E[f<a]$都可測.

證 由定義 2 知, $f(x)$在E上可測$\Rightarrow$(1).

因為$E[f>a]=\bigcup\limits_{k=1}^{\infty}E[f\geqslant a+\frac{1}{k}]$, 則(1)$\Rightarrow$(2).

因為$E[f\leqslant a]=E\backslash E[f>a]$, 則(2)$\Rightarrow$(3).

因為$E[f<a]=\bigcup\limits_{k=1}^{\infty}E[f\leqslant a-\frac{1}{k}]$, 則(3)$\Rightarrow$(4).

因為$E[f\geqslant a]=E\backslash E[f<a]$, 則(4)$\Rightarrow$(1).

推論 1 如果$f(x)$在E上可測, 則$E[f=+\infty]$和$E[f=-\infty]$都可測.

證 因為

$$E[f=+\infty]=\bigcap_{k=1}^{\infty}E[f\geqslant k],\ E[f=-\infty]=\bigcap_{k=1}^{\infty}E[f<-k],$$

則$E[f=+\infty]$和$E[f=-\infty]$都可測.

推論 2 $f(x)$在E上可測的充要條件是對任意的a,b, 有$E[a\leqslant f<b]$和$E[f=+\infty]$可測.

證 充分性. 對任意有限實數a,n, 有$E[a\leqslant f<a+n]$可測, 且$E[f=+\infty]$也可測, 則$E[f\geqslant a]=\bigcup\limits_{n=1}^{\infty}E[a\leqslant f<a+n]\cup E[f=+\infty]$可測, 即$f(x)$在$E$上可測.

必要性. 對任意有限實數a,b, 由於$f(x)$在E上可測, 則

$$E[a\leqslant f<b]=E[f\geqslant a]-E[f\geqslant b]$$

可測, 且$E[f=+\infty]=\bigcap\limits_{k=1}^{\infty}E[f\geqslant k]$可測.

例 3 若$f(x)$在可測集E上連續, 則$f(x)$必在E上可測.

證 只需證對任意實數a, 集$E[f>a]$可測即可.

對任意的$x_0\in E[f>a]$, 令$\varepsilon=f(x_0)-a>0$, 由$f(x)$的連續性可知, 存

在 $\delta_{x_0}>0$，當 $x \in E \cap N(x_0,\delta_{x_0})$ 時，有

$$|f(x)-f(x_0)|<\varepsilon,$$

即 $f(x)>f(x_0)-\varepsilon=a$，從而 $E \cap N(x_0,\delta_{x_0}) \subset E[f>a]$.

故
$$E[f>a]=\bigcup_{x_0 \in E[f>a]}\{E \cap N(x_0,\delta_{x_0})\}$$
$$=E \cap \left\{\bigcup_{x_0 \in E[f>a]} N(x_0,\delta_{x_0})\right\}. \tag{4.1.1}$$

顯然 $\bigcup_{x_0 \in E[f>a]} N(x_0,\delta_{x_0})$ 是開集，從而可測. 故 $E[f>a]$ 可測.

由證明過程中的(4.1.1)式不難看出：當 E 是開集時，$E[f>a]$ 也是開集.

讀者可以課后證明：可測集 E 上的單調函數 $f(x)$ 在 E 上也可測.

例4　$E=[0,1]$ 上的 Dirichlet 函數 $D(x)$ 是可測的.

證　對任意實數 a，由於

$$E[D(x)>a]=\begin{cases}E, & a<0,\\ E\text{ 中有理數集}, & 0 \leqslant a<1,\\ \varnothing, & a \geqslant 1.\end{cases}$$

由於 E 及 E 中的有理點集和 $\varnothing$ 都是可測集，則 $E[D(x)>a]$ 可測，從而 $D(x)$ 在 E 上是可測的. 由此，我們看到了一個處處不連續但卻是可測的函數的例子.

註1　上述幾例說明「可測函數確實比連續函數廣泛得多」.

第三章討論了集合的可測性，這裡又引入了函數的可測性，這兩個概念之間有什麼聯繫呢？下面利用3.1節介紹的特徵函數來討論它們之間的關係.

定理2　集合 M 與其特徵函數 $\chi_M(x)$ 或者同為可測或者同不可測.

證　一方面，設 M 的特徵函數

$$\chi_M(x)=\begin{cases}1, & x \in M,\\ 0, & x \in E-M\end{cases}$$

可測，則由 $M=E[\chi_M>0]$ 知：M 是可測集.

另一方面，設 M 是可測的，對任意實數 a，由於

$$E[\chi_M>a]=\begin{cases}\varnothing, & a \geqslant 1,\\ M, & 0 \leqslant a<1,\\ E, & a<0,\end{cases}$$

則 $E[\chi_M>a]$ 總是可測的，從而 $\chi_M(x)$ 是可測函數.

在3.3節，我們已經知道，在 R^n 中確實存在不可測集. 由定理2可知：不可測函數也確實是存在的.

4.1.2 勒貝格可測函數的性質

定理3 (1) 設$f(x)$是可測集E上的可測函數，則$f(x)$在E上的任意可測子集E_0上可測.

(2) 設$E=\bigcup_{n=1}^{\infty}E_n$，且$E_n$可測，則函數$f(x)$在$E$上可測的充要條件是對任意的自然數$n$，$f(x)$在$E_n$上可測.

證 (1) 對任意實數a，當$f(x)$在E上可測時，$E_0[f\geqslant a]=E_0\cap E[f\geqslant a]$是可測集，即$f(x)$也是$E_0$上的可測函數.

(2) 充分性. 對任意實數a，$E[f>a]=\bigcup_{n=1}^{\infty}E_n[f>a]$. 由於$f(x)$在$E_n$上可測，所以$E_n[f>a]$可測，從而$E[f>a]$可測，即$f(x)$在$E$上可測.

必要性. 由(1)可知，當$f(x)$在E上可測時，可得$f(x)$在E上的可測子集E_n上可測.

由例2可知:定義在零集上的任何函數都是可測的. 因而我們可以設想:改變零集上的函數的值，並不影響函數的可測性. 不僅如此，我們將在第五章證明:這樣的改變也不影響函數的可積性和積分結果. 因而在測度論和積分理論中，3.3節中提到的「幾乎處處」是一個重要的概念.

定理4 如果兩個函數$f(x)$和$g(x)$在可測集E上幾乎處處相等，即$f(x)=g(x)$,a.e.於E，則當其中一個在E上可測時，另一個也必在E上可測.

證 令$E_0=E[f\neq g]$，則$mE_0=0$，從而$E_1=E-E_0=E[f=g]$.

對任意常數a，$E[g\geqslant a]=E_1[g\geqslant a]+E_0[g\geqslant a]$

$=E_1[f\geqslant a]+E_0[g\geqslant a]$.

當$f(x)$在E上可測時，也在E_1上可測. 從而$g(x)$在E上也可測.

同理可證:當$g(x)$在E上可測時，$f(x)$在E上也可測.

也可用此定理來證明Dirichlet函數是[0,1]上的可測函數. 這是因為

$$D(x)=\begin{cases}1, & x\in Q,\\ 0, & x\notin Q,\end{cases}$$

且在[0,1]上$mQ=0$，則$D(x)=0$,a.e.於[0,1]. 而[0,1]上恒等於0的常數函數可測(見習題1中(7)題)，則由定理4知:Dirichlet函數是可測的.

註2 定理4說明了在討論函數的可測性時，可以任意改變這個函數在一個測度為0的子集上的值，因而我們允許所討論的函數在E上的一個測度為0的子集上沒有定義.

下面我們來討論可測函數的四則運算:即對可測函數施行加減乘除等運算后，並不會得出可測函數族以外的函數. 為此，先給出一個引理.

引理1 設$f(x)$與$g(x)$都是可測集E上的可測函數，則$E[f>g]$是可

測集.

證 注意有理數在 R 中的稠密性. 如果將全體有理數排成序列 $r_1, r_2, \cdots, r_n, \cdots$, 則易證

$$E[f>g]=\bigcup_{n=1}^{\infty} E[f>r_n] \cap E[g<r_n].$$

事實上, 設 $x_0 \in E[f>g]$, 即有 $f(x_0)>g(x_0)$. 故必存在有理數 r, 使得

$$f(x_0)>r>g(x_0),$$

即 $x_0 \in E[f>r] \cap E[g<r]$. 從而 $E[f>g] \subset \bigcup_{n=1}^{\infty}(E[f>r_n] \cap E[g<r_n])$.

另一方面, 如果 $x_0 \in \bigcup_{n=1}^{\infty}(E[f>r_n] \cap E[g<r_n])$, 則必存在某個 i, 使得

$$x_0 \in E[f>r_i] \cap E[g<r_i],$$

即 $f(x_0)>r_i>g(x_0)$, 從而 $x_0 \in E[f>g]$. 故 $E[f>g] \supset \bigcup_{n=1}^{\infty} E[f>r_n] \cap E[g<r_n]$.

綜上所述, $E(f>g)=\bigcup_{n=1}^{\infty} E[f>r_n] \cap E[g<r_n]$. 因為 $f(x)$ 和 $g(x)$ 在 E 上可測, 從而對任意自然數 n, $E(f>r_n)$ 及 $E(g<r_n)$ 都可測. 從而 $E(f>g)$ 可測.

定理 5 設函數 $f(x)$ 和 $g(x)$ 都在可測集 E 上可測, 則

(1) 對於常數 c, $cf(x)$ 在 E 上可測;

(2) $f(x)+g(x)$ 在 E 上可測;

(3) $f(x)g(x)$ 在 E 上可測;

(4) 當 $\dfrac{f(x)}{g(x)}$ 在 E 上幾乎處處有意義時, 有 $\dfrac{f(x)}{g(x)}$ 在 E 上可測.

證 (1) 若 $c=0$, 則 $cf(x)=0$, 從而 $cf(x)$ 必在 E 上可測.

若 $c \neq 0$, 對任意常數 a,

$$E[cf \geqslant a]=\begin{cases} E[f \geqslant \frac{a}{c}], & c>0, \\ E[f \leqslant \frac{a}{c}], & c<0, \end{cases}$$

則 $cf(x)$ 在 E 上可測.

(2) 先不妨設 $f(x) \equiv b$, 其中 b 為某一常數, 則對任意常數 a,

$$E[f+g>a]=E[g+b>a]=E[g>a-b],$$

故 $E[f+g>a]$ 是可測集, 即 $f+g=g+b$ 是可測函數.

一般地, 對任意常數 a, 有 $E[f+g>a]=E[f>-g+a]$. 由上述證明及 (1) 可知: $-g+a$ 也是 E 上的可測函數. 從而可由引理 1 可得 $E[f>-g+a]$ 也

是可測集，即 $E[f+g>a]$ 可測. 故 $f(x)+g(x)$ 是 E 上的可測函數.

(3) 在 E 上，$f(x)+g(x)\overset{令}{=}h_1(x)$，$f(x)-g(x)\overset{令}{=}h_2(x)$，由定理 5 的(2)可知，$h_1(x)$ 和 $h_2(x)$ 都是 E 上的可測函數.

下面我們來證明 $h_i^2(x)(i=1,2)$ 也是 E 上的可測函數. 對任意常數 a，有

$$E[h_i^2 \geqslant a]=\begin{cases}E, & a<0,\\ E[h_i \geqslant \sqrt{a}] \cup E[h_i \leqslant -\sqrt{a}], & a \geqslant 0,\end{cases}$$

則 $h_i^2(x)(i=1,2)$ 是 E 上的可測函數. 從而

$$f(x)g(x)=\frac{1}{4}((f+g)^2-(f-g)^2)=\frac{1}{4}(h_1^2(x)-h_2^2(x))$$

也是 E 上的可測函數.

(4) 先證明 $\dfrac{1}{g(x)}$ 是可測函數. 對任意常數 a，有

$$E[\frac{1}{g}>a]=\begin{cases}E[g<\frac{1}{a}] \cap E[g>0], & a>0,\\ E[g<\frac{1}{a}] \cup E[g>0], & a<0,\\ E[g>0]-E[g=+\infty], & a=0.\end{cases}$$

由於 $E[g=+\infty]=\bigcap\limits_{n=1}^{\infty} E[g>n]$，所以上式在三種情形下，右邊出現的集都是可測的. 從而 $\dfrac{1}{g}$ 是 E 上的可測函數. 則由(3)可知：$\dfrac{f}{g}=f\cdot\dfrac{1}{g}$ 在 E 上可測.

定義 3 設 $f(x)$ 是定義在點集 E 上的廣義實值函數，規定 $f(x)$ 的正部和負部分別為

$$f^+(x)=\max\{f(x),0\} \text{ 與 } f^-(x)=\max\{-f(x),0\},$$

則 $f^+(x)$ 和 $f^-(x)$ 都是 E 上的非負函數，且

$$f(x)=f^+(x)-f^-(x),\quad |f(x)|=f^+(x)+f^-(x).$$

定理 6 (1) 函數 $f(x)$ 在可測集 E 上可測當且僅當 $f^+(x)$ 和 $f^-(x)$ 都在 E 上可測.

(2) 當函數 $f(x)$ 在可測集 E 上可測時，$|f(x)|$ 也在 E 上可測.

證 (1) 必要性. 對任意常數 a，有

$E[f^+>a]=E[\max\{f,0\}>a]=E[f>a]\cup E[0>a]$，

$E[f^->a]=E[\max\{-f,0\}>a]=E[-f>a]\cup E[0>a]$.

則當函數 $f(x)$ 在 E 上可測時，$f^+(x)$ 和 $f^-(x)$ 都在 E 上可測.

充分性. 當 $f^+(x)$ 和 $f^-(x)$ 都在 E 上可測時，$-f^-(x)$ 也在 E 上可測. 從而 $f(x)=f^+(x)-f^-(x)$ 在 E 上可測.

(2) 當函數 $f(x)$ 在 E 上可測時，由(1)知，$f^+(x)$ 和 $f^-(x)$ 都在 E 上可測.

則 $|f(x)| = f^+(x) + f^-(x)$ 在 E 上可測.

註 3 $f(x)$ 的可測性與 $|f(x)|$ 的可測性是否等價呢?

回答是否定的. 例如, 設 $E \subset [0,1]$ 是不可測集, 定義 $[0,1]$ 上的函數如下:

$$f(x) = \begin{cases} 1, & x \in E, \\ -1, & x \notin E. \end{cases}$$

因為 $E[f > 0] = E$ 不可測, 所以 $f(x)$ 是 $[0,1]$ 上的不可測函數, 但 $|f(x)| \equiv 1$ 可測.

4.1.3 勒貝格可測函數列的極限

下面我們來說明可測函數關於極限運算的封閉性, 即證明可測函數列的上確界函數、下確界函數、上限函數、下限函數以及極限存在時的極限函數, 仍然是可測函數.

到目前為止, 至少有三種意義下的極限概念, 其一是「一致收斂」, 其二是「處處收斂」(即在給定的點集 E 上逐點收斂), 其三是「幾乎處處收斂」(即在給定的點集 E 上, 除去一個零測集后逐點收斂). 顯然, 如果我們證明了幾乎處處收斂的可測函數序列的極限是可測函數, 則上述任何意義下的極限函數都是可測的. 為此, 先給出下面的引理.

引理 2 任何實數列 $\{x_n\}$ 的上、下極限必存在, 並且

$$\underline{\lim_{n\to\infty}} x_n = \lim_{n\to\infty}(\inf_{m\geq n} x_m) = \sup_{n\geq 1}(\inf_{m\geq n} x_m),$$

$$\overline{\lim_{n\to\infty}} x_n = \lim_{n\to\infty}(\sup_{m\geq n} x_m) = \inf_{n\geq 1}(\sup_{m\geq n} x_m).$$

在此略去引理的證明, 有興趣的讀者可參閱相關的參考書[8].

定理 7 如果 $\{f_k(x)\}_{k=1}^{\infty}$ 是可測集 E 上的可測函數列, 則

(1) $h(x) = \sup_{k\geq 1} f_k(x)$, $l(x) = \inf_{k\geq 1} f_k(x)$ 都是 E 上的可測函數;

(2) $U(x) = \overline{\lim_{k\to\infty}} f_k(x)$, $V(x) = \underline{\lim_{k\to\infty}} f_k(x)$ 都是 E 上的可測函數;

(3) 若 $f_k(x)$ 存在極限 $f(x)$, 則 $f(x) = \lim_{k\to\infty} f_k(x)$ 是 E 上的可測函數.

證 (1) 對任意常數 a, 有 $E[h > a] = \bigcup_{k=1}^{\infty} E[f_k > a]$.

由於 $f_k(x)(k=1,2,\cdots)$ 在 E 上可測, 故 $E[f_k > a](k=1,2,\cdots)$ 可測, 從而 $E[h > a]$ 可測, 即 $h(x)$ 在 E 上可測.

由於 $l(x) = -\sup_{k\geq 1}(-f_k(x))$, 則由上述證明可知: $l(x)$ 在 E 上也可測.

(2) 記 $h_k(x) = \sup_{m\geq k} f_m(x)$, $l_k(x) = \inf_{m\geq k} f_m(x)$, 則由 (1) 知 h_k, l_k 都是 E 上的可測函數序列. 由引理 2 知:

$$U(x) = \overline{\lim_{k\to\infty}} f_k(x) = \inf_{k\geq 1}(\sup_{m\geq k} f_m(x)),\ V(x) = \underline{\lim_{k\to\infty}} f_k(x) = \sup_{k\geq 1}(\inf_{m\geq k} f_m(x)).$$

則由(1) 知 $U(x)$ 和 $V(x)$ 都是 E 上的可測函數.

(3) 當 $f(x)=\lim\limits_{k\to\infty}f_k(x)$ 時, $f(x)=U(x)=V(x)$ 在 E 上可測.

定義 4 設 $\{f_k(x)\}_{k=1}^{\infty}$ 是定義在可測集 E 上的函數序列, $f(x)$ 是定義在 E 上的函數. 若存在 $E_0\subset E$, 使 $mE_0=0$, 且對任意的 $x\in E-E_0$, 有 $\lim\limits_{k\to\infty}f_k(x)=f(x)$, 則稱 $\{f_k(x)\}_{k=1}^{\infty}$ 在 E 上幾乎處處收斂於 $f(x)$, 記作

$$f(x)=\lim_{k\to\infty}f_k(x)\,a.e.\text{於 }E.$$

推論 3 如果可測函數列 $\{f_k(x)\}_{k=1}^{\infty}$ 在可測集 E 上幾乎處處收斂於 $f(x)$, 即

$$f(x)=\lim_{k\to\infty}f_k(x)\,a.e.\text{於 }E,$$

則 $f(x)$ 在 E 上可測.

證 因為 $\{f_k(x)\}_{k=1}^{\infty}$ 在 E 上幾乎處處收斂於 $f(x)$, 所以存在零測集 E_0, 使得 $f_k(x)$ 在 $E-E_0$ 上處處收斂到 $f(x)$. 由定理 7 知 $f(x)$ 是 $E-E_0$ 上的可測函數, 從而也是 E 上的可測函數.

需強調的是:可測函數的概念僅與可測集的概念有關, 與集合的測度無關. 在上面的討論中, 與測度有關之處僅在於出現「零集」和「幾乎處處」的地方; 而「零集上任何函數均可測」這個結論的依據又正在於「零集的任何子集均是可測集」.

定義 5 設 $\psi(x)$ 的定義域 E 為

$$E=\bigcup_{i=1}^{n}E_i,$$

其中 $E_i\subset E(i=1,2,\cdots,n)$ 可測且互不相交, 且在每個 $E_i(i=1,2,\cdots,n)$ 上, $\psi(x)$ 都恒等於一個常數 c_i, 即

$$\psi(x)=\begin{cases}c_1, & x\in E_1,\\ c_2, & x\in E_2,\\ \vdots & \vdots\\ c_n, & x\in E_n,\end{cases}$$

則稱 $\psi(x)$ 是 E 上的簡單函數.

若記 χ_{E_i} 為 $E_i(i=1,2,\cdots,n)$ 的特徵函數, 則顯然有 $\psi(x)=\sum\limits_{i=1}^{n}c_i\chi_{E_i}(x)$, 即簡單函數是有限個特徵函數的線性組合. 特別地, 當每個 E_i 是矩體時, 稱 $f(x)$ 是**階梯函數**. 由習題 1 中的(7) 題可知, $\psi(x)$ 是 $E_i(i=1,2,\cdots,n)$ 上的可測函數; 再由定理 3 的(2) 可知, $\psi(x)$ 是 E 上的可測函數.

容易推證簡單函數具有如下性質.

性質 1 簡單函數必是可測函數, 但反之不一定成立.

性質 2 若 $f(x)$, $g(x)$ 為 E 上的簡單函數, 則可證明 $f(x)\pm g(x)$, $f(x)\cdot$

$g(x)$，也為 E 上的簡單函數.

性質 3　定義於 E 上的函數 $\psi(x)$ 是 E 上的簡單函數的充要條件是存在 E 的有限多個互不相交的可測子集 $E_1, E_2, \cdots, E_n$ 且 $E = \bigcup_{i=1}^{n} E_i$，及 n 個常數 $c_1, c_2, \cdots, c_n$，使在 E 上有

$$\psi(x) = \sum_{i=1}^{n} c_i \chi_{E_i}(x),$$

其中 χ_{E_i} 是 $E_i (i = 1,2,\cdots,n)$ 的特徵函數.

上述性質的證明留給讀者.

定義 6　設 $f(x)$ 是定義在 $E \subset \mathrm{R}^n$ 上的非負函數，則稱 R^{n+1} 中的子集

$$\{(x,y) \mid x \in E, 0 \leqslant y < f(x)\}$$

為 $f(x)$ 在 E 上的下方圖形，記為 $G(E;f)$. 當 $E = \mathrm{R}^n$ 時，下方圖形可記為 $G(f)$.

註 4　如果簡單函數 $\psi(x)$ 是非負函數，且 $E_1, E_2, \cdots, E_n$ 是 E 的有限多個互不相交的可測子集，則 $G(E;\psi) = \bigcup_{i=1}^{n} E_i \times [0, c_i]$ 可測.

定理 8　如果 $f(x)$ 是 R^n 中可測集 E 上的非負函數，則下述幾個命題等價.

(1) $f(x)$ 在 E 上的下方圖形 $G(E;f)$ 是 R^{n+1} 中的可測子集；

(2) $f(x)$ 在 E 上可測；

(3) 存在 E 上的非負簡單函數列 $\{\psi_k(x)\}_{k=1}^{\infty}$ 滿足

$$0 \leqslant \psi_1(x) \leqslant \psi_2(x) \leqslant \cdots \leqslant \psi_k(x) \leqslant \psi_{k+1}(x) \leqslant \cdots$$

且 $f(x) = \lim\limits_{k\to\infty} \psi_k(x), x \in E$.

證　先證(1)⇒(2).

由於 $G(E;f)$ 可測，存在 R^1 的測度為 0 的一個子集 e，使得對 R^1 中每個不屬於 e 的 y，其截口

$$G(E;f)_y = \{x \in \mathrm{R}^n \mid (x,y) \in G(E;f)\}$$

都是 R^n 的可測子集.

而 $G(E;f)_y = E[f > y]$，所以當 $y \notin e$ 時，$E[f > y]$ 是可測的.

對於任意給定的常數 a，由於 $me = 0$，對每個正整數 k，存在 $y_k \notin e$，滿足

$$a - \frac{1}{k} < y_k < a.$$

於是 $E[f \geqslant a] = \bigcap_{k=1}^{\infty} E[f > y_k]$ 是可測的，從而 $f(x)$ 在 E 上可測.

(2)⇒(3). 對每個正整數 k 及 $j = 0,1,2,\cdots,k \cdot 2^k - 1$，令

$$E_{k,j} = E\left[\frac{j}{2^k} \leqslant f < \frac{j+1}{2^k}\right], \quad E_{k,k\cdot 2^k} = E[f \geqslant k].$$

因為 $f(x)$ 是 E 上的非負可測函數，所以 $E_{k,j} (j = 0,1,2,\cdots,k \cdot 2^k)$ 是互不相

交的可測集列，且 $E=\bigcup_{j=0}^{k\cdot 2^k} E_{k,j}$. 在 $E_{k,j}$ 上定義如下的簡單函數：

$$\psi_k(x)=\sum_{j=0}^{k\cdot 2^k}\frac{j}{2^k}\chi_{E_{k,j}}(x),$$

顯然有 $0\leqslant\psi_k(x)\leqslant\psi_{k+1}(x)(k\geqslant 1)$. 下面我們來證明 $f(x)=\lim_{k\to\infty}\psi_k(x),x\in E$.

對任意給定的 $x_0\in E$，如果 $f(x_0)=+\infty$，則對所有 $k,x_0\in E_{k,k\cdot 2^k}$，有

$$\psi_k(x_0)=\frac{k\cdot 2^k}{2^k}=k\to+\infty=f(x_0).$$

如果 $f(x_0)\neq+\infty$，可取正整數 $k_0>f(x_0)$，從而當 $k\geqslant k_0$ 時，

$$|f(x_0)-\psi_k(x_0)|=f(x_0)-\psi_k(x_0)<\frac{1}{2^k}.$$

此時也有 $\lim_{k\to\infty}\psi_k(x_0)=f(x_0)$.

(3)⇒(2). 設 $f(x)=\lim_{k\to\infty}\psi_k(x)$，其中 $\psi_k(x)=\sum_{i=0}^{n_k}c_i^{(k)}\chi_{E_i^{(k)}}(x)$ 是 E 上的非負簡單函數，滿足 $\psi_k(x)\leqslant\psi_{k+1}(x),k=1,2,\cdots$，則對任意實數 a 及任意正整數 k，$E[\psi_k>a]$ 是可測集，從而 $E[f>a]=\bigcup_{k=1}^{\infty}E[\psi_k>a]$ 是可測集.

(3)⇒(1). 因為對任意的 $k,G(E;\psi_k)$ 都是可測的. 而 $G(E;f)=\bigcup_{k=1}^{\infty}G(E;\psi_k)$，則 $G(E;f)$ 可測.

定理 8 的意義在於:任何非負可測函數都可以用簡單函數來逐點逼近. 那麼一般的可測函數情形又如何呢?

推論 4 (簡單函數逼近) 若 $f(x)$ 是可測集 $E\subset\mathbb{R}^n$ 上的可測函數，則存在 E 上的可測簡單函數列 $\{g_n(x)\}_{n=1}^{\infty}$，使得 $|g_n(x)|\leqslant|f(x)|$，且有

$$\lim_{k\to\infty}g_k(x)=f(x),x\in E.$$

若 $f(x)$ 是有界的,則上述收斂是一致的.

證 令 $f(x)=f^+(x)-f^-(x)$，由定理 6 知 $f^+(x)$ 和 $f^-(x)$ 都是非負可測函數. 由定理 8 的(3) 知，存在簡單函數序列 $\{\varphi_n(x)\}_{n=1}^{\infty}$ 和 $\{\theta_n(x)\}_{n=1}^{\infty}$，使得

$$\lim_{n\to\infty}\varphi_n(x)=f^+(x),x\in E,\ \lim_{n\to\infty}\theta_n(x)=f^-(x),x\in E,$$

所以 $f(x)=\lim_{k\to\infty}[\varphi_k(x)-\psi_k(x)],x\in E$.

由性質 2 知 簡單函數的差 $\phi_n(x)-\theta_n(x)\overset{\text{記}}{=}\{g_n(x)\}_{n-1}^{\infty}$ 仍是簡單函數，從而可推知 $f(x)$ 是簡單函數列 $\{g_n(x)\}_{n=1}^{\infty}$ 的極限.

由一致收斂的定義,當 $f(x)$ 是有界的,顯然上述收斂是一致的.

4.1.4 複合函數的可測性

為了討論可測函數複合運算的可測性問題，我們首先用點集映射的觀點把函數可測性的定義改敘一下. 我們知道, 對於實值函數 $f(x)$, 點集 $\{x|f(x)>a\}$ 與 $f^{-1}((a,\infty))$ 是一致的,從而我們有下述引理.

引理 1 設 $f(x)$ 是定義在 R^n 上的實值函數,則 $f(x)$ 在 R^n 上可測的充分必要條件是:對 R^1 中的任一開集 G, $f^{-1}(G)$ 是可測集.

定理 9 設 $f(x)$ 是 R^1 上的連續函數, $g(x)$ 是 R^1 上的實值可測函數,則複合函數 $y=f(\varphi(x))$ 是 R^1 上的可測函數.

定理 10 設 $T:R^n\to R^n$ 是連續變換,當 $Z\subset R^n$ 且 $mZ=0$ 時, $T^{-1}(Z)$ 是零測集. 若 $f(x)$ 是 R^n 上的實值可測函數,則 $f(T(x))$ 是 R^n 上的可測函數.

推論 5 設 $f(x)$ 是 R^n 的實值可測函數, $T:R^n\to R^n$ 是非奇異線性連續變換,則 $f(T(x))$ 是 R^n 上的可測函數.

上述結論的證明留給讀者課后練習.

習題 4.1

1. 判斷題

(1) 設 $f(x)$ 定義於可測集 E,則 $f(x)$ 是可測函數當且僅當 $f^2(x)$ 是可測函數. ( )

(2) 存在 $[a,b]$ 上的連續函數,與某個處處不連續的可測函數對等(即幾乎處處相等). ( )

(3) 存在可測集 E 上的可測函數列 $\{f_n(x)\}$,使得 $\{f_n(x)\}$ 收斂於可測函數 $f(x)$ 的點集是不可測集. ( )

(4) 可測集 E 上的可測函數 $f(x)$ 總可以表示成簡單函數的極限. ( )

(5) $f(x)$ 在可測集 E 上可測與 $|f(x)|$ 在 E 上可測等價. ( )

(6) 若 $mE=0$,則 E 上定義的任意函數 $f(x)$ 都是可測函數. ( )

(7) 可測集 E 上的常值函數是可測函數. ( )

(8) 可測集 E 上的單調函數 $f(x)$ 一定是可測函數. ( )

(9) 函數 $f(x)$ 在 E 上是可測的當且僅當對於每個實數 a,集合 $E[f=a]$ 可測. ( )

(10) 設 $f\in C([a,b])$,若有定義在 $[a,b]$ 上的函數 $g(x)$ 與 $f(x)$ 在 $[a,b]$ 上幾乎處處相等,則 $g(x)$ 在 $[a,b]$ 上必是幾乎處處連續的. ( )

2. 證明下列各題

(1) 設 $f(x)$ 在 $(-\infty,+\infty)$ 上連續, $g(x)$ 是 $[a,b]$ 上的可測函數,證明 $f(g(x))$ 在 $[a,b]$ 上可測.

(2) 存在定義在可測點集 E 上的不可測函數.

(3) 設 $f(x)$ 定義於可測集 E,則 $f(x)$ 是可測函數當且僅當 $f^3(x)$ 是可測函數.

3. 單項選擇

(1) 設 $f(x)$ 是 E 上的可測函數,則對任意實數 a,有(　　).

A. $E[f > a]$ 是開集　　B. $E[f \geqslant a]$ 是閉集

C. $E[f = a]$ 是零測集　　D. $E[f > a]$ 是可測集

(2) 以下命題中,(　　) 是正確的.

A. 若 $y = f(u)$ 可測,$u = \varphi(x)$ 連續,則 $y = f(\varphi(x))$ 可測

B. 若 $y = f(u)$ 可測,$u = \varphi(x)$ 可測,則 $y = f(\varphi(x))$ 可測

C. 若 $mE > 0$,則存在 E 上的不可測函數

D. 若 $mE = 0$,則存在 E 上的不可測函數

4. 設 $f(x)$ 在 $[a,b]$ 上連續,則 $f(x)$ 必在 $[a,b]$ 上可測.

5. 用定義證明可測集 E 上的簡單函數是可測的.

6. 設 $E \subset \mathrm{R}^n$ 是可測集,$f(x)$ 是 E 上的可測函數,證明:

(1) 對 R^1 中的任何開集 G,$f^{-1}(G)$ 是可測集;

(2) 對 R^1 中的任何閉集 F,$f^{-1}(F)$ 是可測集;

(3) 對 R^1 中的任何 G_δ 型集或 F_σ 型集 B,$f^{-1}(B)$ 是可測集.

7. 證明:設 $f(x)$ 是定義在 R^n 中可測子集 E 上的函數,則 $f(x)$ 在 E 上可測的充要條件是對 R^1 中任意 Borel 集 B,$f^{-1}(B) = \{x \in E \mid f(x) \in B\}$ 都可測.

特別地,如果 $f(x)$ 是連續的,則 $f^{-1}(B)$ 仍是 Borel 集.

8. 若 $y = f(u)$ 在 R^1 連續,$u = \varphi(x)$ 是可測集 $E \subset \mathrm{R}^n$ 上的實值可測函數,則 $y = f(\varphi(x))$ 是 E 上的可測函數.

9. 設 $E \subset \mathrm{R}^n$ 是可測集,φ 是 E 上的可測函數,f 為直線 R^1 上的 Borel 可測函數,證明:$f \cdot \varphi = f(\varphi(x))$ 為 E 上的可測函數.

10. 設 $E \subset \mathrm{R}^n$ 是可測集,φ 是 E 上的可測函數,f 為直線 R^1 上的可測函數,試問:$f \cdot \varphi = f(\varphi(x))$ 是否為 E 上的可測函數?

11. 設 $f(x)$,$g(x)$ 是 R^n 上的實值可測函數,若 $f(x) > 0$,則 $f(x)^{g(x)}$ 是 R^n 上的可測函數.

12. 若函數 $f_1(x)$,$f_2(x)$ 在 E 上可測,$\varphi(x,y)$ 是 R^2 上的連續函數,則 $\Phi(x) = \varphi(f(x), g(x))$ 是 E 上的可測函數.

13. 證明:函數 $f(x)$ 是集 E 上的可測函數的充要條件是:對於任意有理數 r,集 $E[f > r]$ 可測. 如果集 $E[f = r]$ 可測,試問 $f(x)$ 是否一定可測?

14. 設 $f^2(x)$ 是 $E = \mathrm{R}^n$ 上的可測函數,且點集 $E[f > 0]$ 是可測集,試證明 $f(x)$ 是 E 上的可測函數.

15. 設 $f(x)$,$g(x)$ 是 $E \subset \mathrm{R}^n$ 上的可測函數,則 $\max\{f,g\}$,$\min\{f,g\}$ 也是 E 上的可測函數.

16. 如果函數$f(x)$為$[a,b]$上的可導函數,證明$f'(x)$都是$[a,b]$上的可測函數.

17.(Borel 可測函數與 Lebesgue 可測函數的關係)設$E \subset \mathrm{R}^1$, $f: E \to \mathrm{R}$為有限實函數,則

(1)如果f為E上的 Borel 可測函數,則f必為E上的 Lebesgue 可測函數.

(2)如果f為E上的Lebesgue可測函數,則必存在全直線R^1上的Borel可測函數h,使得$m^*(E(f \neq h)) = 0$.

*18. 證明下列各題

(1)當f為$[a,b]$上的連續函數、單調函數、階梯函數時,f必為$[a,b]$上的 Borel 可測函數.

(2)當f為直線R^1上的 Lebesgue(或 Borel)可測函數時,$f(\alpha x)$($\alpha \in \mathrm{R}$),$f(x^3)$, $f(x^2)$, $f(\frac{1}{x})$(當$x=0$時,規定$f(\frac{1}{0})=0$)都為直線R^1上的 Lebesgue(或 Borel)可測函數.

*19. 證明下列各題

(1)設$T: \mathrm{R}^n \to \mathrm{R}^n$是連續變換,當$Z \subset \mathrm{R}^n$且$mZ = 0$時,$T^{-1}(Z)$是零測集.若$f(x)$是$\mathrm{R}^n$上的實值可測函數,則$f(T(x))$是$\mathrm{R}^n$上的可測函數.

(2)設$f(x)$是R^n的實值可測函數,$T: \mathrm{R}^n \to \mathrm{R}^n$是非奇異線性連續變換,則$f(T(x))$是$\mathrm{R}^n$上的可測函數.

4.2 可測函數的逼近定理

4.2.1 Egoroff(葉果洛夫)定理

在本節中,我們將利用測度的概念,進一步討論勒貝格可測函數的各種收斂及其關係.函數逼近是分析數學與計算數學中十分重要的問題,它的本質就是用「好」的或「簡單」的函數去逼近「壞」的或「複雜」的函數,無論是用多項式逼近連續函數的 Weierstrass(第一逼近)定理,還是用三角級數逼近可測函數的 Fourier 分析都可歸類為逼近問題.由於有多種收斂概念,所以函數逼近相應地也有多種含義,即「一致逼近」「逐點逼近」「幾乎處處逼近」,在后面有了「依測度收斂」的概念之后,就又有「依測度逼近」的概念.因而如下兩個問題是我們現在必須要考慮的:

(1)幾種收斂性的關係?

(2)什麼樣的函數可以用「好」的函數按某種意義逼近?

這正是本節要討論的問題.

先看第一個問題.在數學分析中,我們已熟悉了函數序列一致收斂的概念.

一致收斂性是交換某些極限運算的重要條件，在討論連續函數列的極限函數的連續性和逐項積分及逐項微分等問題時，都出現過要求一致收斂的條件.一般說來，一致收斂要求強於處處收斂，當然更強於幾乎處處收斂.

我們知道，即使函數序列$\{f_n(x)\}$處處收斂於$f(x)$，$f_n(x)$也不能保證一致收斂於$f(x)$. 例如，函數序列$f_n(x) = x^n$在$[0,1)$上處處收斂0，但並不一致收斂. 其主要原因是:在$x = 1$的附近破壞了一致收斂性，即自變量越靠近1時，收斂速度越慢，只有更慢卻沒有最慢，從而不可能一致收斂. 但不難看出，我們只要將區間$[0,1)$挖去一個以1為右端點的、長度充分小的區間$(1-\delta,1)(0<\delta<1)$后，就有收斂的最慢點$x = 1-\delta$了. 即序列$\{f_n(x)\}$在剩下的集合$[0,1-\delta]$上就一致收斂了.

實際上，上述這種「處處收斂的序列在一個較小的範圍中一致收斂」的現象，在某種意義下是帶有普遍性的. 比如，以測度為工具，R^n中一般可測集上的可測函數也有上述相應的結論成立，這就是下述的葉果洛夫定理.

定理1 (Egoroff定理)　設可測集$E\subset \mathrm{R}^n$，且$mE<+\infty$，$\{f_n(x)\}$是E上的幾乎處處有限的可測函數序列，$f(x)$是E上幾乎處處有限的可測函數，則下列命題等價：

(1) $\lim\limits_{n\to\infty} f_n(x) = f(x)\ a.e.$於$E$；

(2) 對任意的$\delta>0$，總存在可測子集$E_\delta\subset E$，使$m(E-E_\delta)<\delta$，而在E_δ上$\{f_n(x)\}$一致收斂於$f(x)$.

* **證**　(2)⇒(1). 設對任意的$\delta>0$，總存在可測子集$E_\delta\subset E$，使$m(E-E_\delta)<\delta$，而在E_δ上$\{f_n(x)\}$一致收斂於$f(x)$. 那麼可取$\delta_n=\dfrac{1}{n}$，則存在$E_n\subset E$，使$m(E-E_n)<\dfrac{1}{n}$，且在E_n上$f_n(x)$一致收斂於$f(x)$.

令$E_0=\bigcup\limits_{n=1}^{\infty}E_n$，則$E_0\subset E$，且$m(E-E_0)\leqslant m(E-E_n)<\dfrac{1}{n}\to 0$，即$m(E-E_0)=0$.從而要證(1)成立，只需證$\lim\limits_{n\to\infty} f_n(x)=f(x)\ a.e.$於$E_0$. 事實上，對任意的$x\in E_0$，總存在$n$，使$x\in E_n$，由於在$E_n$上$f_n(x)$一致收斂於$f(x)$，則$\lim\limits_{n\to\infty} f_n(x)=f(x)\ a.e.$於$E_0$.

(1)⇒(2). 我們分三步來證明這個定理.

第一步，對任意自然數n和k，記

$$E_{n,k}=\left\{x\,\middle|\,x\in E,\ |f_m(x)-f(x)|\leqslant\frac{1}{k},m\geqslant n\right\}.$$

顯然有$E_{1,k}\subset E_{2,k}\subset\cdots\subset E_{n,k}\subset\cdots$，從而$\lim\limits_{n\to\infty}E_{n,k}=\bigcup\limits_{n=1}^{\infty}E_{n,k}$，且

第4章　可測函數

$$m(\lim_{n\to\infty} E_{n,k}) = \lim_{n\to\infty}(mE_{n,k}).$$

如果 $x \in E$，且$\lim_{n\to\infty} f_n(x) = f(x)$，則對充分大的 n，必有 $x \in E_{n,k}$. 從而 $x \in \lim_{n\to\infty} E_{n,k}$，即使得$\{f_n(x)\}$ 收斂的全體 x 組成的集是$\lim_{n\to\infty} E_{n,k}$ 的子集.

由題意知，$\{f_n\}$ 在 E 上幾乎處處收斂於 f，則 $m(E - \lim_{n\to\infty} E_{n,k}) = 0$，即

$$mE = m(\lim_{n\to\infty} E_{n,k}) = \lim_{n\to\infty}(mE_{n,k}).$$

第二步，任取一列自然數 $n_1 < n_2 < \cdots < n_k < n_{k+1} < \cdots$，作 E 的可測子集 $F = \bigcap_{k=1}^{\infty} E_{n_k,k}$. 則$\{f_n\}$ 在 F 上必然一致收斂於f. 事實上，對任意的 $\varepsilon > 0$，取自然數 k，使 $k > \dfrac{1}{\varepsilon}$，從而當 $n > n_k$ 時，對 $x \in F \subset E_{n_k,k}$ 都有

$$|f_n(x) - f(x)| \leqslant \frac{1}{k} < \varepsilon.$$

故當給定了任一 $\delta > 0$ 之后，如果能適當地選取$\{n_k\}$，使得式 $F = \bigcap_{k=1}^{\infty} E_{n_k,k}$ 中的 F 滿足 $m(E - F) < \delta$，則取 $E_\delta = E - F$ 即可.

第三步，由於 $mE < +\infty$，由 $mE = \lim_{n\to\infty}(mE_{n,k})$，知對任一 $\delta > 0$，可取充分大的 n_k，使得

$$mE - mE_{n_k,k} < \frac{\delta}{2^k}.$$

不妨設這列$\{n_k\}$ 是遞增的，取 F 為 $F = \bigcap_{k=1}^{\infty} E_{n_k,k}$，從而有

$$m(E - F) = m[\bigcup_{n=1}^{\infty}(E - E_{n_k,k})] \leqslant \sum_{k=1}^{\infty} m(E - E_{n_k,k}) \leqslant \sum_{k=1}^{\infty} \frac{\delta}{2^k} = \delta.$$

Egoroff 定理證明的關鍵在於取了形如 $F = \bigcap_{k=1}^{\infty} E_{n_k,k}$ 的集合 F. 根據第二步的分析，不難看出 $E_{n_k,k}$ 和 F 是根據一致收斂的要求而設計的，而第一步和第三步的主要目的是保證 $m(E - F) < \delta$.

註 1　Egoroff 定理中的條件 $mE < +\infty$ 是不能去掉的.

例 1　設 $E = (0, +\infty)$，函數序列$\{f_n\}_{n=1}^{\infty}$ 為

$$f_n(x) = \chi_{(0,n]}(x) = \begin{cases} 1, & x \in (0,n], \\ 0, & x \in (n, +\infty). \end{cases}$$

顯然，$\{f_n\}$ 在 E 上處處收斂於 1，但是對任何正數 δ 以及任何有限可測集 E_δ，當 $m(E - E_\delta) < \delta$時，$\{f_n\}$ 在E_δ 上不能一致收斂於 1. 事實上，由於假設$m((0, +\infty) - E_\delta) < \delta$，所以$E_\delta$不可能全部包含在某個$(0,n]$ 中，因而必有一點 $x_n \in E_\delta \cap (n, +\infty)$，使 $f_n(x_n) = 0$，即$\{f_n\}$ 在 E_δ 上就不能一致收斂於 1.

* **例 2**　回答下述問題：

(1) Egoroff 定理中的 $E - E_\delta$，可以是零測集嗎？

(2) Egoroff 定理中的 E_δ，可以改成區間嗎？

解　(1) 在 Egoroff 定理中，若 $m(E - E_\delta) = 0$，則結論不一定成立. 例如，$[0,1]$ 上的函數序列

$$f_n(x) = \begin{cases} 1/n, & 1/n < x \leqslant 1, \\ n, & 0 < x \leqslant 1/n \ (n = 1,2,\cdots), \\ 0, & x = 0, \end{cases}$$

則 $\lim\limits_{n\to\infty} f_n(x) = 0\ (0 \leqslant x \leqslant 1)$. 但對任意的 $(0,1/n] = [0,1] - E_\delta \subset [0,1]$，且 $m([0,1] - E_\delta) = 0$，均有 $\sup\{f_n(x) \mid x \in (0,1/n]\} = n$，故在 $E_\delta = [0,1] - (0, 1/n]$ 上 $f_n(x)$ 不一致收斂於 0.

(2) 不可以. 例如，對 $m = 1,2,\cdots$，令

$$D_m = \{(2k-1)/2^m \mid k = 1,2,\cdots,2^{m-1}\},$$

$$f_n(x) = \begin{cases} 0, & x = 0, x = a \in D_m, \\ f_n([a, a+1/2^n]) = [0, 1/2^n], & a \in D_m, 1 \leqslant m \leqslant n. \end{cases}$$

若區間 I 滿足 $|I| > 1/2^{m-1}$，則 $f_n(x) \geqslant 1/2^m (n \geqslant m, x \in I)$. 若 $x > 0$ 且不屬於 D_m，則對任給 $\varepsilon > 0$，存在 m_0，使 $1/2^{m_0} < \varepsilon$. 對某個 $a \in D_{m_0}$，必有 $x \in (a, a + 1/2^{m_0})$，滿足 $f_n(x) > \varepsilon$，$n \geqslant m_0$.

註 2　Egoroff 定理告訴我們，凡滿足定理條件的幾乎處處收斂的可測函數列，即使不一致收斂，也是「基本上」(指去掉一個測度任意小的點集外) 一致收斂的. 因此，在許多場合中，它提供了處理極限交換問題的有力工具.

Egoroff 定理還揭示了可測函數序列的幾乎處處收斂與一般收斂之間的關係:「一致收斂」強於「處處收斂」，而「處處收斂」強於「幾乎處處收斂」. 而對不一致收斂的可測函數列可以部分地「恢復」一致收斂性，而一致收斂性卻是我們在數學分析中久已熟悉的.

4.2.2　Lusin(魯津)定理

假如我們已經定義了閉集上的連續函數概念，便可以將數學分析中有關區間上的連續函數及其序列的許多結論搬到這裡來. 比如，閉集上一致收斂的連續函數序列的極限也是連續的，這就是 Lusin 定理.

我們常見的函數基本都是可測函數，也就是能表成一串簡單函數的極限的函數. 比如連續函數、單調函數、Dirichlet 函數、Riemann 函數等都是可測函數，所以可測函數類比連續函數類更為廣泛. 但可測函數卻未必都連續，例如，Dirichlet 函數可測，但在區間[0,1]上處處間斷，那麼是否意味著這樣的函數與連續就不沾邊呢？事實上並不是如此，由 2.2 節例 7 知，可測函數是在充分

接近於定義域的範圍內相對連續的. 下面要介紹的 Lusin 定理將告訴我們:可測函數「基本上」還是連續的, 這裡的「基本上」是指「挖去一個測度任意小的集合以后」.

在 3.3 節我們已經知道:對任意的可測集 E 及任意的正數 ε, 總可以找到閉集 $F\subset E$, 使得 $m(E-F)<\varepsilon$. 我們可以粗略地設想:對任意可測集 E 上的可測函數 $f(x)$, 類似 Egoroff 定理的證明, 可作簡單函數序列 $\varphi_n(x)=c_i(x\in E_i, i=1,2,\cdots,n)$, 使 $\varphi_n(x)$ 處處收斂到 $f(x)$; 由 Egoroff 定理, 對任意的 $\delta>0$, 總存在可測子集 $E_\delta\subset E$, 使 $m(E-E_\delta)<\delta$, 而在 E_δ 上 $\varphi_n(x)$ 一致收斂於 $f(x)$, 此處的 E_δ 可以取為閉集. 只要能證明 $\varphi_n(x)$ 在一個測度充分接近 E_δ 的閉子集 F_δ 上連續, 則由 $\varphi_n(x)$ 的一致收斂性可知 $f(x)$ 在 F_δ 上連續. 這正是 Lusin 定理證明的基本思想.

引理 1 設 $F\subset R^n$ 是閉集, $f_n(x)(n=1,2,\cdots)$ 是 F 上的連續函數序列, 且 $\{f_n(x)\}$ 一致收斂於 $f(x)$, 則 $f(x)$ 在 F 上連續.

證 對任意的 $x_0\in F$, 當 $x\in E\cap N(x_0,\delta)$, 有

$$|f(x)-f(x_0)|\leqslant|f(x)-f_n(x)|+|f_n(x)-f_n(x_0)|+|f_n(x_0)-f(x_0)|. \tag{4.2.1}$$

利用不等式(4.2.1), 由 $f_n(x)$ 在 F 上的連續性及 $f_n(x)$ 在 F 上的一致收斂性, 即得 $f(x)$ 在 F 上連續.

定理 2 (Lusin 定理) 設 $f(x)$ 是可測集 E 上的幾乎處處有限的可測函數, 則對任意的 $\varepsilon>0$, 恒有閉集 $F_\varepsilon\subset E$, 使

(1) $m(E-F_\varepsilon)<\varepsilon$;

(2) $f(x)$ 是 F_ε 上的連續函數.

證 因為可測函數都是簡單函數的極限, 從而我們先考慮簡單函數.

(i) 若 $f(x)=\sum_{i=1}^{n}c_i\chi_{E_i}(x)$ 為 E 上的簡單函數, 則當 $x\in E_i(i=1,2,\cdots,n)$ 時, $f(x)=c_i$, 且 $E=\bigcup_{i=1}^{n}E_i$, 其中 E_i 是一些互不相交的可測集合. 則對任意的 $\varepsilon>0$ 及每個 i, 存在閉集 $F_i^\varepsilon\subset E_i$, 使得

$$m(E_i-F_i^\varepsilon)<\frac{\varepsilon}{n}\ (i=1,2,\cdots,n).$$

令 $F_\varepsilon=\bigcup_{i=1}^{n}F_i^\varepsilon$, 則 F_ε 是閉集, $F_\varepsilon\subset E$, 且

$$m(E-F_\varepsilon)=m\left(\bigcup_{i=1}^{n}(E_i-F_i^\varepsilon)\right)\leqslant\sum_{i=1}^{n}m(E_i-F_i^\varepsilon)<\sum_{i=1}^{n}\frac{\varepsilon}{n}=\varepsilon.$$

下面來證明 $f(x)$ 是 F_ε 上的連續函數. 只需證對任意的 $x_0\in F_\varepsilon$, $f(x)$ 在 x_0 點關於 F_ε 連續, 即證對任意的 $\varepsilon>0$, 存在 $\rho>0$, 對任意的 $x\in N(x_0,\rho)\cap F_\varepsilon$,

總有 $|f(x)-f(x_0)|<\varepsilon$ 成立.

對任意的 $x_0 \in F_\varepsilon$，則存在 $i_0 \leqslant n$，使 $x_0 \in F_{i_0}^\varepsilon$. 由於 F_i^ε 是一些互不相交的閉集，則對每一個 $i \neq i_0$，有 $x_0 \notin F_i^\varepsilon$. 從而由 2.4 節距離可達定理知，對這樣的單點閉集 $\{x_0\}$ 和閉集 F_i^ε，存在 $y_i \in F_i^\varepsilon$，使得 $\rho(x_0,F_i^\varepsilon)=\rho(x_0,y_i)>0$. 記 $\rho_i=\rho(x_0,F_i^\varepsilon)$，有

$$N(x_0,\rho_i)\cap F_i^\varepsilon=\varnothing.$$

取 $\rho=\min\limits_{1\leqslant i\leqslant n}\rho_i$，則 $N(x_0,\rho)\cap F_\varepsilon=N(x_0,\rho)\cap F_{i_0}^\varepsilon$. 由於 $f(x)$ 在 $F_{i_0}^\varepsilon$ 上是一常數 c_{i_0}，則當 $x\in F_\varepsilon\cap N(x_0,\rho)$ 時，有 $|f(x)-f(x_0)|=c_{i_0}-c_{i_0}=0<\varepsilon$. 即 $f(x)$ 在 F_ε 上連續，且 $m(E-F_\varepsilon)<\varepsilon$.

(ii) 若 $f(x)$ 為 E 上非負可測函數的情形. 不妨設 $f(x)$ 在 E 上處處有限，否則可去掉一個零測集. 則存在 E 上一串非負的簡單函數序列 $\varphi_n(x)\to f(x)\ a.e.$ 於 E.

由 Egoroff 定理，對任意的 $\varepsilon>0$，取 $\delta<\frac{\varepsilon}{2}$，有 $E_\delta\subset E$，使 $m(E-E_\delta)<\delta<\frac{\varepsilon}{2}$，且在 E_δ 上 $\varphi_n(x)$ 一致收斂於 $f(x)$. 由(i) 的證明可得，對任意的 ε 及每個 n，都有閉集 $F_n^\varepsilon\subset E_\delta$，使 $m(E_\delta-F_n^\varepsilon)<\frac{\varepsilon}{2^{n+1}}$，且 $\varphi_n(x)$ 是 F_n^ε 上的連續函數.

令 $F_\varepsilon=\bigcap\limits_{n=1}^{\infty}F_n^\varepsilon$，則 F_ε 是閉集，且對每個 n，$\varphi_n(x)$ 都在閉集 F_ε 上連續，於是 $\varphi_n(x)$ 在 F_ε 上一致收斂於 $f(x)$. 則由引理 1 知，$f(x)$ 在 F_ε 上連續. 由於

$$m(E_\delta-F_\varepsilon)=m(\bigcup_{n=1}^{\infty}(E_\delta-F_n^\varepsilon))\leqslant\sum_{n=1}^{\infty}(E_\delta-F_n^\varepsilon)<\frac{\varepsilon}{2},$$

從而 $m(E-F_\varepsilon)=m(E-E_\delta+E_\delta-F_\varepsilon)\leqslant m(E-E_\delta)+m(E_\delta-F_\varepsilon)<\frac{\varepsilon}{2}+\frac{\varepsilon}{2}=\varepsilon$.

(iii) 若 $f(x)$ 為 E 上一般可測函數的情形.

由於 $f(x)=f^+(x)-f^-(x)$，由 4.1 節的定理 6 可知，$f^+(x)$ 和 $f^-(x)$ 在 E 上可測.

對任意的 $\varepsilon>0$ 和 $f^+(x)$，由(i) 的證明知，存在 $F_\varepsilon^{(1)}\subset E$，滿足 $m(E-F_\varepsilon^{(1)})<\frac{\varepsilon}{2}$，使得 $f^+(x)$ 在 $F_\varepsilon^{(1)}$ 上連續；對 $f^-(x)$，存在 $F_\varepsilon^{(2)}\subset E$，滿足 $m(E-F_\varepsilon^{(2)})<\frac{\varepsilon}{2}$，使得 $f^-(x)$ 在 $F_\varepsilon^{(2)}$ 上連續.

取 $F_\varepsilon=F_\varepsilon^{(1)}\cap F_\varepsilon^{(2)}$，則 $f^+(x)$ 和 $f^-(x)$ 在 F_ε 上連續，故 $f(x)$ 在 F_ε 上連續，且

$$m(E-F_\varepsilon)=m(E-F_\varepsilon^{(1)}\cap F_\varepsilon^{(2)})$$
$$\leqslant m(E-F_\varepsilon^{(1)})+m(E-F_\varepsilon^{(2)})$$
$$<\frac{\varepsilon}{2}+\frac{\varepsilon}{2}=\varepsilon.$$

綜上所述，對任意的$\varepsilon>0$，恒有閉集$F_\varepsilon\subset E$，使$m(E-F_\varepsilon)<\varepsilon$且$f(x)$是$F_\varepsilon$上的連續函數.

註 3　Lusin 定理的證明方法是常用的行之有效的辦法：先考慮簡單函數，然后再往一般的可測函數過渡. Lusin 定理的證明正是 Egoroff 定理最典型的應用，讀者應深刻領會.

Lusin 定理揭示了可測函數與連續函數間的關係：一個幾乎處處取有限值的可測函數，可以用一個連續函數來逼近，其逼近程度，可使不連續點全體的測度任意小. 由此，我們對可測函數的結構有了進一步的瞭解.

通過 Lusin 定理，我們常常可以把有關一般的可測函數的問題轉化成有關連續函數的問題，從而使問題的討論得以簡化. 所以讀者應當重視 Lusin 定理的應用.

註 4　Lusin 定理意味著E上有限的可測函數$f(x)$在E的一個閉子集上可以是連續的. 然而我們對一般閉集上的連續函數遠不像對區間或對區域上的函數那樣直觀、易理解. 所以我們總希望用通常意義下連續函數來描述可測函數，即E上任意可測函數，能不能找到$\mathbf{R}^n$上的連續函數，使得它們在E的一個測度充分接近mE的閉子集上相等？任何閉集上的連續函數總可以擴展成為整個空間上的連續函數. 這是 Lusin 定理的另一種表述形式. 下面我們就$n=1$的情形來討論這個問題.

定理 3　設$f(x)$是直線$\mathbf{R}^1$上的有界可測子集E上的幾乎處處有限的可測函數. 則對任意的$\varepsilon>0$，有閉集$F\subset E$及直線$\mathbf{R}^1$上連續的函數$g(x)$，使得

(1) 當$x\in F$時，$f(x)=g(x)$，記為$f(x)|_F=g(x)|_F$；

(2) $m(E-F)<\varepsilon$.

如果$|f(x)|\leqslant M(x\in E)$，則也有$|g(x)|\leqslant M$.

證　由定理 2 可知，對任意的$\varepsilon>0$，存在閉集$F\subset E$，使$m(E-F)<\varepsilon$，且$f(x)$是F上的連續函數. 下面的問題是如何將F上的連續函數$f|_F$延拓到整個空間$\mathbf{R}^1$上.

由於F是有界閉集，則有$\alpha=\inf\limits_{x\in F}x$，$\beta=\sup\limits_{x\in F}x$，且$F\subset[\alpha,\beta]$.

由閉集F的構造知：F是從閉區間$[\alpha,\beta]$中去掉至多可數多個互不相交的開區間$(\alpha_i,\beta_i)(i=1,2,\cdots)$后所剩下的集合，則$F=[\alpha,\beta]-\bigcup\limits_{i=1}^{\infty}(\alpha_i,\beta_i)$. 對任意的$(\alpha_i,\beta_i)$，由於$\alpha_i,\beta_i\in F$，所以$f(\alpha_i),f(\beta_i)$有定義. 我們首先作$[\alpha,\beta]$上的函數$g(x)$如下：

$$g(x)=\begin{cases} f(x), & x\in F, \\ f(\alpha_i)+\dfrac{f(\beta_i)-f(\alpha_i)}{\beta_i-\alpha_i}(x-\alpha_i), & x\in(\alpha_i,\beta_i). \end{cases}$$

顯然，對任意的 i 及任意的 $x_0\in(\alpha_i,\beta_i)$，$g(x)$ 在 x_0 處連續.

* 事實上，當 x_0 是 F 的孤立點時，x_0 是某兩個區間 (α_i,β_i) 和 (α_j,β_j) $(i\neq j)$ 的公共端點，即 $\alpha_i=\beta_j$ 或 $\beta_i=\alpha_j$，無論何種情形，$g(x)$ 在 x_0 處的左、右鄰域內均是線性函數，必然連續. 當 x_0 不是 F 的孤立點，則 $N(x_0,\delta)\cap F$ 含 F 中無窮多個點，此時 x_0 不是任何兩個區間 (α_i,β_i) 和 (α_j,β_j) $(i\neq j)$ 的公共端點. 若 $x_0+\delta$ 在某個區間 (α_i,β_i) 中，則 $\alpha_i\geqslant x_0$. 如果 $\alpha_i=x_0$，則 $(x_0,x_0+\delta)\subset(\alpha_i,\beta_i)$，從而 $g(x)$ 在 x_0 處右連續. 如果 $\alpha_i>x_0$，則 $(x_0,x_0+\delta)-(\alpha_i,\beta_i)=(x_0,\alpha_i]$. 對任意的開區間 (α_j,β_j) $(i\neq j)$，或者 $(\alpha_j,\beta_j)\cap(x_0,\alpha_i]=\varnothing$，或者 $(\alpha_j,\beta_j)\subset(x_0,\alpha_i]$. 當 $(\alpha_j,\beta_j)\subset(x_0,\alpha_i]$ 時，由 $g(x)$ 在 (α_j,β_j) 上的連續性，知對任意的 $x\in(\alpha_j,\beta_j)$，有

$$|g(x)-g(x_0)|<\varepsilon,$$

從而對任意的 $x\in(x_0,\alpha_i]$，仍有 $|g(x)-g(x_0)|<\varepsilon$.

若 $x_0+\delta\in F$，則對任意的 i 及開區間 (α_i,β_i)，或者 $(\alpha_i,\beta_i)\cap(x_0,x_0+\delta)=\varnothing$，或者 $(\alpha_i,\beta_i)\subset(x_0,x_0+\delta)$. 類似上述證明，對任意的 $x\in(x_0,x_0+\delta)$，仍有 $|g(x)-g(x_0)|<\varepsilon$. 即 $g(x)$ 在 x_0 處右連續. 同理可證，$g(x)$ 在 x_0 處左連續.

不妨設 $E\subset[c,d]$，則在 R^1 上的 $g(x)$ 可定義為

$$G(x)=\begin{cases} 0, & x\in(-\infty,c)\cup(d,+\infty), \\ f(x), & x\in F, \\ f(\alpha_i)+\dfrac{f(\beta_i)-f(\alpha_i)}{\beta_i-\alpha_i}(x-\alpha_i), & x\in(\alpha_i,\beta_i), \\ \dfrac{g(\alpha)}{\alpha-c}(x-c), & x\in[c,\alpha], \\ \dfrac{g(\beta)}{d-\beta}(x-\beta), & x\in[\beta,d]. \end{cases}$$

從而 $G(x)$ 是整個直線上的連續函數且 $|G(x)|\leqslant\sup\limits_{x\in F}|f(x)|$，從而當 $|f(x)|\leqslant M(x\in E)$，則也有 $|g(x)|\leqslant M(x\in\mathrm{R}^1)$.

* **註 5**　定理 3 中要求 E 是一維空間的點集，顯然這個限制條件並不必要. 只要我們知道如何把一維空間中的有界閉集 F 上的連續函數擴張到整個空間上去，類似可證明定理 3 在 $n>1$ 時，結論仍正確. 此外，定理 3 中集合 E 的有界條件也可以去掉. 事實上，此時可令 $G=\mathrm{R}^1-F=\bigcup\limits_{i=1}^{\infty}(a_i,b_i)$，其中 (a_i,b_i) 為 G 的構成區間. 當 (a_i,b_i) 是有限區間時，按定理 3 的證明方法在 (a_i,b_i) 上定義

$g(x)$. 當 (a_i, b_i) 是無限區間時, 比如, 當 $a_i = -\infty, b_i < \infty$, 則 $b_i \in F$, 從而對任意的 $x < b_i$, 可令 $g(x) = f(b_i)$; 當 $a_i > -\infty, b_i = +\infty$, 則 $a_i \in F$, 從而對任意的 $x > a_i$, 可令 $g(x) = f(a_i)$. 類似於定理的證明, 可得 $g(x)$ 在 R^1 上連續.

4.2.3 依測度收斂

改造積分定義的目的:一是為了擴展可積範圍, 二是使得操作更方便. 對 Riemman 積分而言, 積分與極限交換順序需要驗證一個較為苛刻的條件:「$f_n(x)$ 在 E 上一致收斂於 $f(x)$」. 將「一致收斂」削弱為「處處收斂」甚至「幾乎處處收斂」是一種思路, 為此, 下面我們介紹削弱「一致收斂」條件的辦法.

我們將針對可測函數序列引進一種比幾乎處處收斂更為廣泛的一種收斂——依測度收斂, 它在概率論中有著廣泛的應用, 在下一章中我們將用它來描述 Lebesgue 積分的逐項積分問題.

一方面 Lusin 定理告訴我們:任意可測函數都可以用連續函數在某種意義下逼近. 我們可將定理 3 改述為:「若 $f(x)$ 是 E 上的可測函數, 則對任意的 $\varepsilon > 0$, 存在 R^1 上的連續函數, 使得 $mE[x \mid f(x) \neq g(x)] < \varepsilon$」. 而

$$E[f \neq g] = \bigcup_{n=1}^{\infty} E\left[|f - g| \geqslant \frac{1}{n} \right],$$

所以對任意的 n, 有

$$mE\left[|f - g| \geqslant \frac{1}{n} \right] < \varepsilon.$$

一般地, 對任意的 $\sigma > 0$, 有 $mE[|f - g| \geqslant \sigma] < \varepsilon$, 取非負的點列 $\varepsilon_n \to 0$, 則存在 R^1 上的連續函數 $g_n(x)$, 使得

$$mE[|f - g_n| \geqslant \sigma] < \varepsilon_n \to 0 (n \to \infty).$$

這種收斂與前面的幾乎處處收斂概念是不同的, 我們稱之為**依測度收斂**.

另一方面從集合論的角度出發:「$f_n(x)$ 在 E 上一致收斂於 $f(x)$」是指「對任意 $\sigma > 0$, 存在 N, 當 $n > N$ 時, $E[|f_n - f| \geqslant \sigma] = \varnothing$」. 顯然, 之所以認為「一致收斂」條件苛刻, 就在於它要求集合 $E[|f_n - f| \geqslant \sigma]$ 從某項以后永遠為空集. 能否改成允許此集非空呢? 甚至改為允許此集為正測集, 但必須滿足

$$mE[|f_n - f| \geqslant \sigma] \to 0 (n \to +\infty).$$

這就導致了一個新的收斂概念的產生.

定義 1 設 $\{f_n(x)\}$ $(n = 1, 2, \cdots)$ 及 $f(x)$ 都是可測集 E 上的幾乎處處取有限值的可測函數. 如果對任意的 $\sigma > 0$, 都有

$$\lim_{n \to \infty} (mE[|f_n - f| \geqslant \sigma]) = 0,$$

則我們就稱函數序列 $\{f_n(x)\}$ 在 E 上依測度收斂於 $f(x)$, 記為 $f_n(x) \Rightarrow f(x)$ 於 E.

註 6 定義 1 中的條件 $\lim_{n \to \infty} (mE[|f_n - f| \geqslant \sigma]) = 0$ 可以等價敘述為:

對任意的 $\sigma > 0$ 及 $\varepsilon > 0$，存在自然數 $N(\sigma,\varepsilon)$，當 $n \geqslant N(\sigma,\varepsilon)$ 時，$mE[|f_n - f| \geqslant \sigma] < \varepsilon$. 而 $f_n(x) \Rightarrow f(x)$ 於 E 意味著：對任意的 $\sigma > 0$，無論它多麼小，使 $|f_n(x) - f(x)| \geqslant \sigma$ 成立的點 x 雖然有很多，但這種點的全體構成的集合，其測度會隨 $n \to \infty$ 而趨於 0.

下面的定理說明「幾乎處處收斂」蘊含了「依測度收斂」.

定理 4 (Lebesgue 定理) 設

(1) E 是測度有限的可測集合，即 $mE < +\infty$；

(2) $f_n(x)(n = 1,2,\cdots)$ 都是 E 上的幾乎處處有限的可測函數；

(3) $f(x)$ 在 E 上幾乎處處有限，且 $f(x) = \lim\limits_{n\to\infty} f_n(x)\ a.e.$ 於 E.

則 $f_n(x) \Rightarrow f(x)$. 即對任意的 $\sigma > 0$，都有

$$\lim_{n\to\infty}(mE[|f - f_n| \geqslant \sigma]) = 0.$$

證 由 Egoroff 定理可得，對任意的 $\varepsilon > 0$，總存在可測子集 $E_\varepsilon \subset E$，使 $m(E - E_\varepsilon) < \varepsilon$，而在 E_ε 上 $\{f_n(x)\}$ 一致收斂於 $f(x)$.

若 $\sigma > 0$ 已給定，則可取 N，使當 $n \geqslant N$ 時，對一切 $x \in E_\varepsilon$，都有

$$|f(x) - f_n(x)| < \sigma,$$

從而當 $n \geqslant N$ 時，$E[|f - f_n| \geqslant \sigma] \subset E - E_\varepsilon$. 故

$$mE[|f - f_n| \geqslant \sigma] \leqslant m(E - E_\varepsilon) < \varepsilon.$$

由 ε 的任意性立得 $f_n(x) \Rightarrow f(x)$.

Lebesgue 定理的逆不一定成立，即「依測度收斂」不一定意味著「幾乎處處收斂」，下面的例子說明了這一點.

例 3 設 $E = [0,1]$，定義

$f_1^{(1)}(x) = 1$,

$$f_1^{(2)}(x) = \begin{cases} 1, & x \in [0,\frac{1}{2}), \\ 0, & x \in [0,1) - [0,\frac{1}{2}) = [\frac{1}{2},1), \end{cases}$$

$$f_2^{(2)}(x) = \begin{cases} 1, & x \in [\frac{1}{2},1), \\ 0, & x \in [0,1) - [\frac{1}{2},1) = [0,\frac{1}{2}), \end{cases}$$

……………

一般地，對任意正整數 k，對 $[0,1)$ 進行 k 等分，我們定義第 k 組的 k 個函數為

$$f_i^{(k)}(x) = \begin{cases} 1, x \in \left[\frac{i-1}{k},\frac{i}{k}\right), \\ 0, x \in [0,1) - \left[\frac{i-1}{k},\frac{i}{k}\right), \end{cases} \quad (i = 1,2,\cdots,k), \qquad (4.2.2)$$

其中$f_i^{(k)}(x)$為這樣的函數：它在從左邊數起的第i個小區間上恒等於1，而在其他地方則恒等於0. 令

$$\varphi_1(x)=f_1^{(1)}(x),\ \varphi_2(x)=f_1^{(2)}(x),\ \varphi_3(x)=f_2^{(2)}(x),$$
$$\varphi_4(x)=f_1^{(3)}(x),\ \varphi_5(x)=f_2^{(3)}(x),\ \varphi_6(x)=f_3^{(3)}(x),$$
$$\vdots \qquad\qquad \vdots \qquad\qquad \vdots$$

則$\{\varphi_n(x)\}$是在$[0,1)$上有定義的處處取有限值的可測函數.

令$\varphi(x)\equiv 0$，對任意的$\sigma>0$，若$\sigma>1$，則

$$E[|\varphi_n-\varphi|\geqslant\sigma]=\varnothing,$$

故$\lim\limits_{n\to\infty}(mE[|\varphi_n-\varphi|\geqslant\sigma])=0$.

若$\sigma\leqslant 1$，則當$\varphi_n(x)$是第k組中第i個函數，即$f_i^{(k)}(x)$時，有

$$E[|\varphi_n-\varphi|\geqslant\sigma]=\left[\frac{i-1}{k},\frac{i}{k}\right),$$

所以$mE[|\varphi_n-\varphi|\geqslant\sigma]\leqslant\frac{1}{k}$. 當$n\to\infty$時，自然有$k\to\infty$，故

$$\lim_{n\to\infty}(mE[|\varphi_n-\varphi|\geqslant\sigma])=0,$$

從而$\varphi_n(x)\Rightarrow 0=\varphi(x)$，即對於函數序列$\varphi_n(x)$和函數$\varphi(x)$來說，定理的結論是成立的.但對任意的$x_0\in[0,1)$，$\{\varphi_n(x)\}$中都有無窮多個函數在該點等於0，同時也有無窮多個函數在該點等於1. 所以$\{\varphi_n(x)\}$的極限不可能存在，從而$\{\varphi_n(x)\}$在$[0,1)$上處處不收斂於$\varphi(x)$.

此例說明了「依測度收斂是比幾乎處處收斂還要弱的一種收斂」.

註7　Lebesgue定理說明了：幾乎處處收斂強於依測度收斂，即當$mE<+\infty$時，$f(x)=\lim\limits_{n\to\infty}f_n(x)$ $a.e.$於$E\ \substack{\Rightarrow\\ \nLeftarrow}\ f_n(x)\Rightarrow f(x)$於$E$. 但這並不意味著依測度收斂與幾乎處處收斂就沒有任何聯繫了. 實際上，我們可以從依測度收斂的函數序列中找出一個幾乎處處收斂的子序列，這就是著名的Riesz定理.

定理5（F・Riesz定理）　設$f_n(x)(n=1,2,\cdots)$，$f(x)$都是E上的可測函數，如果$f_n(x)\Rightarrow f(x)$於E，則必有$\{f_n(x)\}$的子序列$\{f_{n_i}(x)\}$，使$f(x)=\lim\limits_{i\to\infty}f_{n_i}(x)$ $a.e.$於E.

證　對任意的m，若令$I_m=\{x=(x_1,\cdots,x_n)\mid |x_i|\leqslant m,i=1,2,\cdots,n\}$，則在$mE<+\infty$和$mE=+\infty$的情形下，都有$E_m=E\cap I_m$是測度有限的可測集. 所以在以下的證明中，不妨假設$mE<+\infty$.

由於$f_n(x)\Rightarrow f(x)$於E，對$\sigma=\varepsilon=\frac{1}{2^i}$，由註6可知，必存在自然數$n_i$，使得當$n\geqslant n_i$時，$mE\left[|f_n-f|\geqslant\frac{1}{2^i}\right]<\frac{1}{2^i}$. 記$E_i=E\left[|f_n-f|\geqslant\frac{1}{2^i}\right]$，從而

$$mE_i < \frac{1}{2^i} \ (i = 1,2,\cdots).$$

不妨在逐個取 n_i 時把它取得充分大，使得 $n_1 < n_2 < \cdots < n_i < n_{i+1} < \cdots$，記 $F = E - \overline{\lim\limits_{i\to\infty}} E_i$，由集合的運算和 E_i 的定義可得

$$F = E - \overline{\lim_{i\to\infty}} E_i = \underline{\lim_{i\to\infty}}(E - E_i) = \underline{\lim_{i\to\infty}} E\left[\,|f_{n_i} - f| < \frac{1}{2^i}\right].$$

由下限集的定義可知：對任意的 $x \in F$，一定存在 i_0，當 $i \geqslant i_0$ 時，$x \in E\left[\,|f_{n_i} - f| < \frac{1}{2^i}\right]$，即

$$|f_{n_i}(x) - f(x)| < \frac{1}{2^i},$$

從而 $\lim\limits_{i\to\infty} f_{n_i}(x) = f(x)$，即在集合 F 上，$\{f_{n_i}\}$ 處處收斂於 f. 為此只需證明 $\overline{\lim\limits_{i\to\infty}} E_i$ 是零集即可. 由 1.1 節上極限定義可知：$\overline{\lim\limits_{i\to\infty}} E_i = \bigcap\limits_{k=1}^{\infty}\bigcup\limits_{n=k}^{\infty} E_n$. 因而對任何自然數 k，有

$$\overline{\lim_{i\to\infty}} E_i \subset \bigcup_{n=k}^{\infty} E_n.$$

由 E_i 的取法可得 $\sum\limits_{i=1}^{\infty} mE_i \leqslant \sum\limits_{i=1}^{\infty} \frac{1}{2^i} = 1$. 利用測度的單調性及次可加性，有

$$m(\overline{\lim_{i\to\infty}} E_i) \leqslant m(\bigcup_{n=k}^{\infty} E_n) \leqslant \sum_{n=k}^{\infty} mE_n \leqslant \sum_{n=k}^{\infty} \frac{1}{2^n} \to 0(k \to \infty),$$

即有 $m(E - F) = m(\overline{\lim\limits_{i\to\infty}} E_i) = 0$. 因而 $\{f_n\}$ 在 E 上幾乎處處收斂於 f.

註 8 Riesz 定理證明的大致思路是：根據 $f_n \Rightarrow f$ 於 E 的意義，對任意的 $\sigma, \varepsilon > 0$，當 n 充分大時，有 $mE[\,|f_n - f| \geqslant \sigma] < \varepsilon$. 我們的具體做法是在讓 σ 與 ε 同時變化的過程中選取 n_i，即當 $\sigma = \frac{1}{2^i} \to 0$ 時取 n_i，使得 $mE[\,|f_{n_i} - f| \geqslant \sigma]$ 減少的速度足夠快（要求 $\sum\limits_{i=1}^{\infty} mE_i$ 收斂），此時，$\{f_n\}$ 就幾乎處處收斂於 f. 熟悉上限集、下限集的概念有助於對 Riesz 定理證明的理解. 定理證明中的最后一步說明了，當 $\sum\limits_{i=1}^{\infty} mE_i < +\infty$ 時，$\overline{\lim\limits_{i\to\infty}} E_i$ 必為零集.

定理 6 設 $f_n(x) \Rightarrow f(x)$ 於 E，$f_n(x) \Rightarrow g(x)$ 於 E，則 $f(x) = g(x)$ $a.e.$ 於 E.

證 因為 $|f(x) - g(x)| \leqslant |f(x) - f_n(x)| + |f_n(x) - g(x)|$，所以對任意正整數 n，有包含關係

$$E\left[\,|f - g| \geqslant \frac{1}{n}\right] \subset E\left[\,|f - f_n| \geqslant \frac{1}{2n}\right] \cup E\left[\,|f_n - g| \geqslant \frac{1}{2n}\right],$$

從而

$$mE\left[\,|f-g|\geqslant\frac{1}{n}\right]\leqslant mE\left[\,|f-f_n|\geqslant\frac{1}{2n}\right]+mE\left[\,|f_n-g|\geqslant\frac{1}{2n}\right].$$

由於 $f_n(x)\Rightarrow f(x)$ 於 E, $f_n(x)\Rightarrow g(x)$ 於 E, 則

$$\lim_{n\to\infty}\left(mE\left[\,|f-f_n|\geqslant\frac{1}{2n}\right]\right)=\lim_{n\to\infty}\left(mE\left[\,|f_n-g|\geqslant\frac{1}{2n}\right]\right)=0,$$

故當 $n\to\infty$ 時, 有

$$mE\left[\,|f-g|\geqslant\frac{1}{n}\right]=0,$$

但對任意正整數 n,有 $E[f\neq g]=\bigcup\limits_{n=1}^{\infty}E\left[\,|f-g|\geqslant\dfrac{1}{n}\right]$, 故 $mE[f\neq g]=0$. 即 $f(x)=g(x)\,a.e.$於 E.

定理 6 說明了:依測度收斂的可測函數序列在幾乎處處相等的意義下有唯一的極限.

習題 4.2

1. 判斷題

(1) Egoroff 定理中 $mE<+\infty$ 這個條件是可以去掉的. (　　)

(2) Egoroff 定理中的 $me<\delta$ 改成 $me=0$, 結論仍然正確. (　　)

(3) Egoroff 定理中的 E_δ, 可以改成區間. (　　)

(4) 對於 $[a,b]$ 上的每個幾乎處處有限的可測函數 $f(x)$ 和 $\varepsilon>0$, 存在連續函數 $g(x)$, 使得 $mE[f\neq g]<\varepsilon$. (　　)

(5) 在可測集 E 上不存在這樣的可測函數 f, 使得對於 E 上的任何連續函數 g, 有 $mE[f\neq g]\neq 0$. (　　)

(6) 設 $mE<+\infty$, $\{f_n(x)\}$ 為可測集 E 上一列 $a.e.$有限的可測函數, 若在 E 上 $\{f_n(x)\}$ $a.e.$收斂於 $a.e.$有限的可測函數 $f(x)$, 則 $\{f_n(x)\}$ 在 E 上依測度收斂於 $f(x)$.(簡記為設 $mE<+\infty$,$f_n\xrightarrow[E]{a.e.}f$,則 $f_n\Rightarrow f$). (　　)

(7) 若 $f_n(x)\Rightarrow f(x)$, $f(x)=g(x)\,a.e.$於 E, 則 $f_n(x)\Rightarrow g(x)$ $(x\in E)$.

(　　)

(8) 設 $\{f_n(x)\}_{n\geqslant 1}$ 為可測集 E 上 $a.e.$有限的可測函數列, 若 $f_n\to f,a.e.$於 E, 則在 E 上 $f_n\Rightarrow f$. (　　)

(9) 設 $f_n(x)\Rightarrow f(x)$ 於 E, 則一定有 $f_n(x)\to f(x)\,a.e.$於 E. (　　)

2. 填空題

(Egoroff 定理) 設

(1) ________________, $\{f_n(x)\}$ 是 E 上的一串幾乎處處取有限值的可測函數序列;

(2) $\lim\limits_{n\to\infty} f_n(x)=f(x)$ $a.e.$於 E，且 $|f(x)|<+\infty$ $a.e.$，則________.

3. 單項選擇

(1) 設$\{f_n(x)\}$為可測集 E 上的 $a.e.$有限的可測函數，則下述斷言中，正確的是(　　).

A. 若 $f_n\to f$, $a.e.$於 E，則在 E 上 $f_n \Rightarrow f$

B. 若 $f_n\to f$, $a.e.$於 E，則$\{f_n(x)\}$在 E 上一致收斂到 $f(x)$

C. 若在 E 上 $f_n \Rightarrow f$，則 $f_n\to f$, $a.e.$於 E

D. 若在 E 上 $f_n \Rightarrow f$，則存在子列$\{f_{n_k}(x)\}$滿足 $f_{n_k}\to f$, $a.e.$於 E

(2) 設$\{f_n(x)\}$是 E 上的 $a.e.$有限的可測函數列，下述命題中(　　)是錯誤的.

A. $\sup\limits_n\{f_n(x)\}$ 是可測函數

B. $\inf\limits_n\{f_n(x)\}$ 是可測函數

C. 若 $f_n(x)\Rightarrow f(x)$，則 $f_n(x)\to f(x)$

D. 若 $f_n(x)\Rightarrow f(x)$，則 $f(x)$ 可測

4. 敘述並證明葉果洛夫逆定理.

5. 針對函數列 $f_n(x)=x^n, x\in(0,1)$ 和 $g_n(x)=\dfrac{x}{n}, x\in(0,+\infty)$，對葉果諾夫定理給以解釋和說明.

6. 敘述並證明 Lusin 定理的逆定理成立.

*7. 證明：若 $f(x)$ 是 $\mathbf{R}^1$ 上的實值可測函數，且有

$$f(x+y)=f(x)+f(y)\quad (x,y\in\mathbf{R}^1),$$

則 $f(x)$ 是連續函數.

8. 試說明「幾乎處處收斂」與「依測度收斂」間的關係.

*9. 解答下列各題

(1) 試問：$f_n(x)=(\cos x)^n$ 在$[0,\pi]$上依測度收斂於 0 嗎？函數列

$$g_n(x)=\begin{cases}0, & x\in[0,1/n]\cup[2/n,1],\\ n, & x\in(1/n,2/n)\end{cases}$$

在$[0,1]$上依測度收斂於 0 嗎？

(2) 設 $f(x)$, $f_k(x)$ $(k=1,2,\cdots)$ 是 E 上的實值可測函數. 對任給 $\varepsilon>0$ 的以及 $\delta>0$，存在 E 中可測子集 e 以及 K，使得 $m(E\backslash e)<\delta$，且有

$$|f_k(x)-f(x)|<\varepsilon\ (k>K, x\in e).$$

試問這是哪種意義下的收斂？

(3) 設 $f_k(x)$ $(k=1,2,\cdots)$ 在 E 上依測度收斂於 0，試問極限

$$\lim_{k\to\infty}(mE[\,|f_k|>0]\,)=0$$

成立嗎？

(4) 設 $E_k(k=1,2,\cdots)$ 是 R^n 中的可測集. 試證明：

(i) $\chi_{E_k}(x)$ 在 R^n 上依測度收斂到 0 當且僅當 $mE_k \to 0(k \to \infty)$；

(ii) $\chi_{E_k}(x)$ 在 R^n 上幾乎處處收斂到 0 當且僅當 $m(\overline{\lim_{k\to\infty}} E_k) \to 0$.

10. 設 $f(x)$ 是 $E \subset \mathrm{R}^n$ 上的可測函數, 證明存在 R^n 上的連續函數列 $\{g_k(x)\}$, 使得

$$g_k(x) \Rightarrow f(x) \quad (x \in E).$$

11. 設在 E 上 $f_n(x) \Rightarrow f(x)$, 而 $f_n(x)=g_n(x)(n=1,2,\cdots)$ $a.e.$ 於 E, 證明:在 E 上, $g_n(x) \Rightarrow f(x)$.

12. 設 $\{f_n\}$ 是可測函數列, $f_n \Rightarrow f$ 而且 $f_n(x) \leqslant g(x)(n=1,2,\cdots)$ $a.e.$ 於 E, 那麼必有 $f(x) \leqslant g(x)$ $a.e.$ 於 E.

13. 設 $mE < +\infty$, $f(x)$ 與 $\{f_n(x)\}$ 是 E 上幾乎處處有限的可測函數(列), $f_n(x) \Rightarrow f(x)(x \in E)$, 則 $f_n^2(x) \Rightarrow f^2(x)(x \in E)$.

14. 設 $\{f_n(x)\}$, $\{g_n(x)\}$, $f(x)$, $g(x)(n \in \mathrm{N})$ 是 $E \subset \mathrm{R}^n$ 上幾乎處處有限的可測函數(列), 試證明下列命題.

(1) 若 $f_n(x) \Rightarrow f(x)$, $g_n(x) \Rightarrow g(x)(x \in E)$, 則 $f_n(x)+g_n(x) \Rightarrow f(x)+g(x)(x \in E)$.

*(2) 若 $mE < +\infty$, $f_n(x) \Rightarrow f(x)$, $g_n(x) \Rightarrow g(x)(x \in E)$, 則

$$f_n(x) \cdot g_n(x) \Rightarrow f(x) \cdot g(x)(x \in E).$$

若 $mE=+\infty$, 則結論不一定成立.

*(3) 若 $f_n(x) \Rightarrow 0$, $g_n(x) \Rightarrow 0(x \in E)$, 則 $f_n(x) \cdot g_n(x) \Rightarrow 0(x \in E)$.

*(4) 若 $mE < +\infty$, $f_n(x) \Rightarrow f(x)(x \in E)$, 且 $f(x) \neq 0$, $f_n(x) \neq 0$ $a.e.$ 於 E, 則

$$\frac{1}{f_n(x)} \Rightarrow \frac{1}{f(x)}(x \in E).$$

15. 設 $|f_n(x)| \leqslant K(n \geqslant 1)$ $a.e.$ 於 E, 且 $f_n(x) \Rightarrow f(x)(x \in E)$, 證明 $|f(x)| \leqslant K$.

*16. 設 $f_n(x)(n \in \mathrm{N})$ 是 $[0,1]$ 上的遞增函數, 且 $f_n(x) \Rightarrow f(x)(x \in E)$, 則在 $f(x)$ 的連續點 $x=x_0$ 上, 必有

$$f_n(x_0) \Rightarrow f(x_0) \quad (n \to \infty).$$

第 5 章 積分理論

在討論了勒貝格可測集和勒貝格可測函數的基礎上，本章將建立 Lebesgue 積分的概念，並討論這種新積分的性質、計算方法及其與 Riemman 舊積分的關係. 在相當弱(相對於一致收斂而言)的條件下證明了積分的極限定理，並利用積分的極限定理獲得了黎曼可積的本質特徵. 最后研究了重積分與累次積分的關係和 Lebesgue 不定積分與微分的關係.

Lebesgue 積分是 1902 年左右由法國數學家 Lebesgue 建立起來的. 定義 Lebesgue 積分有各種不同的途徑，本章採用的方法和數學分析中對 Riemman 積分和廣義 Riemman 積分處理的順序相似，即先定義測度有限的可測集上有界可測函數的積分，再把這個概念推廣到一般的可測集上的可測函數中去. 我們將證明 Riemman 積分的許多性質對於 Lebesgue 積分依然成立.

引入 Lebesgue 積分旨在克服 Riemman 積分的不足，擴大可積函數類、降低逐項積分和交換積分順序的條件. 通過本章的學習，我們將看到，新的積分概念確實滿足了這些要求.本章還將討論 Lebesgue 不定積分和微分的關係，並在這一問題的討論中介紹兩個重要的函數類:有界變差函數和絕對連續函數.

需指出的是:本教程中引入並處理 Lebesgue 測度和 Lebesgue 積分的方式，實際上是適用於建立一般的測度空間上的測度和積分理論的.

5.1 非負函數的積分

這一節的主要任務是利用前四章的知識來建立 Lebesgue 積分的概念.

在數學分析中，我們先建立有限區間上有界函數的 Riemman 積分，然后再引入無限區間或無界函數的廣義 Riemman 積分. 下面我們將按類似的順序來建立 Lebesgue 積分，即先定義測度有限的集上有界可測函數的積分，再定義一般可測集上可測函數的積分.

5.1.1 測度有限的集上有界可測函數的積分

先介紹分劃及大小和的概念.

定義 1 設 $E \subset \mathrm{R}^n$ 是測度有限的可測集，$f(x)$ 是 E 上的非負有界函數，即

$0 \leqslant f(x) \leqslant M < +\infty$. 若 $E_i(i=1,2,\cdots,k)$ 是 E 的互不相交的可測子集，且 $E = \bigcup_{i=1}^{k} E_i$，則稱 $E_1, E_2, \cdots, E_k$ 構成 E 的一個(**可測**) **分劃**，記作 D.

設 $D_1 : E = \bigcup_{i=1}^{k_1} E_i^{(1)}$，$D_2 : E = \bigcup_{i=1}^{k_2} E_i^{(2)}$ 是 E 的兩個分劃，則

$$E = \bigcup_{i=1}^{k_1} \bigcup_{j=1}^{k_2} (E_i^{(1)} \cap E_j^{(2)})$$

也是 E 的一個分劃，我們稱它是分劃 D_1 和 D_2 的合併，或是 D_1 和 D_2 兩個分劃的**加細分化**.

對於 E 的分劃 $D : E = \bigcup_{i=1}^{k} E_i$，記 $b_i = \inf_{x \in E_i} f(x)$，$B_i = \sup_{x \in E_i} f(x)$ $(i=1,2,\cdots,k)$，分別稱和式

$$s_D = \sum_{i=1}^{k} b_i mE_i, \quad S_D = \sum_{i=1}^{k} B_i mE_i$$

為 $f(x)$ 關於分劃 D 的**小和**及**大和**.

性質 1 $0 \leqslant s_D \leqslant S_D \leqslant M \cdot mE$

如果我們作 E 上的簡單函數

$$\overline{\psi}_D(x) = \sum_{i=1}^{k} B_i \chi_{E_i}(x), \quad \underline{\psi}_D(x) = \sum_{i=1}^{k} b_i \chi_{E_i}(x),$$

則在 E 上有 $\underline{\psi}_D(x) \leqslant f(x) \leqslant \overline{\psi}_D(x)$ 成立，從而有 $G(E;\underline{\psi}_D) \subset G(E;f) \subset G(E;\overline{\psi}_D)$ 成立，且 $s_D = mG(E;\underline{\psi}_D)$，$S_D = mG(E;\overline{\psi}_D)$. 故 $0 \leqslant s_D \leqslant S_D \leqslant M \cdot mE$.

引理 1 如果 E 的分劃 D^* 比 D 更細密，則 $s_D \leqslant s_{D^*} \leqslant S_{D^*} \leqslant S_D$.

證 設分劃 $D : E = \bigcup_{i=1}^{k} E_i$，$D^*$ 是 D 和分劃 $D^{**} : E = \bigcup_{j=1}^{l} E_j^{**}$ 合併而來的，即 D^* 是

$$E = \bigcup_{i=1}^{k} \bigcup_{j=1}^{l} (E_i \cap E_j^{**}) = \bigcup_{i,j=1}^{k,l} E_{ij},$$

其中 $E_{ij} = E_i \cap E_j^{**}$，從而 $E_{ij} \subset E_i$. 記 $b_{ij} = \inf_{x \in E_{ij}} f(x)$，$B_{ij} = \sup_{x \in E_{ij}} f(x)$. 因為當區間長度縮小時，上確界不增，下確界不減，則

$$\begin{aligned} b_i = \inf_{x \in E_i} f(x) \leqslant b_{ij} &= \inf_{x \in E_{ij}} f(x) \\ &\leqslant \sup_{x \in E_{ij}} f(x) = B_{ij} \\ &\leqslant \sup_{x \in E_i} f(x) = B_i (i=1,2,\cdots,k; j=1,2,\cdots,l), \end{aligned}$$

從而 $s_{D^*} = \sum_{i,j=1}^{k,l} b_{ij} mE_{ij} = \sum_{i=1}^{k} \left(\sum_{j=1}^{l} b_{ij} mE_{ij} \right) \geqslant \sum_{i=1}^{k} b_i \left(\sum_{j=1}^{l} mE_{ij} \right) = \sum_{i=1}^{k} b_i mE_i = s_D$,

$$S_{D^*}=\sum_{i,j=1}^{k,l}B_{ij}mE_{ij}=\sum_{i=1}^{k}\Big(\sum_{j=1}^{l}B_{ij}mE_{ij}\Big)\leqslant\sum_{i=1}^{k}B_i\Big(\sum_{j=1}^{l}mE_{ij}\Big)=\sum_{i=1}^{k}B_imE_i=S_D.$$

由 $s_{D^*}\leqslant S_{D^*}$，得

$$s_D\leqslant s_{D^*}\leqslant S_{D^*}\leqslant S_D.$$

引理 1 說明加細分化的小和不減，大和不增.

推論 1　對於 E 的任意兩個分劃 D_1 和 D_2，都有

$$s_{D_i}\leqslant S_{D_j}(i=1,2;j=1,2),$$

即任何一個小和不大於任何一個大和.

證　由 D_1 和 D_2 是 E 的任意兩個分劃知，可將 D_1 和 D_2 的分點合併起來構成一個新的分點組 D，則 D 可以看成在 D_1 或 D_2 中增加了一些分點，即比 D_1 或 D_2 的分劃更細密.

由引理 1，可得 $s_{D_i}\leqslant s_D\leqslant S_D\leqslant S_{D_j}(i=1,2;j=1,2)$.

定義 2　對於測度有限的可測集 $E\subset \mathrm{R}^n$ 上的非負有界函數 $f(x)$，定義 $f(x)$ 在 E 上的**上積分**為 $\overline{\int_E} f(x)\,\mathrm{d}x=\inf\limits_D\{S_D\}$，下積分為 $\int_{-E} f(x)\,\mathrm{d}x=\sup\limits_D\{s_D\}$. 其中 inf 和 sup 是對 E 的一切可能的分劃而取的.

由定義 2 及推論 1，有 $\int_{-E} f(x)\,\mathrm{d}x\leqslant\overline{\int_E} f(x)\,\mathrm{d}x$.

特別地，當 $f(x)\equiv c(x\in E)$ 時，則 $\int_{-E} f(x)\,\mathrm{d}x=\overline{\int_E} f(x)\,\mathrm{d}x=cmE$.

定義 3　若有界函數 $f(x)$ 在 $E\subset\mathrm{R}^n$ 上的上、下積分相等，則稱 $f(x)$ 在 E 上是 Lebesgue **有界可積的**，並稱上、下積分的共同值為 $f(x)$ 在 E 上的 L – **積分**，記作

$$(L)\int_E f(x)\,\mathrm{d}x.$$

相應地，把數學分析中學過的 Riemman 積分記作

$$(R)\int_E f(x)\,\mathrm{d}x.$$

在 Riemman 積分定義中，分劃是由小區間構成的，而小區間是特殊的點集，因而黎曼意義下的大、小和也是勒貝格意義下的大、小和，從而

$$(R)\underline{\int_a^b} f\mathrm{d}x\leqslant(L)\int_{-[a,b]} f\mathrm{d}x\leqslant(L)\overline{\int_{[a,b]}} f\mathrm{d}x\leqslant(R)\overline{\int_a^b} f\mathrm{d}x.$$

由此可知：若 $f(x)$ 於 $[a,b]$ 上 R – 可積，則 $f(x)$ 於 $[a,b]$ 上 L – 可積，對於高維空間的情形也有類似的結果.

例 1　試說明 $E=[0,1]$ 上的 Dirichlet 函數 $D(x)$ 在黎曼意義下是不可積的，但在勒貝格意義下是可積的.

解　首先 Dirichlet 函數不 Riemann 可積. 事實上，對區間 $[0,1]$ 上的任意

分割, 總有上積分

$$\overline{\int_a^b} f(x)\,\mathrm{d}x = \lim_{\lambda \to 0} \sum_{i=1}^{n} M_i \Delta x_i = 1,$$

下積分

$$\underline{\int_a^b} f(x)\,\mathrm{d}x = \lim_{\lambda \to 0} \sum_{i=1}^{n} m_i \Delta x_i = 0.$$

由於函數在區間上 Riemann 可積的充要條件是$\overline{\int_a^b} f(x)\,\mathrm{d}x = \underline{\int_a^b} f(x)\,\mathrm{d}x$, 從而 Dirichlet 函數不 Riemann 可積. 但在勒貝格意義下是可積的. 這是因為對任意的分割:$m = y_0 < y_1 < y_2 < \cdots < y_n = M$, 其中$\delta = \max_i (y_i - y_{i-1})$.

取點集$E_i = \{x \in E \mid y_{i-1} \leqslant D(x) < y_i\}$, 則$D(x)$ 在E_i 上的振幅不會大於δ, 作和式

$$S = \sum_{i=1}^{n} \xi_i m E_i,$$

其中$\xi_i \in [y_{i-1}, y_i)$. 若$0 \in [y_{k-1}, y_k)$, 則$mE_k = m\{x \in E \mid y_{k-1} \leqslant D(x) < y_k\} = 1$, 且對任意的$\xi_k \in [y_{k-1}, y_k)$ 滿足$|\xi_k - 0| \leqslant \delta$; 但對其他的分點$y_{i-1}, y_i (i \neq k)$, 有

$$mE_i = m\{x \in E \mid y_{i-1} \leqslant D(x) < y_i\} = 0,$$

則$S = \sum_{i=1}^{n} \xi_i m E_i < \delta$, 當$\delta = \max_i (y_i - y_{i-1}) \to 0$ 時, 即得$(L)\int_{[0,1]} D(x)\,\mathrm{d}x = 0$.

由此可見, L - 積分確實比R - 積分更廣泛.

定理 1 設$mE < +\infty$, $f(x)$ 和$g(x)$ 都是$E \subset \mathrm{R}^n$ 上的非負有界函數, 則

(1) 當$f(x) \leqslant g(x) (x \in E)$ 時,

$$\underline{\int}_E f(x)\,\mathrm{d}x \leqslant \underline{\int}_E g(x)\,\mathrm{d}x, \quad \overline{\int}_E f(x)\,\mathrm{d}x \leqslant \overline{\int}_E g(x)\,\mathrm{d}x.$$

(2) 如果E_1, E_2 都是E 的可測子集, $E_1 \cap E_2 = \varnothing, E = E_1 \cup E_2$, 則

$$\underline{\int}_E f(x)\,\mathrm{d}x = \underline{\int}_{E_1} f(x)\,\mathrm{d}x + \underline{\int}_{E_2} f(x)\,\mathrm{d}x,$$

$$\overline{\int}_E f(x)\,\mathrm{d}x = \overline{\int}_{E_1} f(x)\,\mathrm{d}x + \overline{\int}_{E_2} f(x)\,\mathrm{d}x.$$

(3)
$$\underline{\int}_E [f(x) + g(x)]\,\mathrm{d}x \geqslant \underline{\int}_E f(x)\,\mathrm{d}x + \underline{\int}_E g(x)\,\mathrm{d}x,$$

$$\overline{\int}_E [f(x) + g(x)]\,\mathrm{d}x \leqslant \overline{\int}_E f(x)\,\mathrm{d}x + \overline{\int}_E g(x)\,\mathrm{d}x.$$

證 (1) 由定義 2, 顯然成立.

(2) 對於E_1 上的分割D_1 和E_2 上的分割D_2, 我們都可以把它「拼接」成為E 上的一個分割D, 此時

$$\overline{\int_E} f(x)\,\mathrm{d}x \leqslant S_D = S_{D_1} + S_{D_2}.$$

由下確界的定義可知:對任意的 $\varepsilon > 0$, 有

$$S_{D_1} \leqslant \overline{\int_{E_1}} f(x)\,\mathrm{d}x + \frac{\varepsilon}{2},\ S_{D_2} \leqslant \overline{\int_{E_2}} f(x)\,\mathrm{d}x + \frac{\varepsilon}{2},$$

則 $S_{D_1} + S_{D_2} \leqslant \overline{\int_{E_1}} f(x)\,\mathrm{d}x + \overline{\int_{E_2}} f(x)\,\mathrm{d}x + \varepsilon$, 即

$$\overline{\int_E} f(x)\,\mathrm{d}x \leqslant \overline{\int_{E_1}} f(x)\,\mathrm{d}x + \overline{\int_{E_2}} f(x)\,\mathrm{d}x.$$

另一方面, 對於 E 的任意分劃 $D^*: E = \bigcup\limits_{i=1}^{k} E_i^*$, 易見

$$E_1^* \cap E_1, E_2^* \cap E_1, \cdots, E_k^* \cap E_1, E_1^* \cap E_2, E_2^* \cap E_2, \cdots, E_k^* \cap E_2$$

構成 E 上的一個比 D^* 更細密的分劃 $D^{**}: E = (\bigcup\limits_{i=1}^{k} E_i^* \cap E_1) \cup (\bigcup\limits_{i=1}^{k} E_i^* \cap E_2)$,

其中 $\bigcup\limits_{i=1}^{k} (E_i^* \cap E_1) \overset{記}{=} D_1^*$ 和 $\bigcup\limits_{i=1}^{k} (E_i^* \cap E_2) \overset{記}{=} D_2^*$ 分別是比 D_1 和 D_2 更細密的分劃. 由引理 1,得

$$S_{D^*} \geqslant S_{D^{**}} = S_{D_1^*} + S_{D_2^*} \geqslant \overline{\int_{E_1}} f(x)\,\mathrm{d}x + \overline{\int_{E_2}} f(x)\,\mathrm{d}x.$$

由下確界的定義知:對任意的 $\varepsilon > 0$,有 $S_{D^*} \leqslant \overline{\int_E} f(x)\,\mathrm{d}x + \varepsilon$,即

$$\overline{\int_E} f(x)\,\mathrm{d}x + \varepsilon \geqslant \overline{\int_{E_1}} f(x)\,\mathrm{d}x + \overline{\int_{E_2}} f(x)\,\mathrm{d}x.$$

由 ε 的任意性,有

$$\overline{\int_E} f(x)\,\mathrm{d}x \geqslant \overline{\int_{E_1}} f(x)\,\mathrm{d}x + \overline{\int_{E_2}} f(x)\,\mathrm{d}x,$$

從而 $\overline{\int_E} f(x)\,\mathrm{d}x = \overline{\int_{E_1}} f(x)\,\mathrm{d}x + \overline{\int_{E_2}} f(x)\,\mathrm{d}x$.

可類似地證明下積分的等式.

(3) 對任意的 $\varepsilon > 0$,由上積分的定義,有 E 的兩個分劃 D_1 和 D_2,使

$$S_{D_1}(f) < \overline{\int_E} f(x)\,\mathrm{d}x + \frac{\varepsilon}{2}, S_{D_2}(g) < \overline{\int_E} g(x)\,\mathrm{d}x + \frac{\varepsilon}{2},$$

其中 $S_{D_1}(f)$ 和 $S_{D_2}(g)$ 分別是 f 關於 D_1 和 g 關於 D_2 的大和數. 由 D_1 和 D_2 合併而成 E 的一個更細密的分劃 D,則當 $S_D(f+g)$ 是 $f(x) + g(x)$ 關於 D 的大和數時,有

$$\overline{\int_E}[f(x)+g(x)]\mathrm{d}x \leqslant S_D(f+g) \leqslant S_D(f)+S_D(g)$$

$$\leqslant S_{D_1}(f)+S_{D_2}(g) < \overline{\int_E} f(x)\mathrm{d}x+\overline{\int_E} g(x)\mathrm{d}x+\varepsilon.$$

由 ε 的任意性,有

$$\overline{\int_E}[f(x)+g(x)]\mathrm{d}x \leqslant \overline{\int_E} f(x)\mathrm{d}x+\overline{\int_E} g(x)\mathrm{d}x.$$

可類似地證明下積分的不等式.

定理 2 設 $E \subset \mathrm{R}^n$ 是測度有限的可測集,$f(x)$ 是 E 上的非負有界函數,則

$$\underline{\int_E} f(x)\mathrm{d}x=\overline{\int_E} f(x)\mathrm{d}x$$

的充要條件是 $f(x)$ 為 E 上的可測函數.

證 充分性. 由題意可設 $0 \leqslant f(x) \leqslant M(x \in E)$,對任意的 $\varepsilon>0$,取正整數 k,使 $\dfrac{M}{k}<\dfrac{\varepsilon}{1+mE}$. 由於 $f(x)$ 可測,所以如果令

$$E_i=\left\{x \mid (i-1)\cdot\frac{M}{k} \leqslant f(x)<i\cdot\frac{M}{k}\right\}(i=1,2,\cdots,k),$$

則 $E=\bigcup_{i=1}^{k} E_i$ 是 E 的一個分割 D. 顯然,

$$0 \leqslant S_D-s_D=\sum_{i=1}^{k}(B_i-b_i)mE_i \leqslant \sum_{i=1}^{k}\frac{M}{k}mE_i=\frac{M}{k}mE<\varepsilon,$$

即 $0 \leqslant \overline{\int_E} f(x)\mathrm{d}x-\underline{\int_E} f(x)\mathrm{d}x<\varepsilon$. 由 ε 的任意性,有 $\underline{\int_E} f(x)\mathrm{d}x=\overline{\int_E} f(x)\mathrm{d}x$.

必要性. 由題意有 $\sup\limits_D\{s_D\}=\underline{\int_E} f(x)\mathrm{d}x=\overline{\int_E} f(x)\mathrm{d}x=\inf\limits_D\{S_D\}$. 則由上、下確界的定義知:對任意的正整數 n,都應有 E 的分割 D'_n, D_n'',使 $S_{D_n'}-s_{D_n''}<\dfrac{1}{n}$,即 $S_{D_n'}<\dfrac{1}{n}+s_{D_n''}$.

由引理 1,我們合併 D'_n, D_n'' 而得更細密的分化 D_n,則有

$$s_{D_n''} \leqslant s_{D_n}, S_{D_n} \leqslant S_{D_n'},$$

故 $S_{D_n'}<\dfrac{1}{n}+s_{D_n''} \leqslant \dfrac{1}{n}+s_{D_n}$,從而 $S_{D_n}<\dfrac{1}{n}+s_{D_n}$,即 $S_{D_n}-s_{D_n}<\dfrac{1}{n}$.

必要時我們還可以合併 $D_1,\cdots,D_n$ 而作為新的分割 D_n^*,因而不妨假定上述這一串分割是一個比一個更細密的.

設 $D_n^*: E=\bigcup_{i=1}^{k_n} E_i^{(n)}(n=1,2,3,\cdots)$,考慮與之相應的簡單函數列

$$\underline{\psi}_n(x)=\sum_{i=1}^{k_n} b_i^{(n)}\chi_{E_i^{(n)}}(x) \text{ 和 } \bar{\psi}_n(x)=\sum_{i=1}^{k_n} B_i^{(n)}\chi_{E_i^{(n)}}(x),$$

其中 $b_i^{(n)}=\inf\limits_{x\in E_i^{(n)}} f(x), B_i^{(n)}=\sup\limits_{x\in E_i^{(n)}} f(x)\ (i=1,2,\cdots,k_n;n=1,2,\cdots)$. 所以它們都是 E 上的可測函數序列,並且在 E 上有

$$0\leqslant \underline{\psi}_1(x)\leqslant \underline{\psi}_2(x)\leqslant\cdots\leqslant \underline{\psi}_n(x)\leqslant\cdots$$
$$\leqslant f(x)\leqslant\cdots\leqslant \bar{\psi}_n(x)\leqslant\cdots\leqslant \bar{\psi}_2(x)\leqslant \bar{\psi}_1(x).$$

因而在 E 上 $\lim\limits_{n\to\infty}\underline{\psi}_n(x), \lim\limits_{n\to\infty}\bar{\psi}_n(x)$ 存在. 令

$$\lim_{n\to\infty}\underline{\psi}_n(x)=\underline{f}(x), \lim_{n\to\infty}\bar{\psi}_n(x)=\bar{f}(x),$$

則 $\underline{f}(x), \bar{f}(x)$ 都是 E 上的非負可測函數,並且 $\underline{f}(x)\leqslant f(x)\leqslant \bar{f}(x)\ (x\in E)$. 這裡的 $\underline{f}(x)$ 和 $\bar{f}(x)$ 在 E 上是幾乎處處相等的. 否則存在 $\varepsilon>0$, 使 $mE(\varepsilon)=mE[\bar{f}(x)-\underline{f}(x)\geqslant\varepsilon]\overset{\text{記}}{=}\delta>0$, 且在 $E(\varepsilon)$ 上更有 $\bar{\psi}_n(x)-\underline{\psi}_n(x)\geqslant\varepsilon$ 成立, 從而

$$\begin{aligned}
S_{D_n^*}-s_{D_n^*} &= \sum_{i=1}^{m_n}(B_i^{(n)}-b_i^{(n)})mE_i^{(n)}\\
&\geqslant \sum_{i=1}^{m_n}(B_i^{(n)}-b_i^{(n)})m(E(\varepsilon)\cap E_i^{(n)})\\
&= \sum_{i=1}^{m_n}[\bar{\psi}_n(x)-\underline{\psi}_n(x)]m(E(\varepsilon)\cap E_i^{(n)})\\
&\geqslant \varepsilon\sum_{i=1}^{m_n}m(E(\varepsilon)\cap E_i^{(n)})\\
&= \varepsilon\delta\\
&> 0,
\end{aligned}$$

與 $S_{D_n}-s_{D_n}<\dfrac{1}{n}\to 0(n\to+\infty)$ 矛盾. 則 $\underline{f}(x)$ 和 $\bar{f}(x)$ 在 E 上是幾乎處處相等的,故 $f(x)$ 在 E 上可測.

定理2說明了:L-積分是針對可測函數所作的,由定理1和定理2即得如下性質.

性質 2 若 $f(x), g(x)$ 都是 $E\subset\mathbf{R}^n$ 上的非負有界可測函數,則

$$\int_E[f(x)+g(x)]\mathrm{d}x=\int_E f(x)\mathrm{d}x+\int_E g(x)\mathrm{d}x.$$

5.1.2 測度有限的集上一般函數的積分

以上我們考慮的是 $mE<+\infty$, $f(x)$ 在 $E\subset\mathbf{R}^n$ 上非負有界的情形. 下面我們假設 $f(x)$ 在 E 上只是非負,若 $f(x)$ 無上界,則對每個正整數 k,令

$$\{f(x)\}_k = \min\{f(x),k\} = \begin{cases} f(x), & f(x) < k, \\ k, & f(x) \geqslant k, \end{cases}$$

則$\{f(x)\}_k$是E上一串遞增的非負有界可測函數. 由定理2,它們在E上都勒貝格可積.

令$I_k = \int_E \{f(x)\}_k \mathrm{d}x\,(k=1,2,3\cdots)$,由定理1知,$I_k$是遞增序列,因而$\lim\limits_{k\to\infty} I_k$總存在,它可能是有限的,也可能等於$+\infty$.

定義4　設$f(x)$於$E \subset \mathbf{R}^n$上非負可測,且$mE < +\infty$. 若

$$\lim_{k\to\infty}(L)\int_E \{f(x)\}_k \mathrm{d}x$$

存在且為有限值,則稱$f(x)$在E上**非負可積**,其積分值為

$$(L)\int_E f(x)\,\mathrm{d}x = \lim_{k\to\infty}(L)\int_E \{f(x)\}_k \mathrm{d}x.$$

若$\lim\limits_{k\to\infty}(L)\int_E \{f(x)\}_k \mathrm{d}x = +\infty$,則記$f(x)$在$E$上的$L$-積分值為$+\infty$,即

$$(L)\int_E f(x)\,\mathrm{d}x = +\infty.$$

由$\{f(x)\}_k$的定義,顯然有$f(x) = \lim\limits_{k\to\infty}\{f(x)\}_k$. 則有如下性質.

性質3　設$mE < +\infty$,則$(L)\int_E f(x)\,\mathrm{d}x$存在的充要條件是$f(x)$為$E \subset \mathbf{R}^n$上的非負可測函數.

特別地,若$f(x)$有界,則當$k \to \infty$時,$\{f(x)\}_k = f(x)\,(x \in E)$. 從而$I_k$便是定義3中所定義的$f(x)$在$E$上的$L$-積分.

顯然,用上述方法把積分定義推廣到一般的非負函數上去的方法和原有的定義是相容的,且有如下的積分性質.

定理3(積分的性質) 如果$f(x), g(x)$都是$E \subset \mathbf{R}^n$上的非負可測函數,E_1,E_2是E的可測子集,且$E = E_1 \cup E_2$,$E_1 \cap E_2 = \varnothing$,則

(1)(**積分的單調性**)　當$f(x) \leqslant g(x)\,(x \in E)$時,$\int_E f(x)\,\mathrm{d}x \leqslant \int_E g(x)\,\mathrm{d}x$;

(2)(**積分的有限可加性**)$\int_E f(x)\,\mathrm{d}x = \int_{E_1} f(x)\,\mathrm{d}x + \int_{E_2} f(x)\,\mathrm{d}x$;

(3)(**積分的線性性**)$\int_E [f(x) + g(x)]\,\mathrm{d}x = \int_E f(x)\,\mathrm{d}x + \int_E g(x)\,\mathrm{d}x$.

證 由定理1的(1)和(2),可直接推出此性質的(1)和(2). 所以下面只證明(3).

對每一個k都有,
$$\{f(x) + g(x)\}_k \leqslant \{f(x)\}_k + \{g(x)\}_k \leqslant \{f(x) + g(x)\}_{2k},$$

所以
$$\int_E \{f(x) + g(x)\}_k \mathrm{d}x \leqslant \{f(x)\}_k \mathrm{d}x + \int_E \{g(x)\}_k \mathrm{d}x$$

$$\leqslant \int_E \{f(x)+g(x)\}_{2k}\,\mathrm{d}x.$$

令 $k \to +\infty$,有

$$\int_E [f(x)+g(x)]\,\mathrm{d}x = \int_E f(x)\,\mathrm{d}x + \int_E g(x)\,\mathrm{d}x.$$

為了避免與一般的可測集上可測函數的積分在敘述上出現過多重複的情況,我們對積分性質暫且介紹到此.

5.1.3 測度無限的集上的 Lebesgue 積分

定義 5 設 $mE = +\infty$,$f(x)$ 是定義在 $E \subset \mathrm{R}^n$ 上的非負函數,對任何正整數 k,令

$$E_k = \{x \in E \mid \|x\| \leqslant k\},$$

則 $mE_k < +\infty$,且 $f(x)$ 在每一 E_k 上是非負函數且積分存在,則它在 E_k 上的積分

$$I_k = \int_{E_k} f(x)\,\mathrm{d}x$$

構成一遞增的廣義數列. 如果極限

$$\lim_{k\to\infty} I_k = \lim_{k\to\infty} \int_{E_k} f(x)\,\mathrm{d}x$$

存在且為有限值,則稱 $f(x)$ 在 E 上 L - **可積**,並稱此極限值為 $f(x)$ 在 E 上的**積分**,記作

$$(L)\int_E f(x)\,\mathrm{d}x = \lim_{k\to\infty} \int_{E_k} f(x)\,\mathrm{d}x.$$

如果此極限值為 $+\infty$,則說 $f(x)$ 在 E 上的 L - 積分值為 $+\infty$.

顯然,上述定義 5 中積分存在的充要條件是 $f(x)$ 在 E 上非負可測.

綜上所述,在后面的學習中,我們總假定 E 是一般可測集合(不必具有有限測度),而 $f(x)$ 在 E 上非負可測即可.

5.1.4 非負可測函數積分的幾何意義

在數學分析中我們已知道:如果定義在 $[a,b]$ 上的非負函數 $f(x)$ 是 R - 可積的,則 $(R)\int_a^b f(x)\,\mathrm{d}x$ 的幾何意義是「$(R)\int_a^b f(x)\,\mathrm{d}x$ 的值為由直線 $x=a$,$x=b$,x 軸($y>0$)及曲線 $y=f(x)$ 所圍成的曲邊梯形的面積」. 實際上非負可測函數 $f(x)$ 的 L - 積分也有類似的幾何解釋,即「非負可測函數 $f(x)$ 在 E 上的 $(L)\int_E f(x)\,\mathrm{d}x$ 的值就是它相應的下方圖形 $G(E;f)$ 的測度」.

定理 4 可測集 $E \subset \mathrm{R}^n$ 上的非負可測函數 $f(x)$ 的積分值為

$$\int_E f(x)\,\mathrm{d}x = mG(E;f).$$

證　(1) 若 $mE < +\infty$, $f(x)$ 有界,則在證明定理 2 的必要性時所得到的非負簡單函數序列 $\{\underline{\psi}_k(x)\}$ 滿足如下結論:

(i) $f(x) = \lim\limits_{k\to\infty} \underline{\psi}_k(x)\, a.e.$ 於 E;

(ii) $\underline{\psi}_k(x) \leqslant \underline{\psi}_{k+1}(x)\,(k = 1,2,3,\cdots)$;

(iii) $mG(E;\underline{\psi}_k) = s_{D_k}$.

設 E 中使(i)不成立的點構成的零測子集為 E_0,則

$$G(E - E_0;\underline{\psi}_k) \subset G(E - E_0;\underline{\psi}_{k+1})\,(k \geqslant 1),\, G(E - E_0;f) = \bigcup_{k=1}^{\infty} G(E - E_0;\underline{\psi}_k)$$

而 $mG(E_0;f) = mG(E_0;\underline{\psi}_k) = 0$,則

$$\begin{aligned} mG(E;f) &= mG(E - E_0;f) = \lim_{k\to\infty}(mG(E - E_0;\underline{\psi}_k)) \\ &= \lim_{k\to\infty}(mG(E;\underline{\psi}_k)) = \lim_{k\to\infty} s_{D_k} \\ &= \int_{-E} f(x)\,\mathrm{d}x = \int_E f(x)\,\mathrm{d}x. \end{aligned}$$

(2) 當 $mE < +\infty$, $f(x)$ 為 E 上一般的非負可測函數. 由於

$$\mathrm{G}(E;\{f\}_k) \subset \mathrm{G}(E;\{f\}_{k+1})\,(k = 1,2,\cdots),$$
$$\mathrm{G}(E;f) = \lim_{k\to\infty}\mathrm{G}(E;\{f\}_k).$$

故 $m\mathrm{G}(E;f) = \lim\limits_{k\to\infty}\int_E \{f(x)\}_k\,\mathrm{d}x = \int_E f(x)\,\mathrm{d}x$.

(3) 如果 $mE = +\infty$, $G(E;f) = \lim\limits_{k\to\infty} G(E_k;f)$

$$\underline{\underline{(2)}}\ \lim_{k\to\infty}\int_{E_k} f(x)\,\mathrm{d}x = \int_E f(x)\,\mathrm{d}x.$$

註 1　對於一般的可積函數,有

$$\int_E f(x)\,\mathrm{d}x = m(G(E;f^+)) - m(G(E;f^-)).$$

這是因為 $f = f^+ - f^-$,而 f^+ 與 f^- 均非負,應用定理 4 即可.

5.1.5　積分的極限定理

我們曾指出,R - 積分的最大缺陷在於積分號下取極限、無窮級數的逐項積分、重積分化為累次積分等常常要求滿足較強的條件,如一致收斂性等. 由於 L - 積分擴展了可積函數類,使得極限的換序條件大為減弱,有些問題簡直是無條件的換序. 反應這些問題有一大批所謂的極限定理,下面我們只敘述幾個應用較為廣泛的定理,主要討論積分與極限的交換問題,我們將看到這類問題在 L - 積分範圍內所要求的條件比 R - 積分弱得多. 正因為 L - 積分的這個優越性,本教程的一些基本定理在一般的分析數學中都有著廣泛的應用.

定理 5 (Levi 定理) 設

(1) $f_k(x)\,(k = 1,2,3,\cdots)$ 都是 E 上的非負可測函數;

(2) $f_k(x) \leqslant f_{k+1}(x)\,(x \in E; k = 1,2,3,\cdots)$;

(3) $f(x) = \lim\limits_{k\to\infty} f_k(x)$ a.e.於 E.

則$\int_E f(x)\,\mathrm{d}x = \lim\limits_{k\to\infty}\int_E f_k(x)\,\mathrm{d}x$.

證　由題設條件及定理 4 的證明,有

$$G(E;f) = \lim_{k\to\infty} G(E;f_k).$$

由定理 4,可得

$$\int_E f(x)\,\mathrm{d}x = \lim_{k\to\infty}\int_E f_k(x)\,\mathrm{d}x.$$

定理 5 是一條關於極限與積分的換序問題.

定理 6 (Lebesgue 基本定理)　如果$f_n(x)\,(n = 1,2,3,\cdots)$是 E 上的非負可測函數序列,且$f(x) = \sum\limits_{n=1}^{\infty} f_n(x)$,則

$$\int_E f(x)\,\mathrm{d}x = \sum_{n=1}^{\infty}\int_E f_n(x)\,\mathrm{d}x.$$

證　令 $S_n(x) = \sum\limits_{k=1}^{n} f_k(x)$,則 $S_n(x)$ 是 E 上的非負可測函數,滿足

$$S_n(x) \leqslant S_{n+1}(x)\,(x \in E; n = 1,2,3,\cdots),$$

且$f(x) = \lim\limits_{n\to\infty} S_n(x)$.

由勒維定理,得

$$\begin{aligned}\int_E f(x)\,\mathrm{d}x &\xlongequal{\text{Levi}} \lim_{n\to\infty}\int_E S_n(x)\,\mathrm{d}x \\ &= \lim_{n\to\infty}\int_E \sum_{k=1}^{n} f_k(x)\,\mathrm{d}x \\ &= \lim_{n\to\infty}\sum_{k=1}^{n}\int_E f_k(x)\,\mathrm{d}x \\ &= \sum_{n=1}^{\infty}\int_E f_n(x)\,\mathrm{d}x.\end{aligned}$$

定理6是一條關於無窮級數逐項積分的定理,它幾乎是無條件地進行的,而不像 R - 積分那樣要求一致收斂了.

定理 7 (Fatou 引理)　若$f_1(x), f_2(x),\cdots, f_n(x),\cdots$是 E 上的非負可測函數,則

$$\int_E \varliminf_{n\to\infty} f_n(x)\,\mathrm{d}x \leqslant \varliminf_{n\to\infty}\int_E f_n(x)\,\mathrm{d}x.$$

證　令$g_n(x) = \inf\limits_{k\geqslant 0}\{f_{n+k}(x)\}\ (x \in E)$,則$g_n(x)$是 E 上的非負遞增的可測函數,即

$$g_1(x) \leqslant g_2(x) \leqslant \cdots \leqslant g_n(x) \leqslant \cdots,$$

且 $g_n(x) \leqslant f_n(x)(n=1,2,3,\cdots)$. 則$\lim\limits_{n\to\infty} g_n(x)=\lim\limits_{n\to\infty}\inf\limits_{k\geqslant 0}\{f_{n+k}(x)\}=\varliminf\limits_{n\to\infty} f_n(x)$.

由勒維定理,得

$$\begin{aligned}\int_E \varliminf_{n\to\infty} f_n(x)\,\mathrm{d}x &= \int_E \lim_{n\to\infty} g_n(x)\,\mathrm{d}x \\ &= \lim_{n\to\infty}\int_E g_n(x)\,\mathrm{d}x \\ &\leqslant \varliminf_{n\to\infty}\int_E \inf f_n(x)\,\mathrm{d}x \\ &= \varliminf_{n\to\infty}\int_E f_n(x)\,\mathrm{d}x.\end{aligned}$$

註 5　即使函數序列$\{f_n(x)\}$有極限,Fatou 引理中的不等號也可能成立.例如,令

$$f_n(x)=\begin{cases} n, & x\in(0,\dfrac{1}{n}), \\ 0, & x\in[\dfrac{1}{n},1], \end{cases}$$

則$\{f_n(x)\}$在$(0,1]$上處處收斂於 0,且

$$\int_{(0,1]} f_n(x)\,\mathrm{d}x=\int_0^{\frac{1}{n}} n\,\mathrm{d}x=1(n=1,2,\cdots),$$

但$\int_{(0,1]}\lim\limits_{n\to\infty} f_n(x)\,\mathrm{d}x=0<1=\lim\limits_{n\to\infty}\int_{(0,1]} f_n(x)\,\mathrm{d}x$,即 Fatou 引理中的不等號成立.

此例還說明了:即使一個處處收斂的可測函數序列,其極限與 L - 積分也未必可交換順序.

習題 5.1

1. 判斷題

(1) 設$\{f_n(x)\}$是非零可測集 E 上非負可積函數列,且$\int_g f_n(x)\,\mathrm{d}x\to 0$, 則 $f_n\Rightarrow 0$.　(　)

(2) 設$f(x)$是可測集$E\subset \mathrm{R}^q$上的實值函數,則$f(x)$在E上L - 可積的充要條件是$f(x)$在 E 上可測.　(　)

(3) 設$\{f_n(x)\}$是可測集 $E\subset \mathrm{R}^q$ 上一列可測函數, 則 $\int_E \varliminf\limits_{n\to\infty} f_n(x)\,\mathrm{d}x\leqslant \varliminf\limits_{n\to\infty}\int_E f_n(x)\,\mathrm{d}x$.　(　)

(4) 若$\{f_n\}$為E上非負單調可測函數列,且$\lim\limits_{n\to\infty} f_n(x)=f(x)$,則$\lim\limits_{n\to\infty}\int_E f_n(x)\,\mathrm{d}x=\int_E f(x)\,\mathrm{d}x$.　(　)

(5) 設$f(x)>0$, $a.e.$於E,若$\int_E f(x)\mathrm{d}x=0$,則$mE=0$. (　　)

(6) 若$f(x)$在$(0,+\infty)$上非負可積,則$\lim\limits_{n\to\infty}f(x)$. (　　)

(7) Levy 定理中的非負條件可以去掉. (　　)

(8) Fatou 引理中嚴格不等號可以成立. (　　)

2. 填空題

(1) $\lim\limits_{n\to\infty}\int_{[0,1]}(5+x^n\sin^5(\cos x))\mathrm{d}x=$__________.

(2) 設$f(x)$是$[a,b]$上的正值可積函數,$\{E_n\}$是$[a,b]$中的可測子集列. 若有$\lim\limits_{n\to\infty}\int_{E_n}f(x)\mathrm{d}x=0$,則$mE_n(n\to\infty)$__________.

*3. 證明定理 1 的(2)、(3)中關於下積分的相關結論.

4. 試求下列積分值

(1) 計算積分$\int_0^1\frac{(\ln x)^2}{1-x^2}\mathrm{d}x$的值.

(2) 設$E=(0,+\infty)$,

$$f(x)=\begin{cases}\frac{1}{\sqrt{x}}, & x\in(0,1],\\ \frac{1}{x^2}, & x\in(1,+\infty),\end{cases}$$

求$f(x)$在E上的積分.

(3) 求$\sum\limits_{n=1}^{\infty}(R)\int_{-1}^{1}\frac{x^2\mathrm{e}^x}{(1+x^2)^n}\mathrm{d}x$.

5. 設$\{f_n(x)\}$是E上的可積函數列,$\lim\limits_{n\to\infty}f_n(x)=f(x)$ $a.e.$於E,且存在$M>0$,使得$\int_E|f_n(x)|\mathrm{d}x\leqslant M$. 證明:$f(x)$在$E$上可積.

6. 已知$\frac{1}{x+1}=(1-x)+(x^2-x^3)+\cdots(0\leqslant x\leqslant 1)$,求證:

$$\ln 2=1-\frac{1}{2}+\frac{1}{3}-\frac{1}{4}+\cdots.$$

7. 設$\{|u_n(x)|\}$是E上的可積函數列,而且滿足$\sum\limits_{n=1}^{\infty}\int_E|u_n(x)|\mathrm{d}x<+\infty$,那麼在$E$上函數項級數$\sum\limits_{n=1}^{\infty}u_n(x)$必定幾乎處處收斂.

8. 設$\{f_k(x)\}$是集E上幾乎處處有限的非負可測函數列,而且$\{f_k(x)\}$依測度收斂於$f(x)$,證明$\int_E f(x)\mathrm{d}x\leqslant\sup\limits_k\int_E f_k(x)\mathrm{d}x$.

*9. 證明下列命題

(1) $\lim\limits_{n\to\infty} n(x^{\frac{1}{n}}-1)=\ln x(1<x<+\infty)$;

(2) $\lim\limits_{n\to\infty}\int_0^n\left(1+\frac{x}{n}\right)^n \mathrm{e}^{-2x}\mathrm{d}x=\int_0^{+\infty}\mathrm{e}^{-x}\mathrm{d}x$;

(3) $\int_0^1\frac{x^{m-1}}{1+x^n}\mathrm{d}x=\frac{1}{m}-\frac{1}{m+n}+\frac{1}{m+2n}-\frac{1}{m+3n}+\cdots$;

(4) $\sum\limits_{n=1}^{\infty}\frac{(-1)^{n+1}}{n}=2\ln 2$;

(5) 設$f(x)$是$[0,1]$上的正值可測函數, $\{E_n\}\subset[0,1]$是可測點集列. 若有

$$\varliminf_{n\to\infty}\int_{E_n}f(x)\mathrm{d}x=0,$$

則$m(\varliminf\limits_{n\to\infty}E_n)=0$.

5.2 可積函數

5.1 節只是討論了非負函數的積分, 下面我們來介紹一般可測函數的積分. 設$E\subset\mathrm{R}^n$是可測集合, 由 4.1 節的定義 3 知, 函數$f(x)$的正部$f^+(x)$和負部$f^-(x)$都是非負的函數, 則由 5.1 節的討論可知: $\int_E f^+(x)\mathrm{d}x$, $\int_E f^-(x)\mathrm{d}x$, $\int_E|f(x)|\mathrm{d}x$都是有意義的, 且

$$\int_E|f(x)|\mathrm{d}x=\int_E f^+(x)\mathrm{d}x+\int_E f^-(x)\mathrm{d}x.$$

定義 1 如果E上可測函數$f(x)$的正部的積分$\int_E f^+(x)\mathrm{d}x$和負部的積分$\int_E f^-(x)\mathrm{d}x$中至少有一個是有限的, 則我們就稱$f(x)$在E上是**有積分的**, 其積分值定義為

$$\int_E f(x)\mathrm{d}x=\int_E f^+(x)\mathrm{d}x-\int_E f^-(x)\mathrm{d}x.$$

特別地, 當$\int_E f^+(x)\mathrm{d}x$和$\int_E f^-(x)\mathrm{d}x$都是有限的, 則$\int_E f(x)\mathrm{d}x$是有限的, 並稱$f(x)$在E上是**L-可積的**.

顯然, $f(x)$在E上L-可積當且僅當其正部$f^+(x)$和負部$f^-(x)$都可積, $f(x)$在E上L-可積當且僅當$|f(x)|$在E上L-可積.

定理 1 如果有界函數$f(x)$在閉區間$[a,b]$上是R-可積的, 則$f(x)$在$[a,b]$上是L-可積的, 且

$$(L)\int_{[a,b]} f(x)\,\mathrm{d}x = (R)\int_a^b f(x)\,\mathrm{d}x.$$

證 當 $f(x)$ 在 $[a,b]$ 上 R－可積時，$f^+(x)$ 和 $f^-(x)$ 在 $[a,b]$ 上也 R－可積且

$$(R)\int_a^b f(x)\,\mathrm{d}x = (R)\int_a^b f^+(x)\,\mathrm{d}x - (R)\int_a^b f^-(x)\,\mathrm{d}x.$$

故不妨假設 $f(x)$ 是非負的，而 $f(x)$ 是有界的，所以下面我們只需證明

$$\underline{\int}_{[a,b]} f(x)\,\mathrm{d}x = \overline{\int}_{[a,b]} f(x)\,\mathrm{d}x = (R)\int_a^b f(x)\,\mathrm{d}x. \tag{5.2.1}$$

由有界函數可積的條件，對任意的 $\varepsilon > 0$，都有 $[a,b]$ 的分割

$$\Delta: a = x_0 < x_1 < \cdots < x_n = b,$$

使 $f(x)$ 的關於 Δ 的 Riemann 大小和 $\overline{S}_\Delta$ 和 $\overline{s}_\Delta$ 滿足條件

$$0 \leqslant \overline{S}_\Delta - \overline{s}_\Delta \leqslant \varepsilon, \tag{5.2.2}$$

其中 $\overline{S}_\Delta = \sum_{i=1}^{n} \overline{B}_i \Delta x_i$，$\overline{s}_\Delta = \sum_{i=1}^{n} \overline{b}_i \Delta x_i$，$\Delta x_i = x_i - x_{i-1}$，$\overline{B}_i = \sup_{x_{i-1}\leqslant x\leqslant x_i} f(x)$，$\overline{b}_i = \inf_{x_{i-1}\leqslant x\leqslant x_i} f(x)$.

由於 $\overline{s}_\Delta \leqslant (R)\int_a^b f(x)\,\mathrm{d}x \leqslant \overline{S}_\Delta$，所以

$$(R)\int_a^b f(x)\,\mathrm{d}x - \varepsilon < \overline{s}_\Delta \leqslant \overline{S}_\Delta < (R)\int_a^b f(x)\,\mathrm{d}x + \varepsilon. \tag{5.2.3}$$

令 $E_1 = [x_0, x_1]$，$E_i = (x_{i-1}, x_i]\ (i = 2,3,\cdots,n)$，則 $[a,b] = \bigcup_{i=1}^{n} E_i$ 便是 $[a,b]$ 的一個可測分割 D. 由於 $mE_i = \Delta x_i$，且因為當區間長度縮小時，上確界不增，下確界不減，所以 $B_i = \sup_{x\in E_i} f(x) \leqslant \overline{B}_i$，$b_i = \inf_{x\in E_i} f(x) \geqslant \overline{b}$，則 $f(x)$ 關於 D 的大、小和數 S_D、s_D 滿足 $\overline{s}_\Delta \leqslant S_D \leqslant S_D \leqslant \overline{S}_\Delta$，由(5.2.3)式可得

$$(R)\int_a^b f(x)\,\mathrm{d}x - \varepsilon < s_D \leqslant S_D < (R)\int_a^b f(x)\,\mathrm{d}x + \varepsilon,$$

故 $(R)\int_a^b f(x)\,\mathrm{d}x - \varepsilon < \underline{\int}_{[a,b]} f(x)\,\mathrm{d}x \leqslant \overline{\int}_{[a,b]} f(x)\,\mathrm{d}x < (R)\int_a^b f(x)\,\mathrm{d}x + \varepsilon$. 由 ε 的任意性，則有(5.2.1)式成立.

註 1 將定理 1 對一維空間的情形推廣到高維空間，也有類似的定理成立.

例 1 設 $E = [0,1]$，$f_n(x) = nx^{n-1}$ 是 E 上的非負可測函數. 則

$$(R)\int_0^1 f_n(x)\,\mathrm{d}x = (R)\int_0^1 nx^{n-1}\,\mathrm{d}x = x^n \Big|_0^1 = 1,$$

$$(L)\int_E f_n(x)\,\mathrm{d}x = \int_0^1 f_n(x)\,\mathrm{d}x = 1\ (n \geqslant 1).$$

由於$\varliminf_{n\to\infty}\int_E f_n(x)\,\mathrm{d}x=1$，而$\varliminf_{n\to\infty} f_n(x)=0\ (x\in E)$，即$\int_E \varliminf_{n\to\infty} f_n(x)\,\mathrm{d}x=0$. 由此也說明了 Fatou 引理中的不等號可能成立.

下面用定理的形式給出 L - 積分的一系列性質.

定理 2 若（1）$f(x)$ 在 E 上可測；

（2）$g(x)$ 在 E 上非負可積；

（3）$|f(x)|\leqslant g(x)$.

則 $f(x)$ 在 E 上也可積，且$\int_E f\mathrm{d}x\leqslant\int_E g\mathrm{d}x$.

證 由於$|f|=f^+ +f^-$，則$f^+\leqslant g, f^-\leqslant g$. 從而$\{f^+\}_n\leqslant\{g\}_n$，$\{f^-\}_n\leqslant\{g\}_n$. 由於$\{f^+\}_n$、$\{f^-\}_n$、$\{g\}_n$都是有界可測的，從而有界可積，所以

$$\int_E\{f^+\}_n\mathrm{d}x\leqslant\int_E\{g\}_n\mathrm{d}x,\quad\int_E\{f^-\}_n\mathrm{d}x\leqslant\int_E\{g\}_n\mathrm{d}x.$$

上述不等式取極限得

$$\int_E f^+\,\mathrm{d}x\leqslant\int_E g\mathrm{d}x<+\infty,\quad\int_E f^-\,\mathrm{d}x\leqslant\int_E g\mathrm{d}x<+\infty,$$

即f^+、f^- 都在 E 上可積，故 f 在 E 上可積. 從而

$$\int_E f\mathrm{d}x=\int_E f^+\,\mathrm{d}x-\int_E f^-\,\mathrm{d}x\leqslant\int_E f^+\,\mathrm{d}x\leqslant\int_E g\mathrm{d}x.$$

定理 3 設 $f(x)$ 在 E 上可測，則

（1）$f(x)$ 在 E 上可積當且僅當$|f(x)|$在 E 上可積. 且在 $f(x)$ 可積時，

$$\left|\int_E f\mathrm{d}x\right|\leqslant\int_E|f|\mathrm{d}x\ \text{（絕對可積性）}.$$

（2）如果 $mE<+\infty$，$f(x)$ 在 E 上有界，則 $f(x)$ 在 E 上可積.

（3）當 $f(x)$ 在 E 上可積時，對任意常數 c，則 $cf(x)$ 在 E 上也可積，且

$$\int_E cf(x)\,\mathrm{d}x=c\int_E f(x)\,\mathrm{d}x.$$

證（1）必要性. 由於$|f|=f^+ + f^-$，則$|f|$在 E 上可積.

充分性. 設$|f(x)|$可積，而$f^+\leqslant|f|, f^-\leqslant|f|$，由定理 2 知，$f^+$、$f^-$ 可積，從而 f 可積. 而

$$\begin{aligned}\left|\int_E f\mathrm{d}x\right|&=\left|\int_E f^+\,\mathrm{d}x-\int_E f^-\,\mathrm{d}x\right|\\&\leqslant\left|\int_E f^+\,\mathrm{d}x\right|+\left|\int_E f^-\,\mathrm{d}x\right|\\&=\int_E f^+\,\mathrm{d}x+\int_E f^-\,\mathrm{d}x\\&=\int_E|f|\mathrm{d}x.\end{aligned}$$

（2）由於$f(x)=f^+(x)-f^-(x)$，且$f(x)$有界，則f^+、f^- 有界. 從而f^+、f^- 有

界可測. 故 f 在 E 上可積.

(3) 當 $c \geqslant 0$ 時, 分三種情形證明.

(i) 若 $f(x)$ 為 E 上的非負簡單函數, 則 $f(x)=\alpha_i(x \in E_i; i=1,2,\cdots,n)$, 且 $E_i \cap E_j = \varnothing(i \neq j)$. 從而 f 在 E 上的積分值為

$$\int_E f(x)\,\mathrm{d}x = mG(f;E) = \sum_{i=1}^{n} \alpha_i mE_i,$$

故 $\int_E cf(x)\,\mathrm{d}x = mG(cf;E) = \sum_{i=1}^{n} c\alpha_i mE_i = c\sum_{i=1}^{n} \alpha_i mE_i = c\int_E f(x)\,\mathrm{d}x.$

(ii) 若 $f(x)$ 為 E 上的非負可測函數, 則存在 E 上的非負簡單函數列 $\{\varphi_n(x)\}$, 滿足 $\varphi_n(x) \leqslant \varphi_{n+1}(x)$, 且 $\varphi_n(x) \to f(x)(n \to +\infty)$. 則

$$\int_E cf(x)\,\mathrm{d}x = \lim_{n\to\infty}\int_E c\varphi_n(x)\,\mathrm{d}x = c\lim_{n\to\infty}\int_E \varphi_n(x)\,\mathrm{d}x = c\int_E f(x)\,\mathrm{d}x.$$

(iii) 若 $f(x)$ 為一般的可測函數, 由(ii) 及 $(cf)^+ = cf^+$, $(cf)^- = cf^-$, 可得

$$\int_E cf(x)\,\mathrm{d}x = \int_E cf^+\,\mathrm{d}x - \int_E cf^-\,\mathrm{d}x = c\int_E f^+\,\mathrm{d}x - c\int_E f^-\,\mathrm{d}x = c\int_E f(x)\,\mathrm{d}x.$$

當 $c < 0$ 時, 由 (b) 及 $(cf)^+ = -cf^-$, $(cf)^- = -cf^+$ 即得

$$\begin{aligned}\int_E cf(x)\,\mathrm{d}x &= \int_E (-c)f^-\,\mathrm{d}x - \int_E (-c)f^+\,\mathrm{d}x \\ &= -c\int_E f^-\,\mathrm{d}x - (-c)\int_E f^+\,\mathrm{d}x \\ &= c\int_E f(x)\,\mathrm{d}x.\end{aligned}$$

註 2 定理 3 告訴我們, L - 積分是一種絕對收斂的積分. 但是 R - 廣義積分卻不見得絕對收斂, 從而有 L - 積分僅是 R - 常義積分的推廣, 而不是 R - 廣義積分的推廣.

例 2 設函數

$$f(x) = \begin{cases} \dfrac{1}{x}\sin\dfrac{1}{x}, & 0 < x \leqslant 1, \\ 0, & x = 0, \end{cases}$$

證明 $f(x)$ 在 $[0,1]$ 上是廣義 R - 可積的, 但 $|f(x)|$ 卻不是廣義 R - 可積的.

證 因為 $\int_0^1 \frac{1}{x}\sin\frac{1}{x}\mathrm{d}x \underline{\underline{t=\frac{1}{x}}} -\int_1^{+\infty} t\sin t\cdot\left(-\frac{1}{t^2}\right)\mathrm{d}t = \int_1^{+\infty}\frac{\sin t}{t}\mathrm{d}t$, 所以下證 f 在 $[0,1]$ 上 L - 不可積. 否則, 若 f 在 $[0,1]$ 上 L - 可積, 則 $|f|$ 在 $[0,1]$ 上也 L - 可積. 而 $\left|\frac{1}{x}\sin\frac{1}{x}\right|$ 在 $\left[\frac{1}{n},1\right]$ 上 R - 可積, 則

$$(L)\int_0^1 |f|\,\mathrm{d}x \geqslant (L)\int_{\frac{1}{n}}^1 |f|\,\mathrm{d}x = (R)\int_{\frac{1}{n}}^1 \frac{1}{x}\left|\sin\frac{1}{x}\right|\mathrm{d}x \to +\infty\ (n\to\infty),$$

即 $|f|$ 不 L - 可積, 從而 f 在 $[0,1]$ 上 L - 不可積, 矛盾!

例3 已知$(R)\int_0^{+\infty}\frac{\sin x}{x}\mathrm{d}x=\frac{\pi}{2}$，但$f(x)=\frac{\sin x}{x}$在$[0,+\infty)$上$L-$不可積.

證 否則，若假設f在$[0,+\infty)$上$L-$可積，則$|f|$在$[0,+\infty)$上也$L-$可積. 而

$$
\begin{aligned}
(L)\int_0^{+\infty}\left|\frac{\sin x}{x}\right|\mathrm{d}x &\geqslant \sum_{n=0}^{\infty}(L)\int_{n\pi}^{(n+1)\pi}\frac{|\sin x|}{x}\mathrm{d}x\\
&=\sum_{n=0}^{\infty}(R)\int_{n\pi}^{(n+1)\pi}\frac{|\sin x|}{x}\mathrm{d}x\\
&=\sum_{n=0}^{\infty}(R)\int_0^{\pi}\frac{|\sin x|}{n\pi+x}\mathrm{d}x\\
&\geqslant \sum_{n=0}^{\infty}(R)\int_0^{\pi}\frac{\sin x}{(n+1)\pi}\mathrm{d}x\\
&=\sum_{n=0}^{\infty}\frac{2}{(n+1)\pi}\to+\infty\ (n\to\infty),
\end{aligned}
$$

所以$\left|\frac{\sin x}{x}\right|$在$[0,+\infty)$上$L-$不可積，從而$\frac{\sin x}{x}$在$[0,+\infty)$上$L-$不可積，矛盾!

定理4 若$f(x)$在E上可積，則$mE[f(x)=+\infty]=mE[f(x)=-\infty]=0$.

證 反設結論不成立. 則存在$\delta>0$，使$mE[f(x)=+\infty]=\delta$. 從而必有M，使$mE[x\mid \|x\|\leqslant M, f(x)=+\infty]\geqslant\frac{\delta}{2}>0$. 令$E_M^+=\{x\mid \|x\|\leqslant M, f(x)=+\infty\}$，則對任意的正整數$k$，都有$|f(x)|>k$，則$f^+(x)>k$，從而

$$\int_E f^+(x)\mathrm{d}x\geqslant\int_{E_M^+}f^+(x)\mathrm{d}x\geqslant kmE_M^+=\frac{k\delta}{2},$$

兩邊取極限，得$\int_E f^+(x)\mathrm{d}x=+\infty$，與$f(x)$在$E$上可積矛盾.

同理可證$mE[f(x)=-\infty]=0$.

定理4說明了$L-$可積的函數幾乎處處取有限值.

定理5 若$mE=0$，則E上的任何函數都可積，且

$$\int_E f(x)\mathrm{d}x=0.$$

證 因為$mE=0$，則f在E上可測，從而f^+、f^-在E上都可測. 則由5.1節定理2知：f^+、f^-在E上有積分. 從而$\{f^+\}_n$，$\{f^-\}_n$在E上可積.

由$\{f^+\}_n$及$\{f^-\}_n$的定義可知，$\{f^+\}_n$，$\{f^-\}_n$必有界. 不妨設$0\leqslant\{f^+\}_n\leqslant B$，則

$$\int_E\{f^+\}_n\mathrm{d}x\leqslant BmE=0,$$

故$\int_E \{f^+\}_n \mathrm{d}x = 0$. 從而$\int_E f^+ \mathrm{d}x = \lim_{n\to\infty}\int_E \{f^+\}_n \mathrm{d}x = 0$.

同理可證$\int_E f^- \mathrm{d}x = 0$. 則$\int_E f\mathrm{d}x = \int_E f^+ \mathrm{d}x - \int_E f^- \mathrm{d}x = 0$.

定理 6 如果 E 是可測集, 則

(1)(**積分的線性性**)當$f(x)$, $g(x)$ 都在 E 上可積時, $f(x)+g(x)$ 也在 E 上可積, 且

$$\int_E [\alpha f(x) + \beta g(x)]\mathrm{d}x = \alpha\int_E f(x)\mathrm{d}x + \beta\int_E f(x)\mathrm{d}x,$$

其中 α、β 為任意有限實數.

(2)(**可列可加性**)當 $E_n(n=1,2,3,\cdots)$ 都是 E 的互不相交的可測子集, 且 $E=\bigcup_{n=1}^{\infty} E_n$. 若$f(x)$ 在 E 上有積分時, 那麼$f(x)$ 在每一 $E_n(n=1,2,3,\cdots)$ 上都有積分, 且

$$\int_E f(x)\mathrm{d}x = \sum_{n=1}^{\infty}\int_{E_n} f(x)\mathrm{d}x.$$

(3)(**單調性**)當 $f(x)$, $g(x)$ 都在 E 上有積分, 且 $f(x) \leqslant g(x)(x \in E)$ 時,

$$\int_E f(x)\mathrm{d}x \leqslant \int_E g(x)\mathrm{d}x.$$

(4)當$f(x)$ 在 E 上有積分, 且$f(x)=g(x)\,a.e.$於 E 時, $g(x)$ 在 E 上也有積分, 且

$$\int_E g(x)\mathrm{d}x = \int_E f(x)\mathrm{d}x.$$

證 先證明(4).

記 $E_0 = E(f\neq g)$, 則 $mE_0 = 0$, 且 $E=(E-E_0)+E_0$. 則$f^+(x)=g^+(x)\,a.e.$於 E, $f^-(x)=g^-(x)\,a.e.$於 E. 從而

$$\begin{aligned}\int_E f^+(x)\mathrm{d}x &= \int_{E-E_0} f^+ \mathrm{d}x + \int_{E_0} f^+ \mathrm{d}x = \int_{E-E_0} g^+ \mathrm{d}x + 0\\ &= \int_{E-E_0} g^+ \mathrm{d}x + \int_{E_0} g^+ \mathrm{d}x = \int_E g^+ \mathrm{d}x.\end{aligned}$$

同理可證$\int_E f^-(x)\mathrm{d}x = \int_E g^- \mathrm{d}x$. 故$\int_E g(x)\mathrm{d}x = \int_E f(x)\mathrm{d}x$.

註 3 此性質說明:在零測集上隨意改變函數的值, 既不影響可積性, 也不影響它的積分值.

再證明(3). 由於 $f(x) \leqslant g(x)(x\in E)$, 則 $f^+(x) \leqslant g^+(x)$, $f^-(x) \geqslant g^-(x)$(請讀者依據 f 和 g 的符號, 自行證明這兩個不等式). 從而

$$\begin{aligned}\int_E f(x)\,\mathrm{d}x &= \int_E f^+(x)\,\mathrm{d}x - \int_E f^-(x)\,\mathrm{d}x \\ &\leqslant \int_E g^+(x)\,\mathrm{d}x - \int_E g^-(x)\,\mathrm{d}x \\ &= \int_E g(x)\,\mathrm{d}x.\end{aligned}$$

然后證明(2). 用$\chi_{E_n}(x)$ 表示 E_n 的特徵函數, 則

$$\int_{E_n} f^+(x)\,\mathrm{d}x = \int_E f^+(x)\chi_{E_n}(x)\,\mathrm{d}x,$$

而$f^+(x) = \sum_{n=1}^{\infty} f^+(x)\chi_{E_n}(x)\,(x \in E)$, 由 Lebesgue 基本定理, 有

$$\int_E f^+(x)\,\mathrm{d}x = \sum_{n=1}^{\infty}\int_E f^+(x)\chi_{E_n}(x)\,\mathrm{d}x = \sum_{n=1}^{\infty}\int_{E_n} f^+(x)\,\mathrm{d}x,$$

同理可證$\int_E f^-(x)\,\mathrm{d}x = \sum_{n=1}^{\infty}\int_{E_n} f^-(x)\,\mathrm{d}x.$

由於$f(x)$ 在 E 上有積分, 則$\int_E f^+(x)\,\mathrm{d}x$ 和$\int_E f^-(x)\,\mathrm{d}x$ 至少有一個有限. 不妨設$\int_E f^+(x)\,\mathrm{d}x$ 是有限的, 從而每個$\int_{E_n} f^+(x)\,\mathrm{d}x$ 都有限, 所以$f(x)$ 在每個 E_n 上都有積分. 故

$$\begin{aligned}\int_E f(x)\,\mathrm{d}x &= \int_E f^+(x)\,\mathrm{d}x - \int_E f^-(x)\,\mathrm{d}x \\ &= \sum_{n=1}^{\infty}\int_{E_n} f^+(x)\,\mathrm{d}x - \sum_{n=1}^{\infty}\int_{E_n} f^-(x)\,\mathrm{d}x \\ &= \sum_{n=1}^{\infty}\left[\int_{E_n} f^+(x)\,\mathrm{d}x - \int_{E_n} f^-(x)\,\mathrm{d}x\right] \\ &= \sum_{n=1}^{\infty}\int_{E_n} f(x)\,\mathrm{d}x.\end{aligned}$$

最后證明(1). 只就$\alpha=\beta=1$的情形來證明定理即可. 不妨設$f(x)$, $g(x)$ 在 E 上都是只取有限值的. 令

$$\begin{aligned}&E_1 = E[x \mid f(x) \geqslant 0, g(x) \geqslant 0],\\ &E_2 = E[x \mid f(x) < 0, g(x) < 0],\\ &E_3 = E[x \mid f(x) \geqslant 0, g(x) < 0, \text{且} f(x)+g(x) \geqslant 0],\\ &E_4 = E[x \mid f(x) \geqslant 0, g(x) < 0, \text{且} f(x)+g(x) < 0],\\ &E_5 = E[x \mid f(x) < 0, g(x) \geqslant 0, \text{且} f(x)+g(x) \geqslant 0],\\ &E_6 = E[x \mid f(x) < 0, g(x) \geqslant 0, \text{且} f(x)+g(x) < 0].\end{aligned}$$

顯然在 E_1 上 $f(x)$, $g(x)$ 都是非負可測的, 則有

$$\int_{E_1}[f(x)+g(x)]\,\mathrm{d}x = \int_{E_1} f(x)\,\mathrm{d}x + \int_{E_1} g(x)\,\mathrm{d}x.$$

而在 E_2 上 $-f(x)$，$-g(x)$ 都非負可測，則

$$\int_{E_2}\{-[f(x)+g(x)]\}\mathrm{d}x=\int_{E_2}[-f(x)]\mathrm{d}x+\int_{E_2}[-g(x)]\mathrm{d}x$$
$$=-\int_{E_2}f(x)\mathrm{d}x-\int_{E_2}g(x)\mathrm{d}x,$$

即 $\int_{E_2}[f(x)+g(x)]\mathrm{d}x=\int_{E_2}f(x)\mathrm{d}x+\int_{E_2}g(x)\mathrm{d}x.$

在 E_3 上，$f(x)$，$-g(x)$，$f(x)+g(x)$ 非負，且 $f(x)=[f(x)+g(x)]+[-g(x)]$，則

$$\int_{E_3}f(x)\mathrm{d}x=\int_{E_3}[f(x)+g(x)]\mathrm{d}x-\int_{E_3}g(x)\mathrm{d}x,$$

故 $\int_{E_3}f(x)\mathrm{d}x+\int_{E_3}g(x)\mathrm{d}x=\int_{E_3}[f(x)+g(x)]\mathrm{d}x.$

同理可證 $\int_{E_i}f(x)\mathrm{d}x+\int_{E_i}g(x)\mathrm{d}x=\int_{E_i}[f(x)+g(x)]\mathrm{d}x\ (i=4,5,6)$. 而

$$\int_E[f(x)+g(x)]^+\mathrm{d}x$$
$$=\int_{E_1}[f(x)+g(x)]\mathrm{d}x+\int_{E_3}[f(x)+g(x)]\mathrm{d}x+\int_{E_5}[f(x)+g(x)]\mathrm{d}x$$
$$=\int_{E_1}f(x)\mathrm{d}x+\int_{E_1}g(x)\mathrm{d}x+\int_{E_3}f(x)\mathrm{d}x+\int_{E_3}g(x)\mathrm{d}x+\int_{E_5}f(x)\mathrm{d}x+\int_{E_5}g(x)\mathrm{d}x$$
$$=\int_{E_1\cup E_3\cup E_5}f(x)\mathrm{d}x+\int_{E_1\cup E_3\cup E_5}g(x)\mathrm{d}x,$$

$$\int_E[f(x)+g(x)]^-\mathrm{d}x$$
$$=-\int_{E_2}[f(x)+g(x)]\mathrm{d}x-\int_{E_4}[f(x)+g(x)]\mathrm{d}x-\int_{E_6}[f(x)+g(x)]\mathrm{d}x$$
$$=-\int_{E_2\cup E_4\cup E_6}f(x)\mathrm{d}x-\int_{E_2\cup E_4\cup E_6}g(x)\mathrm{d}x,$$

則 $\int_E[f(x)+g(x)]^+\mathrm{d}x$，$\int_E[f(x)+g(x)]^-\mathrm{d}x$ 都是有限的，從而 $f(x)+g(x)$ 在 E 上可積，且

$$\int_E[f(x)+g(x)]\mathrm{d}x$$
$$=\int_E[f(x)+g(x)]^+\mathrm{d}x-\int_E[f(x)+g(x)]^-\mathrm{d}x$$
$$=\int_{E_1\cup E_3\cup E_5}f(x)\mathrm{d}x+\int_{E_2\cup E_4\cup E_6}f(x)\mathrm{d}x+\int_{E_1\cup E_3\cup E_5}g(x)\mathrm{d}x+\int_{E_2\cup E_4\cup E_6}g(x)\mathrm{d}x$$
$$=\int_E f(x)\mathrm{d}x+\int_E g(x)\mathrm{d}x.$$

下述定理中介紹的性質稱為**積分的絕對連續性**，也稱為**絕對連續性**.

定理 7（絕對連續性） 設 $f(x)$ 在 E 上可積，則對任意的 $\varepsilon>0$，恒有 $\delta>0$，

使當 $A \subset E$, $mA < \delta$ 時, 有

$$\left|\int_A f(x)\,\mathrm{d}x\right| < \varepsilon.$$

證 由 $f(x)$ 在 E 上可積知: $|f(x)|$ 在 E 上也可積. 對任意的 $\varepsilon > 0$, 取充分大的 k, 使

$$0 \leqslant \int_E |f(x)|\,\mathrm{d}x - \int_{E_k} |f(x)|\,\mathrm{d}x = \int_{E-E_k} |f(x)|\,\mathrm{d}x < \frac{\varepsilon}{2},$$

其中 $E_k = \{x \mid \|x\| \leqslant k\}$. 再取充分大的 N, 使

$$\begin{aligned}0 &\leqslant \int_{E_k} |f(x)|\,\mathrm{d}x - \int_{E_k} \{|f(x)|\}_N\,\mathrm{d}x \\ &= \int_{E_k} (|f(x)| - \{|f(x)|\}_N)\,\mathrm{d}x \\ &< \frac{\varepsilon}{4}.\end{aligned}$$

令 $\delta = \dfrac{\varepsilon}{4N}$, 則當 $A \subset E$, $mA < \delta$ 時, $\displaystyle\int_{A\cap E_k} \{|f(x)|\}_N\,\mathrm{d}x \leqslant N \cdot mA < N \cdot \delta = \frac{\varepsilon}{4}$.
從而

$$\begin{aligned}\left|\int_A f(x)\,\mathrm{d}x\right| &\leqslant \int_A |f(x)|\,\mathrm{d}x \\ &= \int_{A\cap E_k} |f(x)|\,\mathrm{d}x + \int_{A\cap(E-E_k)} |f(x)|\,\mathrm{d}x \\ &< \int_{A\cap E_k} (|f(x)| - \{|f(x)|\}_N)\,\mathrm{d}x + \int_{A\cap E_k} \{|f(x)|\}_N)\,\mathrm{d}x \\ &\quad + \int_{A\cap(E-E_k)} |f(x)|\,\mathrm{d}x \\ &< \frac{\varepsilon}{4} + \frac{\varepsilon}{4} + \frac{\varepsilon}{2} \\ &= \varepsilon.\end{aligned}$$

定義 2 設 E 是一可測集, $\mathcal{F}$是一簇在 E 上可積的函數, 如果對於任意的 $\varepsilon > 0$, 存在 $\delta(\varepsilon) > 0$, 使得當 $A \subset E, mA < \delta$ 時, 對一切 $f \in \mathcal{F}$都有

$$\left|\int_A f(x)\,\mathrm{d}x\right| < \varepsilon.$$

則我們稱$\mathcal{F}$是在 E 上**積分等度絕對連續的函數簇**.

註 4 如果$\mathcal{F}$是在 E 上積分等度絕對連續的函數簇, $\delta > 0$ 是使定義 2 成立的常數. 則對 $A \subset E, mA < \delta, f \in \mathcal{F}$, 若令 $A^+ = A \cap E[f(x) \geqslant 0], A^- = A \cap E[f(x) < 0]$, 則 $mA^+ < \delta, mA^- < \delta$. 故

$$\begin{aligned}\int_A |f(x)|\,\mathrm{d}x &= \int_{A^+} |f(x)|\,\mathrm{d}x + \int_{A^-} |f(x)|\,\mathrm{d}x \\ &= \left|\int_{A^+} f(x)\,\mathrm{d}x\right| + \left|\int_{A^-} f(x)\,\mathrm{d}x\right|\end{aligned}$$

$$< \frac{\varepsilon}{2} + \frac{\varepsilon}{2}$$

$$= \varepsilon.$$

這就說明了定義 2 中的式子 $\left|\int_A f(x)\,\mathrm{d}x\right| < \varepsilon$ 可加強為

$$\int_A |f(x)|\,\mathrm{d}x < \varepsilon \ (f \in \mathcal{F},\ mA < \delta).$$

定理 8（Vitali 定理） 設

(1) $mE < +\infty$；

(2) $\{f_n(x)\}_{n=1}^{\infty}$ 是在 E 上積分等度絕對連續的函數序列；

(3) 在 E 上 $f_n(x) \Rightarrow f(x)$.

則 $f(x)$ 在 E 上可積，且

$$\int_E f(x)\,\mathrm{d}x = \lim_{n\to\infty}\int_E f_n(x)\,\mathrm{d}x.$$

證 由條件(2)，對每一正整數 i，都可取 δ_i，且 $0 < \delta_i \leqslant \frac{1}{2^i}$，使得當 $A \subset E$，$mA < \delta_i$ 時，有

$$\int_A |f(x)|\,\mathrm{d}x < \frac{1}{2^{i+2}} (n \geqslant 1).$$

令
$$E_n(i) = \left\{x \in E \,\middle|\, |f_n(x) - f(x)| \geqslant \frac{1}{2^i(mE+1)}\right\},$$

$$E_{m,n}(i) = \left\{x \in E \,\middle|\, |f_m(x) - f_n(x)| \geqslant \frac{1}{2^{i+1}(mE+1)}\right\},$$

由條件(3)，可選取正整數 N_i，使得當 $n \geqslant N_i$ 時，$mE_n(i) < \frac{\delta_i}{2}$. 而 $E_{m,n}(i) \subset E_m(i) \cup E_n(i)$，故當 $m > n \geqslant N_i$ 時，$mE_{m,n}(i) < \delta_i$，從而

$$\begin{aligned}
&\int_E |f_m(x) - f_n(x)|\,\mathrm{d}x \\
&= \int_{E-E_{m,n}(i)} |f_m(x) - f_n(x)|\,\mathrm{d}x + \int_{E_{m,n}(i)} |f_m(x) - f_n(x)|\,\mathrm{d}x \\
&\leqslant \int_{E-E_{m,n}(i)} |f_m(x) - f_n(x)|\,\mathrm{d}x + \int_{E_{m,n}(i)} |f_m(x)|\,\mathrm{d}x + \int_{E_{m,n}(i)} |f_n(x)|\,\mathrm{d}x \\
&< \frac{1}{2^{i+1}(mE+1)} m(E - E_{m,n}(i)) + \frac{1}{2^{i+2}} + \frac{1}{2^{i+2}} \\
&\leqslant \frac{1}{2^{i+1}} + \frac{1}{2^{i+1}} = \frac{1}{2^i}.
\end{aligned} \tag{5.2.1}$$

由條件(3)，利用 Riesz 定理，有 $\{f_n(x)\}$ 的子序列 $\{f_{n_i}(x)\}$，使 $f(x) =$

$\lim\limits_{i\to\infty}f_{n_i}(x)\ a.e.$於$E$. 不妨設$n_i \geqslant N_i$，則有$f(x)=\sum\limits_{i=1}^{\infty}(f_{n_{i+1}}(x)-f_{n_i}(x))+f_{n_1}(x)\ a.e.$於$E$.

令$F(x)=\sum\limits_{i=1}^{\infty}|f_{n_{i+1}}(x)-f_{n_i}(x)|+|f_{n_1}(x)|$，則$F(x)$是$E$上的非負可測函數，且$|f(x)|\leqslant F(x)\ a.e.$於$E$.

由 Lebesgue 基本定理，利用式(5.2.1)，有

$$\begin{aligned}\int_E F(x)\mathrm{d}x &= \sum_{i=1}^{\infty}\int_E|f_{n_{i+1}}(x)-f_{n_i}(x)|\mathrm{d}x+\int_E|f_{n_1}(x)|\mathrm{d}x\\ &\overset{(5.2.1)}{<}\sum_{i=1}^{\infty}\frac{1}{2^i}+\int_E|f_{n_1}(x)|\mathrm{d}x\\ &<+\infty.\end{aligned}$$

故$F(x)$在E上可積，由定理2知:$f(x)$也在E上可積.

下證$\int_E f(x)\mathrm{d}x=\lim\limits_{n\to\infty}\int_E f_n(x)\mathrm{d}x$.

對任意給定的$\varepsilon>0$，對可積函數$f(x)$利用定理7，可知:存在$\delta>0$，使得當$A\subset E$，$mA<\delta$時，有$\left|\int_A f(x)\mathrm{d}x\right|<\dfrac{\varepsilon}{6}$，從而

$$\int_A|f(x)|\mathrm{d}x<\frac{\varepsilon}{3}. \tag{5.2.2}$$

若i充分大，使$\dfrac{1}{2^i}<\min\left\{\dfrac{\varepsilon}{3},\delta\right\}$，則當$m\geqslant N_i$時，由$mE_n(i)<\dfrac{\delta_i}{2}\leqslant\dfrac{1}{2^{i+1}}=\dfrac{1}{2^i}\cdot\dfrac{1}{2}<\dfrac{\delta}{2}$知$mE_n(i)<\delta$. 從而

$$\begin{aligned}\left|\int_E f_n(x)\mathrm{d}x-\int_E f(x)\mathrm{d}x\right| &\leqslant\int_E|f_n(x)-f(x)|\mathrm{d}x\\ &\leqslant\int_{E-E_n(i)}|f_n(x)-f(x)|\mathrm{d}x+\int_{E_n(i)}|f_n(x)|\mathrm{d}x\\ &\quad+\int_{E_n(i)}|f(x)|\mathrm{d}x\\ &<\frac{1}{2^{i+1}(mE+1)}+\frac{1}{2^{i+2}}+\frac{\varepsilon}{3}\\ &<\frac{1}{2^i}+\frac{1}{2^{i+2}}+\frac{\varepsilon}{3}\\ &<\varepsilon.\end{aligned}$$

故$\int_E f(x)\mathrm{d}x=\lim\limits_{n\to\infty}\int_E f_n(x)\mathrm{d}x$.

定義3　設$\{f_n(x)\}(n=1,2,3,\cdots)$是$E$上一列函數，如果$E$上有一個非負

函數 $F(x)$，使得在 E 上對一切 n 皆有 $|f_n(x)| \leqslant F(x)$，$a.e.$於 E. 則稱 $F(x)$ 是 $\{f_n(x)\}$ 的控製函數或優函數.

定理 9（Lebesgue 控製收斂定理） 設

(1) $\{f_n(x)\}$ $(n = 1,2,3,\cdots)$ 是 E 上一列可測函數；

(2) $F(x)$ 是$\{f_n(x)\}$ 的一個可積的控製函數；

(3) 在 E 上，$f_n(x) \Rightarrow f(x)$ $(x \in E)$.

則 $f(x)$ 也在 E 上可積，且

$$\int_E f(x)\,\mathrm{d}x = \lim_{n\to\infty}\int_E f_n(x)\,\mathrm{d}x.$$

證 由條件(3) 及 Riesz 定理知：存在子列$\{f_{n_i}(x)\}$ $a.e.$於$f(x)$. 再由控製函數的定義，有$|f_n(x)| \leqslant F(x)$ $a.e.$於 E，從而$|f(x)| \leqslant F(x)$ $a.e.$於 E. 由 $F(x)$ 的可積性知：$f(x)$，$f_n(x)$ $(n = 1,2,\cdots)$ 在 E 上也可積.

以下分兩步來證明定理 9 中的等式成立.

第一步，假設 $mE < +\infty$. 對任意的 $\varepsilon > 0$，記

$$E_n = \left\{x \in E \,\middle|\, |f_n(x) - f(x)| \geqslant \frac{\varepsilon}{2mE + 1}\right\},$$

且
$$\begin{aligned}\left|\int_{(E-E_n)}[f_n(x) - f(x)]\,\mathrm{d}x\right| &\leqslant \int_{(E-E_n)}|f_n(x) - f(x)|\,\mathrm{d}x \\ &< \frac{\varepsilon}{2mE+1}\cdot m(E - E_n) \\ &< \frac{\varepsilon}{2}.\end{aligned}$$

對 E 的任意可測子集 A，都有

$$\left|\int_A f_n(x)\,\mathrm{d}x\right| \leqslant \int_A |f_n(x)|\,\mathrm{d}x \leqslant \int_A F(x)\,\mathrm{d}x.$$

由 $F(x)$ 的可積性和積分的絕對連續性定理 7 可知：$\{f_n(x)\}$ 是在 E_n 上積分等度絕對連續的函數序列. 由條件(3) 可知，在 E_n 上也有 $f_n(x) \Rightarrow f(x)$. 故由 Vitali 定理，得

$$\lim_{n\to\infty}\int_{E_n} f_n(x)\,\mathrm{d}x = \int_{E_n} f(x)\,\mathrm{d}x,$$

即存在 N，當 $n \geqslant N$ 時，有 $\left|\int_{E_n} f_n(x)\,\mathrm{d}x - \int_{E_n} f(x)\,\mathrm{d}x\right| < \frac{\varepsilon}{2}$. 從而當 $n \geqslant N$ 時，有

$$\begin{aligned}\left|\int_E f_n(x)\,\mathrm{d}x - \int_E f(x)\,\mathrm{d}x\right| &= \left|\int_{(E-E_n)+E_n}[f_n(x) - f(x)]\,\mathrm{d}x\right| \\ &\leqslant \left|\int_{(E-E_n)}[f_n(x) - f(x)]\,\mathrm{d}x\right| + \left|\int_{E_n}[f_n(x) - f(x)]\,\mathrm{d}x\right| \\ &\leqslant \int_{(E-E_n)}|f_n(x) - f(x)|\,\mathrm{d}x + \left|\int_{E_n} f_n(x)\,\mathrm{d}x - \int_{E_n} f(x)\,\mathrm{d}x\right|\end{aligned}$$

$$\leqslant \int_{E-E_n} |f_n(x)|\mathrm{d}x + \int_{E-E_n} |f(x)|\mathrm{d}x$$

$$+ \left| \int_{E_n} f_n(x)\mathrm{d}x - \int_{E_n} f(x)\mathrm{d}x \right|$$

$$< 2\int_{E-E_n} F(x)\mathrm{d}x + \frac{\varepsilon}{2}$$

$$< \varepsilon,$$

即$\int_E f(x)\mathrm{d}x = \lim_{n\to\infty}\int_E f_n(x)\mathrm{d}x$.

第二步，假設 $mE =+\infty$. 對任意的 $\varepsilon > 0$，取充分大的 M，使得

$$0 \leqslant \int_{E-E_M} F(x)\mathrm{d}x = \int_E F(x)\mathrm{d}x - \int_{E_M} F(x)\mathrm{d}x < \frac{\varepsilon}{4},$$

即 $0 \leqslant \int_{E-E_M} F(x)\mathrm{d}x < \frac{\varepsilon}{4}$，其中 $mE_M < +\infty$. 則

$$\left|\int_E [f_n(x) - f(x)]\mathrm{d}x\right| \leqslant \left|\int_{(E-E_M)} [f_n(x) - f(x)]\mathrm{d}x\right| + \left|\int_{E_M} [f_n(x) - f(x)]\mathrm{d}x\right|$$

$$\leqslant 2\int_{(E-E_M)} F(x)\mathrm{d}x + \left|\int_{E_M} [f_n(x) - f(x)]\mathrm{d}x\right|$$

$$< \left|\int_{E_M} [f_n(x) - f(x)]\mathrm{d}x\right| + \frac{\varepsilon}{2},$$

由第一步，即知$\int_E f(x)\mathrm{d}x = \lim_{n\to\infty}\int_E f_n(x)\mathrm{d}x$.

註5　①定理9是一個積分號下取極限的定理，條件(1)與(2)都很弱，最關鍵的是條件(3).

② 定理9中的可測集 E 不一定是有限可測集，所以 E 上幾乎處處收斂的函數不一定是依測度收斂的；但如果將定理9中的條件 $f_n(x) \Rightarrow f(x)$ 換成 $\lim_{n\to\infty} f_n(x) = f(x)\ a.e.$ 於 E，結論仍然是正確的，只需重複一下定理9的證明方法即可.

③ 即使對有限可測集，Lebesgue 控製收斂定理中的控製函數也是不能去掉的，反例見5.1節的定理7的註5.

④ 從Lebesgue控製收斂定理的證明可以看出，之所以需要一個控製函數，是為了使得函數序列$\{f_n(x)\}$在測度充分小的集合上的積分可以由某個可積函數在該集合上的積分控製，進而其積分的絕對連續性相對於n具有某種「一致性」. 所以我們也可以將控製函數用關於積分的某種「一致連續性」條件來替代，這種一致連續性即為「等度絕對連續」.

推論1（Lebesgue 有界收斂定理）　如果

(1) $mE < +\infty$；

(2) $f_n(x)\,(n = 1,2,3,\cdots)$ 在 E 上可測，且 $|f_n(x)| \leqslant K\,(x \in E)$，其中 K 為一個與 n 無關的常數；

（3）在 E 上 $f_n(x) \Rightarrow f(x)$.
則 $f(x)$ 在 E 上可積，且

$$\int_E f(x)\,\mathrm{d}x = \lim_{n\to\infty}\int_E f_n(x)\,\mathrm{d}x.$$

證 由於 $mE < +\infty$，故只需在定理 9 中取 $F(x) \equiv K$ 即可.

例 4 證明 $\lim\limits_{n\to\infty}\int_0^1 \frac{nx}{1+n^2x^2}\mathrm{d}x = 0.$

證 在 $[0,1]$ 上，由於 $2nx \leqslant 1 + n^2x^2$，則 $0 \leqslant \frac{nx}{1+n^2x^2} \leqslant \frac{1}{2}$，且 $\lim\limits_{n\to\infty}\frac{nx}{1+n^2x^2} = 0$. 故由 Lebesgue 有界收斂定理，有

$$\lim_{n\to\infty}\int_0^1 \frac{nx}{1+n^2x^2}\mathrm{d}x = \int_0^1 0\,\mathrm{d}x = 0.$$

例 5 證明 $\lim\limits_{n\to\infty}\int_0^1 \frac{n^{\frac{3}{2}}x}{1+n^2x^2}\mathrm{d}x = 0.$

證 在 $[0,1]$ 上，有 $\lim\limits_{n\to\infty}\frac{n^{\frac{3}{2}}x}{1+n^2x^2} = 0$. 令 $f_n(x) = \frac{n^{\frac{3}{2}}x}{1+n^2x^2}$，$F(x) = \frac{2}{\sqrt{x}}$，則

$$\begin{aligned} F(x) - f_n(x) &= \frac{2}{\sqrt{x}} - \frac{n^{\frac{3}{2}}x}{1+n^2x^2} \\ &= \frac{2 + (2\sqrt{nx} - 1)(nx)^{\frac{3}{2}}}{\sqrt{x}(1+n^2x^2)}. \end{aligned}$$

當 $\frac{1}{4n} < x \leqslant 1$ 時，$2\sqrt{nx} - 1 > 0$，有 $2 + (2\sqrt{nx} - 1)(nx)^{\frac{3}{2}} > 0$，則 $F(x) - f_n(x) > 0$.

當 $0 \leqslant x \leqslant \frac{1}{4n}$ 時，有 $2 + (2\sqrt{nx} - 1)(nx)^{\frac{3}{2}} \geqslant 2 - (nx)^{\frac{3}{2}} \geqslant 2 - n^{\frac{3}{2}} \cdot (\frac{1}{4n})^{\frac{3}{2}} > 0$. 則 $F(x) - f_n(x) > 0$. 從而在 $[0,1]$ 上處處有 $0 \leqslant f_n(x) \leqslant F(x)$，而 $F(x)$ 在 $[0,1]$ 上可積，故可由控製收斂定理得

$$\lim_{n\to\infty}\int_0^1 \frac{n^{\frac{3}{2}}x}{1+n^2x^2}\mathrm{d}x = \int_0^1 0\,\mathrm{d}x = 0.$$

註 6 由於 $\frac{nx}{1+n^2x^2}$ 在 $x = \frac{1}{n} \in [0,1]$ 處取值為 $\frac{1}{2}$，所以在 $[0,1]$ 上 $\left\{\frac{nx}{1+n^2x^2}\right\}_{n=1}^{\infty}$ 和 $\left\{\frac{n^{\frac{3}{2}}x}{1+n^2x^2}\right\}_{n=1}^{\infty}$ 都不是一致收斂於 0 的.

作為控製收斂定理的應用，我們給出區間$[a,b]$上的有界函數R－可積的一個充要條件.

定理10　區間$[a,b]$上的有界函數$f(x)$是R－可積的充要條件是:$f(x)$在$[a,b]$上幾乎處處連續，即$f(x)$在$[a,b]$中的不連續點集是一個零測集.

證　設$f(x)$在$[a,b]$中的不連續點所構成的集為D. 將$E=[a,b]$分為2^n等分的分割記為Δ_n，即

$$\Delta_n: a=x_0^{(n)}<x_1^{(n)}<\cdots<x_{2^n}^{(n)}=b\left(x_i^{(n)}-x_{i-1}^{(n)}=\frac{b-a}{2^n}\right),$$

記　$M_i^{(n)}=\sup\limits_{x\in[x_{i-1}^{(n)},x_i^{(n)}]}f(x)$，$m_i^{(n)}=\inf\limits_{x\in[x_{i-1}^{(n)},x_i^{(n)}]}f(x)$ $(i=1,2,\cdots,n)$，

$$\psi_n^{(1)}(x)=\sum_{i=1}^{2^n}M_i^{(n)}\chi_{[x_{i-1}^{(n)},x_i^{(n)})},\ \psi_n^{(2)}(x)=\sum_{i=1}^{2^n}m_i^{(n)}\chi_{[x_{i-1}^{(n)},x_i^{(n)})},$$

其中$\chi_{[x_{i-1}^{(n)},x_i^{(n)})}(x)$為$[x_{i-1}^{(n)},x_i^{(n)})$的特徵函數. 則$f(x)$關於$\Delta_n$的黎曼大、小和數$\bar{S}_{\Delta_n},\bar{s}_{\Delta_n}$之差為

$$\bar{S}_{\Delta_n}-\bar{s}_{\Delta_n}=\int_a^b\{\psi_n^{(1)}(x)-\psi_n^{(2)}(x)\}\,\mathrm{d}x.$$

由於Δ_n的的分點總是Δ_{n+1}的分點，所以

$$\psi_n^{(1)}(x)\geqslant\psi_{n+1}^{(1)}(x)\geqslant f(x)\geqslant\psi_{n+1}^{(2)}(x)\geqslant\psi_n^{(2)}(x).$$

設$B(x)=\lim\limits_{n\to\infty}\psi_n^{(1)}(x)$，$b(x)=\lim\limits_{n\to\infty}\psi_n^{(2)}(x)$，則$b(x)\leqslant f(x)\leqslant B(x)$.

必要性. 如果$f(x)$在$[a,b]$上R－可積，則$\lim\limits_{n\to\infty}(\bar{S}_{\Delta_n}-\bar{s}_{\Delta_n})=0$，即

$$\lim_{n\to\infty}\int_a^b\{\psi_n^{(1)}(x)-\psi_n^{(2)}(x)\}\,\mathrm{d}x=0.\tag{5.2.3}$$

對正整數k，令$E_k=\left\{x\in E\,|\,B(x)-b(x)\geqslant\frac{1}{k}\right\}$，由$B(x)-b(x)\leqslant\psi_n^{(1)}(x)-\psi_n^{(2)}(x)(n=1,2,3,\cdots)$，即知

$$\begin{aligned}\frac{1}{k}mE_m&\leqslant\int_{E_k}\{B(x)-b(x)\}\,\mathrm{d}x\\&\leqslant\int_a^b\{B(x)-b(x)\}\,\mathrm{d}x\\&\leqslant\int_a^b\{\psi_n^{(1)}(x)-\psi_n^{(2)}(x)\}\,\mathrm{d}x.\end{aligned}$$

由式(5.2.3)可知，對任意的k，都有$mE_k=0$. 而$E[B(x)-b(x)>0]=\bigcup\limits_{k=1}^{\infty}E_k$，則

$$mE[B(x)-b(x)>0]=0,$$

這說明了

$$\lim_{n\to\infty}\psi_n^{(1)}(x)=\lim_{n\to\infty}\psi_n^{(2)}(x)=f(x)\ a.e.\text{於}E.\tag{5.2.4}$$

令 D_1 表示使得式(5.2.4) 全體不成立的點集，則 $mD_1=0$；令 D_2 表示全體 Δ_n 的分點所構成的集合，則 D_2 是一可列集，從而 $mD_2=0$. 令 $D_0=D_1\cup D_2$，則 $mD_0=0$. 設 $x_0\notin D_0$，且 $x_0\in E=[a,b]$. 下證 x_0 必是 $f(x)$ 的連續點.

由於 $x_0\notin D_0$，則在 x_0 點處，有

$$\lim_{n\to\infty}\psi_n^{(1)}(x_0)=\lim_{n\to\infty}\psi_n^{(2)}(x_0)=f(x_0).$$

對任意的 $\varepsilon>0$，選 n_0 充分大，使 $f(x_0)-\varepsilon<\psi_{n_0}^{(2)}(x_0)\leqslant\psi_{n_0}^{(1)}(x_0)<f(x_0)+\varepsilon$. 由於 $x_0\notin D_0$，則 $x_0\notin D_2$，即 x_0 不是 Δ_{n_0} 的分點，則有開區間 I，使 $x_0\in I$. 當 $x\in I$ 時，有

$$f(x_0)-\varepsilon<\psi_{n_0}^{(2)}(x_0)\leqslant f(x)\leqslant\psi_{n_0}^{(1)}(x_0)<f(x_0)+\varepsilon,$$

則 $f(x)$ 在 x_0 點處連續，即 $x_0\notin D$. 從而 $D\subset D_0$，故 $mD\leqslant mD_0=0$.

充分性. 因為 $f(x)$ 有界，不妨設 $k\geqslant0$，且 $|f(x)|\leqslant k$. 當 $x_0\notin D$，$x_0\notin E$ 時，x_0 是連續點. 即對任意的 $\varepsilon>0$，存在 $\delta>0$，使得當 $|x-x_0|<\delta$，$x\in E$ 時，$|f(x_0)-f(x)|<\dfrac{\varepsilon}{2}$.

若 n 充分大，且使 $\dfrac{b-a}{2^n}<\delta$，則 Δ_n 中包含 x_0 的小區間 $[x_{i-1}^{(n)},x_i^{(n)})$ 應包含在區間 $(x_0-\delta,x_0+\delta)$ 內. 此時必有 $0\leqslant\psi_n^{(1)}(x_0)-\psi_n^{(2)}(x_0)<\varepsilon$，故

$$\lim_{n\to\infty}(\psi_n^{(1)}(x_0)-\psi_n^{(2)}(x_0))=0.$$

而 $mD=0$，則有 $\lim\limits_{n\to\infty}(\psi_n^{(1)}(x)-\psi_n^{(2)}(x))=0, a.e.$ 於 E.

由於 $|f(x)|\leqslant k$，則 $0\leqslant\psi_n^{(1)}(x)-\psi_n^{(2)}(x)\leqslant 2k$. 從而可由 Lebesgue 有界收斂定理，得

$$\lim_{n\to\infty}(\bar{S}_{\Delta_n}-\bar{s}_{\Delta_n})=\lim_{n\to\infty}\int_a^b(\psi_n^{(1)}(x)-\psi_n^{(2)}(x))\mathrm{d}x=0,$$

即 $f(x)$ 在 $[a,b]$ 上是 $R-$ 可積的.

習題 5.2

1. 判斷題

(1) 若 $f(x)$ 是 E 上的可測函數，則 $\int_E|f(x)|\mathrm{d}x=\int_E f^+(x)\mathrm{d}x+\int_E f^-(x)\mathrm{d}x$.

( )

(2) 設 $f(x)$ 在 $[0,1]$ 上的一個稠密集上處處不連續，則 $f(x)$ 一定不 Riemann 可積. ( )

(3) 設 $f(x)$ 在 $[0, 1]$ 上處處不連續，則 $f(x)$ 一定不 Lesbegue 可積.

( )

(4) 設 $mE=0$，則對 E 上的任何實值函數 $f(x)$，都有 $\int_E f(x)\mathrm{d}x=0$.

( )

(5) 設 E 為可測集，若$\int_E f(x)\mathrm{d}x = 0$，則 $mE[f(x) \neq 0] = 0$.　　(　　)

(6) 設$f(x)$ 在 E 上可測，若有 $\left|\int_E f(x)\mathrm{d}x\right| = \int_E |f(x)|\mathrm{d}x$，則或有$f(x) \geqslant 0$，$a.e.$於 E，或有 $f(x) \leqslant 0$,$a.e.$於 E.　　(　　)

2. 單項選擇

(1) 下列斷言(　　)是正確的.

A. $f(x)$ 在$[a,b]$ 上 L - 可積當且僅當$|f(x)|$在$[a,b]$ 上 L - 可積

B. $f(x)$ 在$[a,b]$ 上 R - 可積當且僅當$|f(x)|$ 在$[a,b]$ 上 R - 可積

C. $f(x)$ 在上$[a,b]L$ - 可積當且僅當$|f(x)|$ 在$[a,b]$ 上 R - 可積

D. 如果$f(x)$ 在$(a,+\infty)$ 上 R - 廣義可積,那麼$f(x)$ 在$(a,+\infty)$ 上 L - 可積

3. 計算題

(1) 設函數

$$f(x) = \begin{cases} x^3, & x > \dfrac{1}{3} \text{ 的無理數}, \\ \sin x, & x < \dfrac{1}{3} \text{ 的有理數}, \\ x, & \text{其他}, \end{cases}$$

求$(L)\int_0^1 f(x)\mathrm{d}x$.

(2) 設函數

$$f(x) = \begin{cases} \mathrm{e}^{-x^2}, & x \text{ 有理數}, \\ x, & x \text{ 無理數}, \end{cases}$$

求$(L)\int_0^1 f(x)\mathrm{d}x$.

(3) 在$[0,1]$ 上定義函數

$$f(x) = \begin{cases} \dfrac{1}{x+1}, & x \text{ 為}[0,1] \text{ 上的有理數}, \\ x^2, & x \text{ 為}[0,1] \text{ 上的無理數}, \end{cases}$$

求$\int_{[0,1]} f(x)\mathrm{d}x$.

(4) 設函數

$$f(x) = \begin{cases} 0, & x \in \mathrm{Q}, \\ x^2, & x \in (\dfrac{1}{3},1] \cap \mathrm{Q}^C, \\ x^3, & x \in [0,\dfrac{1}{3}) \cap \mathrm{Q}^C, \end{cases}$$

證明：$f(x)$ 在 $[0, 1]$ 上 L – 可積，並計算 $(L)\int_0^1 f(x)\,\mathrm{d}x$.

（5）設函數

$$f(x)=\begin{cases}x^2, & x\in[0,1]\cap Q^C,\\ 1, & x\in[0,1]\cap Q,\end{cases}$$

試問 $f(x)$ 在 $[0,1]$ 上是否 R – 可積？是否 L – 可積？若可積，求出積分值.

（6）設有定義在 $[0,1]\times[0,1]$ 上的二元函數：

$$f(x,y)=\begin{cases}1, & x\cdot y\ \text{為無理數},\\ 2, & x\cdot y\ \text{為有理數},\end{cases}$$

求 $\int_E f(x,y)\,\mathrm{d}x\mathrm{d}y$.

（7）設函數

$$f(x)=\begin{cases}\sin x, & \cos x\ \text{為有理數},\\ \cos^2 x, & \cos x\ \text{為無理數},\end{cases}$$

求 $\int_0^{\pi/2} f(x)\,\mathrm{d}x$.

（8）求 $\lim\limits_{n\to\infty}(R)\int_0^1 \dfrac{nx}{1+n^2x^2}\sin nx\,\mathrm{d}x$.

（9）設 $f(x)$ 是 $[a,b]$ 上的可積函數，其中 $a>0$，若 $f_n(x)=\dfrac{f(x)}{(x^2+3x+1)^n}$，試求 $\lim\limits_{n\to\infty}\int_{[a,b]} f_n(x)\,\mathrm{d}x$.

4. 證明：L – 可積函數必定幾乎處處有限.

5. 設 $mE<+\infty$，$f(x)$ 是 E 上的可積函數，記 $e_n=\{x\in E\,|\,|f(x)|\geqslant n\}$，證明：$\lim\limits_{n\to\infty} n\cdot me_n=0$.

6. 設 $mE<+\infty$，$\{f_n(x)\}$ 是 E 上的可測函數列，證明：$f_n(x)\Rightarrow 0$ 的充要條件是

$$\lim_{n\to\infty}\int_E \frac{|f_n(x)|}{1+|f_n(x)|}\mathrm{d}x=0.$$

7. 設 $f(x)$ 在 E 上可積，$E_n\subset E$, $E_n(n=1,2,\cdots)$ 可測，且 $\lim\limits_{n\to\infty}(mE_n)=mE<+\infty$，證明：

$$\lim_{n\to\infty}\int_{E_n} f(x)\,\mathrm{d}x=\int_E f(x)\,\mathrm{d}x.$$

8. 設 $mE<+\infty$，證明在 E 上 $f_n(x)\Rightarrow 0$ 的充要條件是 $\lim\limits_{n\to\infty}\int_E \dfrac{f_n^2(x)}{1+f_n^2(x)}\mathrm{d}x=0$.

9. 敘述 Lebesgue 控製收斂定理，並用 Fatou 引理證明在幾乎處處收斂情況下，即當 $\lim\limits_{n\to\infty} f_n(x)=f(x)\ a.e.$ 於 E 時的 Lebesgue 控製收斂定理.

10. 設$\{E_n\}$是可測集列，滿足$E_n \subset E_{n+1}$以及$mE_n < M < \infty\ (n = 1,2,\cdots)$，若函數$f(x)$在$E = \bigcup_{n=1}^{\infty} E_n$上可積，證明：$\lim_{n\to\infty}\int_{E_n} f(x)\,\mathrm{d}x = \int_E f(x)\,\mathrm{d}x$.

11. 設$E = (0, +\infty)$，$f(x) = \dfrac{\sin x}{x}$，證明：$f(x)$不是E上的Lebesgue可積函數.

5.3　重積分與累次積分的關係

研究重積分與累次積分的關係是數學分析中最重要的課題之一. 在Riemann積分理論中，重積分化為累次積分的一個較強的條件是被積函數連續，而連續對許多實際問題都是難以滿足的，這給重積分的計算帶來很大困難. 如果$f(x,y)$在矩形$I = [a,b] \times [c,d]$上連續，那麼下述等式

$$\iint_I f(x,y)\,\mathrm{d}x\mathrm{d}y = \int_a^b \mathrm{d}x \int_c^d f(x,y)\,\mathrm{d}y$$

成立. 本節的中心問題是要在Lebesgue積分的基礎上建立相應的定理——Fubini定理. Riemann積分理論告訴我們，只要被積函數可積，就可把重積分化為累次積分，這簡直是無條件的進行，否則不可積就談不到計算了. 所以在交換積分順序這個問題上，Lebesgue積分論中要求的條件比Riemann積分論中的要求少得多，這就是新積分的方便之處.

5.3.1　非負廣義實值可測函數情形

不失一般性，我們令$n = p + q$，其中p, q是正整數.

$$\mathrm{R}^{p+q} = \mathrm{R}^p \times \mathrm{R}^q = \{(x,y) \mid (x,y) = (\xi_1,\cdots,\xi_p,\xi_{p+1},\cdots,\xi_n)\},$$

其中$x = (\xi_1,\cdots,\xi_p)$，$y = (\xi_{p+1},\cdots,\xi_n)$. 並記定義在$\mathrm{R}^n$上的函數$f$的積分為

$$\int_{\mathrm{R}^n} f(z)\,\mathrm{d}z = \int_{\mathrm{R}^p\times\mathrm{R}^q} f(x,y)\,\mathrm{d}x\mathrm{d}y.$$

定義1　設$f(x,y)$為$\mathrm{R}^n = \mathrm{R}^p \times \mathrm{R}^q$上的非負廣義實值可測函數，則

(i) 關於Lebesgue測度，對幾乎所有的$x \in \mathrm{R}^p$，$f(x,y)$在R^q上是y的非負廣義實值可測函數；

(ii) $F_f(x) = \int_{\mathrm{R}^q} f(x,y)\,\mathrm{d}y$為$\mathrm{R}^p$上的非負廣義實值可測函數；

(iii) $\int_{\mathrm{R}^n} f(x,y)\,\mathrm{d}x\mathrm{d}y = \int_{\mathrm{R}^p}\mathrm{d}x\int_{\mathrm{R}^q} f(x,y)\,\mathrm{d}y = \int_{\mathrm{R}^p} F_f(x)\,\mathrm{d}x$.

將$\mathrm{R}^n = \mathrm{R}^p \times \mathrm{R}^q$上滿足(i)，(ii)，(iii)的非負廣義實值可測函數f的全體記為$\mathcal{F}$. 顯然，$f(x,y) \equiv 0 \in \mathcal{F}$，因而$\mathcal{F}$非空.

引理1　(i) 如果$f \in \mathcal{F}$，實數$\alpha \geqslant 0$，則$\alpha f \in \mathcal{F}$.

(ii) 如果$f_1, f_2 \in \mathcal{F}$, 則$f_1 + f_2 \in \mathcal{F}$.

(iii) 如果$f, g \in \mathcal{F}$, $f - g \geqslant 0$且g可積, 則$f - g \in \mathcal{F}$.

(iv) 如果$f_k \in \mathcal{F}$, $f_k \leqslant f_{k+1}$, $k = 1,2,\cdots$, 且有$\lim\limits_{k\to+\infty} f_k = f$, 則$f \in \mathcal{F}$.

定理1 (Tonelli, 非負可測函數情形) 設$f(x,y)$為$\mathrm{R}^n = \mathrm{R}^p \times \mathrm{R}^q$上的非負廣義實值可測函數, 則$f \in \mathcal{F}$.

由於Tonelli定理的證明較為繁難一些, 在此不做詳細的證明, 只給出其證明的主要思路:只需證明R^n中任意的Lebesgue可測集E的特徵函數都在$\mathcal{F}$中.

(1) 當E是$\mathrm{R}^p \times \mathrm{R}^q$中的長方體時;

(2) 當E是R^n中的開集時;

(3) 當E是R^n中的有界閉集時;

(4) 當E是R^n中的遞減集列$\{E_k\}$的極限時, 其中的$mE_k < +\infty$, $\chi_{E_k} \in \mathcal{F}$;

(5) 當E是R^n中的零測集時;

(6) 當E是R^n中任意可測集時.

註1 在定理1中, 改變$x \in \mathrm{R}^p$與$y \in \mathrm{R}^q$的次序, 結論同樣成立. 因此, 對非負廣義可測函數, 有$\int_{\mathrm{R}^q} \mathrm{d}y \int_{\mathrm{R}^p} f(x,y)\,\mathrm{d}x = \int_{\mathrm{R}^n} f(x,y)\,\mathrm{d}x\mathrm{d}y = \int_{\mathrm{R}^p} \mathrm{d}x \int_{\mathrm{R}^q} f(x,y)\,\mathrm{d}y$.

通常稱$\int_{\mathrm{R}^p \times \mathrm{R}^q} f(z)\,\mathrm{d}z$為重積分, 稱$\int_{\mathrm{R}^p} \left(\int_{\mathrm{R}^q} f(x,y)\,\mathrm{d}y\right)\mathrm{d}x$或$\int_{\mathrm{R}^q} \left(\int_{\mathrm{R}^p} f(x,y)\,\mathrm{d}x\right)\mathrm{d}y$為累次積分.

若$f(x,y)$是$E \subset \mathrm{R}^n$的非負可測函數, 則可用$f(x,y)\chi_E(x,y)$代替定理中的$f(x,y)$, 即

$$\int_{\mathrm{R}^q} \mathrm{d}y \int_{\mathrm{R}^p} f(x,y)\chi_E(x,y)\,\mathrm{d}x = \int_E f(x,y)\,\mathrm{d}x\mathrm{d}y = \int_{\mathrm{R}^p} \mathrm{d}x \int_{\mathrm{R}^q} f(x,y)\chi_E(x,y)\,\mathrm{d}y.$$

此處運用特徵函數$\chi_E(x,y)$, 不僅可以把測度問題放到積分框架中來討論, 還可將眾多不同的積分區域統一成相同的積分區域, 從而為解決實際問題提供了極大的方便, 正是「特徵函數是個寶, 測度積分架金橋, 不同區域可劃一, 積分號下見分曉」.

例1 設$E \subset \mathrm{R}^1$且$0 < mE < +\infty$, $f(x)$在R^1上非負可測. 則$f(x)$在R^1上可積當且僅當$g(x) = \int_E f(x-t)\,\mathrm{d}t$在$\mathrm{R}^1$上可積.

證 必要性. 因為χ_E在R^1上可積, 且有

$$g(x) = \int_E f(x-t)\,\mathrm{d}t = \int_{\mathrm{R}^1} \chi_E(t) f(x-t)\,\mathrm{d}t,$$

則$g(x)$在R^1上可積.

充分性. 因為
$$+\infty > \int_{\mathrm{R}^1} \left(\int_{\mathrm{R}^1} \chi_E(t) f(x-t)\,\mathrm{d}t\right)\mathrm{d}x$$
$$\overset{Tonelli}{=} \int_{\mathrm{R}^1} \chi_E(t) \left(\int_{\mathrm{R}^1} f(x-t)\,\mathrm{d}x\right)\mathrm{d}t$$

$$=mE\cdot\int_{\mathrm{R}^1}f(x)\,\mathrm{d}x,$$

所以$\int_{\mathrm{R}^1}f(x)\,\mathrm{d}x$有限，即$f(x)$在$\mathrm{R}^1$上可積.

5.3.2 可積函數情形

為了建立 Fubini 定理，我們需進一步討論乘積空間的測度問題. 在 3.4 節中，我們曾證明：如果A和B分別是R^p和R^q中的可測集合，則$A\times B$便是R^{p+q}中的可測集合，且

$$m(A\times B)=mA\cdot mB.$$

由 3.4 節定理 3 我們還可知：如果E是R^{p+q}中的可測集合，則幾乎對所有的$x\in\mathrm{R}^p$，截口E_x都是R^q中的可測集合. 下面我們將進一步證明下述定理.

定理 2 若E是$\mathrm{R}^p\times\mathrm{R}^q=\mathrm{R}^{p+q}$中的可測集合. 令$m(x)=mE_x$，則$m(x)$是在$\mathrm{R}^p$上幾乎處處有定義的可測函數，並且

$$mE=\int_{\mathrm{R}^p}m(x)\,\mathrm{d}x.$$

證 先考察E為有界的情形.

由 3.3 節的定理 12 知，存在有界的G_δ型集$G=\bigcap\limits_{n=1}^{\infty}G_n$，使得$G\supset E$，且$mG=mE$. 而$G=(G-E)\cup E$，則$G_x=(G-E)_x\cup E_x$，從而$mG_x=m(G-E)_x+mE_x$. 故

$$m(x)=mE_x=mG_x-m(G-E)_x.$$

而$m(G-E)=mG-mE=0$，由 3.4 的定理 2 有，$m(G-E)_x=0$, *a.e.*於R^p. 則作為x的函數$m(G-E)_x$是非負可測的，並且$\int_{\mathrm{R}^p}m(G-E)_x\,\mathrm{d}x=0$. 因而下面我們只需證明$mG_x$是$x$的可測函數，且$\int_{\mathrm{R}^p}mG_x\,\mathrm{d}x=mG$即可.

令$G_n^*=\bigcap\limits_{i=1}^{n}G_i$，則$G_n^*$仍為有界開集，且$G=\bigcap\limits_{i=1}^{\infty}G_n^*$且$G_1^*\supset G_2^*\supset\cdots\supset G_n^*\supset\cdots$，故$mG_x=\lim\limits_{n\to\infty}(m(G_n^*)_x)$.

下面我們來證明$m(G_n^*)_x$是x的可測函數，且$\int_{\mathrm{R}^p}m(G_n^*)_x\,\mathrm{d}x=mG_n^*$.

由於G_n^*是有界開集，則G_n^*可以表示成可數多個互不相交的左開右閉區間$I_i^{(n)}(i=1,2,\cdots)$的並，且$G_n^*=\bigcup\limits_{i=1}^{\infty}I_i^{(n)}$, $I_i^{(n)}\cap I_j^{(n)}=\varnothing(i\neq j)$. 則$(G_n^*)_x=\bigcup\limits_{i=1}^{\infty}(I_i^{(n)})_x$，故$m(G_n^*)_x=\sum\limits_{i=1}^{\infty}m(I_i^{(n)})_x$.

由於$I_i^{(n)}$是區間，所以$(I_i^{(n)})_x$是R^q中一區間或者為空集，從而$m(I_i^{(n)})_x$是

x 的簡單函數, 從而 $m(G_n^*)_x$ 是 x 的可測函數, 且

$$\int_{R^p} m(I_i^{(n)})_x \mathrm{d}x = |I_i^{(n)}| = mI_i^{(n)},$$

則根據 Lebesgue 基本定理, 有

$$\int_{R^p} m(G_n^*)_x \mathrm{d}x = \sum_{i=1}^{\infty} \int_{R^p} m(I_i^{(n)})_x \mathrm{d}x = \sum_{i=1}^{\infty} mI_i^{(n)} = m(\bigcup_{i=1}^{\infty} I_i^{(n)}) = mG_n^*,$$

則由內極限定理, 有

$$\begin{aligned} mG &= \lim_{n\to\infty}(mG_n^*) \\ &= \lim_{n\to\infty}\int_{R^p} m(G_n^*)_x \mathrm{d}x \\ &\underline{\underline{\text{Levi 定理}}}\int_{R^p} \lim_{n\to\infty}(m(G_n^*)_x)\mathrm{d}x \\ &= \int_{R^p} mG_x \mathrm{d}x. \end{aligned}$$

再考慮 E 是無界可測集的情形. 對任意正整數 k, $E_k = E[x \mid \|x\| \leqslant k]$, 則 E_k 是 E 的有界可測子集, $E = \bigcup_{k=1}^{\infty} E_k, E_k \subset E_{k+1} (k \geqslant 1)$, 從而 $E_x = \bigcup_{k=1}^{\infty} (E_k)_x$, $(E_k)_x \subset (E_{k+1})_x (k \geqslant 1)$. 則對於 R^p 中使 $(E_k)_x$ 可測的 x, 有 $mE_x = \lim_{n\to\infty}(m(E_k)_x)$.

由上述證明可得, $m(E_k)_x$ 是 x 的幾乎處處有定義的可測函數, 且

$$\int_{R^p} m(E_k)_x \mathrm{d}x = mE_k,$$

因而 mE_x 也是 x 的可測函數, 且

$$\int_{R^p} mE_x \mathrm{d}x = \int_{R^p} \lim_{k\to\infty}(m(E_k)_x)\mathrm{d}x = \lim_{k\to\infty}\int_{R^p} m(E_k)_x \mathrm{d}x = \lim_{k\to\infty}(mE_k) = mE.$$

下面我們來推導 Fubini 定理, 它說明了高維積分與低維積分之間的關係, 是數學分析中重積分與累次積分的推廣.

定理 3 (Fubini 定理, 可積函數的情形) 設 $f(z) = f(x,y)$ 是 $R^{p+q} = R^p \times R^q$ 上的可積函數, 則

(1) 對幾乎所有的 $x \in R^p$, $f(x,y)$ 在 R^q 上是 y 的可積函數, 即 $g(x) = \int_{R^q} f(x,y)\mathrm{d}y$ 存在.

(2) 幾乎處處有定義的函數 $g(x) = \int_{R^q} f(x,y)\mathrm{d}y$ 在 R^p 上對 x 可積, 即

$$\int_{R^p} \mathrm{d}x \int_{R^q} f(x,y)\mathrm{d}y$$

存在.

(3) $\int_{R^{p+q}} f(z)\mathrm{d}z = \int_{R^p\times R^q} f(x,y)\mathrm{d}x\mathrm{d}y = \int_{R^p}\mathrm{d}x\int_{R^q} f(x,y)\mathrm{d}y$

證 我們分兩步來證明.

(i) 設$f(z)$是非負可測函數, 其下方圖形是 $G = G(\mathrm{R}^{p+q};f)$, 則 $mG = \int_{\mathrm{R}^{p+q}} f(z)\,\mathrm{d}z$. 由於$f(z)$可積, 自然應有$mG < +\infty$. 由定理1, mG_x是x的幾乎處處有定義的可測函數, 且 $mG = \int_{\mathrm{R}^p} mG_x \mathrm{d}x$. 則由5.2節的定理4可知, $mG_x < +\infty$ $a.e.$ 於 R^p.

而G_x其實是固定x, 視$f(x,y)$為y的函數時的下方圖形; 因而由4.1節定理8知, 幾乎對所有的x, $f(x,y)$作為y的函數是非負可測的. 再由5.1節的定理3, 有

$$\int_{\mathrm{R}^q} f(x,y)\,\mathrm{d}y = mG_x \ a.e. \text{於 } \mathrm{R}^p,$$

則 $mG = \int_{\mathrm{R}^p} mG_x \mathrm{d}x = \int_{\mathrm{R}^p}\mathrm{d}x \int_{\mathrm{R}^q} f(x,y)\,\mathrm{d}y = \int_{\mathrm{R}^{p+q}} f(z)\,\mathrm{d}z$.

(ii) 設$f(z)$是一般的可積函數, $f^+(z)$和$f^-(z)$是它的正部和負部. 由於$f(z)$可積, 所以$f^+(z)$和$f^-(z)$都是可積的, 且$f(x,y) = f^+(x,y) - f^-(x,y)$, 則有

$$\int_{\mathrm{R}^{p+q}} f(z)\,\mathrm{d}z = \int_{\mathrm{R}^{p+q}} f^+(z)\,\mathrm{d}z - \int_{\mathrm{R}^{p+q}} f^-(z)\,\mathrm{d}z.$$

由(i)的證明可知:幾乎對所有的$x \in \mathrm{R}^p$, $f^+(x,y)$和$f^-(x,y)$都是y的在R^q上可積的函數. 從而幾乎對所有的$x \in \mathrm{R}^p$, $f(x,y)$也是y的在R^q上可積的函數.

由於$\int_{\mathrm{R}^q} f^+(x,y)\,\mathrm{d}y \overset{\text{記為}}{=} g_1(x)$和$\int_{\mathrm{R}^q} f^-(x,y)\,\mathrm{d}y \overset{\text{記為}}{=} g_2(x)$都是在$\mathrm{R}^p$上幾乎處處有定義的可積函數, 則$\int_{\mathrm{R}^q} f(x,y)\,\mathrm{d}y = g_1(x) - g_2(x) \overset{\text{記為}}{=} g(x)$, 從而

$$\begin{aligned}
\int_{\mathrm{R}^{p+q}} f(z)\,\mathrm{d}z &= \int_{\mathrm{R}^{p+q}} f^+(z)\,\mathrm{d}z - \int_{\mathrm{R}^{p+q}} f^-(z)\,\mathrm{d}z \\
&= \int_{\mathrm{R}^p}\mathrm{d}x \int_{\mathrm{R}^q} f^+(x,y)\,\mathrm{d}y - \int_{\mathrm{R}^p}\mathrm{d}x \int_{\mathrm{R}^q} f^-(x,y)\,\mathrm{d}y \\
&= \int_{\mathrm{R}^p}\mathrm{d}x \left\{ \int_{\mathrm{R}^q} f^+(x,y)\,\mathrm{d}y - \int_{\mathrm{R}^q} f^-(x,y)\,\mathrm{d}y \right\} \\
&= \int_{\mathrm{R}^p}\mathrm{d}x \int_{\mathrm{R}^q} f(x,y)\,\mathrm{d}y.
\end{aligned}$$

推論1 設$f(z)$是R^{p+q}上的可測函數, 如果對幾乎所有的$x \in \mathrm{R}^p$, $|f(x,y)|$作為y的函數在R^q上可積, 而$\int_{R^q} |f(x,y)|\,\mathrm{d}y$作為$x$的函數在$\mathrm{R}^p$上可積, 則$|f(x,y)|$在$\mathrm{R}^{p+q}$上可積, 且

$$\int_{\mathrm{R}^p \times \mathrm{R}^q} f(z)\,\mathrm{d}z = \int_{\mathrm{R}^q} \left(\int_{\mathrm{R}^p} f(x,y)\,\mathrm{d}x \right) \mathrm{d}y.$$

證 先討論f是非負可測函數的情形. 設$\{A_n\}$,$\{B_n\}$分別是R^p,R^q的有限測度單調覆蓋, 且$m(A_n \times B_n) = m(A_n) \cdot m(B_n) < +\infty$, 則非負有界可測函數序列$\{f(z)\}_n$在$A_n \times B_n$上可積, 即$\int_{A_n \times B_n}\{f(z)\}_n dz$存在. 從而有$\{A_n \times B_n\}$是$R^p \times R^q$的有限測度單調覆蓋, 且由定理 3 可得

$$\int_{A_n \times B_n}\{f(z)\}_n dz = \int_{A_n}\left(\int_{B_n}\{f(x,y)\}_n dy\right)dx. \tag{5.3.1}$$

由題意知:非負函數的積分$\int_{R^p}\left(\int_{R^q}f(x,y)dy\right)dx$存在. 由式(5.3.1), 利用積分的單調性及有限可加性, 可得

$$\int_{A_n \times B_n}\{f(z)\}_n dz \leqslant \int_{R^p}\left(\int_{R^q}f(x,y)dy\right)dx,$$

從而$\int_{R^p \times R^q}f(z)dz$存在.

對一般的可測函數$f(z)$, 當$\int_{R^p}\left(\int_{R^q}|f(x,y)|dy\right)dx$存在時, 由上述證明可知$\int_{R^p \times R^q}|f(z)|dz$存在. 從而$f(z)$是$R^p \times R^q$上的可積函數. 再由定理 3 可得

$$\int_{R^p \times R^q}f(z)dz = \int_{R^p}\left(\int_{R^q}f(x,y)dy\right)dx.$$

推論 1 表明在被積函數變號且不知其是否可積時, 不妨先取絕對值再進行討論.

由於R^p和R^q的位置在定理的敘述與證明中是對稱的, 所以可把 Fubini 定理及推論中的條件與結論作相應的改動, 可得如下推論.

推論 2 設$f(z)=f(x,y)$在$R^{p+q}=R^p \times R^q$上可積, 則對幾乎所有的$y \in R^q$, $f(x,y)$作為x的函數在R^p上可積, 而$\int_{R^p}f(x,y)dx$作為y的函數在R^q上可積, 且

$$\int_{R^{p+q}}f(z)dz = \int_{R^q}dy\int_{R^p}f(x,y)dx.$$

推論 3 若$f(z)$是R^{p+q}上的可測函數, 且$\int_{R^q}\left(\int_{R^p}|f(x,y)|dx\right)dy$存在, 則$|f(x,y)|$在$R^{p+q}$上可積, 且

$$\int_{R^p \times R^q}f(z)dz = \int_{R^q}\left(\int_{R^p}f(x,y)dx\right)dy.$$

註 2 對 Fubini 定理的兩點補充說明:

(1) 在重積分存在的情形下, 兩個累次積分均存在且等於重積分. 但即使$f(x,y)$的兩個累次積分均存在且相等, $f(x,y)$在R^n上也可能是不可積的.

例 2 在$R^2 \setminus \{(0,0)\}$上, 令$f(x,y) = \dfrac{xy}{(x^2+y^2)^2}$, 則容易計算

$$\int_{[-1,1]}\left(\int_{[-1,1]}f(x,y)\mathrm{d}y\right)\mathrm{d}x=0,\ \int_{[-1,1]}\left(\int_{[-1,1]}f(x,y)\mathrm{d}x\right)\mathrm{d}y=0,$$

但 f 在 $E=[-1,1]\times[-1,1]$ 上不是 L－可積的. 事實上, 因為

$$\int_{-1}^{1}\frac{|x|\mathrm{d}x}{(x^2+y^2)^2}=2\int_{0}^{1}\frac{x\mathrm{d}x}{(x^2+y^2)^2}=\frac{1}{y^2}-\frac{1}{1+y^2},$$

所以

$$\int_E|f(x,y)|\mathrm{d}x\mathrm{d}y=\int_{-1}^{1}\frac{|y|\mathrm{d}y}{y^2(1+y^2)}=2\int_{0}^{1}\frac{y\mathrm{d}y}{y^2(1+y^2)}=\ln\frac{y^2}{1+y^2}\Bigg|_0^1=+\infty.$$

(2) 要驗證重積分存在, 有時並不容易. 所以我們往往利用 Fubini 定理的推論1和3來驗證, 即如果函數 $|f|$ 的兩個累次積分之一存在, 則可斷言 $f(z)$ 的重積分存在; 如果僅假設 $f(z)$ 的兩個累次積分之一存在, 並不能保證重積分存在.

例3 在 $\mathrm{R}^2\backslash\{(0,0)\}$ 上, 令 $f(x,y)=\dfrac{x^2-y^2}{(x^2+y^2)^2}$. 容易計算

$$\int_{[0,1]}\left(\int_{[0,1]}f(x,y)\mathrm{d}y\right)\mathrm{d}x=\int_0^1\frac{1}{1+x^2}\mathrm{d}x=\frac{\pi}{4},$$

$$\int_{[0,1]}\left(\int_{[0,1]}f(x,y)\mathrm{d}x\right)\mathrm{d}y=-\int_0^1\frac{1}{1+y^2}\mathrm{d}y=-\frac{\pi}{4}.$$

由 Fubini 定理知: f 在 $E=[0,1]\times[0,1]$ 上不是 L－可積的.

此例也可直接估計積分值

$$\begin{aligned}\int_0^1\int_0^1|f(x,y)|\mathrm{d}y\mathrm{d}x&\geqslant\int_E|f(x,y)|\mathrm{d}y\mathrm{d}x\\&=\int_0^1\int_0^{\pi/2}\frac{\cos2\theta}{r^2}r\mathrm{d}r\mathrm{d}\theta\\&\geqslant\int_0^1\int_0^{\pi/4}\frac{\cos2\theta}{r}\mathrm{d}r\mathrm{d}\theta\\&=\frac{1}{2}\int_0^1\frac{\mathrm{d}r}{r}\\&=+\infty\ \text{(其中的 }E=\{(x,y)\mid x,y\geqslant0,x^2+y^2\leqslant1\}\text{)}.\end{aligned}$$

例4 如果 $f(x)$ 是 R^1 上的可測函數, 則 $f(x-y)$ 是 R^2 上的可測函數.

證 只需證明對任意的 $a\in\mathrm{R}$, $E=\{(x,y)\mid f(x-y)>a\}$ 都是 R^2 中的可測集合.

令 $A=\{x\mid f(x)>a\}$, $\varphi(x,y)=x-y$, 由於 $f(x)$ 是 R^1 上的可測函數, 則 A 是 R^1 中的可測集合. 而 φ 是從 R^2 到 R^1 的連續函數, 則由4.1習題7知, 我們以下只需證明對任意可測集 $A\subset\mathrm{R}^1$, $\varphi^{-1}(A)$ 是 R^2 中的可測集, 即證集 $\{(x,y)\mid x-y\in A\}$ 是 R^2 中的可測集.

當 A 是 R^1 中的Borel集時, $\varphi^{-1}(A)$ 仍是 R^2 中的Borel集, 從而 $\varphi^{-1}(A)$ 是可

測的.

如果 A_0 是 R^1 中一測度為 0 的 Borel 集，則將 $\varphi^{-1}(A_0) \overset{\text{記為}}{=} B$. 設 $\chi_B(x,y)$ 是 B 的特徵函數，則 $\chi_B(x,y)$ 是 R^2 上的非負可測函數，從而 $\chi_B(x,y)$ 是 R^2 上的可積函數，且有

$$mB = \int_{\mathrm{R}^2} \chi_B(x,y)\,\mathrm{d}(x,y).$$

由測度平移不變性，知 $m(y + A_0) = mA_0 = 0$. 再由 Fubini 定理，得

$$\begin{aligned}
\int_{\mathrm{R}^2} \chi_B(x,y)\,\mathrm{d}(x,y) &= \int_{\mathrm{R}^1} \mathrm{d}y \int_{\mathrm{R}^1} \chi_B(x,y)\,\mathrm{d}x \\
&= \int_{\mathrm{R}^1} \mathrm{d}y \int_{y+A_0} 1\,\mathrm{d}x \\
&= \int_{\mathrm{R}^1} m(y + A_0)\,\mathrm{d}y \\
&= \int_{\mathrm{R}^1} 0\,\mathrm{d}y \\
&= 0.
\end{aligned}$$

則 $mB = 0$.

對 R^1 中任一測度為 0 的集合 A，由 3.3 節的定理 12，都有 G_δ 型集 $G \supset A$，使 $mG = mA = 0$. 而 $\varphi^{-1}(A) \subset \varphi^{-1}(G)$ 且 $m\varphi^{-1}(G) = 0$，則 $\varphi^{-1}(A)$ 是 R^2 中的外測度為 0 的集合，從而是可測的.

下設 A 是 R^1 中的一般可測集，由 3.3 的定理 12，可取 F_σ 型集 $F \subset A$，使 $m(A - F) = 0$. 則

$$\varphi^{-1}(A) = \varphi^{-1}(F) \cup \varphi^{-1}(A - F),$$

從而 $\varphi^{-1}(A)$ 是 R^2 中的可測集.

習題 5.3

1. 判斷題

(1) 若 $f(x,y)$ 在可測集 $A \times B$ 上 L - 可積，則

$$\int_{A\times B} f(x,y)\,\mathrm{d}x\mathrm{d}y = \int_A \mathrm{d}x \int_B f(x,y)\,\mathrm{d}y = \int_B \mathrm{d}y \int_A f(x,y)\,\mathrm{d}x. \qquad (\quad)$$

(2) 設 $f(x,y)$ 在 $E_1 \times E_2 \subset \mathrm{R}^p \times \mathrm{R}^q$ 上可測，若 $\int_{E_1} \mathrm{d}x \int_{E_2} f(x,y)\,\mathrm{d}y - \int_{E_2} \mathrm{d}y \int_{E_1} f(x,y)\,\mathrm{d}x \neq 0$，則 $f(x,y)$ 在 $E_1 \times E_2$ 上不可積. ( )

(3) 若 $f(x,y)$ 在可測集 $A \times B$ 非負可測，則 $\int_{A\times B} f(x,y)\,\mathrm{d}x\mathrm{d}y = \int_A \mathrm{d}x \int_B f(x, y)\,\mathrm{d}y$. ( )

2. 交換 $\mathrm{e}^{-y}\sin 2xy$ 關於 x, y 的積分次序，證明：$\int_0^{+\infty} \mathrm{e}^{-y} \dfrac{\sin^2 y}{y}\,\mathrm{d}y = \dfrac{1}{4}\ln 5$.

3. 設 $f(x), g(x)$ 是 $E \subset \mathbf{R}^1$ 上非負可測函數, 且 $f \cdot g$ 在 E 上可積. 令

$$E_y = \{x \in E \mid g(x) \geqslant y\},$$

證明:對任意的 $y > 0$, 均存在函數 $F(y) = \int_{E_y} f(x)\,\mathrm{d}x$, 且有

$$\int_0^{+\infty} F(y)\,\mathrm{d}y = \int_E f(x) g(x)\,\mathrm{d}x.$$

4. 證明下列各題

(1) 設 $f(x,y)$ 在 $[0,1] \times [0,1]$ 上可積, 則

$$\int_0^1 \left[\int_0^x f(x,y)\,\mathrm{d}y\right] \mathrm{d}x = \int_0^1 \left[\int_y^1 f(x,y)\,\mathrm{d}x\right] \mathrm{d}y.$$

(2) 設 $f(x,y) = \dfrac{x^2 - y^2}{x^2 + y^2} (x^2 + y^2 > 0)$, $f(0,0) = 0$, 則

$$\int_0^1 \left[\int_y^1 f(x,y)\,\mathrm{d}x\right] \mathrm{d}y = 0.$$

(3) 函數 $f(x,y) = \dfrac{xy}{x^2 + y^2}$ 在 $[-1,1] \times [-1,1]$ 上是可積的.

5.4 微分與不定積分

在數學分析中, 微分和積分的互逆關係是通過兩個基本定理表現出來的. 這就是原函數存在定理及 Newton-Leibniz (牛頓-布尼茨)公式.

Ⅰ. 對於給定的連續函數 $f(x)$, 它的帶有任意常數的不定積分

$$F(x) = \int_a^x f(t)\,\mathrm{d}t + C \tag{5.4.1}$$

是 x 的可微函數, 且處處有

$$F'(x) = f(x). \tag{5.4.2}$$

Ⅱ. 如果 $F(x)$ 是具有連續導數的函數, 且

$$f(x) = F'(x),$$

則等式

$$\int_a^x f(t)\,\mathrm{d}t = F(x) - F(a) \tag{5.4.3}$$

成立.

有了勒貝格積分理論, 上述結論可以適用於許多非連續函數. 本節的目的是在勒貝格積分理論中推廣上述結果.

問題 Ⅰ 首先遇到的是不定積分的可微性問題. 如果式(5.4.1) 中的函數 $f(x)$ 只是可積的, 那麼等式(5.4.2) 是否成立呢?

問題 Ⅱ 在什麼情況下, 給定的函數 $F(x)$ 具有可積的導函數 $f(x)$, 並且使式(5.4.3) 成立?

由於 Lebesgue 可積函數 f 總可以表示為其正部與負部之差，即

$$f=f^{+}-f^{-},$$

從而 $\int_a^x f(t)\,\mathrm{d}t=\int_a^x f^{+}(t)\,\mathrm{d}t-\int_a^x f^{-}(t)\,\mathrm{d}t$. 顯然，$\int_a^x f^{+}(t)\,\mathrm{d}t$ 及 $\int_a^x f^{-}(t)\,\mathrm{d}t$ 都是單調增加的函數. 所以我們將從對單調函數的討論出發，介紹一個關於單調函數可微性的基本原理. 但單調函數之差未必仍是單調的，從而就引出了有界變差函數的概念. 當然，不定積分全體只是有界變差函數類的一個子類，而且是真子類. 對這個子類的確切描述導致絕對連續函數的概念，而絕對連續函數類的特徵又恰好能用牛頓－萊布尼茲公式來刻畫.

5.4.1 單調函數

單調增加函數和單調減少函數統稱為單調函數.

由 1.3 節的習題 5 知道：單調函數的不連續點至多只有可列個. 由此，根據黎曼可積的充要條件可知：有限區間 $[a,b]$ 上的單調有限函數必是黎曼可積的.

下面著重討論的是單調函數的可微性問題. 我們已經知道，定義在實數直線上的函數如果在某一點是可微的，那麼它在該點必是連續的，但反之不然.

儘管「連續」比「可微」要弱得多，但是直到 19 世紀初期，許多數學家都認為連續函數在其定義域的大部分點上似乎都應存在導數，甚至還有人還試圖嚴格地去證明這一結論，但沒有成功. 德國數學家 Weierstrass 1872 年給出了一個震驚數學界的反例，即 Weierstrass 函數

$$f(x)=\sum_{n=0}^{\infty}a^{n}\sin(b^{n}x)\quad(0<a<1<b;\ ab>1).$$

這個例子說明：處處連續的函數可以處處不可微. 而對於單調函數，我們雖然不可能對一般的單調函數指出它在哪些點上是可微的，但卻能對其可微性有一個整體的描述，這就是我們要學習的著名的勒貝格微分定理. 為此，我們先介紹一個定義和一個預備定理.

定義 1 設 E 是 R^1 中的一個點集，ϑ 是 R^1 中一簇區間(不一定是開的)，如果對任意的 $x\in E$ 及任意的 $\varepsilon>0$，都有 $I\in\vartheta$，使 $x\in I$，且 $0<|I|<\varepsilon$，則稱 ϑ 是 E 的一個 Vitali **覆蓋**.

引理 1 (Vitali 覆蓋引理) 如果 $m^{*}E<+\infty$，ϑ 是 E 的一個 Vitali 覆蓋，則對任意的 $\varepsilon>0$，都可以從 ϑ 中選出有限多個互不相交的區間 $I_1,\cdots,I_n$，使得

$$m^{*}(E-\bigcup_{i=1}^{n}I_i)<\varepsilon$$

與 Borel 有限覆蓋定理相比較，我們不妨稱這個結果為差不多覆蓋定理.

* **證** 由於 $m^{*}E<+\infty$，我們可取開集 $G\supset E$，使 $mG<+\infty$. 又如果區間 I 含有點 x，則必可作一閉區間 $I_1\subset I$，使 $x\in I_1$. 所以我們不妨設 ϑ 中的區間都是

閉的. 令

$$\vartheta_1 = \{I \mid I \in \vartheta, I \subset G\},$$

由於 G 是開集, ϑ 是 E 的 Vitali 覆蓋, 所以 ϑ_1 仍為 E 的 Vitali 覆蓋. 對任意的 $\varepsilon > 0$, 任意取定一個屬於 ϑ_1 的區間, 記為 I_1.

如果 $m^*(E - I_1) < \varepsilon$, 則證明已完成.

如果 $m^*(E - I_1) \geqslant \varepsilon$, 則有 $x \in E$, 使 $\rho(x, I_1) > 0$. 由 Vitali 覆蓋的定義知, 應有 $I_2^* \in \vartheta_1$, 使 $x \in I_2^*$, $0 < |I_2^*| < \rho(x, I_1)$. 顯然, $I_2^* \cap I_1 = \varnothing$. 令 $\delta_1 = \sup\{|I| \mid I \in \vartheta_1, I \cap I_1 = \varnothing\}$, 則 $0 < \delta_1 \leqslant mG < +\infty$. 取 $I_2 \in \vartheta_1$, 使 $I_2 \cap I_1 = \varnothing$, $|I_2| > \frac{1}{2}\delta_1$.

一般說來, 如已作出 $I_1, I_2, \cdots, I_k$, 仍有

$$m^*(E - \bigcup_{i=1}^{k} I_i) \geqslant \varepsilon. \tag{5.4.4}$$

由於 $\bigcup_{i=1}^{k} I_i$ 是閉集, 則 $E - \bigcup_{i=1}^{k} I_i \neq \varnothing$. 由於 ϑ_1 是 E 的 Vitali 覆蓋, 則

$$\{I \mid I \in \vartheta_1, |I| > 0, I \cap I_j = \varnothing, j = 1, 2, \cdots, k\}$$

是非空的. 從而

$$0 < \delta_k \overset{\text{記}}{=} \sup\{|I| \mid I \in \vartheta_1, |I| > 0, I \cap I_j = \varnothing, j = 1, 2, \cdots, k\} \leqslant mG < +\infty,$$

因此我們可以從 ϑ_1 中選出 I_{k+1}, 使 $|I_{k+1}| > \dfrac{\delta_k}{2}$, 且 $I_{k+1} \cap I_j = \varnothing (j = 1, 2, \cdots, k)$.

下面我們來證明這個過程必在某一步終止而得到所需要的 $I_1, I_2, \cdots, I_n$. 否則, 可由歸納法得到一串包含於 G 內的互不相交的區間 $I_1, I_2, \cdots, I_n, \cdots$, 使對一切 n 都有

$$\delta_n = \sup\{|I| \mid I \in \vartheta_1, |I| > 0, I \cap I_j = \varnothing, j = 1, 2, \cdots, n\}, \tag{5.4.5}$$

$$\left| I_{n+1} > \frac{\delta_n}{2} \right|, \tag{5.4.6}$$

$$m^*(E - \bigcup_{i=1}^{n} I_i) \geqslant \varepsilon. \tag{5.4.7}$$

由於 $\sum_{n=1}^{\infty} |I_n| = m(\bigcup_{n=1}^{\infty} I_n) \leqslant mG < +\infty$, 所以 $|I_n| \to 0, \delta_n < 2|I_{n+1}| \to 0 (n \to \infty)$.

不妨假設存在充分大的 n_0, 使得 $\sum_{n=n_0+1}^{\infty} |I_n| < \dfrac{\varepsilon}{5}$. 對於任意 $x \in E - \bigcup_{i=1}^{n_0} I_i$, 因 $\rho(x, \bigcup_{i=1}^{n_0} I_i) > 0$ 及 ϑ_1 是 E 的 Vitali 覆蓋, 則有 $I \in \vartheta_1$, 使

$$x \in I, |I| > 0, I \cap I_i = \varnothing, \ i = 1, 2, \cdots, n_0. \tag{5.4.8}$$

由(5.4.5) 和(5.4.6) 式, 有

$$|I| \leqslant \delta_{n_0} < 2|I_{n_0+1}|.$$

設 m 是使 $\delta_m < |I|$ 成立的正整數，則區間 I 必然至少與 $I_1, I_2, \cdots, I_m$ 中的一個相交.

令 $j_0 = \min\{i \mid I \cap I_i \neq \varnothing, i = 1,2,\cdots,m\}$，則 $I \cap I_j = \varnothing, j = 1,2,\cdots,j_0 - 1$.

顯然 $|I| \leqslant \delta_{j_0-1} < 2|I_{j_0}|$，由(5.4.8)式，有 $j_0 > n_0$. 如果 I_{j_0} 的中心是 x_{j_0}，$\alpha \in I \cap I_{j_0} \neq \varnothing$，則

$$|x_{j_0} - x| \leqslant |x - \alpha| + |\alpha - x_{j_0}| \leqslant |I| + \frac{1}{2}|I_{j_0}| < \frac{5}{2}|I_{j_0}|.$$

令 $I_{j_0}{}^* = \left(x_{j_0} - \frac{5}{2}|I_{j_0}|, x_{j_0} + \frac{5}{2}|I_{j_0}|\right)$，則 $x \in I_{j_0}{}^*$，因此我們如果對每一 I_i，$i > n_0$，都作開區間

$$I_i{}^* = \left(x_i - \frac{5}{2}|I_i|, x_i + \frac{5}{2}|I_i|\right),$$

其中 x_i 為 I_i 的中心點，則 $\bigcup_{i=n_0+1}^{\infty} I_i{}^* \supset E - \bigcup_{i=1}^{n_0} I_i$. 而 $\sum_{i=n_0+1}^{\infty} |I_i{}^*| = \sum_{i=n_0+1}^{\infty} 5|I_i| < \varepsilon$，所以 $m^*(E - \bigcup_{i=1}^{n_0} I_i) < \varepsilon$，這與(5.4.7)式矛盾.

定義 2 設 $f(x)$ 是定義在 $[a,b]$ 上的函數，$x_0 \in [a,b]$，對於任意 $\delta > 0$，令

$$M_\delta(x_0) = \sup_{\substack{\lambda \in [a,b] \\ 0 < x - x_0 < \delta}} [f(x)], \quad m_\delta(x_0) = \inf_{\substack{x \in [a,b] \\ 0 < x - x_0 < \delta}} [f(x)],$$

則 M_δ 是隨 δ 的減小而不增的，m_δ 則是隨 δ 的減小而不減的，即當區間長度縮小時，上確界不增，下確界不減. 因而當 $\delta \to 0^+$ 時，它們都有極限，我們分別稱這兩個極限為 $x \to x_0$ 時 $f(x)$ 的**上極限及下極限**. 記作 $\overline{\lim\limits_{x \to x_0}} f(x)$ 及 $\underline{\lim\limits_{x \to x_0}} f(x)$.

定義 3 設 $f(x)$ 是 $[a,b]$ 上的有限函數，$x_0 \in [a,b]$，定義

$$D^+ f(x_0) = \overline{\lim_{h \to 0^+}} \frac{f(x_0 + h) - f(x_0)}{h},$$

$$D_+ f(x_0) = \underline{\lim_{h \to 0^+}} \frac{f(x_0 + h) - f(x_0)}{h},$$

$$D^- f(x_0) = \overline{\lim_{h \to 0^-}} \frac{f(x_0 + h) - f(x_0)}{h},$$

$$D_- f(x_0) = \underline{\lim_{h \to 0^-}} \frac{f(x_0 + h) - f(x_0)}{h}.$$

將 $D^+ f$, $D_+ f$, $D^- f$, $D_- f$ 分別稱為 $f(x)$ 在 x_0 點的**右上、右下、左上、左下導數**，統稱為 Dini 導數.

顯然，如果 $f(x)$ 在 x_0 點有導數 $f'(x_0)$，則

$$f'(x_0)=D^+f(x_0)=D_+f(x_0)=D^-f(x_0)=D_-f(x_0),$$

反之，如果這四個導數都相等，則 $f(x)$ 在 x_0 點**有導數**，其導數 $f'(x_0)$ 就等於這四個導數的共同值. 當 $f'(x_0)$ 有限時，稱 $f(x)$ 在 x_0 點**可微**.

註 1　上述定義與數學分析中導數定義有一點差別. 在數學分析中講導數通常都是指可導，即其導數是一個有限數. 但此處不同，導數值可以取 ∞. 因此，當 $D^+f=D_+f=D^-f=D_-f$ 時，我們稱 $f(x)$ 在該點有導數，而不說它在該點是可微或可導的. 以下例 1 就是一個導數值為 ∞ 的例子.

例 1　設

$$f(x)=\operatorname{sgn}(x)=\begin{cases}1, & x>0,\\ 0, & x=0,\\ -1, & x<0,\end{cases}$$

則 $f'(0)=\infty$，從而函數在 $x=0$ 點有導數，但該函數在 $x=0$ 點就是間斷的. 由此可看出，函數在一點有導數並不意味著它在該點連續.

引理 2　$D^+(-f)=-D_+f$, $D^-(-f)=-D_-f$.

若 $y=-x$, $g(x)=-f(y)$，則 $D^+g(x)=D^-f(y)$, $D_+g(x)=D_-f(y)$.

證　由於　$D^+g(x)=\overline{\lim_{h\to0^+}}\dfrac{g(x+h)-g(x)}{h}$

$$\underset{y=-x}{\overset{g(x)=-f(y),}{=\!=\!=}}\overline{\lim_{h\to0^+}}\frac{-f[-(x+h)]+f(-x)}{h}$$

$$=-\underline{\lim_{h\to0^+}}\frac{f[(-x)-h]-f(-x)}{h}$$

$$=\overline{\lim_{-h\to0^-}}\frac{f[(-x)-h]-f(-x)}{-h}$$

$$\underset{}{\overset{y=-x}{=\!=\!=}}\overline{\lim_{-h\to0^-}}\frac{f(y-h)-f(-y)}{-h}$$

$$=D^-f(y).$$

同理可證 $D_+g(x)=D_-f(y)$.

定理 1 (Lebesgue 微分定理)　如果 $f(x)$ 是 $[a,b]$ 上的單調函數，則 $f(x)$ 在 $[a,b]$ 上幾乎處處可微，$f'(x)$ 在 $[a,b]$ 上可積，且

$$\left|\int_a^b f'(x)\,\mathrm{d}x\right|\leqslant|f(b)-f(a)|.$$

證　不妨設 $f(x)$ 在 $[a,b]$ 上單調不減，我們要證明的第一個結論是：

$-\infty<D_-f(x)=D^-f(x)=D_+f(x)=D^+f(x)<+\infty$, a.e. 於 $[a,b]$.

由於 $D_+f(x)\leqslant D^+f(x)$, $D_-f(x)\leqslant D^-f(x)$，故只需證明以下兩個結論：

(i) $D^-f(x)\leqslant D_+f(x)$, $D^+f(x)\leqslant D_-f(x)$, a.e. 於 $[a,b]$.

(ii) $m[x \mid D^+ f(x) = \pm \infty, a < x < b] = 0$.

此時，由四種導數的定義及(i)，有

$$D^+ f(x) \leqslant D_- f(x) \leqslant D^- f(x) \leqslant D_+ f(x) \leqslant D^+ f(x), \ a.e.\text{於}[a,b].$$

假設我們已證得

$$D^+ f(x) \leqslant D_- f(x), a.e.\text{於}[a,b], \tag{5.4.9}$$

若令 $g(x) = -f(-x)$，則 $g(x)$ 也是單調不減的函數. 否則若 $x_1 < x_2$，有 $f(x_1) \leqslant f(x_2)$. 但 $g(x_1) > g(x_2)$，從而 $-f(-x_1) > -f(-x_2)$，即 $f(-x_1) < f(-x_2)$. 矛盾！由(5.4.9)，必有

$$D^+ g(x) \leqslant D_- g(x), a.e.\text{於}[a,b]. \tag{5.4.10}$$

由引理 2，得

$$D^+ g(x) = D^+ (-f(y)) = -D_+ f(y),$$
$$D_- g(x) = D_- (-f(y)) = -D^- f(y).$$

將上述等式代入(5.4.10)式，得 $-D_+ f(y) \leqslant -D^- f(y)$, $a.e.$於$[a,b]$，即得 $D^- f(y) \leqslant D_+ f(y), a.e.$於$[a,b]$.

下面我們只要證明(5.4.9)式與(ii)成立即可. 要證(5.4.9)式，則需證

$$E_1 = \{x \mid D^+ f(x) > D_- f(x), a < x < b\}$$

的測度為 0. 用 Q^+ 表示全體正有理數的集合，對 $r, s \in Q^+$，令

$$E_{r,s} = \{x \mid a < x < b, D^+ f(x) > r > s > D_- f(x)\}.$$

由於 $E_1 = \bigcup_{r,s \in Q^+} E_{r,s}$，則當 $mE_{r,s} = 0$ 時，必有 $mE_1 = 0$. 下面來證明恒有 $mE_{r,s} = 0$. 否則的話，有 $r, s \in Q^+$，使 $m^* E_{r,s} > 0$. 即對任意的 $\varepsilon > 0$，可作開集 $G \supset E_{r,s}$，使 $mG < (1+\varepsilon) m^* E_{r,s}$. 對 $x \in E_{r,s}$，因 $D_- f(x) < s$，則對任意的 $\delta > 0$，都可選 h，使 $0 < h < \delta$，且

$$\frac{f(x-h) - f(x)}{-h} < s([x-h, x] \subset G).$$

令 $\vartheta_1 = \left\{[x-h, x] \,\middle|\, x \in E_{r,s}, \frac{f(x-h) - f(x)}{-h} < s, [x-h, x] \subset G\right\}$，則 ϑ_1 是 $E_{r,s}$ 的一個 Vitali 覆蓋. 由引理 1，可從 ϑ_1 中選出有限多個互不相交的區間

$$[x_1 - h_1, x_1], [x_2 - h_2, x_2], \cdots, [x_k - h_k, x_k],$$

使得

$$m^*(E_{r,s} - \bigcup_{i=1}^{k} [x_i - h_i, x_i]) < \varepsilon,$$

則

$$m(\bigcup_{i=1}^{k} [x_i - h_i, x_i]) = \sum_{i=1}^{k} h_i \leqslant mG < (1+\varepsilon) m^* E_{r,s}. \tag{5.4.11}$$

由於 $A \cap B \supseteq A - (A - B)$，則

$$m^*(E_{r,s}\cap\bigcup_{i=1}^{k}[x_i-h_i,x_i])\geqslant m^*E_{r,s}-m^*(E_{r,s}-\bigcup_{i=1}^{k}[x_i-h_i,x_i])$$
$$>m^*E_{r,s}-\varepsilon. \tag{5.4.12}$$

記 $S=E_{r,s}\cap\bigcup_{i=1}^{k}[x_i-h_i,x_i]$，因 $S\subset E_{r,s}$，對 $y\in S$，有 $D^+f(y)>r$. 由 S 及 $D^+f(y)$ 的定義，對任意的 $\delta>0$，都可選取 l，使 $0<l<\delta$ 和 $\frac{f(y+l)-f(y)}{l}>r\left(y\in S\subset\bigcup_{i=1}^{k}(x_i-h_i,x_i)\right)$，且有某一 $(x_i-h_i,x_i)(i\leqslant k)$ 完全包含 $[y,y+l]$. 令

$$\vartheta_2=\{[y,y+l]\mid\frac{f(y+l)-f(y)}{l}>r,y\in S\},$$

且有 $i\leqslant k$，使 $[y,y+l]\subset(x_i-h_i,x_i)$，則 ϑ_2 是 S 的一個 Vitali 覆蓋. 由引理 1，又可以從 ϑ_2 中選出有限多個互不相交的區間

$$[y_1,y_1+l_1],[y_2,y_2+l_2],\cdots,[y_t,y_t+l_t],$$

使得

$$m^*(S-\bigcup_{j=1}^{t}[y_j,y_j+l_j])<\varepsilon.$$

從而由 (5.4.12) 式，有

$$\sum_{j=1}^{t}l_j=m(\bigcup_{j=1}^{t}[y_j,y_j+l_j])>m^*S-\varepsilon>m^*E_{r,s}-2\varepsilon.$$

由 ϑ_2 的定義，有 $f(y_j+l_j)-f(y_j)>rl_j(j=1,2,\cdots,t)$，則

$$\sum_{j=1}^{t}[f(y_j+l_j)-f(y_j)]>r\sum_{j=1}^{t}l_j>r(m^*E_{r,s}-2\varepsilon). \tag{5.4.13}$$

而 $f(y)$ 是單調不減的，且對每一 $[y_j,y_j+l_j]$ 都有 $i\leqslant k$，使 $[y_j,y_j+l_j]\subset(x_i-h_i,x_i)$，所以 $f(y_j+l_j)-f(y_j)\leqslant f(x_i)-f(x_i-h_i)$. 又由 (5.4.11) 式，可得

$$\sum_{j=1}^{t}[f(y_j+l_j)-f(y_j)]\leqslant\sum_{i=1}^{k}[f(x_i)-f(x_i-h_i)]$$
$$\leqslant\sum_{i=1}^{k}sh_i<s(1+\varepsilon)m^*E_{r,s}. \tag{5.4.14}$$

由 (5.4.13)、(5.4.14) 兩式，可得 $r(m^*E_{r,s}-2\varepsilon)<s(1+\varepsilon)m^*E_{r,s}$. 由 ε 的任意性，知 $rm^*E_{r,s}\leqslant sm^*E_{r,s}$，與 $r>s$ 矛盾！這便證明了 $mE_{r,s}=0$，即證明了 $f'(x)$ 是在 $[a,b]$ 上幾乎處處有定義的，且 $0\leqslant f'(x)\leqslant+\infty$.

將 $f(x)$ 擴充到 $[a,b+1]$ 上，對任意的 $x\in(b,b+1]$，令 $f(x)=f(b)$，且令

$$\lambda_n(x)=\frac{f(x+\frac{1}{n})-f(x)}{\frac{1}{n}}=n[f(x+\frac{1}{n})-f(x)],n=1,2,3,\cdots,$$

則 $\lambda_n(x)$ 是 $[a,b]$ 上的非負有界可測函數，從而 $\lambda_n(x)$ 是 R - 可積的，也是 L - 可積的，且有積分

$$\begin{aligned}\int_a^b\lambda_n(x)\mathrm{d}x&=n\int_a^b[f(x+\frac{1}{n})-f(x)]\mathrm{d}x\\&=n[\int_a^b f(x+\frac{1}{n})\mathrm{d}x-\int_a^b f(x)\mathrm{d}x]\\&=n[\int_{a+\frac{1}{n}}^{b+\frac{1}{n}}f(t)\mathrm{d}t-\int_a^b f(x)\mathrm{d}x]\\&=n[\int_a^{b+\frac{1}{n}}f(x)\mathrm{d}x-\int_a^{a+\frac{1}{n}}f(x)\mathrm{d}x]\\&=\int_a^b\frac{f(x+\frac{1}{n})-f(x)}{\frac{1}{n}}\mathrm{d}x,\end{aligned}$$

則

$$\begin{aligned}\underline{\lim_{n\to\infty}}\int_a^b\lambda_n(x)\mathrm{d}x&=\underline{\lim_{n\to\infty}}\int_a^b\frac{f(x+\frac{1}{n})-f(x)}{\frac{1}{n}}\mathrm{d}x=f(b)-f(a+0)\\&\overset{f(x)\text{單調不減}}{\leqslant}f(b)-f(a)<+\infty.\end{aligned}$$

由 $\lambda_n(x)$ 的定義可得 $\lim_{n\to\infty}\lambda_n(x)=f'(x),a.e.$ 於 $[a,b]$. 再由 Fatou 引理，有

$$\int_a^b f'(x)\mathrm{d}x=\int_a^b\lim_{n\to\infty}\lambda_n(x)\mathrm{d}x\leqslant\underline{\lim_{n\to\infty}}\int_a^b\lambda_n(x)\mathrm{d}x\leqslant f(b)-f(a)<+\infty,$$

從而證明了 (ii) 及 $\left|\int_a^b f'(x)\mathrm{d}x\right|\leqslant|f(b)-f(a)|$.

註 2 ① 定理中的「可微」是指「具有有限導數」. Lebesgue 微分定理說明了：單調增加函數雖然幾乎處處有有限導數，但牛頓 - 萊布尼茲公式卻未必成立，如下例.

例 2 設

$$f(x)=\begin{cases}1, & x\geqslant 0,\\0, & x<0,\end{cases}$$

顯然有 $f'(x)=0(x\neq 0)$，從而 $\int_{-1}^1 f'(x)\mathrm{d}x=0$. 但是 $f(1)-f(-1)=1$，則

$$\int_{-1}^{1} f'(x)\,\mathrm{d}x \neq f(1) - f(-1).$$

② 例 2 中的 $f'(x) = 0, a.e.$. 由此說明了這樣一個事實:一個非常數值函數卻可以有幾乎處處等於 0 的導數, 這樣的函數稱為**奇異函數**.

③ 由 Lebesgue 微分定理知:$[a,b]$ 上的單調函數 $f(x)$ 幾乎處處有有限導數, 因而在 $f'(x)$ 不存在的點處, 可規定 $f'(x)$ 為任意值, 都不會對 $f'(x)$ 的積分產生影響.

對於單調函數, 不僅有上述深刻的導數定理, 而且由它還可以得到如下很有用的逐項求導定理.

推論 1 (Fubini) 設 $\{f_n(x)\}$ 是 $[a,b]$ 上的單調增加的有限序列, 且 $\sum_{n=1}^{\infty} f_n(x)$ 在 $[a,b]$ 上處處收斂到有限函數 $f(x)$, 則

$$f'(x) = \sum_{n} f_n'(x), a.e. 於 [a,b].$$

證 不妨設 $f_n(a) = 0 (n = 1,2,\cdots)$, 否則可令 $\overline{f_n}(x) = f_n(x) - f_n(a)$, 僅對 $\overline{f_n}(x)$ 討論即可. 下面考察 $\sum_{n=1}^{\infty} f_n(x)$ 的部分和 $S_n(x) = \sum_{i=1}^{n} f_i(x)$, 則 $f_n(x)$, $S_n(x)$ 都是單調增加函數. 由 Lebesgue 微分定理, 在去掉一個零測集 E 后, $f_n'(x) (n = 1,2,\cdots)$ 都存在.

因為 $S_n(x) - S_{n-1}(x) = f_n(x)$ 及 $f(x) - S_n(x) = \sum_{i=n+1}^{\infty} f_i(x)$ 都是單調增加函數, 所以它們的導數如果存在的話, 均是非負的. 從而當 $x \notin E$ 時, 有 $S_{n-1}'(x) \leqslant S_n'(x) \leqslant f'(x)$, 即 $\{S_n'(x)\}$ 是單調增加的有界數列, 從而存在極限, 即級數

$$\sum_{n=1}^{\infty} f_n'(x) = \lim_{n\to\infty} S_n'(x), a.e. 於 [a,b] (x \notin E). \tag{5.4.15}$$

因此, 為了證明定理, 只需證明存在一個子列 $\{S_{n_k}'\}$, 使得 $\lim_{n\to\infty} S_{n_k}'(x) = f'(x)$ 幾乎處處成立即可.

由於 $\lim_{n\to\infty} S_n(b) = f(b)$, 則對任意自然數 k, 可取 n_k, 使得 $f(b) - S_{n_k}(b) < \frac{1}{2^k}$, 但 $f(x) - S_{n_k}(x)$ 也是單調增加函數, 且 $f(a) = S_{n_k}(a) = 0$, 從而

$$0 \leqslant \sum_{k=1}^{\infty} (f(x) - S_{n_k}(x)) \leqslant \sum_{k=1}^{\infty} (f(b) - S_{n_k}(b)) < \sum_{k=1}^{\infty} \frac{1}{2^k} = 1.$$

這說明 $\sum_{k=1}^{\infty} (f(x) - S_{n_k}(x))$ 是由單調增加函數列 $\{f(x) - S_{n_k}(x)\}$ 構成的收斂級數, 它和級數 $\sum_{n=1}^{\infty} f_n(x)$ 具有同樣的性質. 將上面關於已證得的結論(5.4.15)用到 $\sum_{k=1}^{\infty} (f(x) - S_{n_k}(x))$ 上, 可得

$$\sum_{k=1}^{\infty}(f'(x)-S_{n_k}'(x))<\infty, a.e.\text{於}[a,b].$$

由於收斂級數的一般項趨於零，即$\lim_{k\to\infty}(f'(x)-S_{n_k}'(x))=0, a.e.$於$[a,b]$，從而

$$\sum_{n=1}^{\infty}f_n'(x)=f'(x), a.e.\text{於}[a,b].$$

5.4.2 有界變差函數

前面已經看到，單調函數的導數雖然可積但卻沒有類似牛頓－萊布尼茲的公式，或者說單調函數不能通過其導數的積分還原. 那麼何種函數能滿足牛頓－萊布尼茲公式呢？（當然，這裡是相對於 L－積分而言）. 這就是下面要討論的問題.

定義 4 設 $f(x)$ 是區間$[a,b]$上的有限函數，對$[a,b]$的任一個分割

$$\Delta: a=x_0<x_1<\cdots<x_n=b,$$

記 $V(\Delta,f)=\sum_{i=1}^{n}|f(x_i)-f(x_{i-1})|$，稱 $V(\Delta,f)$為$f(x)$關於分割 Δ 的變差.

若存在常數 M，使對一切分割 Δ，都有 $V(\Delta,f)\leqslant M$，則稱$f(x)$ 為$[a,b]$上的**有界變差函數**. 全體 $V(\Delta,f)$ 所作成的數集的上確界稱為$f(x)$在$[a,b]$上的**總變差**，記為

$$V_a^b(f)=\sup_{\Delta}V(\Delta,f).$$

例 3 $[a,b]$上的有限的單調函數$f(x)$ 都是有界變差的，而且其總變差為

$$V_a^b(f)=|f(b)-f(a)|.$$

證 不妨設$f(x)$ 單調增加，則對$[a,b]$的任意分割

$$\Delta: a=x_0<x_1<\cdots<x_n=b,$$

有

$$\begin{aligned}V(\Delta,f)&=\sum_{i=1}^{n}|f(x_i)-f(x_{i-1})|\\&=\sum_{i=1}^{n}(f(x_i)-f(x_{i-1}))\\&=f(b)-f(a),\end{aligned}$$

則$f(x)$是有界變差函數，而且 $V_a^b(f)=f(b)-f(a)$.

例 4 若$f(x)$是$[a,b]$上滿足 Lipschitz 條件，即存在常數 M，使得

$$|f(x)-f(y)|\leqslant M|x-y|, \text{對一切} x,y\in[a,b],$$

則$f(x)$是$[a,b]$上的界變差函數.

證 對$[a,b]$的任意分割$\Delta: a=x_0<x_1<\cdots<x_n=b$，有

$$V(\Delta,f) = \sum_{i=1}^{n} |f(x_i)-f(x_{i-1})|$$
$$\leqslant M\sum_{i=1}^{n} |x_i - x_{i-1}|$$
$$= M(b-a),$$

則$f(x)$是有界變差函數，而且 $V_a^b(f) \leqslant M(b-a)$.

由例4可知，若$f'(x)$在$[a,b]$上有界，則$f'(x)$在$[a,b]$上滿足 Lipschitz 條件，從而是有界變差函數.

例5 連續函數不一定是有界變差函數. 例如

$$f(x) = \begin{cases} x\cos\dfrac{\pi}{2x}, & 0 < x \leqslant 1, \\ 0, & x = 0 \end{cases}$$

是$[0,1]$上的連續函數. 如果取分點

$$0 < \frac{1}{2n} < \frac{1}{2n-1} < \cdots < \frac{1}{3} < \frac{1}{2} < 1,$$

則
$$V(\Delta,f) = \sum_{i=1}^{n} |f(x_i)-f(x_{i-1})|$$
$$\leqslant \frac{1}{2n} + \frac{1}{2n} + \frac{1}{2n-2} + \cdots + \frac{1}{4} + \frac{1}{4} + \frac{1}{2} + \frac{1}{2}$$
$$= \frac{1}{n} + \frac{1}{n-1} + \cdots + \frac{1}{2} + 1.$$

因為$\sum\limits_{k=1}^{\infty} \dfrac{1}{k} = +\infty$，所以 $V_a^b(f) = +\infty$，即$f(x)$不是有界變差函數.

有界變差函數具有下面的一些基本性質.

性質1 若$f(x)$是$[a,b]$上的有界變差函數，則$f(x)$必為有界函數.

證 若$f(x)$不是有界函數，則存在$\{x_n\} \subset [a,b]$，使$|f(x_n)| \to \infty$. 而$f(x)$是有界變差函數，則 $V_a^b(f) < \infty$.

對任意的$n \in N$，作$[a,b]$的分割$\Delta_n: a < x_n < b$，則

$$V(\Delta_n,f) = |f(x_n)-f(a)| + |f(b)-f(x_n)|$$
$$\geqslant 2|f(x_n)| - |f(a)| - |f(b)|.$$

由 $V(\Delta_n,f) \leqslant V_a^b(f) < \infty$，得 $2|f(x_n)| \leqslant V_a^b(f) + |f(a)| + |f(b)|$，與$|f(x_n)| \to \infty$ 矛盾！故$f(x)$必為有界函數.

性質2 若$f(x), g(x)$都是$[a,b]$上的有界變差函數，則對任意常數α,β，$\alpha f(x) + \beta g(x)$也是$[a,b]$上的有界變差函數，且

$$V_a^b(\alpha f + \beta g) \leqslant |\alpha| V_a^b(f) + |\beta| V_a^b(g).$$

證 設$\Delta: a = x_0 < x_1 < \cdots < x_n = b$為$[a,b]$的任意分割，則

$$
\begin{aligned}
V(\Delta,\alpha f+\beta g) &= \sum_{i=1}^{n} \left| (\alpha f(x_i)+\beta g(x_i)) - (\alpha f(x_{i-1})+\beta g(x_{i-1})) \right| \\
&\leqslant |\alpha| \sum_{i=1}^{n} |f(x_i)-f(x_{i-1})| + |\beta| \sum_{i=1}^{n} |g(x_i)-g(x_{i-1})| \\
&= |\alpha| V(\Delta,f) + |\beta| V(\Delta,g) \\
&\leqslant |\alpha| V_a^b(f) + |\beta| V_a^b(g),
\end{aligned}
$$

即 $V_a^b(\alpha f+\beta g) \leqslant |\alpha| V_a^b(f) + |\beta| V_a^b(g)$.

性質 3　若 $f(x)$, $g(x)$ 都是 $[a,b]$ 上的有界變差函數，則 $f(x)g(x)$ 是有界變差函數.

證　由性質 1 知存在 $M>0$，使得 $|f(x)| \leqslant M < +\infty$，$|g(x)| \leqslant M < +\infty$. 設 $\Delta: a=x_0<x_1<\cdots<x_n=b$ 為 $[a,b]$ 的任一分劃，則

$$
\begin{aligned}
V(\Delta,fg) &= \sum_{i=1}^{n} |(fg)(x_i)-(fg)(x_{i-1})| \\
&= \sum_{i=1}^{n} |f(x_i)g(x_i)-f(x_i)g(x_{i-1})+f(x_i)g(x_{i-1})-f(x_{i-1})g(x_{i-1})| \\
&\leqslant M\sum_{i=1}^{n} |g(x_i)-g(x_{i-1})| + M\sum_{i=1}^{n} |f(x_i)-f(x_{i-1})| \\
&\leqslant MV_a^b(f) + MV_a^b(g).
\end{aligned}
$$

故 $V_a^b(fg) \leqslant MV_a^b(f) + MV_a^b(g)$，即 $f(x)g(x)$ 是有界變差函數.

性質 4　若 $f(x)$ 是 $[a,b]$ 上的有界變差函數，則 $V_a^b(f)=0$ 當且僅當 $f(x)$ 是常數.

證　充分性. 顯然.

必要性. 若 $f(x)$ 不為常數，則存在 $x_0 \in [a,b]$，使得 $f(x_0) \neq f(a)$ 或 $f(x_0) \neq f(b)$. 作 $[a,b]$ 的分劃 $\Delta: a \leqslant x_0 \leqslant b$，則 $V(\Delta,f) \neq 0$，與 $V_a^b(f)=0$ 矛盾！

故 $f(x)$ 必為常數.

性質 5　若 $f(x)$ 是 $[a,b]$ 上的有界變差函數，$[c,d] \subset [a,b]$，則

$$V_a^b(f) \geqslant V_c^d(f).$$

特別地，$f(x)$ 也是 $[c,d]$ 上的有界變差函數.

證　任取 $[c,d]$ 上的一個分劃 $\Delta: c=x_0<x_1<\cdots<x_n=d$，對應到 $[a,b]$ 上的一個分劃

$$\overline{\Delta}: \alpha=\overline{x}_0<\overline{x}_1<\cdots<\overline{x}_i=c=x_0<x_1<\cdots<x_n=d=\overline{\overline{x}}_0<\overline{\overline{x}}_1<\cdots<\overline{\overline{x}}_j=b,$$

從而 $V(\Delta,f) \leqslant V(\overline{\Delta},f) \leqslant V_a^b(f)$.

故 $V_a^b(f) \geqslant V_c^d(f)$.

性質 6　設 $f(x)$ 是 $[a,b]$ 上的有界變差函數，c 是 (a,b) 內任一實數，則 $f(x)$ 在 $[a,c]$，$[c,b]$ 上是有界變差的，且 $V_a^b(f)=V_a^c(f)+V_c^b(f)$.

證　一方面，若 $\Delta_1: a=x_0<x_1<\cdots<x_n=c$，

$$\Delta_2: c = x'_0 < x'_1 < \cdots < x'_n = b$$

分別是$[a,c]$和$[c,b]$上的分劃，將Δ_1,Δ_2合併起來得$[a,b]$的一個加細分劃

$$\Delta: a = x_0 < x_1 < \cdots < x_n = x'_0 < x'_1 < \cdots < x'_n = b,$$

則$V(\Delta_1,f) + V(\Delta_2,f) = V(\Delta,f) \leqslant V_a^b(f)$，即$V_a^c(f) + V_c^b(f) \leqslant V_a^b(f)$.

另一方面，可設$\Delta: a = x_0 < x_1 < \cdots < x_n = b$是$[a,b]$的一個分劃. 如果有某一$x_i = c$，則$\Delta$可拆分成$[a,c]$的一個分劃$\Delta_1$和$[c,b]$的一個分劃$\Delta_2$，而且

$$V(\Delta,f) = V(\Delta_1,f) + V(\Delta_2,f) \leqslant V_a^c(f) + V_c^b(f).$$

如果沒有$x_i = c$，則可將c點添入而得$[a,b]$的一個新分劃Δ'，即存在i_0，$0 \leqslant i_0 \leqslant n-1$，使得$x_{i_0} < c < x_{i_0+1}$，則

$$\begin{aligned} V(\Delta,f) &= \sum_{i=1}^{n} |f(x_i) - f(x_{i-1})| \\ &\leqslant \sum_{i=1}^{i_0} |f(x_i) - f(x_{i-1})| + |f(c) - f(x_{i_0})| \\ &\quad + |f(x_{i_0+1}) - f(c)| + \sum_{i=i_0+2}^{n} |f(x_i) - f(x_{i-1})| \\ &= V(\Delta',f) \leqslant V_a^c(f) + V_c^b(f), \end{aligned}$$

即對任何Δ，都有$V(\Delta) \leqslant V_a^c(f) + V_c^b(f)$，從而$V_a^b(f) \leqslant V_a^c(f) + V_c^b(f)$.

故$V_a^b(f) = V_a^c(f) + V_c^b(f)$.

有界變差函數與單調函數有密切的關係. 例3告訴我們：$[a,b]$上的單調增加函數是有界變差函數；而性質2告訴我們：兩個單調增加函數之差也是有界變差函數，反之有下面的定理2.

定理2（Jordan 分解定理） $f(x)$是$[a,b]$上的有界變差函數的充要條件是$f(x)$能表示成兩個單調增加函數（或單調不減函數）之差.

證 充分性. 因單調增加函數是有界變差函數，在性質2中取$\alpha = 1$，$\beta = -1$即可.

必要性. 作函數

$$\varphi(x) = \frac{1}{2}\{V_a^x(f) + f(x)\}, \psi(x) = \frac{1}{2}\{V_a^x(f) - f(x)\},$$

由性質6可知，當$\bar{x} > x$時，

$$|f(x) - f(\bar{x})| = V(\Delta(x,\bar{x}),f) \leqslant V_x^{\bar{x}}(f) = V_a^{\bar{x}}(f) - V_a^x(f),$$

即$V_a^x(f) - V_a^{\bar{x}}(f) \leqslant f(x) - f(\bar{x}) \leqslant V_a^{\bar{x}}(f) - V_a^x(f)$. 從而

$$V_a^x(f) + f(x) \leqslant V_a^{\bar{x}}(f) + f(\bar{x}),\ V_a^x(f) - f(x) \leqslant V_a^{\bar{x}}(f) - f(\bar{x}),$$

則$\varphi(x)$，$\psi(x)$都是單調增加函數，且有等式

$$f(x) = \varphi(x) - \psi(x) = \frac{1}{2}\{V_a^x(f) + f(x)\} - \frac{1}{2}\{V_a^x(f) - f(x)\}.$$

註 3　Jordan 分解顯然不是唯一的. 比如把定理 2 證明中的 $\varphi(x)$ 和 $\psi(x)$ 同時加上一個相同的常數或同時加上更一般的一個遞增函數時, 仍然滿足條件的分解. 如

$$f(x) = V_a^x(f) - [V_a^x(f) - f(x)]$$

也是一種分解, 其中 $V_a^x(f)$ 與 $V_a^x(f) - f(x)$ 均為單調遞增函數. 事實上, 若 $f = \varphi - \psi$ 是 f 的一個分解, 則對任意常數 c, $\varphi + c, \psi + c$ 仍是單調的, 且 $f = (\varphi + c) - (\psi + c)$. 我們記

$$p(x) = \frac{1}{2}\{V_a^x(f) + f(x) - f(a)\},\ n(x) = \frac{1}{2}\{V_a^x(f) - f(x) + f(a)\},$$

則

$$V_a^x(f) = P(x) + n(x), \tag{5.4.16}$$

$$f(x) - f(a) = P(x) - n(x), \tag{5.4.17}$$

並稱式(5.4.16) 和(5.4.17) 為 $f(x)$ 的正規分解.

由於有界變差函數具有約當分解, 我們便可把關於單調函數的若干討論推廣到有界變差函數的情形.

推論 2　若 $f(x)$ 是 $[a,b]$ 上的有界變差函數(或單調遞增函數), 則

① $f(x)$的不連續點全是第一類的;

② $f(x)$的不連續點至多可列;

③ 有限的 $f(x)$是 $[a,b]$ 上的 $R-$ 可積函數;

④ $f(x)$有幾乎處處有限的導數;

⑤ $f(x)$的導函數是 $L-$ 可積的.

註 4　既然 $f(x)$ 的分解可通過 $V_a^x(f)$ 作出來, 那麼 $f(x)$ 與 $V_a^x(f)$ 的性質應有相似之處. 比如 $V_a^x(f)$ 與 $f(x)$ 有相同的左(右) 連續點, 從而 $V_a^x(f)$ 與 $f(x)$ 具有相同的連續點.

定理 3　若 $f(x)$ 在 $[a,b]$ 上有界變差, 則 $f(x)$ 在 $[a,b]$ 上幾乎處處可微, $f'(x)$ 在 $[a,b]$ 上可積, 並且

$$\int_a^b |f'(x)|\mathrm{d}x \leqslant V_a^b(f).$$

證　由 Jordan 分解及單調函數的幾乎處處可微性可得: $f'(x)$在 $[a,b]$ 上幾乎處處 $L-$ 可積. 設 $f = \varphi - \psi$ 是 f 的正規 Jordan 分解, 其中

$$\varphi(x) = \frac{1}{2}\{V_a^x(f) + f(x) - f(a)\},$$

$$\psi(x) = \frac{1}{2}\{V_a^x(f) - f(x) + f(a)\},$$

則 $f'(x) = \varphi'(x) - \psi'(x)$, $a.e.$於 $[a,b]$.

由 $\int_a^b \varphi'(x)\mathrm{d}x \leqslant \varphi(b) - \varphi(a)$ 及 $\int_a^b \psi'(x)\mathrm{d}x \leqslant \psi(b) - \varphi(a)$, 得

$$\int_a^b |f'(x)|\mathrm{d}x = \int_a^b |\varphi'(x) - \psi'(x)|\mathrm{d}x$$
$$\leqslant \int_a^b \varphi'(x)\mathrm{d}x + \int_a^b \psi'(x)\mathrm{d}x$$
$$\leqslant (\varphi(b) - \varphi(a)) + (\psi(b) - \psi(a)).$$

而 $\varphi(a) = \psi(a) = 0$, $\varphi(b) = \frac{1}{2}\{V_a^b(f) + f(b) - f(a)\}$, $\psi(b) = \frac{1}{2}\{V_a^b(f) - f(b) + f(a)\}$, 則 $\varphi(b) + \psi(b) = V_a^b(f)$, 故

$$\int_a^b |f'(x)|\mathrm{d}x \leqslant \varphi(b) + \psi(b) = V_a^b(f).$$

定理 4 (1) 設 $f_k(x)(k = 1,2,\cdots)$ 是區間 $[a,b]$ 上的有界變差函數, $\sum_{k=1}^{\infty} V_a^b(f_k) < +\infty$, 而且 $\sum_{k=1}^{\infty} f_k(x)$ 處處收斂於 $f(x)$, 那麼 $f(x)$ 也是 $[a,b]$ 上的有界變差函數, 且

$$V_a^b(f) \leqslant \sum_{k=1}^{\infty} V_a^b(f_k).$$

(2) 設 $f_k(x)(k = 1,2,\cdots)$ 是區間 $[a,b]$ 上的有界變差函數, $\sum_{k=1}^{\infty} V_a^b(f_k) < +\infty$, 而且 $\sum_{k=1}^{\infty} f_k(x)$ 處處收斂於 $f(x)$, 那麼 $\sum_{k=1}^{\infty} f_k'(x)$ 幾乎處處收斂於 $f'(x)$.

證 (1) 對於 $[a,b]$ 的任意分割 $\Delta: a = x_0 < x_1 < \cdots < x_n = b$, 有

$$V(\Delta,f) = \sum_{i=1}^{n} |f(x_i) - f(x_{i-1})|$$
$$= \sum_{i=1}^{n} \left| \sum_{k=1}^{\infty} f_k(x_i) - \sum_{k=1}^{\infty} f_k(x_{i-1}) \right|$$
$$= \sum_{i=1}^{n} \left| \sum_{k=1}^{\infty} [f_k(x_i) - f_k(x_{i-1})] \right|$$
$$\leqslant \sum_{i=1}^{n} \sum_{k=1}^{\infty} |f_k(x_i) - f_k(x_{i-1})|$$
$$= \sum_{k=1}^{\infty} \sum_{i=1}^{n} |f_k(x_i) - f_k(x_{i-1})|$$
$$\leqslant \sum_{k=1}^{\infty} V_a^b(f_k)$$
$$< +\infty.$$

由 Δ 的任意性, 知 $f(x)$ 在 $[a,b]$ 上是有界變差的, 且 $V_a^b(f) \leqslant \sum_{k=1}^{\infty} V_a^b(f_k)$.

(2) 令 $g(x) = \sum_{k=1}^{\infty} |f_k'(x)|$, 那麼 $g(x)$ 是 $[a,b]$ 上幾乎處處有定義的非負可測函數. 由 Lebesgue 基本定理, 有

$$\int_a^b g(x)\,\mathrm{d}x = \sum_{k=1}^{\infty}\int_a^b |f_k'(x)|\,\mathrm{d}x \overset{\text{由}Th3}{\leqslant} \sum_{k=1}^{\infty} V_a^b(f_k) < +\infty,$$

因而 $g(x)$ 是 L－可積的，從而 $g(x) < +\infty$, $a.e.$於$[a,b]$.即級數 $\sum_{k=1}^{\infty} f_k'(x)$ 是幾乎處處絕對收斂，從而是收斂的.

記 $h(x) = \sum_{k=1}^{\infty} f_k'(x)$，由 Fatou 引理和定理 4 的(1)，可知

$$\begin{aligned}
\int_a^b |f'(x) - h(x)|\,\mathrm{d}x &= \int_a^b \left|f'(x) - \lim_{n\to\infty}\sum_{k=1}^{n} f_k'(x)\right|\mathrm{d}x \\
&= \int_a^b \lim_{n\to\infty}\left|f'(x) - \sum_{k=1}^{n} f_k'(x)\right|\mathrm{d}x \\
&\overset{\text{Fatou引理}}{\leqslant} \varliminf_{n\to\infty}\int_a^b \left|f'(x) - \sum_{k=1}^{n} f_k'(x)\right|\mathrm{d}x \\
&= \varliminf_{n\to\infty}\int_a^b \left|\left(f(x) - \sum_{k=1}^{n} f_k(x)\right)'\right|\mathrm{d}x \\
&\overset{\text{由}Th3}{\leqslant} \varliminf_{n\to\infty} V_a^b\left(f(x) - \sum_{k=1}^{n} f_k(x)\right) \\
&= \varliminf_{n\to\infty} V_a^b\left(\sum_{k=n+1}^{\infty} f_k(x)\right) \\
&\overset{\text{性質2}}{\leqslant} \varliminf_{n\to\infty}\sum_{k=n+1}^{\infty} V_a^b(f_k) \\
&\xlongequal{\text{因}\sum_{k=1}^{\infty} V_a^b(f_k) < +\infty} 0,
\end{aligned}$$

因而 $f'(x) = \sum_{k=1}^{\infty} f_k'(x)$, $a.e.$於$[a,b]$.

例 6　存在連續的單調增加函數 $f(x)$，使

$$\int_a^b f'(x)\,\mathrm{d}x < f(b) - f(a).$$

解　先定義 Cantor 函數 $\Theta(x)$.

設 C 是$[0,1]$上的 Cantor 集合，現將定義 C 時從$[0,1]$中去掉的可數多個開區間加以分類. 第一類是一個長度為$\frac{1}{3}$的區間$(\frac{1}{3},\frac{2}{3})$；

第二類是兩個長度為$\frac{1}{3^2}$的區間$(\frac{1}{3^2},\frac{2}{3^2})$，$(\frac{7}{3^2},\frac{8}{3^2})$；

第三類是四個長度為$\frac{1}{3^3}$的區間$(\frac{1}{27},\frac{2}{27})$，$(\frac{7}{27},\frac{8}{27})$，$(\frac{19}{27},\frac{20}{27})$，$(\frac{25}{27},\frac{26}{27})$；

依此類推，在第 n 類中有 2^{n-1} 個長度為$\frac{1}{3^n}$的區間$(\frac{1}{3^n},\frac{2}{3^n})$，$(\frac{7}{3^n},\frac{8}{3^n})$，…，

$(\frac{3^n-2}{3^n},\frac{3^n-1}{3^n})$.

記 $G_0=[0,1]-C$，並在 G_0 上定義如下一個函數：

$$\Theta(x)=\begin{cases}\frac{1}{2}, & x\in(\frac{1}{3},\frac{2}{3}),\\ \frac{1}{4}, & x\in(\frac{1}{3^2},\frac{2}{3^2}),\\ \frac{3}{4}, & x\in(\frac{7}{3^2},\frac{8}{3^2}),\\ \frac{1}{8}, & x\in(\frac{1}{3^3},\frac{2}{3^3}),\\ \frac{3}{8}, & x\in(\frac{7}{3^3},\frac{8}{3^3}),\\ \frac{5}{8}, & x\in(\frac{19}{3^3},\frac{20}{3^3}),\\ \frac{7}{8}, & x\in(\frac{25}{3^3},\frac{26}{3^3}),\\ \cdots, \end{cases}$$

其中 $\Theta(x)$ 在第 n 類的 2^{n-1} 個區間上依次取值 $\frac{1}{2^n},\frac{3}{2^n},\frac{5}{2^n},\cdots,\frac{2^n-1}{2^n}$.

顯然，$\Theta(x)$ 在開集 G_0 上有定義，且在 G_0 的每個構成區間上取常數值，而且在 G_0 上是單調增加的.

對於 $x\in C$，我們通過定義

$$\Theta(0)=0,\ \Theta(1)=1,\ \Theta(x)=\sup\{\Theta(t)\mid t\in G_0,t<x\}$$

的辦法，把 $\Theta(x)$ 的定義擴充到整個區間 $[0,1]$ 上去了. 顯然，$\Theta(x)$ 是 $[0,1]$ 上的單調增加函數(或單調不減). 而

$$\left\{\frac{k}{2^n}\mid k=1,2,\cdots,2^n-1,n=1,2,\cdots\right\} \tag{5.4.18}$$

在 $[0,1]$ 上稠密，如果單調增加函數 $\Theta(x)$ 在 x_0 處有一個不連續點，則必有

$$\Theta(x_0-0)\neq\Theta(x_0+0),$$

從而區間 $[\Theta(x_0-0),\Theta(x_0+0)]$ 與集合(5.4.18)的交僅含一點 $\Theta(x_0)$，這與集合(5.4.18)在 $[0,1]$ 上稠密矛盾！故 $\Theta(x)$ 是 $[0,1]$ 上的連續函數.

在 G_0 上，$\Theta'(x)\equiv 0$，而 $mC=0$，則 $\Theta'(x)=0,a.e.$於 $[0,1]$. 從而

$$\int_0^1\Theta'(x)\mathrm{d}x=0<1=\Theta(1)-\Theta(0),$$

將這個 $\Theta(x)$ 稱為 $[0,1]$ 上的 Cantor **函數**.

如果令 $\lambda(x)=\frac{1}{2}(\Theta(x)+x)$，則 $\lambda(x)$ 是在 $[0,1]$ 上嚴格遞增的連續函數.

由於 $\lambda'(x)=\frac{1}{2}$，a.e.於 $[a,b]$，則有 $\int_0^1\lambda'(x)\mathrm{d}x=\frac{1}{2}<\lambda(1)-\lambda(0)$.

例 6 還說明：「即使所考慮的函數是連續的，式

$$\left|\int_a^b f'(x)\mathrm{d}x\right|\leqslant|f(b)-f(a)| \text{和} \int_a^b|f'(x)|\mathrm{d}x\leqslant V_a^b(f)$$

中的不等號仍能成立」. 所以函數的有界變差性雖然能保證它有可積的導函數，但仍不能保證我們熟知的牛頓 - 萊布尼茲公式成立，即不能保證式

$$\int_a^x f(t)\mathrm{d}t=F(x)-F(a)$$

成立.

例 7　函數

$$f(x)=\begin{cases}x^2\cos\frac{\pi}{x^2}, & x\neq 0,\\ 0, & x=0\end{cases}$$

是處處有導數的，其導數為

$$f(x)=\begin{cases}2x\cos\frac{\pi}{x^2}+2\pi\cdot\frac{1}{x}\sin\frac{\pi}{x^2}, & x\neq 0,\\ 0, & x=0,\end{cases}$$

但是 $f'(x)$ 在 $[0,1]$ 上不可積.

解　當 $0\notin[\alpha,\beta]\subset[0,1]$，$f'(x)$ 便在 $[\alpha,\beta]$ 上連續，從而

$$\int_\alpha^\beta f'(x)\mathrm{d}x=f(\beta)-f(\alpha)=\beta^2\cos\frac{\pi}{\beta^2}-\alpha^2\cos\frac{\pi}{\alpha^2}.$$

取 $\alpha_n=\sqrt{\frac{2}{4n+1}}$，$\beta_n=\frac{1}{\sqrt{2n}}$，則 $\int_{\alpha_n}^{\beta_n}f'(x)\mathrm{d}x=\frac{1}{2n}$，$n=1,2,3,\cdots$.

令 $I_n=[\alpha_n,\beta_n]\ (n=1,2,3,\cdots)$，則 I_n 是互不相交的，從而

$$\int_0^1|f'(x)|\mathrm{d}x\leqslant\int_{\bigcup_{n=1}^{\infty}I_n}|f'(x)|\mathrm{d}x\geqslant\sum_{n=1}^{\infty}\left|\int_{I_n}f'(x)\mathrm{d}x\right|=\sum_{n=1}^{\infty}\frac{1}{2n}=+\infty.$$

下面我們回到牛頓 - 萊布尼茲公式對何種函數成立的問題上來. 從單調函數的例子及上面的討論不難看到，有界變差函數的導數雖然可積，但也未必能使牛頓 - 萊布尼茲公式成立. 因此條件還要加強，這正是下面我們要引入的絕對連續.

5.4.3 絕對連續函數

定義 5 設$f(x)$是$[a,b]$上的函數, 如果對於任意的$\varepsilon > 0$, 存在$\delta > 0$, 使得對於$[a,b]$中的任意一組分點

$$a_1 < b_1 \leqslant a_2 \leqslant b_2 \leqslant \cdots \leqslant a_n < b_n,$$

即當$\{(a_i,b_i)\}$是$[a,b]$上任意有限個互不相交的開區間, 且只要$\sum_{i=1}^{n}(b_i - a_i) < \delta$, 便有

$$\sum_{i=1}^{n}|f(b_i) - f(a_i)| < \varepsilon,$$

則稱$f(x)$是$[a,b]$上的**絕對連續函數**, 或稱$f(x)$在$[a,b]$上絕對連續.

性質 1 $[a,b]$上的絕對連續函數一定是$[a,b]$上的連續有界變差函數.

證 若$f(x)$是$[a,b]$上的絕對連續函數, 則對任意的$\varepsilon > 0$, 存在$\delta > 0$, 使得只要$\sum_{i=1}^{n}(b_i - a_i) < \delta$, 就有

$$\sum_{i=1}^{n}|f(b_i) - f(a_i)| < \varepsilon,$$

取正整數$N = \left[\dfrac{b-a}{\delta}\right] + 1$, 使得$\dfrac{b-a}{N} < \delta$, 用分點

$$a = y_0 < y_1 < \cdots < y_N = b$$

把$[a,b]$等分成N個長度小於δ的小區間. 而對於$[a,b]$的任意分割

$$\Delta: a = x_0 < x_1 < \cdots < x_n = b,$$

將$y_1, y_2, \cdots, y_{N-1}$添加進去, 可得一個新的加細分割

$$\overline{\Delta}: a = z_0 < z_1 < \cdots < z_l = b \ (l \leqslant n + N),$$

則$f(x)$關於Δ的變差

$$V(\Delta) \leqslant V(\overline{\Delta}) = \sum_{i=1}^{l}|f(z_i) - f(z_{i-1})| = \sum_{j=1}^{N}\sum_{y_{j-1}\leqslant z_{i-1}\leqslant z_i \leqslant y_j}|f(z_i) - f(z_{i-1})| \leqslant N\varepsilon.$$

故$V_a^b(f) \leqslant N\varepsilon < +\infty$, 即絕對連續函數一定是連續有界變差函數. 從而絕對連續函數不僅幾乎處處有有限導數, 而且導數是$L-$可積的.

性質 2 $[a,b]$上的絕對連續函數必在$[a,b]$上一致連續, 但反之不成立. 比如, $f(x) = x^2\sin\dfrac{1}{x^2}(0 < x \leqslant 1)$, $f(0) = 0$. 我們對$[0,1]$作分割Δ:

$$0 < \frac{1}{\sqrt{n\pi + \pi/2}} < \frac{1}{\sqrt{n\pi}} < \frac{1}{\sqrt{(n-1)\pi + \pi/2}} < \cdots$$
$$< \frac{1}{\sqrt{1 + \pi/2}} < \frac{1}{\sqrt{\pi}} < \frac{1}{\sqrt{\pi/2}} < 1,$$

則可得變差 $V(\Delta,f)=|\sin 1-\pi/2|+\sum_{k=1}^{n}1/(k\pi+\pi/2)+1/(n\pi+\pi/2)$，從而總變差為 $V_0^1(f)=+\infty$. 因此 $f(x)$ 不是 $[0,1]$ 上的有界變差函數，從而也不是絕對連續函數.

例 8 設 $f(x)$ 在 $[a,b]$ 上滿足李普希茲條件，那麼函數 $f(x)$ 必是絕對連續函數.

證 由假設，存在 $M>0$，當 $x_1,x_2\in[a,b]$ 時，

$$|f(x_1)-f(x_2)|\leqslant M|x_1-x_2|.$$

對任意的 $\varepsilon>0$，取 $\delta=\dfrac{\varepsilon}{M}$，此時對 $[a,b]$ 中任意有限個互不相交的開區間 $(a_i,b_i)\ (i=1,2,3,\cdots n)$，只要 $\sum_{i=1}^{n}(b_i-a_i)<\delta$，總有

$$\sum_{i=1}^{n}|f(b_i)-f(a_i)|\leqslant\sum_{i=1}^{n}L(b_i-a_i)=M\sum_{i=1}^{n}(b_i-a_i)<M\delta=\varepsilon,$$

故 $f(x)$ 是 $[a,b]$ 上的絕對連續函數.

下面的定理指出：對絕對連續函數，牛頓－萊布尼茲公式是成立的.

定理 5 設 $f(x)$ 是 $[a,b]$ 上的絕對連續函數，則 $f(x)$ 在 $[a,b]$ 上幾乎處處可微，$f'(x)$ 在 $[a,b]$ 上 Lebesgue 可積，並且

$$\int_a^b f'(x)\mathrm{d}x=f(b)-f(a).$$

證 因絕對連續函數都是有界變差函數，則由定理 3 知，$f(x)$ 在 $[a,b]$ 上幾乎處處可微，且 $f'(x)$ 在 $[a,b]$ 上可積.

由 Lebesgue 微分定理的證明可知，當 $x>b$ 時，令 $f(x)\equiv f(b)$，且定義

$$\lambda_n(x)=\frac{f(x+\frac{1}{n})-f(x)}{\frac{1}{n}}=n[f(x+\frac{1}{n})-f(x)],$$

則 $\lambda_n(x)$ 是 $[a,b]$ 上的可積函數，且 $\lim\limits_{n\to\infty}\lambda_n(x)=f'(x)$，$a.e.$ 於 $[a,b]$.

下面來證明 $\{\lambda_n(x)\}$ 是在 $[a,b]$ 上積分等度絕對連續的函數序列.

任取 $\varepsilon>0$，由定義 5 知，存在 $\delta>0$，如果 $I_i=(a_i,b_i)\,(i=1,2,\cdots)$ 是包含於 $[a,b]$ 內一列互不相交的區間，使得 $\sum_{i=1}^{\infty}(b_i-a_i)<\delta$，則對任意正整數 m，有 $\sum_{i=1}^{m}(b_i-a_i)<\delta$. 從而對任意的 $x\in[a,b]$，都有

$$\left|\sum_{i=1}^{m}(f(x+b_i)-f(x+a_i))\right|\leqslant\sum_{i=1}^{m}|(f(x+b_i)-f(x+a_i))|<\varepsilon,$$

則 $\left|\int_{\bigcup_{i=1}^{m} I_i} \lambda_n(x)\,dx\right| = \left| n\sum_{i=1}^{m} \int_{a_i}^{b_i} [f(x+\frac{1}{n}) - f(x)]\,dx \right|$

$$= \left| n\sum_{i=1}^{m} [\int_{b_i}^{b_i+\frac{1}{n}} f(x)\,dx - \int_{a_i}^{a_i+\frac{1}{n}} f(x)\,dx] \right|$$

$$= \left| n\sum_{i=1}^{m} [\int_{a_i}^{b_i} f(x)\,dx + \int_{a_i+\frac{1}{n}}^{b_i+\frac{1}{n}} f(x)\,dx] \right|$$

$$= n\left| \int_0^{\frac{1}{n}} \sum_{i=1}^{m} [f(b_i+x) - f(a_i+x)]\,dx \right|$$

$$\leqslant n\int_0^{\frac{1}{n}} \left| \sum_{i=1}^{m} [f(b_i+x) - f(a_i+x)] \right| dx$$

$$< \varepsilon,\ n = 1,2,3,\cdots.$$

由 5.2 節定理 6 的(2) 可知

$$\left|\int_{\bigcup_{i=1}^{\infty} I_i} \lambda_n(x)\,dx\right| \leqslant \varepsilon,\ n = 1,2,3,\cdots,$$

從而對任意開集 $G \subset [a,b]$，只要 $mG < \delta$，便有

$$\left|\int_G \lambda_n(x)\,dx\right| \leqslant \varepsilon,\ n = 1,2,3,\cdots.$$

設 $A \subset [a,b]$ 是一 G_δ 集，即 $A = \bigcap_{k=1}^{\infty} G_k$，$G_k$ 是開集，$mA < \delta$，則可設有開集 G_k，也有 $mG_k < \delta$，且 $G_{k+1} \subset G_k$. 從由積分的連續性，有

$$\lim_{k\to\infty}\int_{G_k} \lambda_n(x)\,dx = \int_A \lambda_n(x)\,dx,$$

即 $\left|\int_A \lambda_n(x)\,dx\right| \leqslant \varepsilon,\ n = 1,2,3,\cdots.$

現設 $A \subset [a,b]$ 是任意的可測集，且 $mA < \delta$，則由 3.3 節的定理 12，可找到 G_δ 型集合 $G \supset A$，使 $mG = mA$，則 $mG < \delta$，$m(G-A) = 0$. 所以

$$\left|\int_A \lambda_n(x)\,dx\right| = \left|\int_G \lambda_n(x)\,dx\right| < \varepsilon.$$

由此說明了：$\{\lambda_n(x)\}$ 確實是在$[a,b]$上具有積分等度絕對連續的序列. 由 Vitali 定理可知：

$$\int_a^b f'(x)\,dx = \lim_{n\to\infty}\int_a^b \lambda_n(x)\,dx$$

$$= \lim_{n\to\infty} n \cdot \int_a^b [f(x+\frac{1}{n}) - f(x)]\,dx$$

$$= \lim_{n\to\infty} n \cdot [\int_b^{b+\frac{1}{n}} f(x)\,dx - \int_a^{a+\frac{1}{n}} f(x)\,dx]$$

$$= f(b) - f(a).$$

定理 5 告訴我們，絕對連續函數的確可以表示成其導數的 Lebesgue 積分. 但問題尚未得到圓滿解決，因為我們還不知道絕對連續函數是否為牛頓－萊布尼茲公式成立的必要條件. 下面我們就來討論這個問題.

定理 6 設 $f(x)$ 是 $[a,b]$ 上的 Lebesgue 可積函數，且對任意的 $x \in [a,b]$，有 $\int_a^x f(t)\,\mathrm{d}t \equiv 0$，則 $f(x) = 0$，$a.e.$ 於 $[a,b]$.

證 由 $\int_a^x f(t)\,\mathrm{d}t \equiv 0$ 及積分的基本性質有，對 $[a,b]$ 內的任意區間 I，恒有 $\int_I f(x)\,\mathrm{d}x = 0$，從而對任意開集 $G \subset [a,b]$，均有 $\int_G f(x)\,\mathrm{d}x = 0$. 對任意閉集 $F \subset [a,b]$，令 $G = [a,b] - F$，則

$$\int_F f(x)\,\mathrm{d}x = \int_{(a,b)-G} f(x)\,\mathrm{d}x = \int_a^b f(x)\,\mathrm{d}x - \int_G f(x)\,\mathrm{d}x = 0.$$

如果定理 6 的結論不真，即 $f(x)$ 在 $[a,b]$ 上不幾乎處處為 0. 不妨設

$$m\{x \mid x \in [a,b], f(x) > 0\} > 0,$$

從而存在正整數 n，使 $m\left\{x \,\middle|\, x \in [a,b], f(x) > \dfrac{1}{n}\right\} = d > 0.$

顯然我們可取一閉集 F，使 $F \subset \left\{x \,\middle|\, x \in [a,b], f(x) > \dfrac{1}{n}\right\}$，且 $mF \geqslant \dfrac{d}{2}$，故

$$0 = \int_F f(x)\,\mathrm{d}x \geqslant \frac{1}{n} mF \geqslant \frac{d}{2n} > 0,$$

矛盾！故 $f(x) = 0$，$a.e.$ 於 $[a,b]$.

定理 7(Lebesgue 積分的「原函數」存在定理) 若 $f(x)$ 在 $[a,b]$ 上 Lebesgue 可積，且

$$F(x) = \int_a^x f(t)\,\mathrm{d}t + C,\quad a \leqslant x \leqslant b,$$

其中 C 為任意常數. 則 $F(x)$ 是 $[a,b]$ 上的絕對連續函數，且 $F'(x) = f(x)$, $a.e.$ 於 $[a,b]$.

證 由積分的絕對連續性定義易知(見本節習題 10)：$F(x)$ 是 $[a,b]$ 上的絕對連續函數. 由定理 5 知：$F(x)$ 在 $[a,b]$ 上幾乎處處可微，且 $F'(x)$ 在 $[a,b]$ 上可積，且對任意的 $x \in [a,b]$，都有

$$F(x) - F(a) = \int_a^x F'(t)\,\mathrm{d}t.$$

再由 $F(x)$ 的定義可得 $F(x) - F(a) = \int_a^x f(t)\,\mathrm{d}t$，即 $\int_a^x F'(t)\,\mathrm{d}t = \int_a^x f(t)\,\mathrm{d}t$. 從而對任意的 $x \in [a,b]$，有

$$\int_a^x [F'(t) - f(t)]\mathrm{d}t = 0.$$

由定理 6 可得:$F'(x) = f(x)$, $a.e.$於$[a,b]$.

至此我們得到了重要結論:一個函數等於其導數的 Lebesgue 積分當且僅當該函數是絕對連續函數.

定理 7 圓滿地回答了問題 Ⅰ, 結合定理 5, 我們看到:絕對連續性是一個函數為 Lebesgue 可積函數的不定積分的特徵性質, 同時也給予了問題 Ⅱ 的一個回答. 但是例 7 告訴我們, 如果從微分與積分互為逆運算這一角度來看, 問題並沒有很好地得到解決.

例 7 中的函數處處有有限的導數, 但導數卻不是可積的. 此時要想從導函數反過來求原函數, Lebesgue 的積分理論並不能解決問題, 需要另外的積分理論. 不過, 這已超出了本課程的學習範圍, 此處就不擬再討論.

下面我們來證明:對於絕對連續函數, 分部積分公式及換元公式都成立.

定理 8(分部積分法) 設$f(x)$ 在$[a,b]$ 上絕對連續, $\lambda(x)$ 在$[a,b]$ 上可積, 且

$$g(x) = \int_a^x \lambda(t)\mathrm{d}t + C,\ C \text{ 為任意常數},$$

則 $$\int_a^b f(x)\lambda(x)\mathrm{d}x = f(x)g(x)\Big|_a^b - \int_a^b f'(x)g(x)\mathrm{d}x.$$

證 令 D 表示區域 $a \leqslant y \leqslant x \leqslant b$, 由於$f(x)$ 在$[a,b]$ 上絕對連續, 所以 $f'(x)$ 是可積的. 從而 $F(x,y) = \lambda(x)f'(y)$ 是 D 上的可積函數, 由 Fubini 定理, 得

$$\int_a^b \mathrm{d}x \int_a^x f'(y)\lambda(x)\mathrm{d}y = \int_D F(z)\mathrm{d}z = \int_a^b \mathrm{d}y \int_y^b f'(y)\lambda(x)\mathrm{d}x,$$

而
$$\begin{aligned}
\int_a^b \mathrm{d}x \int_a^x f'(y)\lambda(x)\mathrm{d}y &= \int_a^b \Big(f(y)\lambda(x)\Big|_a^x\Big)\mathrm{d}x \\
&= \int_a^b \lambda(x)[f(x) - f(a)]\mathrm{d}x \\
&= \int_a^b \lambda(x)f(x)\mathrm{d}x - f(a)\int_a^b \lambda(x)\mathrm{d}x \\
&= \int_a^b f(x)\lambda(x)\mathrm{d}x - f(a)[g(b) - g(a)] \\
&= \int_a^b f(x)\lambda(x)\mathrm{d}x - f(a)g(b) + f(a)g(a),
\end{aligned}$$

且
$$\begin{aligned}
\int_a^b \mathrm{d}y \int_y^b f'(y)\lambda(x)\mathrm{d}x &= \int_a^b \Big(f'(y)g(x)\Big|_y^b\Big)\mathrm{d}y \\
&= \int_a^b f'(y)[g(b) - g(y)]\mathrm{d}y
\end{aligned}$$

$$=-\int_a^b f'(y)g(y)\mathrm{d}y+g(b)[f(b)-f(a)]$$

$$=-\int_a^b f'(y)g(y)\mathrm{d}y+g(b)f(b)-g(b)f(a),$$

則
$$\int_a^b f(x)\lambda(x)\mathrm{d}x-f(a)g(b)+f(a)g(a)$$

$$=-\int_a^b f'(y)g(y)\mathrm{d}y+g(b)f(b)-g(b)f(a),$$

從而
$$\int_a^b f(x)\lambda(x)\mathrm{d}x=g(b)f(b)-f(a)g(a)-\int_a^b f'(y)g(y)\mathrm{d}y$$

$$=f(x)g(x)\Big|_a^b-\int_a^b f'(y)g(y)\mathrm{d}y$$

$$=f(x)g(x)\Big|_a^b-\int_a^b f'(x)g(x)\mathrm{d}x.$$

定理 9（換元法） 設 $f(x)$，$g(x)$ 都是 $[a,b]$ 上的可積函數，$g(x)\geqslant 0$，$G(x)$ 是 $g(x)$ 的一個不定積分，$a=G(\alpha)$，$b=G(\beta)$，則

$$\int_a^b f(x)\mathrm{d}x=\int_\alpha^\beta f(G(t))g(t)\mathrm{d}t.$$

證 若 $F(x)$ 是絕對連續函數，則由定義易見 $F(G(x))$ 仍是絕對連續的，假設 $F(x)$ 為 $f(x)$ 的一個不定積分，則由定理 5 和定理 7，可得

$$\int_a^b f(x)\mathrm{d}x=F(b)-F(a)=F(G(\beta))-F(G(\alpha))=\int_\alpha^\beta [F(G(t))]'\mathrm{d}t.$$

故下面只需證明 $[F(G(t))]'=f(G(t))g(t)$, a.e. 即可.

先考慮 $f(x)$ 有界，即 $|f(x)|\leqslant M$ 的情形. 若對於使 $G(t+h)\neq G(t)$ 的 h，有

$$\frac{F(G(t+h))-F(G(t))}{h}=\frac{F(G(t+h))-F(G(t))}{G(t+h)-G(t)}\cdot\frac{G(t+h)-G(t)}{h}. \tag{5.4.19}$$

由定理 7，幾乎對所有的 t，都有

$$\lim_{h\to 0}\frac{G(t+h)-G(t)}{h}=g(t),\ a.e..$$

令 E_0 表示使上式不成立的那些 t 的集合，則 $mE_0=0$. 令 $E_1=\{t\mid G'(t)=g(t)=0\}$，故當 $t\in E_1$ 時，有

$$\left|\frac{F(G(t+h))-F(G(t))}{h}\right|=\left|\frac{1}{h}\int_{G(t)}^{G(t+h)}f(x)\mathrm{d}x\right|$$

$$\leqslant M\left|\frac{1}{h}[G(t+h)-G(t)]\right|\to 0(h\to 0).$$

此時，$f(G(t))g(t)=0$，則 $[F(G(t))]'=f(G(t))g(t)$，a.e..

再設 $E_2 = \{t \mid G'(t) = g(t) > 0, [F(G(t))]' = f(G(t))\}$,

$E_3 = \{t \mid G'(t) = g(t) > 0$, 但 $[F(G(t))]' = f(G(t))$ 不成立$\}$,

由(5.4.19)式, 在 E_2 上 $[F(G(t))]' = f(G(t))g(t)$, a.e.. 下面證明 $mE_3 = 0$. 為此只需證明對任一正整數 k, 記 $E_{3,k} = \left\{t \,\middle|\, t \in E_3, g(t) \geqslant \frac{1}{k}\right\}$, 恒有 $mE_{3,k} = 0$.

對任意的 $\delta > 0$, 由定理 7, 有

$$m\{x \mid x = G(t), t \in E_{3,k}\} = 0,$$

從而我們可作一開集 $N \supset \{x \mid x = G(t), t \in E_{3,k}\}$, 使得 $mN < \delta$, 對於每一 $t \in E_{3,k}$, 考慮區間 $i_{t,h} = [t, t+h]$, 根據 $E_{3,k}$ 的定義以及 $G(t)$ 的連續性, 知當 $h > 0$ 且充分小時, 有

$$[G(t), G(t+h)] \subset N,$$

且

$$G(t+h) - G(t) = G'(\xi)h \geqslant \frac{h}{k}, \xi \in (t, t+h).$$

顯然所有這樣的區間 $i_{t,h}$ 構成 $E_{3,k}$ 的一個 Vitali 覆蓋. 從而由引理 1, 可從中選出有限多個互不相交的區間 $i_1 = [t_1, t_1 + h_1], \cdots, i_n = [t_n, t_n + h_n]$, 使 $m^*(E_{3,k} - \bigcup_{j=1}^{n} i_j) < \delta$. 從而

$$\begin{aligned} m^*(E_{3,k}) &\leqslant \delta + \sum_{j=1}^{n} h_j \\ &\leqslant \delta + k\sum_{j=1}^{n} [G(t_j + h_j) - G(t_j)] \\ &\leqslant \delta + k \cdot mN \\ &< (1+k)\delta. \end{aligned}$$

由 δ 的任意性, 有 $m^* E_{3,k} = 0$, 即當 $|f(x)| \leqslant M$ 時, 有

$$[F(G(t))]' = f(G(t))g(t), \text{ a.e.}$$

成立.

對於一般的 $f(x)$, 不妨設 $f(x) \geqslant 0$, 令 $\{f(x)\}_n = \min\{f(x), n\}$, 則對一切 n 都有

$$\int_a^b \{f(x)\}_n \mathrm{d}x = \int_\alpha^\beta \{f(G(t))\}_n g(t) \mathrm{d}t$$

令 $n \to +\infty$, 由 Levi 定理知, 此時有

$$\int_a^b f(x) \mathrm{d}x = \int_\alpha^\beta f(G(t)) g(t) \mathrm{d}t.$$

習題 5.4

1. 判斷題

(1) 存在 $[a,b]$ 上的單調函數 $f(x)$，使 $\left|\int_a^b f'(x)\mathrm{d}x\right| < |f(b)-f(a)|$.

( )

(2) 若 $f(x)$ 是 $[a,b]$ 上(連續)單調增函數且 $f'(x)=0, a.e.$ 於 $[a,b]$，則 $f(x)$ 在 $[a,b]$ 上是常數. ( )

(3) 存在 $[a,b]$ 上的 $a.e.$ 可微函數 $f(x)$，使得 $f'(x)$ 在 $[a,b]$ 上 L - 不可積.

( )

(4) 定義在閉區間 $[a,b]$ 上的絕對連續函數必可以分解(表示)為兩個單調增加函數之差. ( )

(5) 若 $y=f(x)$ 是 $[a,b]$ 上的可微函數，則 $y=f(x)$ 是 $[a,b]$ 上的絕對連續函數. ( )

(6) 有界閉區間 $[a,b]$ 上的有界變差函數在基本運算：和、差、積、商(分母不取零值)下是封閉的. ( )

(7) 設 $f(x)$ 為 $[a,b]$ 上的有界變差函數，則 $f'(x)$ 是 L - 可積的，且有 $\int_a^b f'(x)\mathrm{d}x = f(b)-f(a)$. ( )

(8) 如果 $f(x)$ 是 $[a,b]$ 上的有界變差函數，且 $f'(x)=0$, $a.e.$ 於 $[a,b]$，那麼 $f(x)\equiv$ 常數. ( )

(9) 設 $f(x)$ 與 $g(x)$ 均為 $[a,b]$ 上的有界變差函數，且 $f(x)\geqslant 0, g(x)\geqslant 0$，則 $V_a^b(f+g)=V_a^b(f)+V_a^b(g)$. ( )

(10) 有限閉區間上滿足 Lipschitz 條件的函數必為絕對連續函數，但不一定是有界變差函數. ( )

(11) 若 $f'(x)=0, a.e.$ 於 $[a,b]$，則 $f(x)$ 在區間 $[a,b]$ 上是常數. ( )

(12) 設 $f(x)$ 為 $[a,b]$ 上的有界變差函數，則 $f(x)$ 在 $[a,b]$ 上絕對連續.

( )

(13) 若 $f(x)$ 在有限閉區間 $[a,b]$ 上可導且 $f'(x)$ 有界，則 $f'(x)$ 在 $[a,b]$ 上是 L - 可積的. ( )

(14) 若 $f(x)$ 是 $[a,b]$ 上的絕對連續函數且 $f(x)\neq 0$，則 $[f(x)]^{-1}$ 也是 $[a,b]$ 上的絕對連續函數. ( )

(15) 因為 $f(x)=x\sin(\pi/x)(0<x\leqslant 1), f(0)=0$，所以 $f(x)$ 在 $[0,1]$ 上是有界變差函數. ( )

(16) 下列函數在給定區間上都是絕對連續函數. ( )

① $f(x)=|x|, [-1,1]$； ② $f(x)=\sqrt{x}, [0,1]$；

③ Cantor 函數 $\Theta(x)$，$[0,1]$.

2. 填空題

（1）把 $[0,2\pi]$ 上的有界變差函數 $y=\sin x$ 表示為兩個增函數之差：

$$\sin x = f_1(x) - f_2(x), x \in [0,2\pi],$$

其中 $f_1(x)=$ ______________，$f_2(x)=$ ______________.

（2）設 $f(x)=\begin{cases}0, & x=0,\\ 1-x, & 0<x<1,\\ 5, & x=1,\end{cases}$ 則 $V_0^1(f)=$ ______________.

（3）求 $V_0^{4\pi}(\cos x)=$ ______________.

（4）求 $V_{-1}^1(x-x^3)=$ ______________.

（5）有限閉區間 $[a,b]$ 上的有界變差函數 ______________ 不連續點.

（6）設 $f(x)$ 在 $[a,b]$ 上可微，且 (a,b) 內 $f'(x)=0$ 的點可排列為 $a<x_1<\cdots<x_n<b$，計算 $V_a^b(f)=$ ______________.

（7）函數 $f(x)=x^{1/3}$ 的 Dini 導數為 ______________；

函數 $f(x)=|x|$ 的 Dini 導數為 ______________；

函數 $f(x)=\begin{cases}0, & x\in Q,\\ 1, & x\notin Q\end{cases}$ 的 Dini 導數為 ______________.

（8）記 $\{r_n\}\subset R^n$ 是有理數列，且設 $f(x)=\sum_{n=1}^{\infty}|x-r_n|/n^2$，則 $f'(x)=$ ______________.

3. 證明有限區間 $[a,b]$ 上的函數 $f(x)$ 滿足 Lipschitz 條件

$$|f(x)-f(y)| \leqslant L|x-y|, \ x,y \in [a,b]$$

當且僅當 $f(x)$ 是某個有界可測函數的不定積分.

4. 證明區間 $[a,b]$ 上的任何有界變差函數必為 $[a,b]$ 上的可測函數.

5. 如果 $f(x)$ 是 $[a,b]$ 上的有界變差函數，試證 $|f(x)|$ 也是 $[a,b]$ 上的有界變差函數，且

$$V_a^b(|f|) \leqslant V_a^b(f).$$

反之，如果 $|f(x)|$ 是 $[a,b]$ 上的有界變差函數，問：$f(x)$ 是否也是 $[a,b]$ 上的有界變差函數？

6. 如設 $|f(x)|$ 是 $[a,b]$ 上的有界變差函數，若 $f\in C[a,b]$，則 $f(x)$ 是 $[a,b]$ 上的有界變差函數，且有 $V_a^b(|f|)=V_a^b(f)$.

7. 設 $f(x),g(x)$ 都是 $[a,b]$ 上的有界變差函數，則 $M(x)=\max\{f(x),g(x)\}$ 是 $[a,b]$ 上的有界變差函數.

8. 設 $F(x)=\int_0^x \chi_Q(t)\,dt\,(0\leqslant x\leqslant 1)$，試問在怎樣的點 x 上，$F'(x)\neq\chi_Q(x)$？

9. 若$f(x)$是$[a,b]$上的絕對連續函數，且$f'(x)=0, a.e. x \in [a,b]$，則$f(x)$在$[a,b]$上等於一個常數.

10. 設$f(x)$為$[a,b]$上的L－可積函數，證明$\int_a^x f(t)\,\mathrm{d}t$為$[a,b]$上的絕對連續函數.

11. 證明：當$f'(x)$在$[a,b]$上處處存在且有界時，$f(x)$是$[a,b]$上的絕對連續函數.

12. 試作一個在$[0,1]$上無處單調的絕對連續函數.

13. 試問絕對連續函數列在一致收斂的運算下是封閉的嗎？

14. 證明下列命題

(1) 設$g(x)$是$[a,b]$上的絕對連續函數，$f(x)$在R^1上滿足 Lipschitz 條件，則$f(g(x))$是$[a,b]$上的絕對連續函數.

(2) 設$f(x)$是$[a,b]$上的絕對連續嚴格遞增函數，在區間$[f(a),f(b)]$上絕對連續，則$g(f(x))$在$[a,b]$上絕對連續.

15. 試敘述引入 Lebesgue 積分的意義. L－積分與R－積分相比較具有哪些優點（至少談三點）？

*第 6 章 L^P 空間及抽象測度與積分

6.1 L^p 空間

20世紀初葉, Hilbert以有限線性方程組的解逼近無窮線性方程組的解, 研究了具有性質 $\sum_{i=1}^{\infty} |x_i|^2 < +\infty$ 的數列 $\{x_i\}_{i=1}^{\infty}$, 隨后 Schmidt 和 Frechet 將 Hilbert 的理論與歐氏空間相比較, 便稱 $x = (x_1, x_2, \cdots, x_n, \cdots)$ 為空間中的點, 對此空間中的兩個點 $x = (x_1, x_2, \cdots, x_n, \cdots)$ 和 $y = (y_1, y_2, \cdots, y_n, \cdots)$ (其中 $\sum_{i=1}^{\infty} |x_i|^2 < +\infty$, $\sum_{i=1}^{\infty} |y_i|^2 < +\infty$) 定義它們之間的距離為

$$\rho(x,y) = \left(\sum_{i=1}^{\infty} |x_i - y_i|^2\right)^{1/2}.$$

由此, 便產生了 L^2 空間的概念. 也許是受 Fredholm 理論的啓發, 1907 年 F.Riesz 和 Frecher 首先定義了 $[0,1]$ 上的平方可積函數空間, 即

$$L^2([0,1]) \overset{\text{定義}}{=} \{f \mid f\text{是 Lebesgue 可測函數,且} |f|^2 \text{ 可積}\}.$$

在此基礎上, 人們進一步考察 $|f|^p$ 可積函數, 便得到 L^p 空間. 考慮這些空間的基本思想是:不再將每一個函數當做一個孤立對象看, 而是作為某一類集合中的一個元素, 將這個函數集合看做一個整體,討論其結構. 如果說第四章所研究的 Lebesgue 可測函數是一棵棵的樹木, 現在則要將這些樹木放在一起構成一片森林.

6.1.1 L^p 空間的定義與不等式

在 R^n 中有線性運算、距離公式. 對於 L^p 空間的兩個函數也可定義它們的線性運算, 但要定義它們之間的距離卻並非易事. 首先, 所定義的距離必須要有意義; 其次, 所定義的距離必須滿足距離的一些基本性質. 那麼這些性質是什麼呢? 通過對 R^n 中距離的歸納, 我們可引出 L^p 空間中距離的定義.

定義 1 設 E 是一個集合, ρ 是 $E \times E$ 到 R^1 的函數, 滿足

(i) (**非負性**) 對任意 $f, g \in E$, $\rho(f,g) \geqslant 0$, 且 $\rho(f,g) = 0$ 當且僅當 $f = g$;

(ii)(**對稱性**)對任意$f,g \in E$, $\rho(f,g)=\rho(g,f)$;

(iii)(**三角不等式**)對任意$f,g,h \in E$, $\rho(f,g) \leqslant \rho(f,h)+\rho(h,g)$.

則稱ρ是E上的**距離**. 而稱(E,ρ)(或簡記為E)為以ρ為距離的**距離空間**(或**度量空間**). 距離空間中的元素又稱為點. 距離空間E的任何一個非空子集M, 按照E中的距離ρ顯然仍是一個距離空間, 稱M為E的子空間.

n維歐氏空間R^n是距離空間的一個特例. 下面再舉一個特殊的距離空間的例子.

例 1 離散的距離空間.

設E是任意的非空集合, 對E中的任意兩點x,y, 定義

$$\rho(x,y)=\begin{cases}1, & x \neq y,\\ 0, & x=y,\end{cases}$$

顯然, 這個距離ρ滿足非負性和對稱性. 下面驗證它滿足三角不等式.

當$\rho(x,y)=0$時, $\rho(x,y) \leqslant \rho(x,z)+\rho(z,y)$自然成立; 當$\rho(x,y)=1$時, $x \neq y$, 此時對$z \in E$, $x \neq z$, $z \neq y$兩式中至少有一個成立, 從而$\rho(x,z)+\rho(z,y) \geqslant 1$, 即三角不等式成立. 這就是說$E$按照上述定義的$\rho$的確為一個距離空間, 我們稱其為離散的距離空間.

由此可見, 在任何非空集合上都可以定義距離, 使其成為距離空間.

設E是可測集, $1 \leqslant p < \infty$, 記

$$\mathcal{L}^p(E)=\left\{f \,\middle|\, f\text{是}E\text{上的可測函數,且}\int_E |f(x)|^p \mathrm{d}x < \infty\right\}.$$

由$\mathcal{L}^p(E)$的定義, 我們可以嘗試用下面的方式來定義$\mathcal{L}^p(E)$上的距離:對任意的$f(x),g(x) \in \mathcal{L}^p(E)$, 定義

$$\rho(f,g)=\left[\int_E |f(x)-g(x)|^p \mathrm{d}x\right]^{1/p}. \tag{6.1.1}$$

這樣給出的定義是否就一定是$\mathcal{L}^p(E)$上的距離呢? 下面來驗證式(6.1.1)是否滿足定義1中距離的三個條件.

對任意的$f,g \in \mathcal{L}^p(E)$, 由上述討論知$0 \leqslant \rho(f,g) < \infty$, 所以式(6.1.1)中的$\rho(f,g)$是$\mathcal{L}^p(E) \times \mathcal{L}^p(E)$上非負的有限函數.

一方面, 若$\rho(f,g)=0$, 則$\left[\int_E |f(x)-g(x)|^p \mathrm{d}x\right]^{1/p}=0$, 從而$\int_E |f(x)-g(x)|^p \mathrm{d}x=0$, 故

$$|f(x)-g(x)|^p=0, a.e.\text{於}E,$$

即$f(x)=g(x)$, $a.e.$於E.

另一方面, 若$f(x)=f_1(x)$, $a.e.$於E, $g(x)=g_1(x)$, $a.e.$於E, 則

$$f(x)-g(x)=f_1(x)-g_1(x), a.e.\text{於}E,$$

從而$\rho(f,g)=\rho(f_1,g_1)$.

從上述的討論可以看出，式(6.1.1)中的$\rho(f,g)$並不是$\mathcal{L}^p(E)$上的距離，但使得$\rho(f,g)=0$的函數一定是幾乎處處相等的，反之亦然. 從而我們把$\mathcal{L}^p(E)$中的函數加以分類，使同一類中的任意兩個函數都是E上幾乎處處相等的(比如，在E上幾乎處處等於零的函數全體是$\mathcal{L}^p(E)$中的零元)，如此得到一個新的集合

$$L^p(E)=\{[f]\mid f\in\mathcal{L}^p(E),g\in[f]\text{ 當且僅當 }f=g,a.e.\text{於 }E\},$$

稱其為L^p空間($L^1(E)$就是第四章所說的可測函數$L(E)$).

對於任意的兩個類$[f]$、$[g]\in L^p(E)$，定義它們之間的距離為

$$\rho([f],[g])=\left[\int_E|f(x)-g(x)|^p\mathrm{d}x\right]^{1/p}. \tag{6.1.2}$$

下面來驗證式(6.1.2)是否滿足定義1中距離的三個條件.

對任意的$f_1\in[f]$，$g_1\in[g]$，有

$$\left[\int_E|f(x)-g(x)|^p\mathrm{d}x\right]^{1/p}=\left[\int_E|f_1(x)-g_1(x)|^p\mathrm{d}x\right]^{1/p}$$

恒成立. 從而式(6.1.2)中的距離定義是無歧義的了. 若$\rho([f],[g])=0$，顯然有$[f]=[g]$，即(i)成立；而(ii)成立則是顯而易見的. 下面只需驗證(iii)是否成立，為此我們先來證明Minkowski不等式.

註1　為方便起見，今后將$[f]$簡記為f. 若$f\in L^p(E)$，則指的就是與f幾乎處處相等的函數類$[f]$；若說$f\in\mathcal{L}^p(\mathrm{E})$，則指的就是單一的函數$f$.

引理1　設a,b都是正數，$\alpha,\beta\geqslant 0$，且$\alpha+\beta=1$，則

$$a^\alpha b^\beta\leqslant\alpha a+\beta b, \tag{6.1.3}$$

且等式成立當且僅當$a=b$，或α,β中有一個為0.

證　不妨設$a>b$. 因為$\alpha+\beta=1$，所以$\beta=1-\alpha$. 則式(6.1.3)可寫成

$$\left(\frac{a}{b}\right)^\alpha\leqslant\alpha\cdot\frac{a}{b}+\beta=\alpha\left(\frac{a}{b}-1\right)+1,$$

即$\left(\frac{a}{b}\right)^\alpha-1\leqslant\alpha\left(\frac{a}{b}-1\right)$.

設$F(x)=x^\alpha$，則對任意的$c>1$，存在$\xi\in[1,c]$，使

$$\frac{F(c)-F(1)}{c-1}=F'(\xi)=\alpha\xi^{\alpha-1}.$$

由於$\xi\geqslant 1$，則$\alpha\xi^{\alpha-1}\leqslant\alpha$，從而$F(c)-F(1)\leqslant\alpha(c-1)$，即

$$c^\alpha-1\leqslant\alpha(c-1).$$

在上式中令$c=\frac{a}{b}$，即得$\left(\frac{a}{b}\right)^\alpha-1\leqslant\alpha\left(\frac{a}{b}-1\right)$. 顯然等號成立當且僅當$a=b$，或$\alpha=1$或0.

定義2(共軛指標數)　若$p,q>1$，且$\frac{1}{p}+\frac{1}{q}=1$，則稱$p$與$q$為**共軛指**

標數.

顯然 $q=\dfrac{p}{p-1}$, 則當 $p=2$ 時, $q=2$; 若 $p=1$, 則規定共軛指標 $q=\infty$; 若 $p=\infty$, 則規定共軛指標 $q=1$.

定理1 (Hôlder 不等式) 設 p 與 q 為共軛指標, 若 $f\in L^p(E)$, $g\in L^q(E)$, 則 $fg\in L(E)$, 且等式

$$\int_E |fg|\mathrm{d}x \leqslant \left[\int_E |f|^p \mathrm{d}x\right]^{1/p}\cdot\left[\int_E |g|^q\mathrm{d}x\right]^{1/q} \tag{6.1.4}$$

成立當且僅當 $|f|^p$ 與 $|g|^q$ 相差一個常數因子.

證 當 f,g 中有一個為 0 時, 式(6.1.4) 顯然成立. 所以不妨設 f,g 均不為 0, 則 $\int_E |f|^p\mathrm{d}x$, $\int_E |g|^q\mathrm{d}x$ 都不為 0. 記

$$a(x)=\frac{|f(x)|^p}{\int_E |f|^p\mathrm{d}x},\ b(x)=\frac{|g(x)|^q}{\int_E |g|^q\mathrm{d}x},\ \alpha=\frac{1}{p},\ \beta=\frac{1}{q},$$

則由引理1知, 當 $f(x)$, $g(x)$ 均不為0時, 有 $a(x)^\alpha\cdot b(x)^\beta\leqslant \alpha a(x)+\beta b(x)$, 即

$$\frac{|f(x)g(x)|}{\left[\int_E |f(x)|^p\mathrm{d}x\right]^{1/p}\cdot\left[\int_E |g(x)|^q\mathrm{d}x\right]^{1/q}}\leqslant \frac{1}{p}\frac{|f(x)|^p}{\int_E |f(x)|^p\mathrm{d}x}+\frac{1}{q}\frac{|g(x)|^q}{\int_E |g(x)|^q\mathrm{d}x},$$

且等號只有在 $\dfrac{|f(x)|^p}{\int_E |f|^p\mathrm{d}x}=\dfrac{|g(x)|^q}{\int_E |g|^q\mathrm{d}x}$, 即 $|f(x)|^p$ 與 $|g(x)|^q$ 只差一個常數因子時才成立.上述不等式兩邊積分, 得

$$\frac{\int_E |f(x)g(x)|\mathrm{d}x}{\left[\int_E |f(x)|^p\mathrm{d}x\right]^{1/p}\cdot\left[\int_E |g(x)|^q\mathrm{d}x\right]^{1/q}}\leqslant\frac{1}{p}+\frac{1}{q}=1,$$

從而不等式(6.1.4) 得證.

註2 Hôlder 不等式對 $|f(x)|^p$ 或 $|g(x)|^q=+\infty$ 自然成立. Hôlder 不等式的一個重要特例就是 Schwarz 不等式, 即 $p=q=2$ 的情形:

$$\int_E |fg|\mathrm{d}x\leqslant\left[\int_E |f|^2\mathrm{d}x\right]^{1/2}\cdot\left[\int_E |g|^2\mathrm{d}x\right]^{1/2}.$$

定理2 (Minkowski 不等式) 設 $p\geqslant 1$, $f,g\in L^p(E)$, 則

$$\left[\int_E |f(x)+g(x)|^p\mathrm{d}x\right]^{1/p}\leqslant\left[\int_E |f(x)|^p\mathrm{d}x\right]^{1/p}+\left[\int_E |g(x)|^p\mathrm{d}x\right]^{1/p}. \tag{6.1.5}$$

若 $p>1$, 則等號只有在 f 與 g 只差一個非負常數因子時才成立.

證 當 $p=1$ 時，不等式顯然成立. 若 $\int_E |f(x)+g(x)|^p \mathrm{d}x = 0$，則不等式成立也是顯然的. 故不妨設 $\int_E |f(x)+g(x)|^p \mathrm{d}x \neq 0$，且 $p>1$.

由於當 $f,g \in L^p(E)$ 時，$f+g \in L^p(E)$，故 $|f+g|^{\frac{p}{q}} \in L^q(E)$，其中 $q>1$ 是 p 的共軛指標. 從而可由 Hôlder 不等式得

$$\int_E |f(x)||f(x)+g(x)|^{p/q}\mathrm{d}x \leqslant \left[\int_E |f(x)|^p \mathrm{d}x\right]^{1/p} \cdot \left[\int_E (|f(x)+g(x)|^{\frac{p}{q}})^q \mathrm{d}x\right]^{1/q}. \tag{6.1.6}$$

類似地，有

$$\int_E |g(x)||f(x)+g(x)|^{p/q}\mathrm{d}x \leqslant \left[\int_E |g(x)|^p \mathrm{d}x\right]^{1/p} \cdot \left[\int_E (|f(x)+g(x)|^{\frac{p}{q}})^q \mathrm{d}x\right]^{1/q}. \tag{6.1.7}$$

由於 $p=\dfrac{p}{q}+1$，將(6.1.6) 和(6.1.7) 兩式相加，得

$$\begin{aligned}
&\int_E |f(x)+g(x)|^p \mathrm{d}x \\
&= \int_E |f(x)+g(x)|^{1+p/q}\mathrm{d}x \\
&\leqslant \int_E (|f(x)|+|g(x)|)|f(x)+g(x)|^{p/q}\mathrm{d}x \\
&\leqslant \left\{\left[\int_E |f(x)|^p \mathrm{d}x\right]^{1/p} + \left[\int_E |g(x)|^p \mathrm{d}x\right]^{1/p}\right\} \cdot \left[\int_E |f(x)+g(x)|^p \mathrm{d}x\right]^{1/q}.
\end{aligned} \tag{6.1.8}$$

式(6.1.8) 兩邊同除以 $\left[\int_E |f(x)+g(x)|^p \mathrm{d}x\right]^{1/q}$，即得不等式(6.1.5).

要使(6.1.5) 式中的等號成立，必須且只需(6.1.6)、(6.1.7) 及(6.1.8) 中的第一個不等式成為等式，而使(6.1.6)、(6.1.7) 成為等式的充要條件是 $|f|^p$，$|g|^p$ 與 $|f+g|^{p/q}$ 都只相差一常數因子. 由於假設了 $\int_E |f(x)+g(x)|^p \mathrm{d}x \neq 0$，從而 $|f+g|^{p/q} \neq 0$，所以 $|f|^p$ 與 $|g|^p$ 只相差一常數因子，即存在常數 c，使 $|f|^p = c\,|g|^p$, *a.e.*於 E，即 $|f| = c^{\frac{1}{p}}|g|$, *a.e.*於 E.

要使(6.1.8) 式中第一個不等式成為等式，必須有

$$|f(x)+g(x)| = |f(x)|+|g(x)|, \textit{a.e.} 於 E,$$

即 $f(x)$ 與 $g(x)$ 的符號在 E 上幾乎處處相同，從而由 $|f(x)| = c^{\frac{1}{p}}|g(x)|$, *a.e.*於 E，得

$$f(x) = c^{\frac{1}{p}}|g(x)|, \textit{a.e.} 於 E.$$

註3 有了 Minkowski 不等式，易證 $L^p(E)\times L^p(E)$ 上的函數 ρ 滿足三角不

等式，即對任意$f,g,h \in L^p(E)$，有

$$\rho(f,g) \leqslant \rho(f,h) + \rho(h,g).$$

事實上，$\rho(f,g) \leqslant \left[\int_E |f(x) - g(x)|^p \mathrm{d}x\right]^{1/p}$

$$\leqslant \left[\int_E (|f(x) - h(x)| + |h(x) - g(x)|)^p \mathrm{d}x\right]^{1/p}$$

$$\leqslant \left[\int_E |f(x) - h(x)|^p \mathrm{d}x\right]^{1/p} + \left[\int_E |h(x) - g(x)|^p \mathrm{d}x\right]^{1/p}$$

$$\leqslant \rho(f,h) + \rho(h,g),$$

則ρ是$L^p(E)$上的距離. 由此可知我們按式(6.1.2)

$$\rho(f(x),g(x)) = [\int_E |f(x) - g(x)|^p \mathrm{d}x]^{\frac{1}{p}}$$

的方式所定義的距離的確可稱之為$L^p(E)$上的距離.

定義 3　對$f \in L^p(E)$，定義

$$\|f\|_p = \rho(f,0) = \left[\int_E |f(x)|^p \mathrm{d}x\right]^{1/p},$$

則由距離的定義可得

(i) $\|f\|_p \geqslant 0$，$\|f\|_p = 0$當且僅當$f = 0$；

(ii) 對任意的$\alpha \in \mathrm{R}$，$\|\alpha f\|_p = |\alpha| \|f\|_p$；

(iii) $\|f + g\|_p \leqslant \|f\|_p + \|g\|_p (f,g \in L^p(E))$.

稱滿足(i)、(ii)、(iii)的「函數」$\|\cdot\|_p$為$L^p(E)$上的範數，$\|f\|_p$稱為f**的範數或p模**，它是R^n中向量的「模」或「長度」概念的自然推廣.

註 4　對$L^p(E)$，我們的主要興趣在$p \geqslant 1$的情形，下文中若未指明$p > 0$，則一律認為$p \geqslant 1$. Minkowski不等式中的$p \geqslant 1$，而當$0 < p < 1$時，Minkowski不等式一般說來是不成立的，比如$p = \frac{1}{2}$，$E = [0,2]$. 設

$$f(x) = \begin{cases} 1, & 0 \leqslant x \leqslant 1, \\ 0, & 1 < x \leqslant 2, \end{cases} \quad g(x) = \begin{cases} 0, & 0 \leqslant x \leqslant 1, \\ 1, & 1 < x \leqslant 2, \end{cases}$$

則$|f|^{1/2}$，$|g|^{1/2}$都在E上可積，即$f,g \in L^{1/2}([0,2])$，但是

$$\left[\int_0^2 |f(x) + g(x)|^{1/2} \mathrm{d}x\right]^2 = \left(\int_0^2 1 \mathrm{d}x\right)^2 = 4,$$

而$\left[\int_0^2 |f(x)|^{1/2} \mathrm{d}x\right]^2 = \left(\int_0^1 1 \mathrm{d}x\right)^2 = 1$，$\left[\int_0^2 |g(x)|^{1/2} \mathrm{d}x\right]^2 = \left(\int_0^1 1 \mathrm{d}x\right)^2 = 1$，從而Minkowski不等式不成立.

定義 4　設$f(x)$是可測集E上的可測函數，$mE > 0$. 若存在M，使得$|f(x)| \leqslant M, a.e.$於E，則稱$f(x)$在E上**本性有界**，稱M為$f(x)$的**本性上界**. 再對一切本性上界取下確界，記為$L^\infty(E)$，稱它為$f(x)$在E上的**本性上確界**. 若$f \in L^\infty(E)$，則

$$\|f\|_\infty = \inf\{M \mid 在 E 上幾乎有 |f(x)| \leqslant M\}.$$

若 $0 < mE < +\infty$，則 $\lim\limits_{p\to\infty} \|f\|_p = \|f\|_\infty$.

例 2　若 $E=[a,b]$ 是有界閉區間，f 是 $[a,b]$ 上連續函數，則 $\|f\|_\infty = \max|f(x)|$. 若 $E=(a,b)$ 是開閉區間，f 是 (a,b) 上有界連續函數，則 $\|f\|_\infty = \sup|f(x)|$. 若 $E=\mathrm{R}$，當 $x\in \mathrm{Q}$ 時，$f(x)=x$，當 $x\notin \mathrm{Q}$ 時，$f(x)=1$，則 $\|f\|_\infty = 1$.

總結以上討論，容易得到下面的性質.

性質 1　設 E 為可測集，$1\leqslant p\leqslant\infty$，則對任一 $f,g\in L^p(E)$ 及 $\alpha,\beta\in\mathrm{R}$，則

$$\alpha f+\beta g\in L^p(E).$$

證　由於對任意實數 a,b，有 $|a+b|\leqslant 2\max\{|a|,|b|\}$，所以

$$|\alpha f+\beta g|^p \leqslant 2^p\max\{|\alpha f|^p,|\beta g|^p\}\leqslant 2^p(|\alpha|^p\ |f|^p+|\beta|^p\ |g|^p),$$

從而 $\alpha f+\beta g\in L^p(E)$.

6.1.2　L^p 空間的結構

1. $L^p(E)$ 是完備的距離空間

在 $L^p(E)$ 中建立了距離概念之后，我們自然就可以定義序列的極限了.

定義 5　設 $f\in L^p(E)$，$f_n\in L^p(E)(n=1,2,\cdots)$，如果

$$\lim_{n\to\infty}\rho(f_n,f)=\lim_{n\to\infty}\|f_n-f\|_p=0,$$

則稱 $\{f_n\}$ 是 p－方平均收斂到 f 的可測函數列，或說 $\{f_n\}$ 按 L^p 範數收斂於 f，$\{f_n\}$ 為 $L^p(E)$ 中的收斂列，f 為 $\{f_n\}$ 在 $L^p(E)$ 中的極限，記作

$$\lim_{n\to\infty}\|f_n\|_p=\|f\|_p 或 f_n \xrightarrow{\|\cdot\|_p} f(n\to\infty).$$

這樣，我們又有了一種函數序列的收斂概念，這種收斂概念與前面的幾乎處處收斂以及依測度收斂概念是什麼關係呢？為此，我們先考察下面兩列.

例 3　令 $E=[0,1]$，設

$$f_n(x)=\begin{cases} n^2, & 0<x<\dfrac{1}{n}, \\ 0, & \dfrac{1}{n}\leqslant x\leqslant 1 或 x=0, \end{cases}$$

則對任意 $x\in[0,1]$，$f_n(x)\to 0(n\to\infty)$，即 f_n 在 $[0,1]$ 上幾乎處處收斂到 $f\equiv 0$. 然而，當把 f_n 看作 $L^p(E)(p\geqslant 1)$ 中的元素時，有

$$\rho(f_n,0)=\left[\int_E |f_n(x)-0|^p\mathrm{d}x\right]^{1/p}=n^{2-\frac{1}{p}}\to+\infty,$$

即 f_n 按 $L^p(E)$ 中範數並不收斂到 0.

例 4　設 $E=[0,1]$，$\{\varphi_n(x)\}_{n=1}^{\infty}$ 是 4.2 節中例 3 所作的那串函數，即

$$f_i^{(k)}(x)=\begin{cases}1, x\in[\frac{i-1}{k},\frac{i}{k}),\\ 0, x\in[0,1)-[\frac{i-1}{k},\frac{i}{k}),\end{cases}\quad (i=1,2,\cdots,k). \qquad (4.2.3)$$

令

$\varphi_1(x)=f_1^{(1)}(x)$, $\varphi_2(x)=f_1^{(2)}(x)$, $\varphi_3(x)=f_2^{(2)}(x)$,

$\varphi_4(x)=f_1^{(3)}(x)$, $\varphi_5(x)=f_2^{(3)}(x)$, $\varphi_6(x)=f_3^{(3)}(x)$,

……………………………………………………

由 4.2 節例 3 知, $\{\varphi_n(x)\}$ 是處處不收斂到 0 的函數. 現設 $p\geqslant 1$, 則在 $L^p(E)$ 中, 有

$$\rho(\varphi_n,0)=\left[\int_E|\varphi_n(x)|^p\mathrm{d}x\right]^{1/p}.$$

若 $\varphi_n(x)=f_{i_n}^{(k_n)}(x)$, 則 $\rho(\varphi_n,0)=\left[\int_E|\varphi_n(x)|^p\mathrm{d}x\right]^{1/p}=(\frac{1}{k_n})^{1/p}$. 由於 $n\to\infty$ 時, 顯然有 $k_n\to\infty$, 所以 $\rho(\varphi_n,0)\to 0$, 即 $\lim\limits_{n\to\infty}\|\varphi_n\|_p=0$.

由例 3 及例 4 可知, 處處收斂不蘊含 p - 方平均收斂; p - 方平均收斂也不蘊含處處收斂. 但從下面的定理可知, p - 方平均收斂蘊含依測度收斂.

定理 3 設 $f_k,f\in L^p(E)(k=1,2,\cdots)$, 且 $\rho(f_k,f)\to 0$, 則 $f_k\Rightarrow f$.

證 對任意 $\varepsilon>0$, 記 $E_k(\varepsilon)=\{x\,|\,|f_k(x)-f(x)|\geqslant\varepsilon\}$, 則

$$\begin{aligned}\rho(f_k,f)&=\left[\int_E|f_k-f|^p\mathrm{d}x\right]^{1/p}\\&\geqslant\left[\int_{E_k(\varepsilon)}|f_k-f|^p\mathrm{d}x\right]^{1/p}\\&\geqslant\left[\int_{E_k(\varepsilon)}|\varepsilon|^p\mathrm{d}x\right]^{1/p}\\&=\varepsilon\cdot[m(E_k(\varepsilon))]^{1/p}.\end{aligned}$$

因為 $\rho(f_k,f)\to 0$, 所以對任何固定的 ε, 有

$$m(E_k(\varepsilon))\leqslant\frac{1}{\varepsilon^p}[\rho(f_k,f)]^p\to 0(k\to\infty),$$

從而 $f_k\Rightarrow f$.

推論 1 若 f_k, f, $g\in L^p(E)$, 且 $\rho(f_k,f)\to 0$, $\rho(f_k,g)\to 0$, 則 $f=g$, 即 $L^p(E)$ 中序列的極限是唯一的.

證 由定理 3 及 $\rho(f_k,f)\to 0$, $\rho(f_k,g)\to 0$ 知

$$f_k\Rightarrow f,\ f_k\Rightarrow g,$$

則由 4.2 節定理 6 知: $f=g,a.e.$ 於 E. 從而作為 $L^p(E)$ 中元, 必有 $f=g$.

定理 4 設 $f_k,f\in L^p(E)(k=1,2,\cdots)$, 如果 $\rho(f_k,f)\to 0$, 則

$$\|f_k\|_p\to\|f\|_p(k\to\infty).$$

證 由於 $\|f\|_p \leqslant \|f-f_k\|_p + \|f_k\|_p$，$\|f_k\|_p \leqslant \|f_k - f\|_p + \|f\|_p$，而

$$\|f-f_k\|_p = \rho(f_k,f) \to 0(k\to\infty),$$

則
$$\begin{aligned}\|f\|_p &\leqslant \varliminf_{k\to\infty}[\rho(f_k,f) + \|f_k\|_p] \\ &= \varliminf_{k\to\infty} \|f_k\|_p \\ &\leqslant \varlimsup_{k\to\infty} \|f_k\|_p \\ &\leqslant \varlimsup_{k\to\infty}(\|f_k - f\|_p + \|f\|_p) \\ &= \|f\|_p,\end{aligned}$$

故 $\lim\limits_{k\to\infty} \|f_k\|_p = \|f\|_p$.

註 5 定理 3 及定理 4 都假定了 f_k 與 f 是 $L^p(E)$ 中的元素. 通過數學分析的學習，我們知道在空間 $\mathbf{R}^n$ 中有一個很重要的性質，即只要 $\{x_k\}$ 是 $\mathbf{R}^n$ 中的一個 Cauchy 序列，則該序列一定收斂到 $\mathbf{R}^n$ 中的某個元. 這就是 Cauchy 準則. Cauchy 準則成立的空間常稱為完備空間. 那麼，對於 $L^p(E)$，Cauchy 準則是否成立呢？即是說，若 $\{f_k\}$ 是 $L^p(E)$ 中的一個序列，且滿足 $\rho(f_k,f_{k}')\to 0(k,k'\to\infty)$，是否存在 $f\in L^p(E)$，使得 $\rho(f_k,f)\to 0$？如果結論是肯定的，就可以說 $L^p(E)$ 是完備的.

定義 6 設 $\{f_k\}\subset L^p(E)$. 若對任意的 $\varepsilon > 0$，存在 N，使得當 $k,j\geqslant N$ 時，有

$$\rho(f_k,f_j) = \|f_k - f_j\|_p < \varepsilon,$$

即 $\lim\limits_{k,j\to\infty} \|f_k - f_j\|_p = 0$，則稱 $\{f_k\}$ 是 $L^p(E)$ 中的**基本列**（或 Cauchy **列**）.

例如，開區間 $(0,1)$ 不是完備的，因為序列 $\{1/2,1/3,1/4,1/5,\cdots\}$ 是柯西序列，但其不收斂於 $(0, 1)$ 中的任何點.

定理 5 $L^p(E)$ 是完備的距離空間，即 $L^p(E)$ 中任一基本列必收斂於 $L^p(E)$ 中某個元.

證 設 $\{f_k\}$ 是 $L^p(E)$ 中的基本列，則由歸納法可找到正整數序列 $\{k_m\}_{m=1}^{\infty}$，使得

$$k_1 < k_2 < k_3 < \cdots < k_m < \cdots,$$

且當 $k\geqslant k_m$ 時，有

$$\rho(f_k,f_{k_m}) = \|f_k - f_{k_m}\|_p < \frac{1}{2^m}\ (m=1,2,\cdots).$$

令 $g_n(x) = \sum\limits_{m=1}^{n} |f_{k_{m+1}}(x) - f_{k_m}(x)|(n=1,2,3,\cdots)$，則 $\{g_n\}$ 是 E 上的非負單調遞增可測函數列，由 Fatou 引理知

$$\int_E [\lim_{n\to\infty} g_n(x)]^p \mathrm{d}x \leqslant \varliminf_{k\to\infty} \int_E [g_n(x)]^p \mathrm{d}x.$$

由 Hôlder 不等式知

$$\left[\int_E [g_n(x)]^p \mathrm{d}x\right]^{1/p} \leqslant \sum_{m=1}^{n}\left[\int_E |f_{k_{m+1}}(x) - f_{k_m}(x)|^p \mathrm{d}x\right]^{1/p}$$

$$= \sum_{i=1}^{n} \rho(f_{k_{m+1}}, f_{k_m})$$

$$< \sum_{m=1}^{n} \frac{1}{2^m}$$

$$< 1,$$

則$\varliminf_{k\to\infty}\int_E [g_n(x)]^p \mathrm{d}x \leqslant 1$，從而$\int_E [\lim_{n\to\infty} g_n(x)]^p \mathrm{d}x \leqslant 1$. 即$\lim_{n\to\infty} g_n(x) \in L^P(E)$，故存在$g(x) = \lim_{n\to\infty} g_n(x)$ 在 E 上幾乎處處有限. 從而級數$\sum_{m=1}^{n}(f_{k_{m+1}}(x) - f_{k_m}(x))$ 在 E 上幾乎處處絕對收斂，並記

$$f(x) = f_{k_1}(x) + \sum_{m=1}^{n}(f_{k_{m+1}}(x) - f_{k_m}(x)),$$

則$f(x) = \lim_{m\to\infty} f_{k_m}(x)$, a.e.於 E. 由$|f(x)| \leqslant |f_{k_1}(x)| + g(x)$, a.e.於 E，知$f(x) \in L^P(E)$.

下證$\rho(f_k, f) \to 0(k\to\infty)$. 對任意$\varepsilon > 0$，存在$N$，當$k, m \geqslant N$時，$\rho(f_k, f_m) < \varepsilon$.從而當 $k_m \geqslant N$ 時，對一切 $k \geqslant N$，恒有$\rho(f_k, f_{k_m}) < \varepsilon$ 成立. 而

$$\lim_{m\to\infty} |f_k(x) - f_{k_m}(x)|^p = |f_k(x) - f(x)|^p, \text{a.e.於 } E,$$

再由 Fatou 引理即得

$$\rho(f_k, f) = [\int_E |f_k(x) - f(x)|^p \mathrm{d}x]^{\frac{1}{p}}$$

$$\leqslant \varliminf_{k\to\infty}[\int_E |f_k(x) - f_{k_m}(x)|^p \mathrm{d}x]^{\frac{1}{p}}$$

$$= \varliminf_{k\to\infty} \rho(f_k, f_{k_m})$$

$$\leqslant \varepsilon,$$

由 ε 的任意性可得$\rho(f_k, f) \to 0(k\to\infty)$. 故 $L^p(E)$ 是完備的.

2. $L^p(E)(1 \leqslant p < \infty)$ 是可分空間

定義7　設Γ是$L^p(E)$中的子集，若對任意的$f \in L^p(E)$以及$\varepsilon > 0$，存在Γ中的元，使得$\| f - g \|_p < \varepsilon$，則稱$\Gamma$在$L^p(E)$中**稠密**，稱$\Gamma$為$L^p(E)$中的一個**稠子集**. 若$L^p(E)$中存在稠密且其元素是可數的子集，則稱$L^p(E)$是**可分的**.

定理6（L^p 空間的可分性）　(1) 當$1 \leqslant p < \infty$ 時，$L^p(E)$ 為可分空間.

(2) 當 $mE = 0$ 時，$L^\infty(E)$ 為可分空間；當 $mE > 0$ 時，$L^\infty(E)$ 不為可分空間.

證明參閱相關的參考書[10].

需要指出的是，L^p 空間在積分方程與微分方程理論中都有著十分重要的應用. 前面我們已經提到，當我們用迭代法解方程時，雖然每一步的迭代函數都是具有很好性質的函數，但卻不能保證迭代序列的極限也具有類似的性質. 不過，只要迭代序列是 L^p 中的基本列，則其極限必為 L^p 中的函數，該極限通常稱為方程的廣義解. 又如在微分方程的邊值問題中，對於給定的邊界條件常常很難在連續可微函數的範圍內求解，甚至根本沒有連續可微解，此時，若給方程加上一個小的擾動項，就會使問題變得易於求解：如果取一列按 p – 方範數收斂到 0 的擾動項，對應的解序列按 p – 方範數是一基本列，則其極限在 L^p 中，此時也稱該極限為原方程的一個廣義解. 由此可見 L^p 空間是一類十分重要的函數空間.

同時，我們也看到 L^p 與 $\mathbf{R}^n$ 有著許多相似的性質，如關於線性運算是封閉的，它上面有距離，也有由距離導出的範數，這樣的空間稱作**線性賦範空間**. 而且 L^p 還是完備的，完備的線性賦範空間稱作 **Banach 空間**，這些空間都是泛函分析中研究的重要對象. 儘管 L^p 與 $\mathbf{R}^n$ 有著許多相似之處，但它們之間又有著本質的差別，L^p 的結構比 $\mathbf{R}^n$ 要複雜得多. 比如，L^p 中的有界序列不一定有按距離收斂的子序列，這使得 $\mathbf{R}^n$ 中與此性質相關的許多重要的結論及技巧在 L^p 空間中不再適用. 要克服這些困難，需引進新的概念，建立新的理論. 有關 L^p 空間的更深入細緻的討論以及更一般理論的建立，讀者可在泛函分析教程中找到.

既然 L^p 中函數是 E 上的 Lebesgue 可測函數，而由魯津定理可知，任何可測函數都可用連續函數依測度逼近，那麼，我們自然會猜測：L^p 中函數可以用連續函數按距離逼近. 下面就 $E=[a,b]$ 的情形來證實這一猜測.

定理 7 設 $f\in L^p([a,b])(1\leqslant p<+\infty)$，則對於任意 $\varepsilon>0$，存在 $[a,b]$ 上的連續函數 φ，使得

$$\rho(f,\varphi)=\|f-\varphi\|_p<\varepsilon.$$

證 如果 f 是有界的，即存在 $M>0$，使 $|f(x)|\leqslant M, a.e.$ 於 $[a,b]$. 則由 Lusin 定理，對於任意 $\delta>0$，存在 $[a,b]$ 上的連續函數 $\varphi(x)$ 及可測集 $E_\delta\subset[a,b]$，使得 $|\varphi(x)|\leqslant M$，$mE_\delta<\delta$，且在 $[a,b]-E_\delta$ 上，有 $f(x)=\varphi(x)$. 從而

$$\begin{aligned}\int_{[a,b]}|f(x)-\varphi(x)|^p\mathrm{d}x&=\int_{E_\delta}|f(x)-\varphi(x)|^p\mathrm{d}x+\int_{[a,b]-E_\delta}|f(x)-\varphi(x)|^p\mathrm{d}x\\&\leqslant\int_{E_\delta}(|f(x)|+|\varphi(x)|)^p\mathrm{d}x\\&\leqslant 2^pM^pmE_\delta\\&<2^pM^p\delta,\end{aligned}$$

故對任意 $\varepsilon>0$，可取適當 δ，使 $2^pM^p\delta<\varepsilon^p$，從而

$$\rho(f,g)=\left[\int_{[a,b]}|f(x)-\varphi(x)|^p\mathrm{d}x\right]^{1/p}<\varepsilon.$$

若f是$[a,b]$上的無界函數，則由積分的絕對連續性知，對任意$\varepsilon > 0$，存在$\delta > 0$，使得當$A \subset [a,b]$，且$mA < \delta$時，有$\int_A |f(x)|^p dx < (\frac{\varepsilon}{2})^p$. 由於可積函數是幾乎處處有限的，從而存在正整數$N$，使

$$m\{x \mid x \in [a,b], |f(x)| \geqslant N\} < \delta.$$

令

$$f_N(x) = \begin{cases} f(x), & |f(x)| < N, \\ 0, & |f(x)| \geqslant N, \end{cases}$$

則$f_N \in L^p([a,b])$，且$|f_N(x)| \leqslant N$. 從而由上面的證明可知存在$[a,b]$上的連續函數φ，使

$$\left[\int_{[a,b]} |f_N(x) - \varphi(x)|^p dx\right]^{\frac{1}{p}} < \frac{\varepsilon}{2}.$$

若記$E_N = \{x \mid x \in [a,b], |f(x)| \geqslant N\}$，則

$$\int_{[a,b]} |f(x) - f_N(x)|^p dx = \int_{E_N} |f(x)|^p dx < (\frac{\varepsilon}{2})^p,$$

故$\rho(f,f_N) < \frac{\varepsilon}{2}$. 從而

$$\rho(f,\varphi) = \left[\int_{[a,b]} |f - \varphi|^p dx\right]^{1/p} \leqslant \rho(f,f_N) + \rho(f_N,\varphi) < \varepsilon.$$

註 5　雖然本節所討論的函數總是限定在實值範圍內，但所有結論對復值可測函數都是正確的（這裡所謂復值可測函數指的是其實部與虛部都可測），只需將復值函數f表示成$f = u + iv$的形式，其中u，v都是可測函數，則所有的證明都可以照搬過來. 此外，也可以將實變量換成復變量，則從復平面C^n與R^{2n}的同構性不難看到關於實變量的結論對復變量情形也一樣成立. 有關這方面的詳細論述可參閱相關的參考書[6].

習題 6.1

1. 令

$$\rho_1(x,y) = (\sum_{i=1}^{n} (x_i - y_i)^2)^{\frac{1}{2}},$$

$$\rho_2(x,y) = \sum_{i=1}^{n} |x_i - y_i|,$$

$$\rho_3(x,y) = \max_{1 \leqslant i \leqslant n} |x_i - y_i|,$$

其中$x = (x_1,\cdots,x_n)$，$y = (y_1,\cdots,y_n)$. 驗證R^n按ρ_1，ρ_2或ρ_3均為距離空間.

2. 回答下述問題

(1) 若在有理數集 Q 上賦予距離

$$\bar{\rho}(r_1,r_2)=|r_1-r_2|\,(r_1,r_2\in \mathrm{Q}),$$

試問:Q 是完備空間嗎?

(2) 若在 $\mathrm{R}=(-\infty,+\infty)$ 上賦予距離

$$\bar{\rho}(x,y)=\left|\frac{x}{1+|x|}-\frac{y}{1+|y|}\right|(x,y\in \mathrm{R}),$$

試問:R 是完備空間嗎?

3. 證明[0,1] 上全體 Riemann 可積函數按範數

$$\|f\|_2=\left[\int_0^1|f(t)|^2\mathrm{d}t\right]^{1/2}$$

構成的空間是不完備的空間.

4. 設 $R_1,R_2,\cdots,R_i,\cdots$ 為一列模空間, $x=(x_1,x_2,\cdots,x_i,\cdots)$, 其中 $x_i\in R_i$, $i=1,2,\cdots$, 而且 $\sum_{i=1}^{\infty}\|x_i\|^p<+\infty$. 這種元素的全體記作 R. 對 $x,y\in R$ 定義:

加法:$x+y=(x_1,\cdots,x_i,\cdots)+(y_1,\cdots,y_i,\cdots)=(x_1+y_1,\cdots,x_i+y_i,\cdots)$;

數乘:$\lambda x=(\lambda x_1,\cdots,\lambda x_i,\cdots)$,$\lambda$ 為實數.

證明:(1) (R, +, 數乘) 為一個線性空間. 如果定義模

$$\|x\|_p=\left(\sum_{i=1}^{\infty}\|x_i\|^p\right)^{1/p},1\leqslant p<+\infty,$$

則(R, $\|\cdot\|_p$) 為一個模空間.

(2) 對任意的 $x=(x_1,\cdots,x_i,\cdots),y=(y_1,\cdots,y_i,\cdots)\in R$, 定義距離

$$\rho(x,y)=\|x-y\|_p=\left(\sum_{i=1}^{\infty}\|x_i-y_i\|^p\right)^{1/p},1\leqslant p<+\infty,$$

則(R,ρ) 為一個度量(距離) 空間.

5. 設 $l^p=\left\{x=(x_1,\cdots,x_i,\cdots)\,\middle|\,x_i\in\mathrm{R},i=1,2,\cdots,\sum_{i=1}^{\infty}|x_i|^p<+\infty\right\},1\leqslant p<+\infty$. 對 $x,y\in l^p$, 定義:

加法:$x+y=(x_1,\cdots,x_i,\cdots)+(y_1,\cdots,y_i,\cdots)=(x_1+y_1,\cdots,x_i+y_i,\cdots)$;

數乘:$\lambda x=(\lambda x_1,\cdots,\lambda x_i,\cdots)$,$\lambda$ 為實數.

證明:(1) (l^p, +, 數乘) 為一個線性空間. 如果定義模

$$\|x\|_p=\left(\sum_{i=1}^{\infty}|x_i|^p\right)^{1/p},$$

則(l^p, $\|\cdot\|_p$) 為一個模空間.

(2) 對任意的 $x=(x_1,\cdots,x_i,\cdots),y=(y_1,\cdots,y_i,\cdots)\in R$, 定義距離

$$\rho(x,y)=\|x-y\|_p=\left(\sum_{i=1}^{\infty}|x_i-y_i|^p\right)^{1/p},$$

則(l^p,ρ) 為一個完備度量空間. 因而(l^p, $\|\cdot\|_p$) 為一個 Banach 空間.

6. 就 $E=\mathrm{R}^1$ 舉例說明:當 $mE=+\infty$ 時, $L^p(E)$ 與 $L^{p'}(E)$ 互不包含, 其中 p'

$> p \geqslant 1$.

7. 設 $f \in L^p(\mathrm{R}^n)$ 與 $g \in L^q(\mathrm{R}^n)$, $1 \leqslant p,q < +\infty$, $\dfrac{1}{p} + \dfrac{1}{q} - 1 > 0$. 令

$$h(x) = \int_{\mathrm{R}^n} f(t) g(x-t) \mathrm{d}t.$$

證明: $\| h \|_r \leqslant \| f \|_p \| g \|_q$, 其中 $\dfrac{1}{r} = \dfrac{1}{p} + \dfrac{1}{q} - 1$.

6.2 L^2 内積空間

6.2.1 内積正交系

定義 1 設 $f,g \in L^2(E)$, 按照 Hôlder 不等式, 應有 $fg \in L(E)$.記

$$\langle f,g \rangle = \int_E f(x) g(x) \mathrm{d}x,$$

稱 $\langle f,g \rangle$ 為 f 和 g 的**内積**.

下面的定理是顯而易見的, 其證明留做習題.

定理 1 對任意的 $f,g,f_1,f_2 \in L^2(E)$, $\lambda \in \mathrm{R}$, 有

(i) $\langle f,g \rangle = \langle g,f \rangle$, 並且 $\langle f,f \rangle = \| f \|_2^2$;

(ii) $\langle f_1 + f_2, g \rangle = \langle f_1, g \rangle + \langle f_2, g \rangle$;

(iii) $\langle \lambda f, g \rangle = \lambda \langle g, f \rangle$;

(iv) (schwartz **不等式**) $|\langle f,g \rangle| \leqslant \| f \|_2 + \| g \|_2$;

(v) (**内積連續性**) 若在 $L^2(E)$ 中有 $\lim\limits_{k\to\infty} \| f_k - f \|_2 = 0$, 則對任意的 $g \in L^2(E)$ 有(弱收斂) $\lim\limits_{k\to\infty} \langle f_n, g \rangle = \langle f,g \rangle$.

註 1 由内積 $\langle \cdot \rangle$ 自然可導出模(或範數)

$$\| \cdot \|_2 : L^2(E) \to \mathrm{R},$$

$$f \mapsto \| f \|_2 \overset{\text{定義}}{=} \langle f,f \rangle^{1/2} = \left[\int_E f^2(x) \mathrm{d}x \right]^{1/2},$$

其中 $\| f \|_2$ 為 f 的**模(範數)** **或長度**. 由内積的非負性及定理 1 的(i) 至(iii) 可推出模(或範數) $\| \cdot \|_2$ 滿足: 對任意的 $f,g \in L^2(E)$, $\lambda \in \mathrm{R}$, 有

(1) $\| f \|_2 \geqslant 0$, $\| f \|_2 = 0$ 當且僅當 f 幾乎處處為 0;

(2) $\| \lambda f \|_2 = \lambda \, \| f \|_2$;

(3) $\| f + g \|_2 \leqslant \| f \|_2 + \| g \|_2$.

我們稱 $\| \cdot \|_2$ 為由内積 $\langle \cdot \rangle$ 誘導的模. 再由

$$\rho(f,g) \overset{\text{定義}}{=} \| f - g \|_2 = \langle f - g, f - g \rangle^{1/2} = \left[\int_E [f(x) - g(x)]^2 \mathrm{d}x \right]^{1/2}$$

定義了 f 與 g 的距離.

完備的內積空間稱為Hilbert**空間**; 完備的賦範線性空間稱為Banach空間. 顯然, Hilbert空間必為Banach空間. 但是, 反之不真. 這是因為只要在Banach空間中如果沒有用定義內積的方法來確定距離, 那麼這種空間就不能稱為Hilbert空間.

定義2 若$f,g \in L^2(E)$且$\langle f,g\rangle = 0$, 則稱f與g**正交**. 若$\{\varphi_\alpha\}_{\alpha\in\Lambda}$是$L^2(E)$中一族元, 使得其中任何兩個不同的元正交, 則稱$\{\varphi_\alpha\}$為$L^2(E)$中的一個**正交系**; 若對每一個$\alpha \in \Lambda$, 都有$\|\varphi_\alpha\|_2 = 1$, 則稱$\{\varphi_\alpha\}$為$L^2(E)$中的**標準正交系**.

例1 讀者課后驗證

$$\frac{1}{\sqrt{2\pi}}, \frac{1}{\sqrt{\pi}}\cos x, \frac{1}{\sqrt{\pi}}\sin x, \cdots, \frac{1}{\sqrt{\pi}}\cos nx, \frac{1}{\sqrt{\pi}}\sin nx \tag{6.2.1}$$

是$L^2[-\pi,\pi]$中的一個標準正交系.

若在正交系$\{\varphi_\alpha\} \subset L^2(E)$中, 對每一個$\alpha \in \Lambda$, 都有$\|\varphi_\alpha\|_2 \neq 0$, 則$\left\{\dfrac{\varphi_\alpha}{\|\varphi_\alpha\|_2}\right\}$就是標準正交系. 以下我們總假定對一切$\alpha$, $\|\varphi_\alpha\|_2 \neq 0$.

利用正交性, 讀者容易證明下面引理.

引理1 若$\{\varphi_k\}_{1\leqslant k\leqslant n}$是$L^2(E)$中的標準正交系, 則對任何實數組$\{\lambda_k\}_{1\leqslant k\leqslant n}$, 有

$$\left\|\sum_{k=1}^{n}\lambda_k\varphi_k\right\|_2^2 = \sum_{k=1}^{n}\lambda_k^2.$$

定理2 $L^2(E)$中的任一標準正交系$\{\varphi_\alpha\}_{\alpha\in\Lambda}$中的元是至多可數的.

證 由於$L^2(E)$可分, 所以可設$\{e_n\}_{n\geqslant 1}$是$L^2(E)$的可數稠集. 對於每一$n \geqslant 1$, 令

$$B_n = \left\{f \in L^2(E) \mid \|f - e_n\|_2 < \frac{1}{\sqrt{2}}\right\},$$

則$L^2(E) = \bigcup\limits_{n=1}^{\infty} B_n$. 為證明本定理, 只需證明每一$B_n$至多包含$\{\varphi_\alpha\}$中的一個元. 事實上, 假設$B_n$中包含兩個不同的元$\varphi_{\alpha_1}$和$\varphi_{\alpha_2}$, 則一方面

$$\|\varphi_{\alpha_1} - \varphi_{\alpha_2}\|_2 \leqslant \|\varphi_{\alpha_1} - e_n\|_2 + \|e_n - \varphi_{\alpha_2}\|_2 < \frac{1}{\sqrt{2}} + \frac{1}{\sqrt{2}} = \sqrt{2},$$

另一方面, 由引理1有$\|\varphi_{\alpha_1} - \varphi_{\alpha_2}\|_2 = \sqrt{2}$, 矛盾. 定理得證.

6.2.2 廣義Fourier級數

定義3 設$\{e_n\} \subset L^2(E)$, 我們稱系數為實數λ_n的無窮級數$\sum\limits_{n=1}^{\infty}\lambda_n e_n$在$L^2(E)$中收斂, 若其部分和$s_n = \sum\limits_{k=1}^{n}\lambda_k e_k$在$L^2(E)$中收斂.

定理 3 設$\{e_n\}_{n\geq 1}$是$L^2(E)$中的標準正交系，則$\sum_{n=1}^{\infty}\lambda_n e_n$收斂的充分必要條件是$\sum_{n=1}^{\infty}\lambda_n^2$收斂. 並且當其收斂時，有

$$\left\| \sum_{n=1}^{\infty}\lambda_n e_n \right\|_2^2 = \sum_{n=1}^{\infty}\lambda_n^2. \tag{6.2.2}$$

證 當$m \geq n$時，由引理 1，有

$$\| s_m - s_n \|_2^2 = \left\| \sum_{k=n+1}^{m}\lambda_k e_k \right\|_2^2 = \sum_{k=n+1}^{m}\lambda_k^2,$$

即部分和$\{s_n\}$是$L^2(E)$中的基本列與級數$\sum_{n=1}^{\infty}\lambda_n^2$收斂是等價的. 而當$s_n$收斂於$\sum_{k=1}^{\infty}\lambda_k e_k$時，一方面有$\| s_n \|_2^2$收斂於$\left\| \sum_{k=1}^{\infty}\lambda_k e_k \right\|_2^2$，另一方面有$\| s_n \|_2^2 = \sum_{k=1}^{n}\lambda_k^2$收斂於$\sum_{n=1}^{\infty}\lambda_n^2$. 則(6.2.2)式得證.

定理 4 設$f \in L^2(E)$，$\{e_n\}_{n\geq 1}$是$L^2(E)$中的標準正交系.

(1) 對任何$n \geq 1$及實數組$\{\lambda_k\}_{1\leq k\leq n}$，有

$$\left\| f - \sum_{k=1}^{n}\lambda_k e_k \right\|_2^2 \geq \| f \|_2^2 - \sum_{k=1}^{n}\langle f,e_k\rangle^2 = \left\| f - \sum_{k=1}^{n}\langle f,e_k\rangle e_k \right\|_2^2;$$

(2)（**Bessel 不等式**）$\sum_{k=1}^{\infty}\langle f,e_k\rangle^2 \leq \| f \|_2^2$.

證 (1) 可由下述恒等式得到

$$\left\| f - \sum_{k=1}^{n}\lambda_k e_k \right\|_2^2 = \| f \|_2^2 - \sum_{k=1}^{n}\langle f,e_k\rangle^2 + \sum_{k=1}^{n}(\lambda_k - \langle f,e_k\rangle)^2,$$

由(1)，對任何$n \geq 1$，有$\| f \|_2^2 - \sum_{k=1}^{n}\langle f,e_k\rangle^2 \geq 0$. 令$n \to \infty$即得(2).

把定理 3 與定理 4 結合，就有下面的推論.

推論 1 若$\{e_n\}_{n\geq 1}$是$L^2(E)$中的標準正交系，則對每一$f \in L^2(E)$，級數$\sum_{n=1}^{\infty}\langle f,e_n\rangle e_n$在$L^2(E)$中收斂.

定義 3 設$\{e_n\}_{n\geq 1}$是$L^2(E)$中的標準正交系，$f \in L^2(E)$. 我們稱$\{\langle f,e_n\rangle\}_{n\geq 1}$和$\sum_{n=1}^{\infty}\langle f,e_n\rangle e_n$分別為$f$關於標準正交組$\{e_n\}$的**Fourier 系數**和**Fourier 級數**.

推論 1 說明了：$L^2(E)$中每一元f關於標準正交系的 Fourier 級數收斂.

定理 5 (Riesz - Fisher) 設$\{e_n\}_{n\geq 1}$是$L^2(E)$中的標準正交系，實數列$\{\lambda_n\}$使級數$\sum_{n=1}^{\infty}\lambda_n^2$收斂，則$\{\lambda_n\}_{n\geq 1}$是$L^2(E)$中某一元的 Fourier 系數.

證　由定理3, $f=\sum_{n=1}^{\infty}\lambda_n e_n$ 是$L^2(E)$中的元. 因為$\{e_n\}_{n\geqslant 1}$是標準正交系, 所以對每一 $n\geqslant 1$, 有$\langle f,e_n\rangle=\langle\sum_{k=1}^{\infty}\lambda_k e_k,e_n\rangle=\lim_{n\to\infty}\langle\sum_{k=1}^{\infty}\lambda_k e_k,e_n\rangle=\lambda_n$.

定理 6　設$\{e_n\}_{n\geqslant 1}$是$L^2(E)$中的標準正交系, 則下面兩個命題等價.

(1) 對任何$f\in L^2(E)$有$f=\sum_{n=1}^{\infty}\langle f,e_n\rangle e_n$;

(2) 若$L^2(E)$中的元g與一切e_n正交, 則$g=0$.

證　(1)⇒(2). 假設(1)成立並且g與一切e_n正交, 則$g=\sum_{n=1}^{\infty}\langle g,e_n\rangle e_n=0$.

(2)⇒(1). 假設(2)成立並任取$f\in L^2(E)$, 則$g=f-\sum_{n=1}^{\infty}\langle f,e_n\rangle e_n$與一切$e_n$正交, 而$g=0$, 即$f=\sum_{n=1}^{\infty}\langle f,e_n\rangle e_n$.

定義4　設$\{e_n\}_{n\geqslant 1}$是$L^2(E)$中的標準正交系, 若$L^2(E)$中不再存在非零元能與一切e_n正交, 則稱此$\{e_n\}$是L^2中的完全正交系. 換句話說, 若$f\in L^2(E)$且$\langle f,e_n\rangle=0(n=1,2,\cdots)$, 則必有$f(x)=0, a.e.x\in E$.

設$\{e_n\}_{n\geqslant 1}$是$L^2(E)$中的標準正交系, 若對任何$f\in L^2(E)$有$f=\sum_{n=1}^{\infty}\langle f,e_n\rangle e_n$, 則$\{e_n\}_{n\geqslant 1}$稱為完備正交組. 由定理6得知標準正交系$\{e_n\}_{n\geqslant 1}$是完備的, 等價於「$\{e_n\}_{n\geqslant 1}$中增加任何一個元后不可能再成為標準正交系」.

請讀者課后說明例1中的三角函數系在$L^2([-\pi,\pi])$中是完備的. 那麼一般的空間$L^2(E)$中是否有完備的正交組呢? 下面我們就來回答這一問題.

6.2.3　$L^2(E)$ 中的線性無關組

本節中E是非零可測集, 此外 $\|\cdot\|$ 表示$L^2(E)$中的範數.

定義 5　設$\{f_k\}_{1\leqslant k\leqslant n}$是$E$上$n$個實函數. 若有$n$個不全為0的實數$\{c_k\}_{1\leqslant k\leqslant n}$,使在$E$上幾乎處處有

$$c_1f_1(x)+c_2f_2(x)+\cdots+c_nf_n(x)=0, \qquad (6.2.3)$$

則稱函數$\{f_k\}_{1\leqslant k\leqslant n}$在$E$上線性相關; 否則稱其在$E$上是線性無關的. 由定義容易證明下面的定理.

定理 7　(1) 若$\{f_k\}_{1\leqslant k\leqslant n}$在$E$上線性無關, 並在$E$上幾乎處處有式(6.2.3), 則所有的$c_k$皆為0;

(2) 若$\{f_k\}_{1\leqslant k\leqslant n}$中有一個函數在$E$上幾乎處處為0, 則$\{f_k\}$線性相關(即線性無關函數系中不存在幾乎處處等於零的函數);

(3) 線性無關組的任一部分組也是線性無關的.

例2 設$k_1,k_2,\cdots,k_n$是n個兩兩不相等的整數，則由於多項式只能有有限個實根，因此$\{x^{k_m}\}_{1\leqslant m\leqslant n}$在任何區間上線性無關. 若函數列$\{f_n\}_{n\geqslant 1}$中任何有限個元在$E$上線性無關，則我們稱$\{f_n\}_{n\geqslant 1}$在$f\in L^p(\mathrm{R}^n)$上線性無關. 例如容易證明$\{x^n\}_{n\geqslant 0}$在任何區間上線性無關.

定理8 $L^2(E)$中任何標準正交系是線性無關的.

證 設$\{f_n\}_{n\geqslant 1}$是$L^2(E)$中的標準正交組. 對任何$n\geqslant 1$，若在E上幾乎處處有式(6.2.3)，則對每一$k,1\leqslant k\leqslant n$，用$f_k$與式(6.2.3)的兩端作內積，得$c_k=0$，即$\{f_k\}_{1\leqslant k\leqslant n}$在$E$上線性無關. 由$n$的任意性知，$\{f_n\}_{n\geqslant 1}$在$E$上線性無關.

對$L^2(E)$中n個元$\{f_k\}_{1\leqslant k\leqslant n}$，我們稱

$$\Delta_n=\begin{vmatrix}\langle f_1,f_1\rangle & \langle f_1,f_2\rangle & \cdots & \langle f_1,f_n\rangle\\ \langle f_2,f_1\rangle & \langle f_2,f_2\rangle & \cdots & \langle f_2,f_n\rangle\\ \vdots & \vdots & & \vdots\\ \langle f_n,f_1\rangle & \langle f_n,f_2\rangle & \cdots & \langle f_n,f_n\rangle\end{vmatrix}$$

為$\{f_k\}_{1\leqslant k\leqslant n}$的Cramer行列式，其中$\langle f_i,f_j\rangle=\int_E f_i(x)f_j(x)\,\mathrm{d}x$.

定理9 $L^2(E)$中n個元$\{f_k\}_{1\leqslant k\leqslant n}$線性相關的充分必要條件是其Cramer行列式為0.

證 若$\{f_k\}_{1\leqslant k\leqslant n}$線性相關，則有不全為0的實數組$\{c_k\}_{1\leqslant k\leqslant n}$，使式(6.2.3)在$E$上幾乎處處成立. 對每一$k,1\leqslant k\leqslant n$，用$f_k$與式(6.2.3)的兩端作內積，得$n$個方程

$$\sum_{j=1}^{n}c_j\langle f_k,f_j\rangle=0,k=1,2,\cdots,n,\tag{6.2.4}$$

由於線性方程組(6.2.4)有不全為0的解$\{c_k\}_{1\leqslant k\leqslant n}$，所以其行列式$\Delta_n=0$.

反之，若$\Delta_n=0$，則線性方程組(6.2.4)有不全為0的解$\{c_k\}_{1\leqslant k\leqslant n}$. 而(6.2.4)可寫成

$$\langle f_k,\sum_{i=1}^{n}c_jf_j\rangle=0,\ k=1,2,\cdots,n,$$

從而$\sum_{k=1}^{n}c_k\langle f_k,\sum_{j=1}^{n}c_jf_j\rangle=0$，即$\|\sum_{k=1}^{n}c_kf_k\|^2=0$. 故(6.2.3)在$E$上幾乎處處成立. 所以$\{f_k\}_{1\leqslant k\leqslant n}$在$E$上線性相關.

由定理9知，$\Delta_n\neq 0$與$\{f_k\}_{1\leqslant k\leqslant n}$在$E$上線性無關是等價的. 從而結合定理7(3)，可得如下推論.

推論2 若$\Delta_n\neq 0$，則對每一$k,1\leqslant k\leqslant n$，都有$\Delta_k\neq 0$.

定理10 若$\{f_k\}_{1\leqslant k\leqslant n}$是$L^2(E)$中的線性無關組，則其Cramer行列式$\Delta_n>0$.

證 令

$$g_n(x)=\begin{vmatrix}\langle f_1,f_1\rangle & \langle f_1,f_2\rangle & \cdots & \langle f_1,f_{n-1}\rangle & f_1(x)\\ \langle f_2,f_1\rangle & \langle f_2,f_2\rangle & \cdots & \langle f_2,f_{n-1}\rangle & f_2(x)\\ \vdots & \vdots & \vdots & \vdots & \\ \langle f_n,f_1\rangle & \langle f_n,f_2\rangle & \cdots & \langle f_n,f_{n-1}\rangle & f_n(x)\end{vmatrix}, \qquad (6.2.5)$$

則由行列式性質易知

$$\langle g_n,f_k\rangle=\begin{cases}0, & 1\leqslant k<n,\\ \Delta_n, & k=n.\end{cases} \qquad (6.2.6)$$

將(6.2.5)按最后一列展開，得

$$g_n(x)=c_1f_1(x)+c_2f_2(x)+\cdots+c_{n-1}f_{n-1}(x)+\Delta_{n-1}f_n(x). \qquad (6.2.7)$$

由於$\{f_k\}_{1\leqslant k\leqslant n}$線性無關，所以$\Delta_{n-1}\neq 0$. 由式(6.2.7)得，$g_n(x)$在$E$上不可能幾乎處處為0. 所以$\|g_n(x)\|^2>0$.但若用$g_n(x)$與式(6.2.7)兩邊作內積，則由式(6.2.6)得到$\|g_n(x)\|^2=\Delta_{n-1}\Delta_n$. 於是$\Delta_{n-1}\Delta_n>0$,即$\Delta_{n-1}$與$\Delta_n$同號. 類似可證$\Delta_{n-1}$與$\Delta_{n-2}$同號，繼續下去，最后有$\Delta_n$與$\Delta_1=\langle f_1,f_1\rangle(>0)$同號，即$\Delta_n>0$.

定理 11(Schmidt) 設$\{f_k\}_{1\leqslant k\leqslant n}$是$L^2(E)$中的線性無關組，則有標準正交系$\{e_n\}_{n\geqslant 1}$滿足以下兩條件：

(1) 對每一$n\geqslant 1$,e_n是$\{f_k\}_{1\leqslant k\leqslant n}$的線性組合；

(2) 對每一$n\geqslant 1$,f_n是$\{e_k\}_{1\leqslant k\leqslant n}$的線性組合.

證 取$e_1(x)=\dfrac{1}{\sqrt{\Delta_1}}f_1(x)$,$e_n(x)=\dfrac{1}{\sqrt{\Delta_{n-1}\Delta_n}}g_n(x)$,$n\geqslant 2$,其中$\Delta_n$是$\{f_k\}_{1\leqslant k\leqslant n}$的Cramer行列式，$g_n$的定義如式(6.2.5). 由(6.2.6)知$g_n$與$f_k(1\leqslant k\leqslant n-1)$正交，從而$e_n$也與$f_k$正交. 因此$\{e_n\}_{n\geqslant 1}$是正交系. 再由定理10證明中得到的$\|g_n(x)\|^2=\Delta_{n-1}\Delta_n$得知,$\{e_n\}_{n\geqslant 1}$是標準正交系. 所以下面只需證明(2)成立，即對每一$n\geqslant 1$,有實數組$\{b_k\}_{1\leqslant k\leqslant n}$，使

$$f_n=\sum_{k=1}^{n}b_ke_k. \qquad (6.2.8)$$

事實上，當$n=1$時由e_1的定義知式(6.2.8)成立. 現假設當$n<m$時式(6.2.8)成立，則由式(6.2.7)得知

$$f_m(x)=\frac{1}{\Delta_{m-1}}g_m(x)-\sum_{k=1}^{m-1}\frac{c_k}{\Delta_{m-1}}f_k(x). \qquad (6.2.9)$$

而$g_m(x)=\sqrt{\Delta_{m-1}\Delta_m}\,e_m(x)$且$f_k(1\leqslant k\leqslant m-1)$是$\{e_j\}_{1\leqslant j\leqslant k}$的線性組合，則由式(6.2.9)知$f_m$是$\{e_k\}_{1\leqslant k\leqslant m}$的線性組合. 故由歸納法得知(2)成立.

定理 12 $L^2(E)$中存在完備正交組.

證 由於$L^2(E)$可分，所以有可數稠集$\{f_n\}_{n\geqslant 1}$. 易證$\{f_n\}_{n\geqslant 1}$中取走有限個

元后仍是 $L^2(E)$ 的稠集，所以我們可以假定$\{f_n\}$ 中不含在 E 上幾乎處處為 0 的元. 現取 $n_1=1$,然后可以歸納得到一個子列$\{f_{n_k}\}_{k\geqslant1}$，使其滿足下面兩條件：

(1) $\{f_{n_k}\}_{k\geqslant1}$ 是線性無關的；

(2) 對任何滿足 $n_k<j<n_{k+1}$ 的正整數 k 和 j,f_j 是$\{f_{n_i}\}_{1\leqslant i\leqslant k}$ 的線性組合.

有了上述$\{f_{n_k}\}_{k\geqslant1}$ 后，根據定理 11，有標準正交組$\{e_k\}_{k\geqslant1}$，它們滿足下面兩條件：

(3) 對每一 $k\geqslant1$，e_k 是$\{f_{n_j}\}_{1\leqslant j\leqslant k}$ 的線性組合；

(4) 對每一 $k\geqslant1$，f_{n_k} 是$\{e_j\}_{1\leqslant j\leqslant k}$ 的線性組合.

現在我們證明$\{e_k\}$ 是完備的. 為此只需證明 $L^2(E)$ 中的 f 與一切 e_k 正交，則 $\|f\|=0$. 否則，假設 $\|f\|>0$，於是存在某一 j 使 $\|f-f_j\|^2<\dfrac{1}{2}\|f_j\|^2$. 由上述條件(2) 和(4) 知，有有限個 $e_k(1\leqslant k\leqslant p)$，使 $f_j=\sum\limits_{k=1}^{p}c_ke_k$，其中$\{c_k\}$ 為實數. 再由 f 與一切 e_k 正交得

$$\|f-f_j\|^2=\|f-\sum_{k=1}^{p}c_ke_k\|^2=\|f\|^2+\sum_{k=1}^{p}c_k^2\geqslant\|f\|^2,$$

矛盾，定理得證.

註 2 一個線性無關的函數系不一定是正交系. 不過，我們可以在此函數系的基礎上建立起正交系來，這就是 Gram - Schmidt 正交化方法.

設$\{\psi_k\}$ 是 $L^2(E)$ 中的線性無關係，令

$$\varphi_1(x)=\psi_1(x),\varphi_2(x)=-\frac{\langle\psi_2,\varphi_1\rangle}{\|\varphi_1\|_2^2}\varphi_1(x)+\psi_2(x).$$

一般地，在取定 $\varphi_1,\varphi_2,\cdots,\varphi_{k-1}$ 時，令

$$\varphi_k(x)=a_{k,1}\varphi_1(x)+a_{k,2}\varphi_2(x)+\cdots+a_{k,k-1}\varphi_{k-1}(x)+\psi_k(x),$$

其中 $a_{k,i}=-\dfrac{\langle\psi_k,\varphi_i\rangle}{\|\varphi_i\|_2^2},i=1,2,\cdots,k-1$. 易知這樣所得的$\{\varphi_k\}_{k\geqslant1}$ 是正交的.

由於 $L^2(E)$ 中存在可數稠密集 Γ，若將 Γ 中線性無關的向量選出來，再進行上述正交化過程，就可得到一個正交系.

習題 6.2

1. 對任意的 $f,g,f_1,f_2\in L^2(E),\lambda\in\mathrm{R}$，證明

(1) $\langle f,g\rangle=\langle g,f\rangle$ 並且$\langle f,f\rangle=\|f\|_2^2$；

(2) $\langle f_1+f_2,g\rangle=\langle f_1,g\rangle+\langle f_2,g\rangle$；

(3) $\langle\lambda f,g\rangle=\lambda\langle g,f\rangle$；

(4) $|\langle f,g\rangle|\leqslant\|f\|_2+\|g\|_2$；

(5) 若在 $L^2(E)$ 中有 $\lim\limits_{k\to\infty}\|f_k-f\|_2=0$, 則對任意的 $g\in L^2(E)$ 有(弱收斂)

$$\lim_{k\to\infty}\langle f_n,g\rangle=\langle f,g\rangle.$$

2. 若 $\{\varphi_k\}_{1\leqslant k\leqslant n}$ 是 $L^2(E)$ 中的標準正交系, 證明對任何實數組 $\{\lambda_k\}_{1\leqslant k\leqslant n}$, 有

$$\|\sum_{k=1}^{n}\lambda_k\varphi_k\|_2^2=\sum_{k=1}^{n}\lambda_k^2.$$

3. 設 $E=[-\pi,\pi]$, 驗證三角函數系 $1,\cos x,\sin x,\cdots,\cos nx,\sin nx,\cdots$ 是 $L^2(E)$ 中的一完全正交系.

4. 驗證三角函數系 $\frac{1}{\sqrt{2\pi}},\frac{1}{\sqrt{\pi}}\cos x,\frac{1}{\sqrt{\pi}}\sin x,\cdots,\frac{1}{\sqrt{\pi}}\cos nx,\frac{1}{\sqrt{\pi}}\sin nx,\cdots$ 是 $L^2[-\pi,\pi]$ 中的一個完備的標準正交完全系.

5. 在 $L^2[-\pi,\pi]$ 中, 證明 $\frac{1}{\sqrt{\pi}}\cos x,\frac{1}{\sqrt{\pi}}\sin x,\cdots,\frac{1}{\sqrt{\pi}}\cos nx,\frac{1}{\sqrt{\pi}}\sin nx,\cdots$ 不是完全系.

6. $L^2(E)$ 中的正交系 $\{\varphi_k\}$ 一定是線性無關的.

7. 設 $f\in L^1[0,2\pi]$. 若其 Fourier 級數在正測集 $E\subset[0,2\pi)$ 上(點)收斂, 則其 Fourier 系數必收斂於零.

6.3 抽象測度與積分

6.3.1 集合環上的測度及擴張

第一章關於 σ - 域的定義是對一般集合 E 的子集簇而言的. 所以, 如果我們在 E 的一個 σ - 域 $\mathcal{F}$ 上定義了某種非負函數 m, 使得 m 滿足第三章所述測度的基本性質, 則可將 m 看做是一般集合上的測度. 如此的話, 對一般抽象集合, 也可以引進測度的概念. 這就是說我們可以將 R^n 中 Lebesgue 測度的基本性質作為公理來定義一般集合上的測度, 這正是抽象測度論的出發點. 從 R^n 到一般集合的測度推廣絕非一般的平行推廣, 這種推廣既有其重大的理論價值, 又有其應用價值. 比如, 概率論中的概率, 就是定義在隨機事件組成的樣本空間上的測度, 通常稱之為概率測度, 因而測度論的產生為概率論奠定了堅實的數學基礎; 又如, 按 R^n 中的 Lebesgue 測度, 是無法區分 R^n 內的兩個零測集的, 但這些集合在分形幾何及動力系統以及其他一些學科中是十分重要的, 於是就出現了所謂的分數維數(即 Hausdorff 維數) 概念, 它其實就是由一類特殊測度定義的, 這類測度通常稱為 Hausdorff 測度, 用這種測度是可以區分不同的 Lebesgue 零測集的, 並且還能確定其維數.

綜上所述，將 Lebesgue 測度僅僅限制在歐氏空間中是不夠的，完全有必要將 Lebesgue 測度向抽象空間上推廣. 為了統一處理這類問題，我們現在介紹一般集合環上的測度概念並討論其擴張.

設 Ω 是某一隨機試驗的基本事件空間或樣本空間，Ω 中的元素就是描述該實驗的基本事件，即實驗的可能結果，樣本空間 Ω 的子集稱為事件.

定義 1 若 $\mathcal{F}$ 是 Ω 中一些子集構成的集類，且滿足：

(i) $\Omega \in \mathcal{F}$;

(ii) 若 $A \in \mathcal{F}$，則 $A^C \in \mathcal{F}$;

(iii) 若 $A_1, A_2, \cdots \in \mathcal{F}$，則 $\bigcup_{i=1}^{\infty} A_i \in \mathcal{F}$.

則稱 $\mathcal{F}$ 為 Ω 上的一個 σ - 域或 σ - 代數.

例 1 令集合類分別為

$$\mathcal{F}_1 = \{\varnothing, \Omega\},$$
$$\mathcal{F}_2 = \{\varnothing, \Omega, A, A^C\}，\text{其中 } A \neq \varnothing \text{ 且 } A \neq \Omega,$$
$$\mathcal{F}_3 = F(\Omega) = \{A \mid A \subset \Omega\},$$

則 $\mathcal{F}_1, \mathcal{F}_2, \mathcal{F}_3$ 均為 Ω 上的 σ - 域. 其中 $\mathcal{F}_1$ 是 Ω 上最小的 σ - 域，$\mathcal{F}_3$ 是 Ω 中所有子集組成的集類，是 Ω 上最大的 σ - 域.

定理 1 設 $\mathcal{F}$ 是 Ω 中一些子集構成的集類，則存在唯一的 Ω 的 σ - 域 $\sigma(\mathcal{F})$，它包含 $\mathcal{F}$ 且被包含 $\mathcal{F}$ 的任一 σ - 域所包含. $\sigma(\mathcal{F})$ 稱為由 $\mathcal{F}$ 生成的 σ - 域，或包含 $\mathcal{F}$ 的最小 σ - 域(證明見 1.1 節定理 7).

例 2 (Borel 集) 設 $\Omega = \mathrm{R}^d, d \geqslant 1$，則集類

$$\mathcal{F}^{(d)} = \{(a, b] \mid -\infty < a_i < b_i < \infty, i = 1, 2, \cdots, d\}$$

是 R^d 的子集類，其中 $a = (a_1, a_2, \cdots, a_d), b = (b_1, b_2, \cdots, b_d)$. 則 σ - 域 $\mathcal{B}^d = \sigma(\mathcal{F}^{(d)})$ 稱為 d 維 Borel 域(或代數)，其元素稱為 Borel 集. 通常，稱 $(a, b]$ 是矩形區域.

定義 2 設 $\mathcal{F}$ 是 Ω 的一個子集類，$\mu: \mathcal{F} \to \overline{\mathrm{R}^+} \stackrel{\text{記}}{=} [0, +\infty]$ 且至少有一 $A \in \mathcal{F}$，使 $\mu(A) < +\infty$.

(1) 若對任意的 $A, B \in \mathcal{F}, A \cup B \in \mathcal{F}, A \cap B = \varnothing$ 都有

$$\mu(A \cup B) = \mu(A) + \mu(B),$$

則稱 μ 為 $\mathcal{F}$ 上的**可加測度**；

(2) 若對任意的 $n \in \mathrm{N}, A_i \in \mathcal{F}, i = 1, 2, \cdots, n$，兩兩不相交且 $\bigcup_{i=1}^{n} A_i \in \mathcal{F}$ 都有

$$\mu\left(\bigcup_{i=1}^{n} A_i\right) = \sum_{i=1}^{n} \mu(A_i),$$

則稱 μ 為 $\mathcal{F}$ 上的**有限可加測度**；

(3) 若對任意的 $A_n \in \mathcal{F}, n=1,2,\cdots$,兩兩不相交且 $\bigcup_{n=1}^{\infty} A_n \in \mathcal{F}$都有

$$\mu(\bigcup_{n=1}^{\infty} A_n) = \sum_{n=1}^{\infty} \mu(A_n),$$

則稱 μ 為$\mathcal{F}$上的測度(或 σ **可加測度**).

若對任意的 $A \in \mathcal{F}, \mu(A) \in \mathrm{R}^+$, 則稱上述相應各種測度是有限的; 若對任意的 $A \in \mathcal{F}$, 存在 $\{A_n | n \in \mathrm{N}\} \subset \mathcal{F}$, 使 $\bigcup_{n=1}^{\infty} A_n = A$ 且 $\mu(A) < \infty$, 則稱上述相應各種測度是 σ 有限的.

定義 3 若$\mathcal{F}$為 Ω 的一個 σ - 域, 則稱二元組$(\Omega, \mathcal{F})$ 為**可測空間**, 稱$\mathcal{F}$中的元為可測集. 若 μ 為$\mathcal{F}$上的測度, 則稱$(\Omega, \mathcal{F}, \mu)$ 為**測度空間**; 若 μ 為$\mathcal{F}$上的測度且 $\mu(\Omega)=1$, 則稱 μ 為$\mathcal{F}$上的概率 P(或**概率測度**), 稱$(\Omega, \mathcal{F}, P)$ 為**概率空間**(或概率場).

註 1 當我們談及可測空間$(\Omega, \mathcal{F})$ 時, 並未涉及具體的測度. 只有在說到測度空間$(\Omega, \mathcal{F}, \mu)$ 時, 才與測度有關, 此時稱 μ 為$\mathcal{F}$上的一個測度.

在測度概念的基礎上, 讀者可先回顧增函數的性質, 然后從右連續增函數出發,構造出 R 中左開右閉區間組成的半集代數$\mathcal{F}$上的 σ 有限測度,可唯一地擴張成 $\sigma(\mathcal{F})$ 上的 σ 有限測度. 由於篇幅限制, 在此就不作討論了, 有興趣的讀者可參閱相關的參考書[6].

6.3.2 可測函數及其積分

下面給出隨機變量的數學定義.

定義4 設$(\Omega, \mathcal{F})$ 為一可測空間, 若函數$f: \Omega \to [-\infty, \infty] \overset{記}{=} \overline{\mathrm{R}}$, 使得對任意的 $x \in \overline{\mathrm{R}}$, 有

$$\{\omega \in \Omega | f(\omega) \leqslant x\} \in \mathcal{F},$$

則稱函數f是關於$\mathcal{F}$(或 Ω 上) 的可測函數. 特別地, 概率空間$(\Omega, \mathcal{F}, P)$ 上定義的可測函數稱為**隨機變量**. 若f(或用符號 $X=X(\omega)$) 取值於 $\mathrm{R}=(-\infty, \infty)$, 則$f$(或 X) 稱為有限值隨機變量.

在概率論中, 我們知道隨機變量和概率之間的關係可以用一些數值量來刻畫.設 $X=X(\omega)$ 是定義在 Ω 上的一個隨機變量, 令

$$F_X(x) = P(X \leqslant x) = P\{\omega | X(\omega) \leqslant x\}, x \in \mathrm{R},$$

稱 F_X 為隨機變量 X 的**分佈函數**. 而且分佈函數 F_X 關於 x 是單調增加、右連續的函數. 由上式可求出 X 在區間$(a, b]$ 上的概率, 即對於任意 $a, b \in \mathrm{R}$, 且 $a < b$, 有

$$P\{\omega | a < X(\omega) \leqslant b\} = F_X(b) - F_X(a).$$

定義 5 設 $X(\omega)$ 是概率空間$(\Omega, \mathcal{F}, P)$ 上的一個隨機變量, 對例 2 中的

Borel 集 $B \in \mathcal{B}^1$,定義

$$P_X(B) = P(X \in B) = P\{\omega \mid X(\omega) \in B\},$$

稱 $P_X(B)$ 為 X 的分佈.

在計算任意事件 $\{X \in B\}$ 的概率時, 既可以用 P_X 也可以用分佈函數 F_X, 此時它們的概念是等價的.

在有了可測函數的概念后, 下面我們來定義可測函數的概率積分.

在概率論中, 若 X 為概率空間 $(\Omega,\mathcal{F},P)$ 上的一個離散隨機變量, 設 X 取有限個或可數個值 $\{x_n\}$, 且 $P(X=x_n)=p_n, n \in \Lambda, \Lambda = \mathrm{N}$ 或 $\{1,2,\cdots,k\}, k \in \mathrm{N}$, 則由概率論知 X 的數學期望(當下述級數絕對收斂時)為

$$EX \overset{記}{=} \sum_{n \in \Lambda} x_n p_n. \tag{6.3.1}$$

上述隨機變量可以寫成 $X = \sum_{n \in \Lambda} x_n \chi_{\{X=x_n\}} = \sum_{n \in \Lambda} x_n \chi_{A_n}$, 其中 χ_{A_n} 為 $A_n \overset{記}{=} \{X = x_n\}$ 上的特徵函數, 則(6.3.1)式為

$$EX = \sum_{n \in \Lambda} x_n P(X = x_n) = \sum_{n \in \Lambda} x_n P(A_n). \tag{6.3.2}$$

實際上, 當 X 取至多可數個集時, 式(6.3.2)的右邊就是簡單函數關於 P 的積分, 因此給出以下定義.

定義 6 設 $(\Omega,\mathcal{F},\mu)$ 為一測度空間,

(1) 若 f 為非負簡單函數, 設 $f = \sum_{k=1}^{m} x_k \chi_{A_k}, x_k > 0, A_1, A_2, \cdots, A_m \in \mathcal{F}$, 且兩兩不相交, $\bigcup_{k=1}^{m} A_k = \Omega$, 則定義 f 在 Ω 上對 μ 的積分

$$\int_\Omega f \mathrm{d}\mu \overset{記}{=} \sum_{k=1}^{m} x_k \mu(A_k).$$

(2) 若 f 為非負可測函數, 則定義 f 在 Ω 上對 μ 的積分

$$\int_\Omega f \mathrm{d}\mu \overset{記}{=} \sup\left\{\int_\Omega h \mathrm{d}\mu \,\middle|\, 0 \leqslant h \leqslant f, h \text{ 為簡單函數}\right\}.$$

(3) 若 f 為實可測函數, 則定義 f 在 Ω 上對 μ 的積分

$$\int_\Omega f \mathrm{d}\mu \overset{記}{=} \int_\Omega f^+ \mathrm{d}\mu - \int_\Omega f^- \mathrm{d}\mu.$$

若兩積分 $\int_\Omega f^+ \mathrm{d}\mu, \int_\Omega f^- \mathrm{d}\mu$ 都是 $+\infty$, 則稱 f 在 Ω 上對 μ 的積分不存在; 若這兩積分中至少有一個有限, 則稱 f 在 Ω 上對 μ 的積分存在; 若兩積分都有限(從而 $\int_\Omega f \mathrm{d}\mu$ 有限), 則稱 f 在 Ω 上對 μ 可積.

(4) 當 μ 為概率測度時, 則稱 f 在 Ω 上對 μ 的積分為 f 對 μ 的(數學)期望, 當 f 可積時, 則稱數學期望有限, 當 $\int_\Omega f \mathrm{d}\mu$ 存在時, 則稱期望存在.

設隨機變量 $X \in L^1$, $X(\omega)$ 的數學期望(或均值)定義如下:

$$E(X)=\int_{\Omega} X(\omega)\mathrm{d}P(\omega).$$

設隨機變量 $X \in L^2$, $Y \in L^2$, 則 $X(\omega)$ 的方差 $\mathrm{Var}(X)$ 以及 $X(\omega)$ 與 $Y(\omega)$ 的協方差 $\mathrm{Cov}(X,Y)$ 分別定義如下:

$$\mathrm{Var}(X)=\int_{\Omega}(X(\omega)-E(X))^2\mathrm{d}P(\omega),$$

$$\mathrm{Cov}(X,Y)=\int_{\Omega}(X(\omega)-E(X))(Y(\omega)-E(Y))\mathrm{d}P(\omega).$$

(5) 若 $F \in \mathcal{F}$, 則稱 $\int_{\Omega} f\varphi_F \mathrm{d}\mu$ 為 f 在 F 上對 μ 的積分, 記作 $\int_F f\mathrm{d}\mu$.

註 2 f 在 Ω 上對 μ 的積分常簡稱為 f 的積分, $\int_{\Omega} f\mathrm{d}\mu$ 常寫成 $\int_{\Omega} f(\omega)\mu(\mathrm{d}\omega)$, 或簡記為 $\int f\mathrm{d}\mu$; 而 f 在 Ω 上對概率測度 μ 的積分常記作 $E_{\mu}f$ 或 Ef, f 在集合 F 上對概率測度 μ 的積分常記作 $E(f\chi_F)$.

更一般地, 對 $p \geqslant 1$, 用 $L^p(\Omega,\mathcal{F},\mu)$(或 $L^p(\Omega)$ 或 L^p)表示一切使積分

$$\int_{\Omega} |f(\omega)|^p\mu(\mathrm{d}\omega) < +\infty$$

成立的可測函數類, 且記為 $f \in L^p(\Omega,\mathcal{F},P)$(或 $L^p(\Omega)$ 或 L^p). 若 $f \in L^p$, 且 p 與 q 為共軛指標數, 則根據 Hôlder 不等式

$$\begin{aligned}\int_{\Omega}|f(\omega)|\mu(\mathrm{d}\omega) &\leqslant \left\{\int_{\Omega}|f(\omega)|^p\mu(\mathrm{d}\omega)\right\}^{1/p}\left\{\int_{\Omega}\chi_{\Omega}^q\mu(\mathrm{d}\omega)\right\}^{1/q}\\ &=\left\{\int_{\Omega}|f(\omega)|^p\mu(\mathrm{d}\omega)\right\}^{1/p}\\ &<+\infty,\end{aligned}$$

於是有 $L^p \subset L^1$ 成立.

定義 7 給定測度空間 $(\Omega,\mathcal{F},\mu)$, 設有一與 $\omega \in \Omega$ 有關的性質 $\mathcal{P}=\{\mathcal{P}(\omega)\,|\,\omega \in \Omega\}$. 若 $\{\omega \in \Omega\,|\,\mathcal{P}(\omega)$ 不成立$\}$ 是 μ 零集, 則稱 $\mathcal{P}$ 對幾乎一切 $\omega \in \Omega$ 成立, 簡記為 $\mathcal{P}$ 成立, μ *a.e.*.

例如, 設 f,g 都是 Ω 到 $\overline{\mathrm{R}}$ 的函數, 若 $\{\omega \in \Omega\,|\,f(\omega) \neq g(\omega)\}$ 是一 μ 零集, 則稱 f 與 g 幾乎處處相等, 簡記為 $f=g,\mu$ *a.e.*; 若 $\{\omega \in \Omega\,|\,f(\omega) \leqslant g(\omega)\}$ 是一 μ 零集, 則稱 f 幾乎處處大於 g, 簡記為 $f>g,\mu$ *a.e.*. 又如 $f:\Delta \mapsto \overline{\mathrm{R}}$, 且 Δ^C 為一 μ 零集, 則稱 f 幾乎處處有定義, 簡記為 f,μ *a.e.* 有定義.

當 μ 不致混淆時,「μ *a.e.*」簡記為「*a.e.*」. 當 μ 為概率測度時, 常稱「幾乎處處」為「幾乎必然」, 簡記為「*a.s.*」.

關於概率空間更深入、更詳盡的知識請讀者課后參閱相關的參考書[6]. 通過上面的學習, 我們已經知道了, 現代概率論及隨機分析已經完全建立在測度

論與 Lebesgue 積分論的基礎上，在這個意義上甚至可以說，概率論是「概率測度空間中的實函數論」.實變函數論對於現代數學的重要性，由此可見一斑，所有數學類專業及部分理工科、財經類專業將實變函數作為一門重要基礎課，是理所當然的.

習題解析

第 1 章　集合及其基數

習題 1.1

1. 判斷題

(1) √　(2) √　(3) ×，應為(0,1].

2. 單項選擇

(1) C　(2) B　(3) C 若 $\underline{\lim\limits_{n\to\infty}} A_n = (\quad)$，則選 D. (4) A

3. 填空題

(1) $[0,1)$　(2) $\{0\}$　(3) $[0,+\infty)$　(4) $\{x \mid \forall \lambda \in \Lambda, x \in A_\lambda\}$

(5) 不存在，$\overline{\lim\limits_{n\to\infty}} A_n = (-1,2)$，$\underline{\lim\limits_{n\to\infty}} A_n = [0,1]$.　(6) $[0,1)$，$A_n \subset A_{n+1}$

(7) $(-\frac{5}{2},1)$　(8) $\bigcup\limits_{\lambda\in\Lambda}(A \cap B_\lambda)$　(9) $[1,2]$

4. 證　因為 $(B-A) \cup A = (B \cap A^C) \cup A = (B \cup A) \cap (A^C \cup A) = B \cup A$，且 $B \cup A = B \Leftrightarrow A \subset B$，所以 $(B-A) \cup A = B$ 的充要條件是 $A \subset B$

5. 證　因為 $(A-B) \cup B = (A \cap B^C) \cup B = (A \cup B) \cap (B^C \cup B) = A \cup B$，

$$(A \cup B) - B = (A \cup B) \cap B^C = (A \cap B^C) \cup (B \cap B^C)$$
$$= (A \cap B^C) \cup \varnothing = A \cap B^C,$$

所以　$A \cup B = A \cap B^C \Leftrightarrow (A \cup B) - (A \cap B^C) = \varnothing \Leftrightarrow (A \cup B) \cap (A \cap B^C)^C = \varnothing$
$\Leftrightarrow (A \cup B) \cap (A^C \cup B) = \varnothing \Leftrightarrow (A \cap A^C) \cup B = \varnothing \Leftrightarrow B = \varnothing$.

6. 證　(1) $E[f \geqslant a] + E[f < a] = \{x \in E \mid f(x) \geqslant a\} \cup \{x \in E \mid f(x) < a\}$
$= \{x \in E \mid f(x) \geqslant a$ 或 $f(x) < a\} = E$.

(2) $E[f>\sqrt{a}] \cup E[f<-\sqrt{a}] = \{x \in E \mid f(x)>\sqrt{a}\} \cup \{x \in E \mid f(x)<-\sqrt{a}\}$
$= \{x \in E \mid f(x)>\sqrt{a}$ 或 $f(x)<-\sqrt{a}\} = E[f^2>a]$.

(3) 因 $x \in E[g > a] \Leftrightarrow x \in E$ 且 $g(x) > a$. 而 $f(x) > g(x)$，則 $x \in E$ 且 $f(x) > a \Leftrightarrow x \in E[f > a]$，從而有 $E[f > a] \supset E[g > a]$.

(4) $E[f>a] \Leftrightarrow \exists n \geqslant 1$ 使 $f(x) \geqslant a+\frac{1}{n}$,則 $E[f>a]=\bigcup_{n=1}^{\infty} E[f \geqslant a+\frac{1}{n}]$.

(5) $E[f \geqslant a] \Leftrightarrow \forall n \geqslant 1$ 使 $f(x)>a-\frac{1}{n}$, 則 $E[f \geqslant a]=\bigcap_{n=1}^{\infty} E[f>a-\frac{1}{n}]$.

7. **證** (1) 由上極限的定義, 有 $\overline{\lim_{n \to \infty}} A_n=\bigcap_{n=1}^{\infty} \bigcup_{k=n}^{\infty} A_k$, 則 $x \in \overline{\lim_{n \to \infty}} A_n=\bigcap_{n=1}^{\infty} \bigcup_{k=n}^{\infty} A_k$ 當且僅當對任意 $n \geqslant 1$, 都有 $x \in \bigcup_{k=n}^{\infty} A_k$ 當且僅當對任意 $n \geqslant 1$, 存在 $k \geqslant n$, 使得 $x \in A_n$, 即 $\overline{\lim_{n \to \infty}} A_n=\{x \mid \forall n, \exists k \geqslant n$, 使 $x \in A_n\}$.

(2) 由下極限的定義, 有 $\underline{\lim_{n \to \infty}} A_n=\bigcup_{n=1}^{\infty} \bigcap_{k=n}^{\infty} A_k$, 則 $x \in \underline{\lim_{n \to \infty}} A_n=\bigcup_{n=1}^{\infty} \bigcap_{k=n}^{\infty} A_k$ 當且僅當存在 $n \geqslant 1$, 使得 $x \in \bigcap_{k=n}^{\infty} A_k$ 當且僅當存在 $n \geqslant 1$, 對任意的 $k \geqslant n$, 都有 $x \in A_n$, 即 $\underline{\lim_{n \to \infty}} A_n=\{x \mid \exists n, \forall k \geqslant n$, 有 $x \in A_n\}$.

8. **解** 設 $\{A_n\}_{n \geqslant 1}$ 是一集列, 則集列 $\{A_n\}$ 的上極限定義為 $\overline{\lim_{n \to \infty}} A_n=\bigcap_{n=1}^{\infty} \bigcup_{k=n}^{\infty} A_k=\{x \mid \forall n, \exists k \geqslant n$, 使 $x \in A_n\}$, 下極限集定義為 $\underline{\lim_{n \to \infty}} A_k=\bigcup_{n=1}^{\infty} \bigcap_{k=n}^{\infty} A_k=\{x \mid \exists n, \forall k \geqslant n$, 有 $x \in A_n\}$.

設 Λ 是一集合, 集簇 $\{A_\lambda\}_{\lambda \in \Lambda}$ 的交定義為 $\bigcap_{\lambda \in \Lambda} A_\lambda=\{x \mid \forall \lambda \in \Lambda, x \in A_\lambda\}$, 集簇 $\{A_\lambda\}_{\lambda \in \Lambda}$ 的並定義為 $\bigcup_{\lambda \in \Lambda} A_\lambda=\{x \mid \exists \lambda \in \Lambda, x \in A_\lambda\}$.

顯然它們之間有如下的關係:

$$\bigcup_{n=1}^{\infty} A_n \supset \overline{\lim_{n \to \infty}} A_n=\bigcap_{n=1}^{\infty} \bigcup_{k=n}^{\infty} A_k \supset \underline{\lim_{n \to \infty}} A_n=\bigcup_{n=1}^{\infty} \bigcap_{k=n}^{\infty} A_k \supset A_n, \bigcap_{\lambda \in \Lambda} A_\lambda \subset \bigcup_{\lambda \in \Lambda} A_\lambda.$$

習題 1.2

1. √; A = 自然數集, B = 實數集, Q = 有理數集, 則 $\mathrm{Q} \subset B$ 且 $\overline{\overline{\mathrm{Q}}}=\overline{\overline{A}}$.

2. **解** A 正確. 因為

$$\forall x \in \varphi(\bigcap_{n=1}^{\infty} A_n) \Rightarrow \exists \varphi^{-1}(x) \in \bigcap_{n=1}^{\infty} A_n \Rightarrow \forall n, \varphi^{-1}(x) \in A_n \Rightarrow \forall n, x \in \varphi(A_n) \Rightarrow$$

$\forall n, x \in \bigcap_{n=1}^{\infty} \varphi(A_n)$, 則 $\varphi(\bigcap_{n=1}^{\infty} A_n) \subset \bigcap_{n=1}^{\infty} \varphi(A_n)$. C 錯誤的反例為 $A_{2n}=\{0,1,2,\cdots\}$, $A_{2n+1}=\{0,-1,-2,\cdots\}$ $(n=1,2,\cdots)$, $\varphi: Z \to \{1,-1\}$ 且

$\varphi(x)=\begin{cases}1, & x \in \text{奇數}, \\ -1, & x \in \text{偶數}\end{cases}$ 則 $\varphi(A_n)=\begin{cases}1, & x \in \text{奇數}, \\ -1, & x \in \text{偶數}\end{cases}=\bigcap_{n=1}^{\infty} \varphi(A_n)$, 但 $\bigcap_{n=1}^{\infty} A_n$

$=\{0\}$,則 $\varphi(\bigcap_{n=1}^{\infty} A_n)=-1$,所以 $\bigcap_{n=1}^{\infty}\varphi(A_n)\not\subset\varphi(\bigcap_{n=1}^{\infty}A_n)$.

3. **解** 令 $r_1,r_2,\cdots,r_n,\cdots$ 為$(0,1)$ 上的全體有理數, 則

$$f(x)=\begin{cases} r_1, & x=0,\\ r_2, & x=1,\\ r_{n+2}, & x=r_n, n=1,2,\cdots,\\ x, & x\in\overline{Q} \end{cases}$$

為$[0,1]$ 與$(0,1)$ 之間的一一對應.

4. **證** 選(1) 和(3) 來證明.

(1) 對任意的$x\in\varphi^{-1}(B_1)$, 則 $\varphi(x)\in B_1\subset B_2$, 從而 $x\in\varphi^{-1}(B_2)$, 故 $\varphi^{-1}(B_1)\subset\varphi^{-1}(B_2)$.

(3) 對任意的$x\in\varphi^{-1}\left(\bigcap_{\lambda\in\Lambda}A_\lambda\right)\Leftrightarrow\varphi(x)\in\bigcap_{\lambda\in\Lambda}A_\lambda\Leftrightarrow$ 對任意的 $\lambda\in\Lambda,\varphi(x)\in A_\lambda\Leftrightarrow$ 對任意的 $\lambda\in\Lambda,x\in\varphi^{-1}(A_\lambda)\Leftrightarrow x\in\bigcap_{\lambda\in\Lambda}\varphi^{-1}(A_\lambda)$.

5. **證** (1)⇒(2). 只需推證$\varphi(E_1\cap E_2)\supset\varphi(E_1)\cap\varphi(E_2)$. 若$y\in\varphi(E_1)\cap\varphi(E_2)$, 即存在 $x_1\in E_1,x_2\in E_2$, 使得 $\varphi(x_1)=y=\varphi(x_2)$. 由於 φ 是一一對應, 則有 $x=x_1=x_2\in E_1\cap E_2$, 且有 $\varphi(x)=y$, 即 $y\in\varphi(E_1\cap E_2)$.

(2)⇒(3). 由 $E_1\cap E_2=\varnothing$ 可知, $\varphi(E_1\cap E_2)=\varnothing$.

(3)⇒(4). 因為 $E_1\cap(E_2\backslash E_1)=\varnothing$, 所以根據(3) 可知, $\varphi(E_1)\cap\varphi(E_2\backslash E_1)=\varnothing$. 這說明 $\varphi(E_2\backslash E_1)=\varphi(E_1)\backslash\varphi(E_2)$.

(4)⇒(1). 反證法. 反設 $x_1,x_2\in A$, 且 $x_1\neq x_2$, 使得 $\varphi(x_1)=\varphi(x_2)=y\in B$, 則令 $E_1=\{x_1\},E_2=\{x_1,x_2\}$, 由(4) 知 $y=\varphi(x_2)\in\varphi(E_2\backslash E_1)=\varphi(E_1)\backslash\varphi(E_2)=\varnothing$. 這一矛盾說明 φ 是一一對應.

6. **解** (1) $[a,b]=\bigcap_{n=1}^{\infty}\left(a-\frac{1}{n},b+\frac{1}{n}\right)$.

(2) 設 $E_1=(a,b),E_2=(0,1),E_3=[0,1]$,

令 $\varphi(a,b)\to(0,1)$, 其中 $\forall x\in(a,b),\varphi(x)=\frac{x-a}{b-a}$, 顯然 φ 是(a,b) 和$(0,1)$ 的一一對應.

令 $r_1,r_2,\cdots,r_n,\cdots$ 為$(0,1)$ 上的全體有理數, 則

$$f(x)=\begin{cases} r_1, & x=0,\\ r_2, & x=1,\\ r_{n+2}, & x=r_n, n=1,2,\cdots,\\ x, & x\in\overline{Q} \end{cases}$$

為$[0,1]$ 與$(0,1)$ 之間的一一對應(見本節習題 3).

將上述兩個一一對應複合后即得 E_1 與 E_3 的一一對應 $f(\varphi(x))$.

(3) 對 $\forall x \in (-1,1), \varphi(x)=\dfrac{x}{1-x^2}$, 顯然 φ 是 $(-1,1)$ 和 R^1 的一一對應.

(4) 由(3)及 $(-1,1) \subset [-1,1] \subset \mathrm{R}^1$, 依據 Bernstein 定理即得所證結論.

(5) 設 $E_1=\{(x,y) \mid x^2+y^2=1\}, E_2=(0,2\pi], E_3=(-1,1], E_4=[-1,1]$.

令 $\varphi_1: E_2 \to E_1$, 其中

$$\varphi_1: \theta \mapsto \begin{cases} x=\cos\theta, \\ y=\sin\theta, \end{cases}$$

則 φ_1 建立了 E_2 與 E_1 的一一對應; 令 $\varphi_2: E_3 \to E_2$, 其中 $\varphi_2: \theta=\pi(1+t)$. 則 φ_2 建立了 E_3 與 E_2 的 一一對應; 令 $\varphi_3: E_4 \to E_3$, 其中

$$t=\varphi_3(x)=\begin{cases} 1, & S=-1, \\ \dfrac{1}{n+1}, & S=\dfrac{1}{n}(n=1,2,\cdots), \\ S, & S \neq -1, \dfrac{1}{n}(n=1,2,\cdots), \end{cases}$$

且 $S \in E_4$, 則 φ_3 建立了 E_4 與 E_3 的 一一對應.

將上述一一對應複合后即得 E_4 與 E_1 的一一對應 $\varphi_1(\varphi_2(\varphi_3(x)))$.

(6) 存在一一對應 φ, 使得對任意的 $x \in (i,j) \in \mathrm{N} \times \mathrm{N}, \varphi(x)=2^{i-1}(2j-1)$. 這是因為任意自然數均可唯一地表示為 $n=2^p \cdot q$ (p 非負整數, q 正奇數), 而對非負整數 p, 正奇數 q, 又有唯一的 $i,j \in \mathrm{N}$ 使得

$$p=i-1, q=2j-1.$$

(7) 設 $\{b_n\}_{n=1}^{\infty}$ 是 $\overline{\mathrm{Q}}$ 的可數子集, $\{r_n\}_{n=1}^{\infty}$ 是有理數全體, 作映射 $\varphi: \mathrm{R}^1 \to \overline{\mathrm{Q}}$ 如下:

$$\varphi(x)=\begin{cases} b_{2n-1}, & x=b_n, n=1,2,\cdots, \\ b_{2n}, & x=r_n, n=1,2,\cdots, \\ x, & x \in I-\{b_n\}, \end{cases}$$

則 φ 是從 R^1 到 $\overline{\mathrm{Q}}$ 之間的一個一一對應.

註: 此題可解釋為 $\{b_n\} \sim \{b_{2n-1}\}$, $\{r_n\} \sim \{b_{2n}\}$, R^1 中其余的項與 $\overline{\mathrm{Q}}$ 中其余的項完全相同, 這樣便實現了 R^1 到 $\overline{\mathrm{Q}}$ 之間的一一對應.

7. 設 A、B、C 為三個集合, 且 $A \supset B \supset C, A \sim C$, 證明: $A \sim B$.

證 由基數定義得 $\overline{\overline{A}} \geqslant \overline{\overline{B}}$, 而 $\overline{\overline{B}} \geqslant \overline{\overline{C}}$ 及 $\overline{\overline{C}}=\overline{\overline{A}}$, 由 Benstein 定理得 $A \sim B$.

習題 1.3

1. √；提示：$\{[a_n,b_n]\} = \{(a_n,b_n) \mid a_n \in Q, b_n \in Q\} = Q \times Q$.

2. (1) $\underline{\quad \aleph_0 \quad}$. 提示：設三角形的三個頂點為 A、B、C，則 $E = Q^2 \times Q^2 \times Q^2$.

(2) $\underline{\quad \aleph_0 \quad}$. 提示：將 $a_{x_1x_2x_3\cdots}$ 與 $(x_1x_2x_3\cdots)$ 對應，即知 $A \sim \{0,1,2\} \times \{0,1,2\} \times \cdots$.

3. **證** 因 Q 是一個可數集合(證明見本節例 3)，從而 $Q \times Q$ 可數.

4. **證** 記 A 為所有有理系數代數多項式全體所成之集，設 $A_n = \{P_n(x) \mid n \in N, x \in R\}$ 且 $P_n(x) = \sum\limits_{i=1}^{n} a_i x^i$ 是 n 次有理系數多項式的全體，$n = 1,2,\cdots$. 則每一個 A_n 由 $n+1$ 個獨立的記號所決定，即 n 次多項式有 $n+1$ 個有理系數，其中首項系數可取除 0 以外的一切有理數，其他系數可取一切有理數. 因此每個記號獨立地跑遍一個可數集，即 $\overline{\overline{A_n}} = \aleph_0$. 則 $A = \bigcup\limits_{n=1}^{\infty} A_n$. 故 A 為可數個可數集之並，故為可數集，即 $A = \aleph_0$.

或記 A 為所有有理系數代數多項式全體所成之集. A_n 為所有有理系數的 n 次代數多項式全體所成之集，即 $A_n = \{P_n(x) \mid P_n(x) = \sum\limits_{i=0}^{n} a_i x_i, a_n \neq 0, a_1, a_2, \cdots, a_n \in Q\}$，則 $A = \bigcup\limits_{n=1}^{\infty} A_n$，而 $\overline{\overline{A_n}} = \aleph_0$，故 A 為可數個可數集之並，故為可數集.

5. (1) **證** 以單調上升函數 $f(x)$ 為例：若 x_0 為 $f(x)$ 的不連續點，則有 $\lim\limits_{x\to x_0^-} f(x_0) = f(x_0-) < f(x_0+) = \lim\limits_{x\to x_0^+} f(x_0)$. 因此每個 x_0 都對應著一個開區間 $(f(x_0-), f(x_0+))$. 顯然，對於兩個不同的不連續點 x_1 及 x_2，區間 $(f(x_1-), f(x_1+))$ 與 $(f(x_2-), f(x_2+))$ 是互不相交的，故只需看實軸上互不相交的開區間簇，從而單調函數的不連續點至多可數.

*(2) **證** 對 $\delta > 0$，作點集 $E_\delta = \{t \in [a,b] \mid f(t) > f(x), x \in [t-\delta, t+\delta] \setminus \{t\}\}$. 下面指出 E_δ 是有限集. 否則，假定 t_0 是 E_δ 的極限點，並對 $\eta < \delta \backslash 2$，取 $E_\delta \cap [t-\eta, t+\eta]$ 中的點 $t', t'', t' \neq t''$，則有

$$f(t') > f(t'')(t'-\delta \leqslant t'' \leqslant t'+\delta), f(t'') > f(t')(t''-\delta \leqslant t' \leqslant t''+\delta).$$

但這是不能成立的，這說明 E_δ 是有限集. 現在作遞減正數列 $\delta_1 > \delta_2 > \delta_3 > \cdots > \delta_n > \cdots, \lim\limits_{n\to\infty} \delta_n = 0$，則 $\bigcup\limits_{n=1}^{\infty} E\delta_n = f_{\max}$ 是至多可數集.

同理可證，$f_{\min}$ 是至多可數集.

*(3) **證** 作點集如下

$E_1 = \{x \in (a,b) \mid f(x+0) > f(x)\}$，$E_2 = \{x \in (a,b) \mid f(x+0) < f(x)\}$，

$E_3 = \{x \in (a,b) \mid f(x-0) > f(x)\}$，$E_4 = \{x \in (a,b) \mid f(x-0) < f(x)\}$，

這些都是可數集. 以 E_1 為例證明結論. 對 $x \in E_1$, 取 $\varepsilon > 0$, 以及 l, L 滿足

$$f(x) < l < L < f(x+0), f(t) > L \ (x < t < x+\varepsilon)$$

並作矩形 $I_x = (x, x+\varepsilon) \times (l, L)$, 易知 $I_x \cap I_y = \varnothing \ (x, y \in E_1, x \neq y)$. 從而只需在 I_x 中取有理數為坐標的點, 即可證得結論.

*(4) **證** 令 $A = \{x \in (a,b) \mid f'_+(x) < f'_-(x)\}$,

$B = \{x \in (a,b) \mid f'_+(x) > f'_-(x)\}$.

只需證明 A, B 為可數集即可. 以 A 為例, 對任意的 $x \in A$, 選有理數 r_x, 使得 $f'_+(x) < r_x < f'_-(x)$. 再選有理數 s_x 及 t_x: $a < s_x < t_x < b$, 使得

$$\frac{f(y) - f(x)}{y - x} > r_x, s_x < y < x,$$

以及

$$\frac{f(y) - f(x)}{y - x} < r_x, x < y < t_x,$$

合併得

$$f(y) - f(x) < r_x(y - x),$$

其中 $y \neq x$ 且 $s_x < y < t_x$. 因此, 對應規則 $x \to (r_x, s_x, t_x)$ 是從 A 到 $Q^3 = Q \times Q \times Q$ 的一個映射, 而且是一個單射. 這是因為若有 $x_1, x_2 \in A$, 使 $r_{x_1} = r_{x_2}, s_{x_1} = s_{x_2}$, $t_{x_1} = t_{x_2}$, 則 $(s_{x_1}, t_{x_1}) = (s_{x_2}, t_{x_2})$ 且均含 x_1 及 x_2, 於是同時有: $f(x_2) - f(x_1) < r_{x_1}(x_2 - x_1)$, $f(x_1) - f(x_2) < r_{x_2}(x_1 - x_2)$. 而 $r_{x_1} = r_{x_2}$, 矛盾. 這說明 A 與 Q^3 之一子集對等, 而 Q^3 的基數是 $\aleph_0$, 即知 A 為可數集.

*(5) **證** 所謂 $[a,b]$ 上的凸函數 $f(x)$, 是指對 $[a,b]$ 中的任意兩點 x_1, $x_2, x_1 < x_2$, 均有

$$f(x) \leqslant \frac{(x_2 - x)f(x_1) + (x - x_1)f(x_2)}{x_2 - x_1}, x_1 < x < x_2,$$

變換上式, 有

$$\frac{f(x) - f(x_1)}{x - x_1} \leqslant \frac{f(x_2) - f(x)}{x_2 - x},$$

此外對 $x < \bar{x}_2 < x_2$, 我們有

$$\frac{f(\bar{x}_2) - f(x)}{\bar{x}_2 - x} \leqslant \frac{f(x_2) - f(x)}{x_2 - x},$$

這說明右導數存在, 即 $\lim\limits_{\bar{x}_2 \to x^+} \dfrac{f(\bar{x}_2) - f(x)}{\bar{x}_2 - x} = f'_+(x) < +\infty$.

類似地, 可知左導數 $f'_-(x)$ 存在, 且有 $-\infty < f'_-(x) \leqslant f'_+(x) < \infty$. 從而可得結論: $[a,b]$ 上的凸函數在至多除一可數點集外都是可微的.

同理可證,$[a,b]$ 上的凹函數 f 的不可導點的集合是至多可數的.

*(6) **證** 對於有理數集 Q, 施行 +, −, ×, ÷, $\sqrt{\ }$, $\sqrt[3]{\ }$, … 的有限次運算得到一個公式. 例如 $a_1, a_2, \cdots, a_6$, 5 施行 +, $\sqrt{\ }$, ×, +, $\sqrt[3]{\ }$, −, ×, ×, +, $\sqrt[5]{\ }$, ÷ 共 11 次運算所得到的公式為

$$b = f(a_1, a_2, \cdots, a_6) = \frac{\sqrt{a_1 + a_2} - \sqrt[3]{a_3 \cdot a_4 + 5}}{\sqrt[5]{a_5^2 + a_6^2}}.$$

對於這個固定順序的 11 次運算的公式, 考慮對應 $\varphi: R(f) \to \mathrm{Q}^6$, $b = f(a_1, a_2, \cdots, a_6) \to \varphi(b) = (a_1, a_2, \cdots, a_6) \in \mathrm{Q}^6$, 其中 $R(f)$ 為 f 的值域. 顯然, φ 為單射, 於是 $\overline{\overline{R(f)}} \leqslant \overline{\overline{\mathrm{Q}^6}} = \aleph_0$.

如果對 Q 施行 +, −, ×, ÷, $\sqrt{\ }$, $\sqrt[3]{\ }$, … n 次運算, 那麼所得到的公式記為 A_n, 共有 $\aleph_0$ 個, 而每個公式產生的值域為至多可數集, 於是 $\aleph_0 = \overline{\overline{\mathrm{Q}}} = \overline{\overline{\bigcup_{f \in A_1} R(f)}} \leqslant \overline{\overline{\bigcup_{n=1}^{\infty} \bigcup_{f \in A_n} R(f)}} \leqslant \aleph_0$. 由伯恩斯坦定理知, $\overline{\overline{\bigcup_{n=1}^{\infty} \bigcup_{f \in A_n} R(f)}} = \aleph_0$, 即對於有理數集 Q, 施行 +, −, ×, ÷, $\sqrt{\ }$, $\sqrt[3]{\ }$, … 的有限次運算得到的一切數的全體為可數集.

*(7) **證** 將 p 進制有限小數全體 B 劃分為:

$B_1 = \{0.a_1 \mid a_1 = 0, 1, \cdots, p-1\}$, $B_2 = \{0.a_1 a_2 \mid a_1, a_2 = 0, 1, \cdots, p-1\}$, …,

$B_n = \{0.a_1 a_2 \cdots a_n \mid a_1, a_2, \cdots, a_n = 0, 1, \cdots, p-1\}$, ….

顯然,每個 $B_n (n \in \mathrm{N})$ 都為有限集. 現將 B 中元素, 先按 B_1 中元素從小到大排; 再按 B_2 中元素從小到大排; …; 再按 B_n 中元素從小到大排; 如此繼續下去, 由此可知 $B = \bigcup_{n=1}^{\infty} B_n$ 為可數集.

考慮無限循環小數全體的集合 A. 由 $\aleph_0 = \overline{\overline{\{0.\dot{3}, 0.0\dot{3}, \cdots\}}} \leqslant \overline{\overline{A}}$, 以及每個循環小數都可表達為分數, 而分數全體為可數集, 故 $\overline{\overline{A}} \leqslant \aleph_0$. 由伯恩斯坦定理知, $\overline{\overline{A}} = \aleph_0$, 即 A 為可數集.

6. **證** 從 A 中取一可數子集 $M = \{a_1, a_2, a_3, a_4, \cdots\}$, 取 $M_1 = \{a_1, a_3, \cdots, a_{2n-1}, \cdots\}$, $M_2 = \{a_2, a_4, \cdots, a_{2n}, \cdots\}$, M_1, M_2 皆可數. 從而可取 $A^* = (A - M) \cup M_1 = A - M_2$. 由定理 9 可知 $A \sim A - M_2 = A^*$.

習題 1.4

1. (1) ×; 提示:比如, $\mathrm{R} \setminus \mathrm{Q} = \overline{\mathrm{Q}}$. (2) ×; 提示:$\mathrm{R}^2$ 與 R^3 的勢均為連續勢. (3) ×; 提示:應該為 $\overline{\overline{A}} \leqslant \overline{\overline{B}}$.

(4) √. **證** 可設B為$\{b_1,b_2,\cdots\}$，$A=A_1\cup\{a_1,a_2,\cdots\}$，且$\{b_1,b_2,\cdots\}\cap\{a_1,a_2,\cdots\}=\varnothing$，令

$$\varphi(x)=\begin{cases}x, & x\in A_1,\\ a_{2k}, & x=a_k,k=1,2,\cdots,\\ a_{2k-1}, & x=b_k,k=1,2,\cdots,\end{cases}$$

顯然,$A\cup B\xrightarrow[1-1]{\varphi}A$.

(5) √. **證** 反證法. 假設A,B中一個都不為不可數集，則A,B都是至多可數集，從而由 1.3 節推論 1 知 $A\cup B$ 為可數集，矛盾.

2.(1) C (2) B (3) C (4) D 提示:A. 比如，$\bigcup\limits_{\alpha\in(0,1)}A_\alpha$.

3. **解** 設房間的編號集為$A=\{1,2,3,\cdots,n,\cdots\}$，不妨設第$i$個人住第$i$個房間.

(1) 若又來了三個人，設這三個人的編號分別為 -2，-1,0. 則只需作這樣的安排，原第i個人住到第$i+3$房間，空出來的三個房間讓編號為 -2，-1，0 這三個人住即可.

(2) 若每個人帶來了一個親戚，則只需讓新來的親戚依次住到編號為偶數的房間裡，而讓原來住在編號為偶數的房間裡的人依次住到編號為奇數的房間裡即可.

(3) 將原來第i個房間的客人及其可數個親戚記為$a_i=(a_{i1},a_{i2},\cdots)$(為可數集)，則總的人的個數有 $\bigcup\limits_{i=1}^{\infty}a_i$ 個，也是可數的，而房間的個數也是可數的，所以能讓新來的客人住進來.

(4) 若來了$\overline{\overline{[0,1]}}=\aleph$ 個人，則人的個數集是勢為 $\aleph$ 的不可數集，但房間的個數卻是勢為 $\aleph_0$ 的可數集，而 $\aleph>\aleph_0$，故不能讓新來的人住進來.

4. **證** 法一. 記$[0,1]$上全體無理數為$\overline{\mathrm{Q}}$，則$\overline{\mathrm{Q}}$是一個無限集，則由 1.3 節定理 9 可知

$$\overline{\overline{\overline{\mathrm{Q}}}}=\overline{\overline{\overline{\mathrm{Q}}\cup\mathrm{Q}}}=\overline{\overline{[0,1]}}=\aleph.$$

法二. 記$[0,1]$上全體無理數為$\overline{\mathrm{Q}}$，$[0,1]$上全體有理數為$\{r_1,r_2,\cdots\}$，顯然

$$B=\left\{\frac{\sqrt{2}}{2},\frac{\sqrt{2}}{3},\cdots,\frac{\sqrt{2}}{n},\cdots\right\}\subset\overline{\mathrm{Q}}.$$

令$\varphi\left(\frac{\sqrt{2}}{2n}\right)=\frac{\sqrt{2}}{n+1}$，$\varphi\left(\frac{\sqrt{2}}{2n+1}\right)=r_n,n=1,2,\cdots$，$\varphi(x)=x,x\in\overline{\mathrm{Q}},x\notin B$，則$\varphi$是$\overline{\mathrm{Q}}$到$[0,1]$的一一對應. 由於$[0,1]$的基數為 $\aleph$，可知$\overline{\mathrm{Q}}$的基數也是 $\aleph$.

5. 證　因代數數的全體是可數集，而 $\overline{\overline{\mathrm{R}^1}} = \aleph$，由1.3節定義2及定理9知：超越數的全體具有基數 $\aleph$.

6. 證　不妨設 $A \cup B = \mathrm{R}^2$ 且 $\overline{\overline{\mathrm{R}^2}} = \aleph$，則 $\overline{\overline{A}} \leqslant \aleph$ 或 $\overline{\overline{B}} \leqslant \aleph$.

若 $\overline{\overline{A}} < \aleph$，則對任意的 $x \in \mathrm{R}^1$，$\{(x,y) \mid y \in \mathrm{R}^1\} \not\subset A$，從而對任意的 $x \in \mathrm{R}^1$，存在 $y_x \in \mathrm{R}^1$，使 $(x,y_x) \in B$. 故 $\overline{\overline{B}} \geqslant \overline{\overline{\{(x,y_x) \mid x \in \mathrm{R}^1\}}} = \aleph$. 由 Bernstein 定理可知：$\overline{\overline{B}} = \aleph$. 即 $\overline{\overline{A}}$，$\overline{\overline{B}}$ 中至少有一個為 $\aleph$.

註　此題結論可推廣：如果 $\overline{\overline{\bigcup_{n=1}^{\infty} A_n}} = \aleph$，則 $\overline{\overline{A_n}}$ 中至少有一個為 $\aleph$.

7. 證　(1) 先證實數列全體 R^∞ 的基數是 $\aleph$.

記 $B = \{(x_1,x_2,\cdots,x_n,\cdots) \mid 0 < x_n < 1, x_n \in \mathrm{R}, n = 1,2,\cdots\}$. 設 $x \in B$ 且 $x = (x_1,x_2,\cdots,x_n,\cdots)$，作映射 $\varphi: B \to \mathrm{R}^\infty$ 如下：

$$\varphi(x) = \left(\tan(x_1 - \frac{1}{2})\pi, \cdots, \tan(x_1 - \frac{1}{2})\pi, \cdots\right),$$

則 φ 是 B 到 R^∞ 的雙射.下面只需證明 B 的勢為 $\aleph$.

一方面，把 $(0,1)$ 中的任何 x 與 B 中的點 $\bar{x} = (x,x,\cdots,x,\cdots)$ 對應，則 $(0,1)$ 對等於 B 中的一個子集，即

$$\overline{\overline{B}} \geqslant \overline{\overline{(0,1)}} = \aleph.$$

另一方面，把 B 中的任何 $x = (x_1,x_2,\cdots,x_n,\cdots)$，按十進位無限小數表示每個 x_n，有

$$\begin{aligned}
x_1 &= 0.x_{11}x_{12}x_{13}\cdots x_{1n}\cdots,\\
x_2 &= 0.x_{21}x_{22}x_{23}\cdots x_{2n}\cdots,\\
x_3 &= 0.x_{31}x_{32}x_{33}\cdots x_{3n}\cdots,\\
&\cdots\cdots\cdots\cdots\cdots\cdots\\
x_n &= 0.x_{n1}x_{n2}x_{n3}\cdots x_{nn}\cdots,\\
&\cdots\cdots\cdots\cdots\cdots\cdots
\end{aligned}$$

其中 $x_{ij}(i,j = 1,2,\cdots)$ 是 $0,1,\cdots,9$ 中的數字. 對上述 B 中的 $x = (x_1,x_2,\cdots,x_n,\cdots)$ 作映射 $\psi: B \to (0,1)$，且

$$\psi(x) = 0.x_{11}x_{12}x_{21}x_{13}x_{22}x_{31}x_{14}x_{23}x_{32}x_{41}\cdots,$$

顯然，$\psi(x) \in (0,1)$，且當 $x \neq y$ 時，$\psi(x) \neq \psi(y)$. 則 $B \sim \varphi(B) \subset (0,1)$. 即 $\overline{\overline{B}} \leqslant \overline{\overline{(0,1)}} = \aleph$.

綜上所述，由 Bernstein 定理可知：$\overline{\overline{B}} = \overline{\overline{(0,1)}} = \overline{\overline{\mathrm{R}^\infty}} = \aleph$.

再證 n 維 Euclid 空間 R^n 的勢為 $\aleph$.

如果將 R^n 中的點 $x = (x_1,x_2,\cdots,x_n)$ 對應於 R^∞ 中的點 $(x_1,x_2,\cdots,x_n,0,0,$

…) 時，即可得 R^n 對等於 R^∞ 的一個子集. 而 $R^\infty \sim (0,1)$，從而 R^n 對等於 $(0,1)$ 的一個子集.

反之如果再把 $(0,1)$ 中的點 x 對應於 R^n 中的點 $(x,0,\cdots,0)$，則 $(0,1)$ 對等於 R^n 的一個子集.

綜上所述，由 Bernstein 定理可知：$\overline{\overline{R^n}} = \overline{\overline{R^1}} = \aleph$.

(2) 對任意的開區間 $(a,b) \in G$，用平面 R^2 的點 (a,b) 與之對應，則 G 與點集 $\{(x,y) \mid x,y \in R^1\}$ 一一對應，則 $\overline{\overline{G}} = \aleph$.

(3) 一方面由於 $\{\varphi_A(x) \mid A \subset [0,1]\} \subset F$，且 $\{\varphi_A(x) \mid A \subset [0,1]\} \sim 2^{[0,1]}$，所以 $\overline{\overline{F}} \geqslant 2^\aleph$；另一方面，由於 $F \sim \{f$ 在平面直角坐標系 R^2 下的圖形 $\mid f \in F\} \subset 2^{R^2}$，所以 $\overline{\overline{F}} \leqslant 2^\aleph$. 故 $\overline{\overline{F}} = 2^\aleph (= \aleph^\aleph)$.

*(4) 一方面，由於 $[a,b]$ 上的常數函數都是 $[a,b]$ 上的連續函數，所以 R^1 與 $C([a,b])$ 中的一個子集對等，即 $C([a,b])$ 的基數大於或等於 $\aleph$.

另一方面，對每個 $\varphi \in C([a,b])$，我們取平面有理點集 $Q \times Q = Q^2$ 中的一個真子集與它對應，即作映射 f 如下：

$$f(\varphi) = \{(s,t) \in Q \times Q \mid s \in [a,b], t \leqslant \varphi(s)\},$$

易知，f 是從 $C([a,b])$ 到 Q^2 的子集的一個單射，而 $\overline{\overline{Q^2}} = \aleph$，則 $\overline{\overline{C([a,b])}} \leqslant \aleph$.

綜上所述，$\overline{\overline{C([a,b])}} = \aleph (= 2^{\aleph_0})$.

*(5) $\forall f \in X$，且設其在 $[a,b]$ 內的間斷點為 $\{x_n\}$，則 f 在間斷點上的值形成一個數列 $\{f(x_n)\}$；若 $x_0 \in [a,b]$ 是 $f(x)$ 的連續點，則取 $r_k \in Q: r_k \to x_0 (k \to \infty)$. 易知 $f(x_0)$ 對應於數列 $\{f(r_k)\}$，從而可推知：$\overline{\overline{X}} = \aleph$.

*(6) 設 $f \in X$，則對 $\forall t \in R^1$，可對應著一個 X 中的函數 $f(x) + t$，這說明了 $\overline{\overline{X}} > \aleph$，由(4) 知，$\overline{\overline{X}} = \aleph$.

*(7) 由定理 4 說明了 $2^{\aleph_0} = \aleph$；(3) 題說明了 $2^\aleph = \aleph^\aleph$，則

$$\aleph^{\aleph_0} = \overline{\overline{R^N}} = \overline{\overline{R^\infty}} = \aleph^\infty = \aleph.$$

因為 $\aleph = 2^{\aleph_0} \leqslant \aleph_0^{\aleph_0} \leqslant \aleph^{\aleph_0} = \aleph$，所以 $\aleph_0^{\aleph_0} = \aleph$.

同(1) 的證明可得　$\aleph_0^\infty = \aleph$.

又因為 $2^\aleph \leqslant \aleph_0^\aleph \leqslant \aleph^\aleph = 2^\aleph$，所以 $\aleph_0^\aleph = 2^\aleph$.

8. **證**　不存在. 否則的話，由於 Q 是可數集，故 $f(Q)$ 也是可數集. 依題意有 $f(R \setminus Q) \subset Q$，從而可得 $f(R)$ 是可數集. 而 $f(x)$ 是連續函數，由第 7 題的第四小題知 $f(R)$ 是連續勢集，矛盾.

第 2 章　n 維空間中的點集

習題 2.1

1. (1) **解**　不一定, 即結論$(A\cup B)'=A'\cup B'$不能推廣到可數無窮多個.

若$A_n=(0,1+\frac{1}{n})$, 則$\bigcup\limits_{n=1}^{\infty}A_n'=\bigcup\limits_{n=1}^{\infty}[0,1+\frac{1}{n}]=[0,2]$, $(\bigcup\limits_{n=1}^{\infty}A_n)'=(0,2)'=[0,2]$;

若$A_n=[-1+\frac{1}{n},1-\frac{1}{n}]$, 則$\bigcup\limits_{n=1}^{\infty}A_n'=\bigcup\limits_{n=1}^{\infty}[-1+\frac{1}{n},1-\frac{1}{n}]=(-1,1)$, $(\bigcup\limits_{n=1}^{\infty}A_n)'=(-1,1)'=[-1,1]$.

(2) ×; $Q'=[0,1]$. (3) √

(4) **解**　正確. 就$n=1$的情形進行證明. 若$E\subset R^1$中的點均為孤立點, 則由定理 5 知 E 是至多可數集.

若 $E-E'$ 中的點均為孤立點, 所以 $E-E'$ 是至多可數集. 從而由$E=(E-E')+(E\cap E')$可知, E 是至多可數的.

(5) **解**　正確. 只證第一個等式, 其余留給讀者自證.

對任意的$x\in(\overline{E})^C\Leftrightarrow x\notin\overline{E}=E\cup E'\Leftrightarrow x\notin E$且$x\notin E'\Leftrightarrow x$為$E$的外點$\Leftrightarrow$存在$N(x,\delta)\subset E^C\Leftrightarrow x\in(E^C)^0$.

(6) **解**　正確. 反證法. 假定結論不成立,即$E'\cap E=\varnothing$, 則對任意的$x\in E$, 存在$\delta_x>0$, 使得點集$N(x,\delta)\cap E=\{x\}$.從而依據定理5的推理可知,E是至多可數的. 這一矛盾說明$E'\cap E\neq\varnothing$.

(7) **解**　錯誤. 比如, $A=\left\{\frac{1}{n}\right\}$, $B=\left\{-\frac{1}{n}\right\}$, 則$A\cap B=\varnothing$, 從而$\overline{A\cap B}=\varnothing$, 但我們有

$$\overline{A}=\left\{0,1,\frac{1}{2},\cdots,\frac{1}{n},\cdots\right\},\overline{B}=\left\{0,-1,-\frac{1}{2},\cdots,-\frac{1}{n},\cdots\right\},$$

故$\overline{A}\cap\overline{B}=\{0\}$.

2. (1) B. **解**　A 的反例, $E_1=Q^C$, 則$(\overline{E_1})^C=\varnothing$, $E_1^{\circ}=\varnothing$, 則$(E_1^{\circ})^C=R$.

(2) A. **解**　考察區間$I_1=[0,1]$, $I_2=[0,2]$, $\cdots$, $I_n=[0,n]$, $\cdots$, 由題設知必存在n_0, 使得$I_{n_0}\cap E$包含無限多個點, 從而可知$E'\neq\varnothing$.

3. (1) $P \in E$.

(2) $\left\{0,1,\dfrac{1}{2},\cdots\right\}$.

解 因為$\lim\limits_{n\to\infty}\left(\dfrac{1}{n}+\dfrac{1}{m}\right)=\dfrac{1}{m}(m \in \mathrm{N})$, $\lim\limits_{n,m\to\infty}\left(\dfrac{1}{n}+\dfrac{1}{m}\right)=0$, 所以$E'=\left\{0,1,\dfrac{1}{2},\cdots\right\}$.

(3) $[-1,1]$.

4. (1) **解** 如右圖, 我們可求得

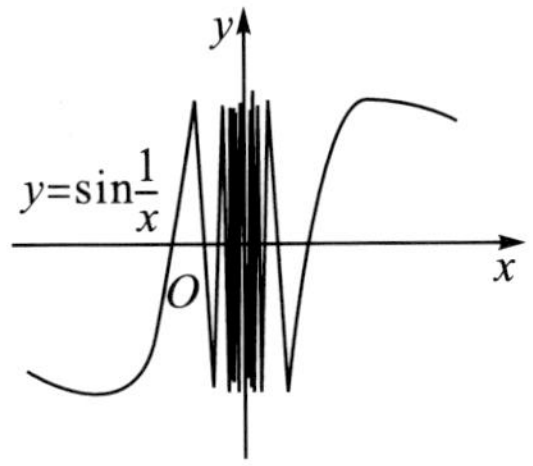

$E^{\circ}=\varnothing$,

$E'=\left\{(x,y)\,|\,y=\sin\dfrac{1}{x},x\neq 0\right\}$

$\quad\cup\{(0,y)\,|-1\leqslant y\leqslant 1\}$,

$\overline{E}=E'\cup\{(0,2)\}$.

(2) **解** $E^{\circ}=\varnothing$, $E'=[0,1]\times[0,1]$, $\overline{E}=[0,1]\times[0,1]$.

(3) **解** $E^{\circ}=\{(x,y)\,|\,x^2+y^2<1\}$, $E'=\{(x,y)\,|\,x^2+y^2\leqslant 1\}=\overline{E}$.

5. **證** (1) 必要性. 對任意的$N(P,\delta)$且$P_0\in N(P,\delta)$, 則$|PP_0|<\delta$. 令$\eta=\delta-|PP_0|>0$, 由$P_0\in E'$, 則有$N(P_0,\eta)\subset N(P,\delta)$, 使$N(P_0,\eta)\cap E-\{P_0\}\neq\varnothing$. 不妨取其一記為$P_1$即可證.

充分性. 由定義5即可證.

(2) 必要性. 若$P_0\in E^{\circ}$, 由內點定義, 顯然有$N(P_0)\subset E$.

充分性. 如果存在$N(P,\delta)\subset E$, 且$P_0\in N(P,\delta)$, 則$|PP_0|<\delta$. 令$\eta=\delta-|PP_0|>0$, 則$N(P_0,\eta)\subset N(P,\delta)\subset E$, 則$P_0\in E^{\circ}$.

習題 2.2

1. (1) **解** 不一定. 若E是無界點集, 則E不一定是有限點集, 例如, $E=\{1,2,\cdots,n,\cdots\}$; 若$E$是有界點集, 則$E$必是有限點集. 否則在$E$中必有收斂點列$\{x_k\}$, 而這一點列的子集未必均為閉集, 所以滿足題設條件的有界點集, 必是有限點集.

(2) **解** 錯誤. 例如, $E=\left\{1,\dfrac{1}{2},\cdots,\dfrac{1}{n},\cdots\right\}$, 但$E'=\{0\}$.

(3) **解** 錯誤. 例如, $E=\mathrm{Q}$.

(4)√ (5) √

(6) **解** 正確.反設G^C是處處稠密的, 則$\overline{G^C}=\mathrm{R}^1$. 由2.1節習題1的第5小題知:$G^{\circ}=(\overline{G^C})^C=\varnothing$, 與$G$是稠密開集矛盾. 但在$G$非開集時, 結論不真, 例

如，有理點集是稠密集，但其余集不是無處稠密集.

（7）**解**　不一定. 比如，$E = Q^n$ 就不含有孤立點. 但讀者可以證明：如果 $E \subset R^n$ 為至多可數的非空閉集，則 E 必含有孤立點.

設 $E \subset R^n$ 為至多可數的非空閉集，則 E 必含有孤立點.

證　因 E 為閉集，故 $E' \subset E$.

反證. 假設 E 不含孤立點，則 $E \subset E'$. 於是 $E = E'$，即 E 為非空的完備集. 則由習題 9 知 E 為不可數集（實際有 $\overline{\overline{E}} = \aleph > \aleph_0$），這與 E 至多可數集相矛盾.

（8）**解**　正確. 反證法. 若 $\partial E = \varnothing$，則 $\overline{E} = E^o$，即 E 既是開集又是閉集，從而由本節習題 7 知，$E = \varnothing$ 或 $E = R^n$，與題設矛盾.

（9）**解**　正確. 先證 $E' \subset C$.

對任意的 $x \in E'$，假設 $x \notin C$，則 x 屬於 Cantor 集余集中的某區間 (a_i, b_i)，但在區間 (a_i, b_i) 中只有中點 $\frac{1}{2}(a_i + b_i) \in E$，因此 x 不可能是 E 的聚點. 矛盾!

下證 $C \subset E'$. 對任意的 $x \in C$，則對 x 的任一鄰域 $N(x, \varepsilon)$ 必含有 Cantor 集余集的某構成區間 (a_i, b_i)，因此必有 $\frac{1}{2}(a_i + b_i) \in N(x, \varepsilon)$，故 x 是 E 的聚點. 綜上所述，E 的導集是 Cantor 集.

（10）×

2.（1）B

（2）C. **解**　這是因為這些數用三進制小數分別表示 $\frac{1}{4} = 0.0202\cdots$，$\frac{1}{13} = 0.002002\cdots$，所以 $\frac{1}{4}, \frac{1}{13}$ 都屬於 Cantor 疏朗集.

*（3）B. **解**　R^1 中全體有理數所構成的集是 F_σ 型集，不是 G_δ 集. 因為 $\bigcup_{k=1}^{\infty} \{r_k\}$，其中 $\{r_k\}$ 為單點集，從而為閉集. 則 $\bigcup_{k=1}^{\infty} \{r_k\}$ 為可數多個閉集的並，即為 F_σ 型集.

R^1 中全體無理數所構成的集是 G_δ 型集，不是 F_σ 集. 因為 $\bigcap_{k=1}^{\infty} (R^1 - \{r_k\}) = \left\{ \bigcup_{k=1}^{\infty} \{r_k\} \right\}^C$.

（4）C. **解**　設 $E = \{x_1, x_2, \cdots, x_k, \cdots\}$，則因每個單點集 $\{x_k\}$ 是閉集，所以 $E = \bigcup_{k=1}^{\infty} \{x_k\}$ 是 F_σ 集，但不是 G_δ 集，否則就有開集 $G_1, G_2, \cdots, G_k, \cdots$，使得 $E = \bigcap_{k=1}^{\infty} G_k$；因為 $G_k \subset E (k \in N)$，故 $G_k (k \in N)$ 在 R^n 中稠密，從而 $R^n \setminus G_k (k \in N)$

是無內點之閉集. 但我們有

$$\mathrm{R}^n = (\mathrm{R}^n \backslash E) \cup E = \left(\bigcup_{k=1}^{\infty} (\mathrm{R}^n \backslash G_k)\right) \cup \left(\bigcup_{k=1}^{\infty} \{x_k\}\right),$$

上式右端是可列個無內點閉集之並集, 這與 Baire 定理矛盾.

3. **證**　對 R^n 中任取的非空開球 $N(x_0,\varepsilon)$, 由假設知「A 不含有任何一個非空開球」, 則必存在 $x_1 \in N(x_0,\varepsilon)$, 且 $x_1 \notin A$, 從而 $x_1 \in A^C$. 但 A 是閉集, 故 A^C 是開集, 從而存在 $\delta_1 > 0$, 使 $N(x_1,\delta_1) \subset A^C$, 即 $N(x_1,\delta_1) \cap A = \varnothing$. 取 $\delta = \min\{\delta_1, \varepsilon - \rho(x_0,x_1)\}$, 從而有 $N(x_1,\delta) \subset N(x_0,\varepsilon)$. 這是因為: 當 $x \in N(x_1,\delta)$ 時, $\rho(x,x_0) \leqslant \rho(x,x_1) + \rho(x_1,x_0) < \delta + \rho(x_1,x_0) \leqslant \varepsilon$, 即 $x \in N(x_0,\varepsilon)$. 由性質 1 知 A 是一個疏朗集.

4. **證**　設 A 是疏朗集, $N(x_0,\varepsilon)$ 是非空開球, 由性質 1 知 $N(x_0,\varepsilon)$ 中必含有非空開球 $N(x_1,\delta_1)$, 使 $N(x_1,\delta_1) \cap A^C \neq \varnothing$, 從而 A^C 是稠密集.

5. **證**　反設區間 $[a,b] = \bigcup_{n=1}^{\infty} F_n$, 其中 $F_n (n=1,2,\cdots)$ 為疏朗集. 由於 F_1 是疏朗集, 由性質 1 知, 必能找到開區間 (α,β), 使 $(\alpha,\beta) \subset [a,b]$, 且 $(\alpha,\beta) \cap F_1 = \varnothing$. 再取閉區間 $I_1 \subset (\alpha,\beta)$, 使得 $0 < |I_1| < 1$, 其中 $|I_1|$ 表示區間 I_1 的長度. 同理, 因 F_2 也在 $[a,b]$ 中, 從而在 I_1 中疏朗, 因此有閉區間 $I_2 \subset I_1$, 使 $I_2 \cap F_2 = \varnothing$ 且 $0 < |I_2| < \dfrac{1}{2}, \cdots$. 如此繼續下去, 得閉區間列 $\{I_n\}$, 滿足 $I_1 \supset I_2 \supset I_3 \supset \cdots$, $I_n \cap F_n = \varnothing$, 且 $0 < |I_n| < \dfrac{1}{n} (n=1,2,\cdots)$.

由區間套定理可知必存在 x^*, 使 $x^* \in \bigcap_{n=1}^{\infty} I_n$. 但因 $I_n \cap F_n = \varnothing (n=1,2,\cdots)$, 則有 $x^* \notin \bigcup_{n=1}^{\infty} F_n = [a,b]$, 矛盾.

6. **證**　對任意的 $P_0 \in F^C$, 則 $P_0 \notin F$, 因 F 是閉集, 即 $F' \subset F$, 從而 $P_0 \notin F'$. 於是存在 $\delta > 0$, 滿足 $(N(P_0,\delta) - \{P_0\}) \cap F = \varnothing$, 即 $N(P_0,\delta) \subset F^C$, 故 $P_0 \in (F^C)^{\circ}$. 從而 $F^C \subset (F^C)^{\circ}$, 即 F^c 的每一個點都是它的內點, 從而 F^C 是開集.

7. **證**　反設 $E \neq \varnothing$ 且 $E \neq \mathrm{R}^n$, 則有 $x_1 \in E, x_2 \notin E$, 作連接 x_1, x_2 的直線段, 則在此直線段上必有一點 x_0, 使得線段 $x_1x_0 \in E, x_0x_2 \notin E$. 由此可知 x_0 既不屬於 E 又不屬於 E^C, 矛盾.

8. **證**　因為 $E \subset \overline{E} = E \cup E'$, 所以由定理 2 知 $\overline{E}$ 是包含 E 的閉集. 設 F 是包含 E 的另一閉集, 即 $F \supset E$, 則 $E' \subset F'$ 且 $\overline{F} = F$. 從而 $\overline{E} = E \cup E' \subset F \cup F' = \overline{F} = F$, 即 $\overline{E}$ 都是 R^n 中包含 E 的最小閉集.

*9. **證** 反證法. 假定 $E=\{x_1, x_2, \cdots x_n, \cdots\}$，則作閉區間 I_1，x_1 是 I_1 的內點. 因為 x_1 不是孤立點，所以存在 E 中點 y_2，y_2 是 I_1 的內點. 作以 y_2 為中心之閉區間 I_2，$I_2 \subset I_1$ 且 $x_1 \notin I_2$. 同理，又有 $y_3 \in E$，且 y_3 是 I_2 的內點以及 $y_3 \neq x_2$. 再作以 y_3 為中心之閉區間 I_3，$I_3 \subset I_2$ 且 $x_2 \notin I_3$. 易知 $I_3 \cap E \neq \varnothing$. 如此繼續下去，可得閉區間序列 $\{I_n\}$: $x_n \notin I_{n+1}, I_n \cap E \neq \varnothing$ $(n \in \mathrm{N})$.

現記 $K_n = I_n \cap E$ $(n \in \mathrm{N})$，則 $\{K_n\}$ 是有界閉集列，且 $K_{n+1} \subset K_n (n \in \mathrm{N})$. 因為每個 K_n 均為 E 的子集，且 $x_n \notin I_{n+1}$，所以 $\bigcap\limits_{n=1}^{\infty} K_n = \varnothing$. 這與 E 是完備集矛盾.

10. **解** 記 R^1 中有理數為 $\mathrm{Q}=\{r_1, r_2, \cdots, r_n, \cdots\}$，且作

$$E_1 = \{r_1, r_2, \cdots, r_n, \cdots\},$$
$$E_2 = \{r_2, r_3, \cdots, r_n, \cdots\},$$
$$\cdots\cdots\cdots\cdots\cdots\cdots$$
$$E_k = \{r_k, r_2, \cdots, r_n, \cdots\},$$
$$\cdots\cdots\cdots\cdots\cdots\cdots$$

易知，每個 E_n 在 R^1 中稠密，但 $\bigcap\limits_{k=1}^{\infty} E_k = \varnothing$.

11. **解** Cantor 三分集的作法：將閉區間 $[0,1]$ 均分為三段，刪去中間的開區間 $(\frac{1}{3}, \frac{2}{3})$，剩下兩個閉區間 $[0, \frac{1}{3}]$，$[\frac{2}{3}, 1]$. 又把這剩下的兩部分都均分為三段，再刪去中間的兩個開區間，即 $(\frac{1}{9}, \frac{2}{9})$，$(\frac{7}{9}, \frac{8}{9})$，如此繼續作下去，所有那些永遠刪不去的點所作成的點集就稱為 Cantor 三分集 C.

Cantor 三分集具有以下特性（至少說出 3 點）：(1) C 是一完備集；(2) $\overline{\overline{C}} = \aleph$；(3) C 是不含內點的疏朗集（或稱為無處稠密集）；(4) $mC=0$.

12. **證** 考察集合 $\{(a_1 a_2 \cdots a_n 7, a_1 a_2 \cdots a_n 8) \mid a_1, a_2, \cdots a_n$ 是在 $0,1,2,\cdots,6,8,9$ 中變化的數字，$n \in \mathrm{N}\}$，將此集合中出現的開區間的並記為 $\cup (a_1 a_2 \cdots a_n 7, a_1 a_2 \cdots a_n 8)$，從而不出現數字 7 的十進制小數組成的集合記為 $E = [0,1] - \cup (a_1 a_2 \cdots a_n 7, a_1 a_2 \cdots a_n 8)$.

顯然 E 是閉集，且不會出現 $a_1 a_2 \cdots a_n 7 = a_1' a_2' \cdots a_m' 8$ 的情形，其中 $n, m \in \mathrm{N}$，a_i, a_i' 為 $0,1,2,\cdots,6,8,9$ 中的數字. 由此說明了 E 無相鄰的余區間. 如果閉集 E 中有孤立點，則必是相鄰的余區間的公共端點. 從而閉集 E 無孤立點，即 E 是完備集.

13. **證** 因為 Δ 是一有界閉區間，所以存在開集 G，使得 $\Delta \subset G$，且 $G = G - \bigcap\limits_{n=1}^{\infty} F_n = \bigcup\limits_{n=1}^{\infty} (G - F_n)$，所以 $\Delta \subset \bigcup\limits_{n=1}^{\infty} (G - F_n)$. 又因為 $G - F_n$ 為開集，由 Borel 有限覆蓋定理知，必存在正整數 N，使得

$$\Delta \subset \bigcup_{n=1}^{N} (G - F_n) = \bigcup_{n=1}^{N} (G \cap F_n^{\ c}),$$

而 $F_1 \subset \Delta \subset G$，所以 $F_1 = F_1 \cap \Delta \subset F_1 \cap \bigcup_{n=1}^{N} (G \cap F_n^{\ c}) = \bigcup_{n=1}^{N} (F_1 \cap G \cap F_n^{\ c})$

$= \bigcup_{n=1}^{N} (F_1 \cap F_n^{\ c}) = F_1 - \bigcap_{n=1}^{N} F_n$.

另一方面，$F_1 \supset F_1 - \bigcap_{n=1}^{N} F_n$，所以 $F_1 = F_1 - \bigcap_{n=1}^{N} F_n$（而 $\bigcap_{n=1}^{N} F_n \subset F_1$），從而 $\bigcap_{n=1}^{N} F_n = \varnothing$.

14. **證**　必要性. 若 $f(x)$ 為連續函數，則對任意的開集 $G \subset \mathrm{R}^1$，若 $f^{-1}(G) = \varnothing$，則 $f^{-1}(G)$ 自然是開集；不妨設 $f^{-1}(G) \neq \varnothing$，則對任意的 $x_0 \in f^{-1}(G)$，即 $f(x_0) \in G$.

由於 G 是開集，所以存在 $\varepsilon > 0$，使得 $N(f(x_0),\varepsilon) \subset G$. 而 $f(x)$ 在 x_0 處連續，則存在 $\delta > 0$，對任意的 $x \in N(x_0,\delta)$，總有 $f(x) \in N(f(x_0),\varepsilon) \subset G$，即 $N(x_0,\delta) \subset f^{-1}(G)$，則 $f^{-1}(G)$ 為開集.

充分性. 對任一 $x \in \mathrm{R}^n$，對任意的 $\varepsilon > 0$，都有 $G = N(f(x),\varepsilon) \subset \mathrm{R}^1$ 為開集. 若 $f^{-1}(G)$ 是開集，則對任意的 $x_0 \in f^{-1}(G)$，必存在 $\delta > 0$，使得 $N(x_0,\delta) \subset f^{-1}(G)$，即對任意的 $x \in N(x_0,\delta)$，都有 $x \in f^{-1}(G)$，這表明 $f(x) \in G = N(f(x_0),\varepsilon)$. 從而 $|f(x) - f(x_0)| < \varepsilon$，即 $f(x)$ 在 x_0 處連續.

15. **證**　必要性是顯然的. 下證充分性. 設 $x_0 \in \mathrm{R}^1$，$x_n \in \mathrm{R}^1 (n \in \mathrm{N})$，$x_n \to x_0 (n \to \infty)$，則 $K = \{x_0, x_1, x_2, \cdots\}$ 是 R^1 中之緊集，依題設知，$f(K) = \{f(x_0), f(x_1), f(x_2), \cdots\}$ 是 R^1 中之緊集，從而必有 $f(x_n) \to f(x_0) (n \to \infty)$，即 $f(x)$ 在 x_0 處連續.

16. **證**　必要性. 若 f 連續，設 $F \subset \mathrm{R}^1$ 為閉集，令 $x_n \in f^{-1}(F)$，則 $f(x_n) \in F$，$x_n \to x_0 \in (f^{-1}(F))' (n \to \infty)$. 由 $f(x_n) \in F$ 可知 $f(x_0) \in F$，即 $x_0 \in f^{-1}(F)$，則 $f^{-1}(F)$ 必為閉集.

充分性. 設 $x_0 \in \mathrm{R}^1$，對任意的 $\varepsilon > 0$，作開區間 $G = (f(x_0) - \varepsilon, f(x_0) + \varepsilon)$，依題意且由本節習題 14 知：$f^{-1}(G)$ 必為開集. 從而 x_0 是 $f^{-1}(G)$ 的內點，即存在 $\delta_0 > 0$，使得 $N(x_0,\delta_0) \subset f^{-1}(G)$，這就是說 $f(x) \in G$，其中 $x \in N(x_0,\delta_0)$. 即 $f(x)$ 在 x_0 處連續.

17. **證**　必要性. 若 f 連續，則由本節習題 16 知：$f^{-1}(\overline{f(E)})$ 是閉集. 再由 $f(E) \subset \overline{f(E)}$ 可知：$E \subset f^{-1}(\overline{f(E)})$. 因此 $\overline{E} \subset \overline{f^{-1}(\overline{f(E)})} = f^{-1}(\overline{f(E)})$，即 $f(\overline{E}) \subset \overline{f(E)}$.

充分性. 對任意閉集 $F \subset R^1$, 依題意知, $f(\overline{f^{-1}(F)}) \subset \overline{f(f^{-1}(F))} = \overline{F} = F$, 所以 $f^{-1}(F)$ 必為閉集. 則由本節習題 16 知 f 連續.

18. **證** 只證 $\{x|f(x) > a\}$ 和 $\{x|f(x) \geqslant a\}$, 其余兩個讀者可自證.

若對任意的 $x_0 \in \{x|f(x) > a\}$, 則 $f(x_0) > a$. 因為 $f(x)$ 是連續的, 所以存在 $\delta > 0$, 使得當 $x \in R^1$ 且 $|x - x_0| < \delta$ 時, 就有 $f(x) > a$, 即對任意 $x \in N(x_0,\delta)$, 有 $x \in \{x|f(x) > a\}$, 所以 $N(x_0,\delta) \subset \{x|f(x) > a\}$, 即 x_0 為 $\{x|f(x) > a\}$ 的內點, 從而 $\{x|f(x) > a\}$ 是開集.

對任意的 n, 若 $x_n \in \{x|f(x) \geqslant a\}$, 且 $x_n \to x_0 (n \to \infty)$. 則 $f(x_n) \geqslant a$. 因為 $f(x)$ 是連續的, 則 $f(x_0) = \lim\limits_{n\to\infty} f(x_n) \geqslant a$, 即 $x_0 \in \{x|f(x) \geqslant a\}$, 則 $\{x|f(x) \geqslant a\}$ 是閉集.

19. **證** 設 f 是定義在 $[0,1]$ 上的函數, 記 $E_n = \left\{x \middle| 對含有\ x\ 的任意鄰域 (\alpha,\beta), 存在\ x_1,x_2 \in (\alpha,\beta), 使得\ |f(x_1) - f(x_2)| \geqslant \frac{1}{n}\right\}$, $E = \bigcup\limits_{n=1}^{\infty} E_n$.

由連續定義可直接驗證: E 就是 f 的不連續點全體. 下證每一個 E_n 均是閉集即可.

事實上, 可設 $x \in E_n'$, 則對含有 x 的任意鄰域 (α,β), 由於 x 是 E_n 的極限點, 必存在 $\bar{x} \in (\alpha,\beta) \cap E_n$, 從而 (α,β) 也可作為 $\bar{x}$ 的鄰域. 同時由於 $\bar{x} \in E_n$, 則在 (α,β) 中能取到兩點 x_1,x_2, 使得 $|f(x_1) - f(x_2)| \geqslant \frac{1}{n}$. 於是 $x \in E_n$, 即 E_n 是閉集.

如果 f 的不連續點全體 E 就是 $[0,1]$ 中的無理數全體, 則由 $E = \bigcup\limits_{n=1}^{\infty} E_n$ 可知, $[0,1]$ 中的無理數全體能表示為可列個閉集的並, 這與本節例 4 矛盾. 故不能定義在 $[0,1]$ 中每個無理點上不連續的函數.

「不存在函數 $f: R^1 \to R^1$, 使得 f 的連續點集恰為 Q」. 比如, Riemann 函數

$$R(x) = \begin{cases} \frac{1}{p}, & x = \frac{q}{p} \in Q, q \in Z, p \in N, \\ 0, & x \in R - Q, \end{cases}$$

其中 p 與 q 無大於 1 的公因子.

顯然, Riemann 函數在所有有理點處不連續, 而在所有無理點處連續, 且 $\lim\limits_{x\to x_0} R(x) = 0, x_0 \in R$.

*20. **證** 令 $\omega_f(x)$ 為 f 在 x 點的振幅, 即

$$\omega_f(x) = \varlimsup_{\delta\to 0}\{|f(x_1) - f(x_2)| \mid x_1,x_2 \in N(x,\delta)\}.$$

易知 $f(x)$ 在 $x = x_0$ 處連續的充分必要條件是 $\omega_f(x_0) = 0$, 由此可知 $f(x)$ 的連續點集可表示為

$$\bigcap_{k=1}^{\infty}\{x\in G\,|\,\omega_f(x)<1/k\}.$$

因為$\{x\in G\,|\,\omega_f(x)<1/k\}$是開集，所以$f(x)$的連續點集是$G_\delta$集，也為Borel集.

*21. **證** 我們只需證明f的不可微點集是可列個G_δ集的並集. 利用上、下導數的定義，則其不可微點集就是下述三個集合的並集：

$$A=\left\{a\,\Big|\,\underline{\lim_{x\to a}}\frac{f(x)-f(a)}{x-a}<\overline{\lim_{x\to a}}\frac{f(x)-f(a)}{x-a}\right\},$$

$$B=\left\{a\,\Big|\,\overline{\lim_{x\to a}}\frac{f(x)-f(a)}{x-a}=+\infty\right\},\ C=\left\{a\,\Big|\,\underline{\lim_{x\to a}}\frac{f(x)-f(a)}{x-a}=-\infty\right\}.$$

現在令Q是R^1中有理實數集，則上述集合又可表示為

$$A=\bigcup_{r,s\in Q}\left\{a\,\Big|\,\underline{\lim_{x\to a}}\frac{f(x)-f(a)}{x-a}\leqslant r<s\leqslant\overline{\lim_{x\to a}}\frac{f(x)-f(a)}{x-a}\right\}$$

$$=\bigcup_{r,s\in Q}\left(\left\{a\,\Big|\,\underline{\lim_{x\to a}}\frac{f(x)-f(a)}{x-a}\leqslant r\right\}\cap\left\{a\,\Big|\,s\leqslant\overline{\lim_{x\to a}}\frac{f(x)-f(a)}{x-a}\right\}\right),$$

$$B=\bigcap_{r\in Q}\left\{a\,\Big|\,\overline{\lim_{x\to a}}\frac{f(x)-f(a)}{x-a}\geqslant r\right\},\ C=\bigcap_{r\in Q}\left\{a\,\Big|\,\underline{\lim_{x\to a}}\frac{f(x)-f(a)}{x-a}\leqslant r\right\},$$

從而我們只需證明對任意的$t\in R^1$，點集$\left\{a\,\Big|\,\overline{\lim_{x\to a}}\frac{f(x)-f(a)}{x-a}\geqslant t\right\}$是$G_\delta$集即可.

對於每個自然數n與k，作集合

$$G_{n,k}=\left\{a\,\Big|\,\text{存在滿足}\ 0<|x-a|<\frac{1}{n}\ \text{的}\ x,\text{使得}\frac{f(x)-f(a)}{x-a}>t-\frac{1}{k}\right\},$$

則由f的連續性可知，$G_{n,k}$是開集. 易知$\bigcap_{n,k=1}^{\infty}G_{n,k}=\left\{a\,\Big|\,\overline{\lim_{x\to a}}\frac{f(x)-f(a)}{x-a}\geqslant t\right\}$是$G_\delta$集. 同理可證點集$\left\{a\,\Big|\,\underline{\lim_{x\to a}}\frac{f(x)-f(a)}{x-a}\leqslant t\right\}$亦是$G_\delta$集.

習題 2.3

1. (1) **解** 正確. 證明見本節第2題.

(2) **解** 正確. 證明見本節第2題.

(3) **解** 錯誤. 比如單點集.

2. **證** 先證R^1中全體開集$\mathcal{G}$構成一基數為$\aleph$的集合.

記A_1為由$\varnothing$和R^1上一切開區間所成的集，即

$$A_1=\{(\alpha,\beta)\,|\,-\infty<\alpha<\beta<+\infty\}\cup\{(-\infty,\alpha)\,|\,\alpha\in R^1\}$$
$$\cup\{(\beta,+\infty)\,|\,\beta\in R^1\}\cup\{\varnothing,R^1\},$$

則$\overline{\overline{A_1}} = \aleph$，從而存在雙射 $\varphi: A_1 \to \mathrm{R}^1$.

對任意的開集 $G \in \mathcal{G}$，且 $G \neq \varnothing$. 由開集的構造定理，有 $G = \bigcup_{n=1}^{N} (\alpha_n, \beta_n)$，其中$(\alpha_n, \beta_n)$ 為 G 的構成區間，N 為自然數或為 $+\infty$. 若 $N < +\infty$，則記$(\alpha_{N+1}, \beta_{N+1}) = (\alpha_{N+2}, \beta_{N+2}) = \cdots = \varnothing$.

如果 $G = \varnothing$，則記$(\alpha_1, \beta_1) = (\alpha_2, \beta_2) = \cdots = \varnothing$. 因此，對一切 $G \in \mathcal{G}$均有 $G = \bigcup_{n=1}^{\infty} (\alpha_n, \beta_n)$. 作映射 $\psi: \mathcal{G} \to \mathrm{R}^\infty$，即 $G = \bigcup_{n=1}^{\infty} (\alpha_n, \beta_n) \to (\varphi((\alpha_1, \beta_1)), \varphi((\alpha_2, \beta_2)), \cdots)$. 從而 ψ 是一個雙射. 所以$\mathcal{G}$對等於 R^∞ 的一個子集.

另一方面，由於 $A_1 \subset A$，而 $A_1 \sim \mathrm{R}^1$，從而 $A_1 \sim \mathrm{R}^\infty$，即 R^∞ 對等於$\mathcal{G}$的一個子集. 由 Bernstein 定理知：$\overline{\overline{\mathcal{G}}} = \overline{\overline{\mathrm{R}^\infty}} = \aleph$. 故 R^1 中全體開集$\mathcal{G}$構成一基數為 $\aleph$ 的集合.

對任意的閉集 $F \in \mathcal{F}$，則 $\overline{\overline{\mathcal{F}}} = \overline{\overline{\{F \mid F \subset \mathrm{R}^n\}}} = \overline{\overline{\{F^C \mid F \subset \mathrm{R}^n\}}} = \overline{\overline{\{G \mid G \subset \mathrm{R}^n, G \in \mathcal{G}\}}}$. 從而 R^1 中全體閉集$\mathcal{F}$構成一基數為 $\aleph$ 的集合.

3. **證**　由習題 2 知：R^1 中全體開、閉集都是連續勢集，而 Borel 集是由開集、閉集經過可數次的交、並、差運算后所得的集，那麼依據 1.4 節定理 5 知：直線上 Borel 集全體的勢為 $\aleph$.

*4. **證**　因為 R^n 中的緊致集就是有界閉集，所以 $\aleph = \overline{\overline{\{[0,r]^n \mid r > 0\}}} \leqslant \overline{\overline{\mathcal{A}_1}} \leqslant \overline{\overline{閉集類\mathcal{F}}} = \aleph$，由伯恩斯坦定理知$\overline{\overline{\mathcal{A}_1}} = \aleph$.

下證$\overline{\overline{\mathcal{A}_2}} = \aleph$. 設$\mathcal{N}$為由不相交的以有理點為中心，正有理數為半徑的開球（至多可數個）所成的集類. 考慮 $\eta: \mathcal{A}_2 \to \mathcal{N}$，$B \mapsto \eta(B)$（它的每個開球只含 B 的一個點）. 顯然 η 為單射. 從而

$$\aleph = \overline{\overline{\{x \mid x \in \mathrm{R}^n\}}} \leqslant \overline{\overline{\mathcal{A}_2}} \leqslant \overline{\overline{\{\eta(B) \mid B \in \mathcal{A}_2\}}} \leqslant \overline{\overline{\mathcal{N}}} = 2^{\aleph_0} = \aleph.$$

由伯恩斯坦定理知$\overline{\overline{\mathcal{A}_2}} = \aleph$.

下證$\overline{\overline{\mathcal{A}_3}} = \aleph$. 設 $\xi: \mathcal{A}_3 \to (\mathrm{R}^n)^\infty$，$C \mapsto \xi(C) = (x_1, x_2, \cdots, x_m, \cdots)$，$x_m \in C \subset \mathrm{R}^n$，$m \in \mathrm{N}$. 顯然 ξ 為單射. 從而

$$\aleph = \overline{\overline{\{x \mid x \in \mathrm{R}^n\}}} \leqslant \overline{\overline{\mathcal{A}_3}} = \overline{\overline{\{C \mid C \subset \mathrm{R}^n \text{ 為至多可數集}\}}}$$
$$\leqslant \overline{\overline{\{\xi(C) \mid C \subset \mathrm{R}^n \text{ 為至多可數集}\}}} \leqslant \overline{\overline{(\mathrm{R}^n)^\infty}} = \aleph.$$

由伯恩斯坦定理知$\overline{\overline{\mathcal{A}_3}} = \aleph$.

下證$\overline{\overline{\mathcal{A}_4}} = \aleph$.

因為 $\aleph = \overline{\overline{\{[0,a]^n \mid a > 0\}}} \leqslant \overline{\overline{\mathcal{A}_4}} \leqslant \overline{\overline{閉集類\mathcal{F}}} = \aleph$，由伯恩斯坦定理知$\overline{\overline{\mathcal{A}_4}} = \aleph$.

5. **證**　不妨設 $f(x)$ 為有界閉集 F 上的連續函數，下證存在常數 $M>0$，對任意的 $x\in F$，有 $|f(x)|\leqslant M$. 由閉集的構造定理知：存在 $[\alpha,\beta]$（其中 $\alpha=\inf\limits_{x\in F}x,\beta=\sup\limits_{x\in F}x$）及開區間序列 $\{(c_i,d_i)\}$，使得 $(c_i,d_i)\cap(c_j,d_j)=\varnothing(i\neq j)$ 且有 $[\alpha,\beta]=F\cup(\bigcup\limits_i(c_i,d_i))$.

下面來構造 $[\alpha,\beta]$ 上的連續函數如下：

$$g(x)=\begin{cases}f(x), & \text{當 } x\in F \text{ 時},\\ g(x) \text{ 為連接}(c_i,f(c_i)) \text{ 與} (d_i,f(d_i)) \text{ 的直線}, & \text{當 } x\in(c_i,d_i) \text{ 時},\end{cases}$$

則 $g(x)$ 為 $[\alpha,\beta]$ 上的連續函數. 從而存在常數 $M>0$，使得對任意的 $x\in[\alpha,\beta]$，有 $|g(x)|\leqslant M$. 從而對任意的 $x\in F$，有 $|f(x)|\leqslant M$.

6. **證**　反證法. 假設 $\mathrm{R}^1=\bigcup\limits_{n=1}^{\infty}[a_n,b_n],[a_i,b_i]\cap[a_j,b_j]=\varnothing(i\neq j)$，則

$$E=\{a_1,a_2,\cdots,a_n,\cdots\}\cup\{b_1,b_2,\cdots,b_n,\cdots\}$$

是可數閉集. 由 2.2 節 1 中(7) 題可知 E 中必有孤立點，與假設矛盾.

7. **證**　設 $I=(a,b)$，對 I 內任一互不相交的非空閉集列 $\{F_n\}$，必有

$$(a,b)\setminus\bigcup_{n=1}^{\infty}F_n\neq\varnothing.$$

為此，令 $a_1=\inf\{x\mid x\in F_1\},b_1=\sup\{x\mid x\in F_1\},I_0=(a,a_1),I_1=(b_1,b)$（均為非空區間）. 顯然 $(a,a_1)\cap\bigcup\limits_{n=2}^{\infty}F_n$ 與 $(b_1,b)\cap\bigcup\limits_{n=2}^{\infty}F_n$ 均非空（否則已證得）. 從而不妨假定

$$F_2^{\ 0}=F_2\cap I_0\neq\varnothing,\ F_2'=F_2\cap I_n\neq\varnothing.$$

易知它們均為閉集. 仿照上述對 (a,b) 與 F_1 之推理，以 I_0、I_1 代 I、$F_2^{\ 0}$,F_2' 代 F_1，又可得到 a_2,b_2，以及 $I_{00}=(a,a_2),I_{01}=(a_2,a_1),I_{10}=(b_1,b_2),I_{11}=(b_2,b)$. 且對 F_3，有 $F_3^{00},F_3^{01},F_3^{10},F_3^{11}$ 等非空閉集. 繼續下去，可得閉區間序列 $\{[a_n,b_n]\}$，以及開區間組列 $I_{\varepsilon_1\cdots\varepsilon_n}$（其中 $\varepsilon_i=0$ 或 1），且有 $I_{\varepsilon_1\cdots\varepsilon_n}\cap\bigcup\limits_{i=1}^{\infty}F_i=\varnothing$.

作點集 $E_n=\bigcup\limits_{\varepsilon_1\cdots\varepsilon_n\in\{0,1\}}I_{\varepsilon_1\cdots\varepsilon_n}$，易證 $\bigcap\limits_{n=1}^{\infty}E_n$ 的基數為 $\aleph$. 從而 $(a,b)\setminus\bigcup\limits_{n=1}^{\infty}F_n$ 具有連續勢 $\aleph$，即 $(a,b)\setminus\bigcup\limits_{n=1}^{\infty}F_n\neq\varnothing$.

由證明過程可知：設 $\{F_i\}$ 為含於開區間 $\Delta=(a,b)$ 內的任一組互不相交的閉集列，則 $\Delta-\bigcup\limits_{n=1}^{\infty}F_n$ 的勢等於 $\aleph$.

習題 2.4

1. (1) **解** 正確. 因為 $x_0 \notin \overline{E} = E \cup E'$, 則 $x_0 \notin E$ 且 $x_0 \notin E'$, 即 x_0 為 E 的外點.

(2) **解** 正確. 證明見本節習題 4.

(3) **解** 正確. 證明見本節習題 4.

2. **解** 取 $A = [1,2), B = [3,5]$, 則 A 不是閉集, 且顯然有 $\rho(A,B) = 1$. 但對任意的 $x \in A, y \in B$, 顯然有 $\rho(x,y) > 1$, 故 A,B 中不存在合乎要求的點.

3. **證** 先證每個閉集必可表示為可數個開集的交集.

設 F 是閉集, 令 $G_n = \left\{x \,\middle|\, d(x,F) < \dfrac{1}{n}\right\}$, 由定理 2 知: G_n 是開集.

設 $x \in \bigcap\limits_{n=1}^{\infty} G_n$, 對任意的 n, 都有 $x \in G_n$, 從而 $d(x,F) < \dfrac{1}{n}$. 當 $n \to \infty$ 時, 有 $d(x,F) = 0$. 由於 F 是閉集, 必有 $x \in F$. 否則 $x \notin F$, 則存在 $y_n \in F$, 使得 $d(x,y_n) \to 0$. 從而 $x \in F' \subset F$ 矛盾. 即

$$\bigcap_{n=1}^{\infty} G_n \subset F.$$

另一方面, 當 $x \in F$ 時, $d(x,F) = 0 < \dfrac{1}{n}$, 從而 $x \in G_n (n = 1,2,\cdots)$, 即 $x \in \bigcap\limits_{n=1}^{\infty} G_n$, 從而 $\bigcap\limits_{n=1}^{\infty} G_n \supset F$. 故 $F = \bigcap\limits_{n=1}^{\infty} G_n$, 即 F 是可數個開集的交集.

下證每個開集必可表示成可數個閉集的和集. 若 G 是開集, 則 G^C 是閉集. 從而有開集 G_n, 使 $G^C = \bigcap\limits_{n=1}^{\infty} G_n$. 故 $G = (G^C)^C = \bigcup\limits_{n-1}^{\infty} G_n{}^C$. 而 G^C 是閉集, 因而 G 是可數個閉集的和集.

4. **證** 由 $\rho(P,E) = \inf\{\rho(P,Q) \mid Q \in E\}$ 知, 對任意的 $\varepsilon > 0$, 存在 $z_0 \in E$, 使得

$$\rho(P,z_0) < \rho(P,E) + \varepsilon.$$

從而 $\rho(P,E) \leqslant \rho(P,z_0) < \rho(P,B) + \rho(B,z_0) < \rho(P,B) + \rho(B,E) + \varepsilon$, 其中 $B \in \mathrm{R}^n$.

當 $\rho(P,B) < \varepsilon$ 時, 有 $\rho(P,E) - \rho(B,E) \leqslant \rho(P,B) + \varepsilon < 2\varepsilon$. 從而由 ε 的任意性知 $\rho(P,E)$ 作為 P 的函數在 R^n 上一致連續.

5. **證** 首先證明「若 E 是 R^n 中非空點集, 則由本節習題 5 知: $\rho(x,E)$ 作為 x 的函數在 R^n 上一致連續」. 令

$$f(x) = \frac{\rho(x,F_1)}{\rho(x,F_1) + \rho(x,F_2)}, \ x \in \mathrm{R}^n.$$

由於 F_1 與 F_2 是兩個互不相交的非空閉集，所以 $\rho(x,F_1)+\rho(x,F_2)>0$. 因而 $f(x)$ 是定義在 $\mathbf{R}^n$ 上的連續函數，並且當 $x\in F_2$ 時，$f(x)=1$；當 $x\in F_1$ 時，$f(x)=0$；從而 $0\leqslant f(x)\leqslant 1$.

第 3 章　測度理論

習題 3.1

1.**證**　由特徵函數的定義，有

$$\chi_A(x)=\begin{cases}1, & x\in A,\\ 0, & x\in X-A.\end{cases}\qquad (*)$$

(1) 必要性. 當 $A=X$ 時，則由 $(*)$ 式，有

$$\chi_A(x)=\begin{cases}1, & x\in A,\\ 0, & x\in\varnothing,\end{cases}$$

即 $\chi_A(x)\equiv 1$.

當 $A=\varnothing$ 時，則由 $(*)$ 式，有

$$\chi_A(x)=\begin{cases}1, & x\in\varnothing,\\ 0, & x\in X-\varnothing,\end{cases}$$

即 $\chi_A(x)\equiv 0$.

充分性. 當 $\chi_A(x)\equiv 1$ 時，則由 $(*)$ 式，得 $X-A=\varnothing$，即 $A=X$.

當 $\chi_A(x)\equiv 0$ 時，則由 $(*)$ 式，得 $A=\varnothing$.

$$(2)\chi_{\bigcup_{\alpha\in\Gamma}A_\alpha}(x)=\begin{cases}1, & x\in\bigcup\limits_{\alpha\in\Gamma}A_\alpha,\\ 0, & X\in X-\bigcup\limits_{\alpha\in\Gamma}A_\alpha\end{cases}$$

$$=\begin{cases}1, & x\in\bigcup\limits_{\alpha\in\Gamma}A_\alpha,\\ 0, & x\in\bigcap\limits_{\alpha\in\Gamma}A_\alpha{}^c\end{cases}$$

$$=\max_{\alpha\in\Gamma}\chi_{A_\alpha}(x).$$

事實上，

$\chi_{\bigcup_{\alpha\in\Gamma}A_\alpha}(x)=1\Leftrightarrow x\in\bigcup\limits_{\alpha\in\Gamma}A_\alpha\Leftrightarrow\exists\alpha_0\in\Gamma,s.t.x\in A_\alpha\Leftrightarrow\exists\alpha_0\in\Gamma,s.t\chi_{A_{\alpha_0}}(x)=1\Leftrightarrow\max\limits_{\alpha\in\Gamma}\chi_{A_\alpha}(x)=1$.

$\chi_{\bigcup_{\alpha\in\Gamma}A_\alpha}(x)=0\Leftrightarrow x\notin\bigcup\limits_{\alpha\in\Gamma}A_\alpha\Leftrightarrow\forall\alpha\in\Gamma,s.t.x\in A_\alpha{}^c\Leftrightarrow\forall\alpha\in\Gamma,s.t\chi_{A_\alpha}(x)=0\Leftrightarrow\max\limits_{\alpha\in\Gamma}\chi_{A_\alpha}(x)=0$.

$$\chi_{\bigcap_{\alpha\in\Gamma}A_\alpha}(x)=\begin{cases}1, & x\in\bigcap_{\alpha\in\Gamma}A_\alpha,\\ 0, & x\in X-\bigcap_{\alpha\in\Gamma}A_\alpha\end{cases}$$

$$=\begin{cases}1, & x\in\bigcap_{\alpha\in\Gamma}A_\alpha,\\ 0, & x\in\bigcup_{\alpha\in\Gamma}A_\alpha^c\end{cases}$$

$$=\min_{\alpha\in\Gamma}\chi_{A_\alpha}(x).$$

事實上,

$$\chi_{\bigcap_{\alpha\in\Gamma}A_\alpha}(x)=1-\chi_{(\bigcap_{\alpha\in\Gamma}A_\alpha)^c}(x)=1-\chi_{\bigcup_{\alpha\in\Gamma}A_\alpha^c}(x)=1-\max_{\alpha\in\Gamma}\chi_{A_\alpha^c}(x)$$
$$=1-\max_{\alpha\in\Gamma}(1-\chi_{A_\alpha}(x))$$
$$=1-(1-\min_{\alpha\in\Gamma}\chi_{A_\alpha}(x))=\min_{\alpha\in\Gamma}\chi_{A_\alpha}(x).$$

(3) $\lim\limits_{n\to\infty}A_n$ 存在$\Leftrightarrow \overline{\lim\limits_{n\to+\infty}}A_n=\underline{\lim\limits_{n\to+\infty}}A_n$

$\Leftrightarrow$存在 $n_0\in \mathrm{N}$,當 $n>n_0$ 時,$x\in A_n$

$\Leftrightarrow$存在 $n_0\in \mathrm{N}$,當 $n>n_0$ 時,$\chi_{A_n}(x)=1$

$\Leftrightarrow\forall x\in X$,存在 $n_0\in N$,當 $n>n_0$ 時,$\chi_{A_n}(x)\equiv 1$ 或 $\chi_{A_n}(x)\equiv 0$

$\Leftrightarrow \lim\limits_{n\to+\infty}\chi_{A_n}(x)$ 存在.

當上述極限存在時,有

$$\chi_{\lim\limits_{n\to+\infty}A_n}(x)=\begin{cases}0, & x\in\lim\limits_{n\to+\infty}A_n,\\ 0, & x\notin\lim\limits_{n\to+\infty}A_n\end{cases}=\lim_{n\to+\infty}\chi_{A_n}(x).$$

2.證　不妨設I是R^2中的矩形$ABCD$, 則I繞原點旋轉$\frac{\pi}{6}$后得到的集合G是矩形$A'B'C'D'$. 要證$|G|=|I|$, 則只需證$|AB|=|A'B'|$, $|BC|=|B'C'|$.

一般地, 設$P\in I$, 則I繞原點旋轉$\frac{\pi}{6}$后對應的點$P'\in G$. 設$P(x,y)$, $P'(x',y')$, 則

$$\begin{cases}x=r\cos\theta,\\ y=r\sin\theta,\end{cases}$$

$$\begin{cases}x'=r\cos(\theta+\frac{\pi}{6}),\\ y'=r\sin(\theta+\frac{\pi}{6}),\end{cases}$$

其中 $r=\sqrt{x^2+y^2}$. 特別地，設 $A(x_A, y_A)$，則 $\cos\theta_A=\frac{x_A}{r}$，$\sin\theta_A=\frac{y_A}{r}$. 從而

$$x_A'=r\cos\theta_A\cos\frac{\pi}{6}-r\sin\theta_A\sin\frac{\pi}{6}=\frac{\sqrt{3}}{2}x_A-\frac{1}{2}y_A,$$

$$y_A'=r\sin\theta_A\cos\frac{\pi}{6}+r\cos\theta_A\sin\frac{\pi}{6}=\frac{\sqrt{3}}{2}y_A+\frac{1}{2}x_A.$$

同理，$x_B'=\frac{\sqrt{3}}{2}x_B-\frac{1}{2}y_B$，$y_B'=\frac{\sqrt{3}}{2}y_B+\frac{1}{2}x_B$.

因為 $|AB|=|x_A-x_B|$，而

$$\begin{aligned}|A'B'|&=\sqrt{(x_A'-x_B')^2+(y_A'-y_B')^2}\\&=\sqrt{\left[\left(\frac{\sqrt{3}}{2}x_A-\frac{1}{2}y_A\right)-\left(\frac{\sqrt{3}}{2}x_B-\frac{1}{2}y_B\right)\right]^2+\left[\left(\frac{\sqrt{3}}{2}y_A+\frac{1}{2}x_A\right)-\left(\frac{\sqrt{3}}{2}y_B+\frac{1}{2}x_B\right)\right]^2}\\&=|x_A-x_B|,\end{aligned}$$

則 $|AB|=|A'B'|$. 同理可證，$|BC|=|B'C'|$. 故 $|G|=|I|$.

習題 3.2

1. **證** (1) 對任意的 $\varepsilon>0$，$\{x_0\}\subset N(x_0,\varepsilon)$，則 $m^*\{x_0\}\leqslant 2\varepsilon$. 由 ε 的任意性，即知 $m^*\{x_0\}=0$.

(2) 由矩體體積和外側度定義知，結論顯然成立.

(3) 因為 $E\subset \mathrm{R}^n$ 是可數點集，則可記 $E=\{x_n \mid n=1,2,\cdots\}$，下證 $m^*E=0$.

對任意 $\varepsilon>0$，存在開區間 $I_n=N(x_n,\frac{\varepsilon}{2^{n+1}})$，使得 $x_n\in N(x_n,\frac{\varepsilon}{2^{n+1}})$，且 $|I_n|=\frac{\varepsilon}{2^n}$. 則

$$E\subset\bigcup_{n=1}^{\infty}N(x_n,\frac{\varepsilon}{2^{n+1}})=\bigcup_{n=1}^{\infty}I_n.$$

由外測度單調性和次可列可加性，有 $m^*E\leqslant m^*(\bigcup_{n=1}^{\infty}I_n)\leqslant\bigcup_{n=1}^{\infty}|I_n|\leqslant\sum_{n=1}^{\infty}\frac{\varepsilon}{2^n}=\varepsilon$. 由 ε 的任意性，即得 $m^*E=0$.

(4) 由 Cantor 集 C 的構造，可設

$$C=\bigcap_{n=1}^{\infty}F_n,$$

其中 F_n 是在構造 Cantor 集的過程中第 n 步所存留下來的 2^n 個長度為 3^{-n} 的閉區間之並集，所以有 $m^*C\leqslant m^*F_n\leqslant 2^n\cdot 3^{-n}$，從而 $m^*C=0$.

(5) 因為$E \subset \bigcup_{n=1}^{\infty}(a_n, b_n)$等價於$\lambda E \subset \bigcup_{n=1}^{\infty}\lambda(a_n, b_n)$，且對任一區間$(\alpha,\beta)$，有$m^*(\lambda(\alpha,\beta)) = |\lambda| m^*(\alpha,\beta) = |\lambda|(\beta - \alpha)$，所以按外側度定義可得$m^*(\lambda E) = |\lambda| m^* E$.

2. (1) **解** 錯誤. Cantor 集 C 的 $m^* C = 0$，是一個不可數的無限集.

(2) **解** 正確. 對自然數 l，記

$$E_l = \{(x_1, x_2, \cdots, x_n) \mid x_j = \alpha, -l < x_i < +l, i \neq j\},$$

則$E = \bigcup_{l=1}^{\infty} E_l$. 由定理 1 知，只需證明每個 E_l 是零集即可. 對任意的 $\varepsilon > 0$，取開區間

$$I_l = \left\{(x_1, x_2, \cdots, x_n) \mid a - \frac{\varepsilon}{2(2l)^{n-1}} < x_j < a + \frac{\varepsilon}{2(2l)^{n-1}}, -l < x_i < +l, i \neq j\right\},$$

顯然，$E_l \subset I_l$，而且 $m^* I_l = \varepsilon$. 由 ε 的任意性即知，$m^* E_l = 0$.

(3) **解** 正確. 因 E 是 R^1 中的閉集，且又是零集，那麼該閉集一定不包含任何內點. 否則，存在 E 的內點 x_0，即存在 $N(x_0,\delta) \subset E$，則 $m^* N(x_0,\delta) \leqslant m^* E$，即 $2\delta \leqslant m^* E$，從而 $m^* E > 0$，與 E 為零集矛盾. 因而 E 是疏朗集.

(4) **解** 錯誤. 如果$m^* E = 0$，不一定有$m^* \overline{E} = 0$. 比如，$Q \in R^1$，而由本節例 4 知 $m^* Q = 0$. 但 Q 的閉包為 R^1，則 Q 的閉包的外測度為 $+\infty \neq 0$.

3. **證** 因 $B \subset A \cup B$，則由外側度的單調性和次可加性，有

$$m^* B \leqslant m^*(A \cup B) \leqslant m^* A + m^* B = m^* B,$$

則 $m^*(A \cup B) = m^* B$.

4. **證** E 有界，必有有限開矩體 I，使 $E \subset I$. 因而 $m^* E \leqslant m^* I < +\infty$.

5. **證** 一方面，設$\{I_i\}$為 E 的一個 L - 覆蓋，由外測度單調性和次可列可加性，有 $m^* E \leqslant \sum_{n=1}^{\infty} |I_n|$，所以

$$m^* E \leqslant \inf\left\{\sum_{i=1}^{\infty} |I_i| \mid \{I_i\} \text{為} E \text{的一個} L - \text{覆蓋}\right\}.$$

另一方面，由例3得，對任給的$\varepsilon > 0$，存在開集 $G \supset E$，使$|G| < m^* E + \varepsilon$. 由開集的構造定理知，存在至多可數多個彼此互異的開矩體序列$\{I_n\}_{n=1}^{\infty}$，使 $G = \bigcup_{n=1}^{\infty} I_n$，即$|G| = \sum_{n=1}^{\infty} |I_n| < m^* E + \varepsilon$. 所以

$$\inf\left\{\sum_{i=1}^{\infty} |I_i| \mid \{I_i\} \text{為} E \text{的一個} L - \text{覆蓋}\right\} \leqslant m^* E.$$

故 $m^* E = \inf\left\{\sum_{i=1}^{\infty} |I_i| \mid \{I_i\} \text{為} E \text{的一個} L - \text{覆蓋}\right\}$.

6. **證** 記平面上的有理點集為 Q^2，則 Q^2 為可數集，不妨設 $Q^2=\{r_1,r_2,r_3\cdots\}$，其中 $r_i=(r_{i1},r_{i2})$，且 $r_{i1},r_{i2}\in Q(i=1,2,\cdots)$. 對任意 $\varepsilon>0$，對平面上每個有理點作區間長度為 $2\cdot\sqrt{\dfrac{\varepsilon}{2^{i+2}}}$ 的小方塊

$$I_i=\left(r_{i1}-\sqrt{\frac{\varepsilon}{2^{i+2}}},r_{i1}+\sqrt{\frac{\varepsilon}{2^{i+2}}}\right)\times\left(r_{i2}-\sqrt{\frac{\varepsilon}{2^{i+2}}},r_{i2}+\sqrt{\frac{\varepsilon}{2^{i+2}}}\right)(i=1,2,\cdots),$$

且每個小方塊的面積為 $|I_i|=\dfrac{\varepsilon}{2^i}$，$r_i\in I_i$. 從而 $Q^2\subset\bigcup\limits_{i=1}^{\infty}I_i$，且 $\sum\limits_{i=1}^{\infty}|I_i|=$

$$\sum_{i=1}^{\infty}\left(2\cdot\sqrt{\frac{\varepsilon}{2^{i+2}}}\right)^2=\sum_{i=1}^{\infty}\frac{\varepsilon}{2^i}=\varepsilon.$$

故 $0\leqslant m^*Q^2\leqslant\varepsilon$，再由 ε 的任意性，有 $m^*Q^2=0$.

7. **證** 令 R^3 中的 xoy 平面為 E，xoy 平面中坐標都為整數的點的全體記為 A，則 A 為可數集，可令 $A=\{r_1,r_2,r_3,\cdots\}$，其中 $r_i=\{r_{i1},r_{i2},r_{i3}\}$.

對任意的 $\varepsilon>0$，作開區間

$$I_i=(r_{i1}-1,r_{i1}+1)\times(r_{i2}-1,r_{i2}+1)\times\left(r_{i3}-\frac{\varepsilon}{2^{i+3}},r_{i3}-\frac{\varepsilon}{2^{i+3}}\right)(i=1,2,3,\cdots),$$

從而 $E\subset\bigcup\limits_{i=1}^{\infty}$ 且 $\sum\limits_{i=1}^{\infty}|I_i|=\sum\limits_{i=1}^{\infty}2\cdot2\cdot\dfrac{\varepsilon}{2^{i+2}}=\sum\limits_{i=1}^{\infty}\dfrac{\varepsilon}{2^i}=\varepsilon$.

故 $0\leqslant m^*E<\varepsilon$，再由 ε 的任意性，有 $m^*E=0$.

8. **證** 設 $a=\inf\limits_{x\in E}\{x\},b=\sup\limits_{x\in E}\{x\}$，則 $E\subset[a,b]$. 令 $E_x=[a,x]\cap E(a\leqslant x\leqslant b)$. 定義如下函數

$$f(x)=m^*E_x(a\leqslant x\leqslant b).$$

顯然，當 $x,y\in[a,b]$，且 $x\leqslant y$ 時，$E_x=[a,x]\cap E\subset[a,y]\cap E=E_y$. 從而由外測度的單調性知：$f(x)=m^*E_x(a\leqslant x\leqslant b)$ 為 $[a,b]$ 上的遞增函數. 下證 $f(x)$ 是 $[a,b]$ 上的連續函數. 因為當 $\Delta x>0$，且 $x+\Delta x\in[a,b]$ 時，有

$$|f(x+\Delta x)-f(x)|=|m^*E_{x+\Delta x}-m^*E_x|=|m^*\{(E_{x+\Delta x}-E_x)\cup E_x\}-m^*E_x|$$
$$\leqslant|m^*(E_{x+\Delta x}-E_x)|\leqslant m^*(x,x+\Delta x)=\Delta x.$$

從而當 $\Delta x\to0$ 時，$f(x+\Delta x)\to f(x)$，所以 $\lim\limits_{\Delta x\to0^+}f(x+\Delta x)=f(x)$，即 $f(x)$ 在 x 處是右連續的. 同理可證 $f(x)$ 在 x 處是左連續的. 所以 $f(x)$ 是 $[a,b]$ 上的連續函數.

由於 $f(a)=m^*E_a=m^*(E\cap\{a\})=0$，$f(b)=m^*(E\cap[a,b])=m^*E>0$，由閉區間上連續函數介值定理可得：對 $0\leqslant\mu\leqslant m^*E$，存在 $x_0\in[a,b]$，使 $f(x_0)=\mu$，即 $m^*E_{x_0}=m^*([a,x_0]\cap E)=\mu$. 此時取 $E_1=([a,x_0]\cap E)\subset E$，則 $m^*E_1=\mu$.

9. **證**　若 $m^*E=+\infty$，則顯然可找到合題意的 G（比如 R^n），所以以下不妨設 $m^*E<+\infty$. 對任意自然數 n，由外測度的定義，有開矩體組 $\{I_k^{(n)}\}$，使

$$E\subset\bigcup_{k=1}^{\infty}I_k^{(n)} \text{ 且 } \sum_{k=1}^{\infty}|I_k^{(n)}|<m^*E+\frac{1}{n}.$$

令 $G_n=\bigcup_{k=1}^{\infty}I_k^{(n)}$，則 G_n 為開集，且 $m^*G_n\leqslant\sum_{k=1}^{\infty}|I_k^{(n)}|<m^*E+\frac{1}{n}$；取 $G=\bigcap_{n=1}^{\infty}G_n$，則 G 是 G_δ 型集 $G\supset E$，且 $m^*E\leqslant m^*G\leqslant m^*G_n\leqslant m^*E+\frac{1}{n}(n=1,2,\cdots)$.

故 $m^*E=m^*G$.

10. **證**　反證法. 在本節例5中，假設對所有的 n，都有 $m^*(\bigcup_{j=1}^{n+1}S_j)=m^*S_{n+1}+m^*(\bigcup_{j=1}^{n}S_j)$，則 $m^*(\bigcup_{j=1}^{n}S_j)=n\cdot m^*S$.

顯然可取充分大的 k_0，使得 $k_0m^*S>3$；這與「對任意的 k，都有 $km^*S=m^*(\bigcup_{j=1}^{k}S_j)\leqslant 3$」矛盾！因而必存在 n，使得 $m^*(\bigcup_{j=1}^{n+1}S_j)\neq m^*S_{n+1}+m^*(\bigcup_{j=1}^{n}S_j)$.

記 $A=\bigcup_{j=1}^{n}S_j, B=S_{n+1}$，則 $m^*(A\cup B)\neq m^*(A)+m^*(B)$ 且 $A\cap B\neq\varnothing$.

習題 3.3

1. (1) √

(2) **解**　錯誤. 比如 Cantor 集.

(3) √　(4) √

(5) **解**　錯誤. 比如 Cantor 集.

(6) √　(7) √

(8) **解**　錯誤. 比如取 $E_k=[k,+\infty)$，顯然 $\lim\limits_{k\to\infty}(mE_k)=+\infty$，$m(\lim\limits_{k\to\infty}E_k)=m\varnothing=0$.

(9) **解**　錯誤. 因為不是存在 $T\subset\mathrm{R}_q$，而是對任意 $T\subset\mathrm{R}^q$ 都要滿足 $m^*T=m^*(T\cap E)+(T\cap E^C)$，$E$ 才可測. 比如，以 $q=1$ 為例，對任意不可測集 E，取 $T=\mathrm{Q}$，總有

$$0=m^*\mathrm{Q}\leqslant m^*(\mathrm{Q}\cap E)+m^*(\mathrm{Q}\cap E^C)\leqslant m^*\mathrm{Q}+m^*\mathrm{Q}=0$$

恒成立，但 E 卻不可測.

(10) **解**　錯誤. 因為 $\bigcap_{n=1}^{\infty}S_n=[-1,1]$，所以 $m\left(\bigcap_{n=1}^{\infty}S_n\right)=2$.

（11）**解**　錯誤. 由本節習題 14 知其勢為 $2^{\aleph}$.

（12）**解**　正確. 否則若存在內點 x_0，則有 $\delta > 0$，使 $N(x_0,\delta) \subset E$，從而 $mE \geqslant 2\delta > 0$，矛盾.

（13）**解**　正確. 否則對非空有界開集 E，假設 $mE = 0$，則由（12）題知 E 一定無內點，與 E 為開集矛盾.

（14）**解**　正確. 因為 Lebesgue 可測集的勢遠比 Borel 集的勢大或見本節例 4.

（15）**解**　錯誤. 見本節例 1.

（16）**解**　正確. 否則若 $m^*A = 0$，則由 3.2 節定理 1 知 $m^*E = 0$，從而 E 可測.

2.（1）存在 n_0，使得 $mS_{n_0} < +\infty$.（2）是，因為 $0 \leqslant m^*E_0 \leqslant m^*E = 0$.

（3）0.

證　設 $E = \{x_1, x_2, \cdots, x_n, \cdots\}$，由外側度的定義可知：對任意自然數 n，有 $m^*\{x_n\} = 0$，從而單元素集 $\{x_n\}$ 可測. 由次可列可加性知：$0 \leqslant m^*E \leqslant \sum\limits_{n=1}^{\infty}\{x_n\} = 0$，則由本節例 1 知：$E$ 可測且測度為 0.

3.（1）D.（2）C，內極限定理.（3）D. B 的反例，如 Cantor 集；D 的反例，$[0,1]$ 上的 Q 的閉包為 $[0,1]$.（4）B，外極限定理.（5）D. A 的反例，如 Cantor 集；B，設 Q 為 R 中的有理數集，則 Q 無界，但 Q 為可數集，從而 $mQ = 0$；C，設 Q 為 R 中的有理數集，則 Q 無界可測，但 $mQ = 0$.（6）B. A，外側度不滿足可加性.（7）C.（8）D. C 的反例，見例 4；D 錯誤，如果記 W 是 R^1 中的不可測集，但 $\{a\}^c$ 可測，其中 $a \in W$，由於 $\bigcap\limits_{a \in W}\{a\}^c = \left(\bigcup\limits_{a \in W}\{a\}\right)^c = W^c$，所以一簇可測集 $\{a\}^c$ 的交卻不是可測集.

4.（1）**解**　取 $W \subset [0,1]$ 且 W 是不可測集，則 $E = W \cup ([0,1] \cap Q) \subset [0,1]$ 是不可測集. 否則有 $W = E - ([0,1] \cap Q)$ 可測. 則 $[0,1] - E$ 也為不可測集，但 $([0,1] - E) \cup E = [0,1]$ 是可測集.

（2）**解**　存在. 只需取 $[0,1]$ 中 E 為不可測集即可.

5. **證**　記 $B_k = \bigcup\limits_{n=k}^{\infty} E_n, k \in \mathrm{N}$，則 $B_1 \supset B_2 \supset \cdots \supset B_k \supset \cdots$ 且 $\overline{\lim\limits_{k\to\infty}} E_k = \bigcap\limits_{k=1}^{\infty} B_k = \bigcap\limits_{k=1}^{\infty}\bigcup\limits_{n=k}^{\infty} E_n$. 由於 $mB_1 = m(\bigcup\limits_{n=1}^{\infty} E_n) \leqslant \sum\limits_{n=1}^{\infty} mE_n < +\infty$，故由內極限定理，可得

$$0 \leqslant m(\overline{\lim_{k\to\infty}} E_k) = m(\bigcap_{k=1}^{\infty} B_k) = \lim_{k\to\infty}(mB_k) = \lim_{k\to\infty}(m(\bigcup_{n=k}^{\infty} E_n)) \leqslant \lim_{k\to\infty}\sum_{n=k}^{\infty} mE_n = 0,$$

故 $m(\overline{\lim\limits_{n\to\infty}} E_n) = 0$.

6. **證** 記 $B_i=[0,1]-A_i(i=1,2,\cdots,n)$，則 $\bigcap_{i=1}^{n}A_i=[0,1]-(\bigcup_{i=1}^{n}B_i)$，$m(\bigcap_{i=1}^{n}A_i)=1-m(\bigcup_{i=1}^{n}B_i)$. 而

$$m(\bigcup_{i=1}^{n}B_i)\leqslant\sum_{i=1}^{n}mB_i=\sum_{i=1}^{n}(1-mA_i)=n-\sum_{i=1}^{n}mA_i<n-(n-1)=1,$$

所以 $m(\bigcap_{i=1}^{n}A_i)>0$.

7. **證** 設 $E=\{x_1,x_2,\cdots,x_n\cdots\}$，而對任意自然數 n，有 $m^*\{x_n\}=0$(單元素集$\{x_n\}$可測). 由次可列可加性知：$0\leqslant m^*E\leqslant\sum_{n=1}^{\infty}m^*\{x_n\}=0$. 故由例 1 知 E 可測且 $mE=0$.

8. **證** 因為 B 是可測集，則由可測集的定義，對集 A 必有如下等式成立：

$$m^*A=m^*(A\cap B)+m^*(A\cap B^c)=m^*B+m^*(A-B).$$

因 $m^*A<+\infty$，則上式移項得，

$$m^*(A-B)=m^*A-m^*B=m^*A-mB=0,$$

所以 $A-B$ 可測且 $m(A-B)=0$. 則由 $A=B\cup(A-B)$，可知 A 是可測集.

9. **證** 當 $mA=+\infty$ 時，所證等式顯然成立. 所以以下不妨假設 $mA<+\infty$.

因 A 可測，故對任意的 T 有，

$$m^*T=m^*(T\cap A)+m^*(T\cap A^C). \tag{1}$$

特別地，在(1)中取 $T=B$，得

$$m^*B=m^*(B\cap A)+m^*(B\cap A^C). \tag{2}$$

再在(1)中取 $T=A\cup B$，得

$$\begin{aligned}m^*(A\cup B)&=m^*((A\cup B)\cap A)+m^*((A\cup B)\cap A^C)\\&=m^*A+m^*(B\cap A^C).\end{aligned} \tag{3}$$

因為 $mA<+\infty$，由(3)式移項得 $m^*(B\cap A^C)=m^*(A\cup B)-m^*A$，將此式代入(2)，得

$$m^*B=m^*(B\cap A)+m^*(A\cup B)-m^*A.$$

當 $m^*A<+\infty$ 時，上式移項即得所證等式

$$m^*(A\cup B)+m^*(A\cap B)=m^*A+m^*B.$$

10. **證** 因 A 可測，故對任意的 T 有，

$$m^*T=m^*(T\cap A)+m^*(T\cap A^C). \tag{1}$$

特別地，在(1)中取 $T=B$，得

$$mB=m(B\cap A)+m(B\cap A^C). \tag{2}$$

再在(1) 中取 $T = A \cup B$, 得

$$m(A \cup B) = m((A \cup B) \cap A) + m((A \cup B) \cap A^C) = mA + m(B \cap A^C). \tag{3}$$

當 $mA < +\infty$, $mB < +\infty$ 時, 由(2)、(3) 可得

$$m(A \cup B) + m(A \cap B) = mA + mB.$$

當 $mA = +\infty$ 或 $mB = +\infty$ 時, 所證等式顯然成立.

11. **證** 因為$\underline{\lim}_{k\to\infty} E_k = \bigcup_{k=1}^{\infty}\bigcap_{n=k}^{\infty} E_n$, 記$A_k = \bigcap_{n=k}^{\infty} E_n$, 則$A_1 \subset A_2 \subset \cdots \subset A_k \subset \cdots$, 從而$\lim_{k\to\infty} A_k = \bigcup_{n=k}^{\infty} A_k$. 由外極限定理, 得

$$m(\underline{\lim}_{k\to\infty} E_k) = m(\bigcup_{k=1}^{\infty}\bigcap_{n=k}^{\infty} E_n) = \lim_{k\to\infty}(mA_k) = \lim_{k\to\infty}(m(\bigcap_{n=k}^{\infty} E_n)).$$

由於對任何正整數 n, 有 $\bigcap_{n=k}^{\infty} E_n \subset E_k$, 從而 $m(\bigcap_{n=k}^{\infty} E_n) \leqslant mE_k$, 則

$$m(\underline{\lim}_{k\to\infty} E_k) \leqslant \underline{\lim}_{k\to\infty}(mE_k).$$

又因為$\overline{\lim}_{k\to\infty} E_k = \bigcap_{k=1}^{\infty}\bigcup_{n=k}^{\infty} E_n$, 記$B_k = \bigcup_{n=k}^{\infty} E_n$, 則$B_1 \supset B_2 \supset \cdots \supset B_k \supset \cdots$, 從而

$$\lim_{k\to\infty} B_k = \bigcap_{n=k}^{\infty} B_k.$$

又已知存在 k_0, 使得 $mB_{k_0} = m(\bigcup_{n=k_0}^{\infty} E_n) < +\infty$, 從而由內極限定理, 得

$$m(\overline{\lim}_{k\to\infty} E_k) = m(\bigcap_{k=1}^{\infty}\bigcup_{n=k}^{\infty} E_n) = \lim_{k\to\infty}(mB_k) = \lim_{k\to\infty}(m(\bigcup_{n=k}^{\infty} E_n)).$$

由於對任何正整數 n, 有 $\bigcup_{n=k}^{\infty} E_n \supset E_k$, 從而 $m(\bigcup_{n=k}^{\infty} E_n) \geqslant mE_k$. 則

$$m(\overline{\lim}_{k\to\infty} E_k) \geqslant \overline{\lim}_{k\to\infty}(mE_k).$$

綜上所述, 如果存在 k_0, 使得 $m(\bigcup_{k=k_0}^{\infty} E_k) < +\infty$, 則還有

$$m(\underline{\lim}_{k\to\infty} E_k) \leqslant m(\overline{\lim}_{k\to\infty} E_k).$$

12. **證** 反設 $m(f(Z)) \neq 0$, 則必有 $m(f(Z)) > 0$. 故由本節例 4 知, 集 $f(Z)$ 內包含有不可測集 W, 則$f^{-1}(W) \subset Z$. 從而零測集 Z 的子集$f^{-1}(W)$ 也為零測集, 即 $m(f^{-1}(W)) = 0$.

則由題設知, 對可測集$f^{-1}(W)$, $f(f^{-1}(W)) = W$ 必是可測集, 矛盾. 故對於 $[a,b]$ 中任一零測集 Z, 必有 $m(f(Z)) = 0$.

13. **證** 因為 E 可測, 則對任意的 $A \subset \mathrm{R}^n$, 有

$$m^*(T^{-1}(A)) = m^*(T^{-1}(A) \cap E) + m^*(T^{-1}(A) \cap E^c).$$

而 $T:\mathrm{R}^n \to \mathrm{R}^n$ 是一一對應, 則

$$m^*A = m^*(A \cap T(E)) + m^*(A \cap T(E)^c).$$

由可測集定義知 $T(E)$ 必為可測集.

14. **證** 為敘述方便, 令 $n = 1$.

一方面, 設 R^1 中全體可測子集構成的集合為 E, R^1 中全體子集構成的集合為 M, 則 $E \subset M$, 從而 $\overline{\overline{E}} \leqslant \overline{\overline{M}}$; 由於 $\overline{\overline{\mathrm{R}^1}} = \aleph$, 所以 $\overline{\overline{M}} = 2^{\aleph}$, 則 $\overline{\overline{E}} \leqslant 2^{\aleph}$.

另一方面, 因為 Cantor 集 C 是一個勢為 $\aleph$ 的零測集, 因而它的一切子集 C_0 也是零測集, 且 $\overline{\overline{C_0}} = 2^{\aleph}$. 而 $C_0 \subset E$, 則 $\overline{\overline{E}} \geqslant \overline{\overline{C_0}} = 2^{\aleph} = \overline{\overline{M}}$.

綜上所述, 必有 $\overline{\overline{E}} = \overline{\overline{M}} = 2^{\aleph}$.

習題 3.4

1. **解** 錯誤. $E_x = \{y \mid y \in \mathrm{R}^m, \forall x \in \mathrm{R}^n, (x,y) \in E \subset \mathrm{R}^{n+m}\}$. 見 3.4 節的定理 3: 幾乎對一切 $x \in \mathrm{R}^n$, E_x 都是 R^m 中的可測子集.

2. **證** 如果 E 是 R^{p+q} 中的開集, 則對一切 $x \in \mathrm{R}^p$, E_x 都是 R^q 中的開集, 從而是 Borel 集.

如果 E 是 R^{p+q} 中的 G_δ 集, 即 $E = \bigcap\limits_{n=1}^{\infty} G_n$, 其中 G_n 為開集. 則 $E_x = \bigcap\limits_{n=1}^{\infty} (G_n)_x$, 且對任意的 n, $(G_n)_x$ 都是 R^q 中的開集, 從而是 Borel 集, 則 E_x 是 Borel 集.

如果 E 是 R^{p+q} 中的 F_σ 集, 即 $E = \bigcup\limits_{n=1}^{\infty} F_n$, 其中 F_n 為閉集. 且對 $E_x = \bigcup\limits_{n=1}^{\infty} (F_n)_x$, 且對任意的 n, $(F_n)_x$ 都是 R^q 中的閉集, 從而是 Borel 集, 則 E_x 是 Borel 集.

綜上所述, 由 Borel 集的定義可知: 若 $E \subset \mathrm{R}^{p+q}$ 是 Borel 集, 則對任意的 $x \in \mathrm{R}^p$, 截口 E_x 都是 Borel 集.

同理可證, 若 $E \subset \mathrm{R}^{p+q}$ 是 Borel 集, 則對任意的 $y \in \mathrm{R}^q$, 截口 E_y 都是 Borel 集.

第4章　可測函數

習題 4.1

1. (1) **解**　錯誤. 因為對任意常數 a, 有

$$E[f^2 \geqslant a] = \begin{cases} E[f \geqslant \sqrt{a}\,], & a \geqslant 0, \\ E, & a < 0, \end{cases}$$

所以可由 $f(x)$ 是可測函數推知, $f^2(x)$ 是可測函數. 但反之卻不一定成立, 因為當我們取 $E_1 \subset E$ 為不可測集時, 令

$$f(x) = \begin{cases} 1, x \in E_1, \\ -1, x \in E - E_1, \end{cases}$$

顯然 $f^2(x) = 1$ 在 E 上可測, 而 $E[f > 0] = E_1$ 卻不可測, 即 $f(x)$ 不可測.

(2) **解**　正確. 設 $f(x) \equiv 1, x \in [a,b]$, 則 $f(x)$ 在 $[a,b]$ 連續; 令

$$g(x) = \begin{cases} 1, x \in [a,b] \cap \mathrm{Q}^C, \\ 0, x \in [a,b] \cap \mathrm{Q}, \end{cases}$$

則 $g(x)$ 可測, 且 $f(x)$ 與 $g(x)$ 對等(即幾乎處處相等).

(3) **解**　錯誤. 由 1.1 節例 4 知: $\{f_n(x)\}$ 收斂的點集可以表示為

$$\bigcap_{k=1}^{\infty} \bigcup_{N=1}^{\infty} \bigcap_{n=N}^{\infty} E\left(|f_n - f| \leqslant \frac{1}{k}\right).$$

易證 $E\left(|f_n - f| \leqslant \frac{1}{k}\right)$ 是可測集, 從而 $\bigcap_{k=1}^{\infty} \bigcup_{N=1}^{\infty} \bigcap_{n=N}^{\infty} E\left(|f_n - f| \leqslant \frac{1}{k}\right)$ 是可測集.

(4) √

(5) **解**　錯誤. 例如, 設 A 是 E 上的不可測集, 令

$$f(x) = \begin{cases} 1, & x \in A, \\ -1, & x \in E - A, \end{cases}$$

則 $|f(x)|$ 是 E 上的可測函數, 但 $f(x)$ 不是 E 上的可測函數, 因為 $E[f > 0] = A$ 不可測.

(6) √

(7) **解**　正確. 當 $f(x)$ 是 E 上的常值函數時, 對任意實數 a, 集合 $E[f \geqslant a]$, 或者就是 E 自身, 或者是空集, 從而必是可測集.

(8) **解**　正確. 設 $f(x)$ 的不連續點集為 E_0. 因為單調函數 $f(x)$ 的不連續點至多可列多個(見 1.3 節習題 5), 所以 $mE_0 = 0$. 則 $f(x)$ 在 $E - E_0$ 上連續, 從而 $f(x)$ 在 $E = (E - E_0) \cup E_0$ 上可測.

(9) **解**　錯誤. 因為 $E[f = a] = E[f \geqslant a] - E[f > a]$ (或 $= E[f \geqslant a] \cap E[f$

$\leqslant a]$), 所以 $E[f=a]$ 可測. 但反之不成立, 反例見本節第 13 題.

(10) **解** 錯誤. 比如, 令 $f(x)=0, x \in [0,1]$, $g(x)=D(x)$. 易知 $g(x)=f(x)$, a.e. $x \in [0,1]$, 但 $g(x)$ 無處連續.

2. **解** 正確. 記 $E_1=(-\infty,+\infty)$, $E_2=[a,b]$, 由於 $f(x)$ 在 E_1 上連續, 則由 2.2 節習題 18 知:對於任意給定的常數 a, $E_1[f>\alpha]$ 是直線上的開集. 從而可設

$$E_1[f>\alpha]=\bigcup_{n=1}^{\infty}(\alpha_n,\beta_n),$$

其中 (α_n,β_n) 是 $E_1[f>\alpha]$ 的構成區間. 因此,

$$E_2[f\cdot g>\alpha]=\bigcup_{n=1}^{\infty}E_2[\alpha_n<g<\beta_n]=\bigcup_{n=1}^{\infty}(E_2[g>\alpha_n]\cap E_2[g<\beta_n]).$$

因為 g 在 E_2 上可測, 因此 $E_2[g>\alpha_n]$ 和 $E_2[g<\beta_n]$ 都可測, 故 $E_2[f\cdot g>\alpha]$ 可測, 從而 $f(g(x))$ 在 $[a,b]$ 上可測.

(2) **證** 取 $E=[0,1]$, 設 E_1 是 $[0,1]$ 上任一不可測子集, 定義

$$f(x)=\begin{cases}1, & x\in E_1,\\ 0, & x\in[0,1]-E_1,\end{cases}$$

則 $E[f>0]=E_1$ 為不可測集, 即 $f(x)$ 在 $[0,1]$ 上不可測.

(3) **證** 對任意的 $a\in \mathrm{R}$, 因為 $E[f^3>a]=E[f>\sqrt[3]{a}]$, 所以 $f(x)$ 是可測函數當且僅當 $f^3(x)$ 是可測函數.

3. (1) D (2) C, B 錯誤原因見習題 10.

4. **證** 當 $f(x)$ 在 $[a,b]$ 上連續, 由 2.2 節習題 18 知, 對任意實數 c, 有

$$E[f\geqslant c]=\{x\mid x\in[a,b], f(x)\geqslant c\}$$

是閉集. 由閉集的可測性知:E 可測, 從而 $f(x)$ 在 $[a,b]$ 上可測.

5. **證** 設 $\psi(x)=\sum_{i=1}^{n}c_i\chi_{E_i}(x)$ 為 E 上的簡單函數, 不失一般性, 可假設 $c_1<c_2<\cdots<c_n$, 如果 $c_i=c_j(i\neq j)$, 則將 $E_i\cup E_j$ 看作某個 E_k. 下證對任意實數 a, 集 $E[\psi>a]$ 可測即可.

$$E[\psi(x)>a]=\begin{cases}E, & a<c_1,\\ \bigcup_{j=i+1}^{n}E_j, & c_i\leqslant a<c_{i+1}(i=1,2,\cdots,n-1),\\ \varnothing, & a\geqslant c_n,\end{cases}$$

則 $E[\psi>a]$ 是可測集.

6. **證** (1) 設 $\alpha<\beta$, 因為 $f(x)$ 是 E 上的可測函數, 則

$$f^{-1}((\alpha,\beta))=\{x\in E\mid f(x)\in(\alpha,\beta)\}=\{x\in E\mid f(x)>\alpha\}\cap\{x\in E\mid f(x)<\beta\}$$

是可測集.

設開集 $G=\bigcup_{n=1}^{\infty}(\alpha_n,\beta_n)$，其中$(\alpha_n,\beta_n)$是 G 的構成區間(至多可列多個，α_n 可能是 $-\infty$，β_n 可能是 $+\infty$)．則$f^{-1}(G)=\{x\in E\mid f(x)\in G\}=f^{-1}(\bigcup_{n=1}^{\infty}(\alpha_n,\beta_n))=\bigcup_{n=1}^{\infty}f^{-1}((\alpha_n,\beta_n))$ 可測.

(2) 對於閉集 F，設 $F=\mathrm{R}^1-G$，其中 G 為開集，則

$$f^{-1}(F)=f^{-1}(\mathrm{R}^1-G)=f^{-1}(\mathrm{R}^1)-f^{-1}(G)=E-f^{-1}(G),$$

則由(1) 知$f^{-1}(F)$ 是可測集.

(3) 設G_i為開集，F_i為閉集，$i=1,2,\cdots$.則 $\bigcap_{i=1}^{\infty}G_i$ 為G_δ型集，$\bigcup_{i=1}^{\infty}F_i$ 為F_σ型集，且

$$f^{-1}(\bigcap_{i=1}^{\infty}G_i)=\bigcap_{i=1}^{\infty}f^{-1}(G_i),\ f^{-1}(\bigcup_{i=1}^{\infty}F_i)=\bigcup_{i=1}^{\infty}f^{-1}(F_i),$$

則由(1)、(2) 知$f^{-1}(B)$ 是可測集，其中 B 為 G_δ 型集或 F_σ 型集.

7. **證**　必要性. Borel 集類$\mathcal{B}$是由開集全體生成的$\sigma-$域，即包含所有開集的最小$\sigma-$域. 則由 6 題知，對任意的 $B\in\mathcal{B}$，$f^{-1}(B)$ 是可測集.

充分性. 若對 R^1 中任意 Borel 集 B，$f^{-1}(B)=\{x\in E\mid f(x)\in B\}$ 都是可測集，則對任意的 $a\in\mathrm{R}^1$，取 Borel 集 $B=(-\infty,a)$，必有 $f^{-1}(B)=\{x\in E\mid f(x)<a\}$ 是可測集. 則由可測函數的定義知，$f(x)$ 在 E 上可測.

特別地，由必要性的證明可知，當f是連續的，$f^{-1}(B)$ 仍是 Borel 集.

8. **證**　記 $h(x)=f(\varphi(x))$，對任意的 $a\in\mathrm{R}^1$. 記 $I=(a,+\infty)$，有

$$E[f\cdot\varphi>a]=h^{-1}(I)=\varphi^{-1}(f^{-1}(I)).$$

因$f(u)$連續，由習題2.2的第18題知$f^{-1}(I)$是開集. 而$\varphi(x)$可測，由習題6知$\varphi^{-1}(f^{-1}(I))$是可測集，即$E[f\cdot\varphi>a]$可測. 所以$f(\varphi(x))$是E上的可測函數.

9. **證**　對任意的$a\in\mathrm{R}^1$，因f為Borel可測函數，則由定義2，有$E[\varphi\geqslant a]=\varphi^{-1}([a,+\infty))$ 為 R^1 上的 Borel 集，而 φ 是 E 上的可測函數，則

$$E[f\cdot\varphi\geqslant a]=(f\cdot\varphi)^{-1}([a,+\infty))=\varphi^{-1}(f^{-1}([a,+\infty)))$$

為可測集，從而$f\cdot\varphi$ 為 E 上的可測函數.

10. **解**　如果f為R^1上的Lebesgue可測函數，φ是E上的可測函數甚至連續函數，$f\cdot\varphi$ 都不一定為 E 上的可測函數. 比如，令

$$\theta(x)=\frac{1}{2}[x+\Theta(x)],x\in[0,1],$$

其中的$\Theta(x)$為5.4節例6中的單調遞增的連續的Cantor函數. 則$\theta(x)$也為$[0,1]$上的嚴格遞增的連續函數. 記C為$[0,1]$中的Cantor疏朗集，可推得$m(\theta(C))$

$=\frac{1}{2}$（參閱相關的參考書[11]）. 由 3.3 節例 4 必有 Lebesgue 不可測集 $W\subset\theta(C)$，則 $\theta^{-1}(W)\subset C$，從而 $m^*(\theta^{-1}(W))=0$. 故 $\theta^{-1}(W)$ 為可測集，則 $\theta^{-1}(W)$ 的特徵函數 $\chi_{\theta^{-1}(W)}\overset{記}{=}f$ 為可測函數，且幾乎處處為 0. 再令 $\varphi(x)=\theta^{-1}(x)$，$x\in[0,1]=E$ 為嚴格遞增的連續函數. 從而

$$
\begin{aligned}
(f\cdot\varphi)^{-1}([\frac{1}{2},+\infty)) &= \left\{x\in[0,1]\,\middle|\,(f\cdot\varphi)(x)\geqslant\frac{1}{2}\right\}\\
&= \left\{x\in[0,1]\,\middle|\,\chi_{\theta^{-1}(W)}\cdot\theta^{-1}(x)\geqslant\frac{1}{2}\right\}\\
&= W
\end{aligned}
$$

為不可測集，由此可知，$f\cdot\varphi$ 不是 E 上的可測函數.

11. **證** 一方面，對 $\forall a\in\mathrm{R}$，因為 $\{x\,|\,x\in\mathrm{R}^n,\ \ln f(x)>a\}=\{x\,|\,x\in\mathrm{R}^n,\ f(x)>\mathrm{e}^a\}$，則由 $f(x)$ 的可測性知：$E[f>\mathrm{e}^a]$ 可測，從而 $E[\ln f>a]$ 可測，即 $\ln f(x)$ 是可測函數. 故 $g(x)\cdot\ln f(x)$ 是 R^n 上的可測函數.

另一方面，因為 $f(x)^{g(x)}=e^{g(x)\cdot\ln f(x)}$，所以由習題 8 知 $e^{g(x)\cdot\ln f(x)}$ 是可測函數，即 $f(x)^{g(x)}$ 是可測函數.

12. **證** 設 G,U,V 為 R^1 中的開集，並記 $f=f_1\times f_2$. 由 φ 連續，知 $\varphi^{-1}(G)$ 為開集，再由 f_1,f_2 的可測性和習題 6 知：$f^{-1}(U\times V)=f_1^{-1}(U)\cap f_2^{-1}(V)$ 為可測集，從而 $\Phi^{-1}(G)=(\varphi\cdot f)^{-1}(G)=f^{-1}[\varphi^{-1}(G)]$ 為可測集. 由習題 7 知，$\Phi(x)=\varphi(f_1(x),f_2(x))$ 是 E 上的可測函數.

13. **證** 必要性的證明是顯然的. 下證充分性.

若對任意有理數 r，集 $E[f>r]$ 可測. 則對任意實數 a，記 $\{r_n\}(n=1,2,\cdots)$，是大於 a 的一切有理數，則有 $E[f>a]=\bigcup\limits_{n=1}^{\infty}E[f>r_n]$，由 $E[f>r_n]$ 可測得 $E[f>a]$ 是可測的. 從而 $f(x)$ 是 E 上的可測函數.

若對任意有理數 r，集 $E[f=r]$ 可測. 則 $f(x)$ 不一定是可測的. 例如，設 $E=(-\infty,+\infty)$，A 是 E 中的不可測集. 定義

$$
f(x)=\begin{cases}\sqrt{3}, & x\in A,\\ \sqrt{2}, & x\in E-A,\end{cases}
$$

則對任意有理數 r，$E[f=r]=\varnothing$ 是可測的，但 $E[f>\sqrt{2}]=A$ 是不可測的. 因而 $f(x)$ 是不可測的.

14. **證** 對任意的 $a\in\mathrm{R}^1$，

(1) 當 $a=0$ 時，則由題設知 $E(f>0)$ 可測；

(2) 當 $a>0$ 時，由於 $E(f>a>0)=E(f>0)-E(0\leqslant f\leqslant a)=E(f>0)-E(f^2\leqslant a^2)$，而 f^2 在 E 上可測，則 $E(f^2\leqslant a^2)$ 可測，從 $E(f>a)$ 而可測；

(3) 當 $a<0$ 時,則 $E(f>a,a<0)=E(f>0)\cup E(a<f\leqslant 0)=E(f>0)\cup E(f^2<a^2)$ 可測. 從而對任意的 $a\in \mathrm{R}^1$,均有 $E(f>a)$ 可測,故 $f(x)$ 在 E 上可測.

15. **證** 可取

$$\max\{f,g\} = \frac{[f(x)+g(x)+|f(x)-g(x)|]}{2},$$

$$\min\{f,g\} = \frac{[f(x)+g(x)-|f(x)-g(x)|]}{2},$$

即證.

16. **證** 由於可導必連續,則

$$\lambda_n(x) \overset{記}{=} \frac{f(x+\frac{1}{n})-f(x)}{\frac{1}{n}}$$

為 $[a,b)$ 上的連續函數,從而為 $[a,b)$ 上的可測函數序列. 根據定理 7,可得

$$f'(x)=\lim_{n\to+\infty}\lambda_n(x)=\lim_{n\to+\infty}\frac{f(x+\frac{1}{n})-f(x)}{\frac{1}{n}}$$

為 $[a,b)$ 上的可測函數. 因為 $\{x\in[a,b)\,|f'(x)\geqslant c\}$ 與 $\{x\in[a,b]\,|f'(x)\geqslant c\}$ 至多差一個點, 所以由 $\{x\in[a,b)\,|f'(x)\geqslant c\}$ 的可測性推知, $\{x\in[a,b]\,|f'(x)\geqslant c\}$ 為可測集,從而 $f'(x)$ 都是 $[a,b]$ 上的可測函數.

註 讀者可仿此證明:函數 $f(x)$ 在 R^n 上的偏導函數 $\frac{\partial f}{\partial x_i}(i=1,2,\cdots,n)$ 都是 R^n 上的可測函數.

17. **證** (1) 由定義 2 即可證;

(2) 由 3.3 節定理 12 即可證.

*18. **證** (1) 因為 $E=[a,b]$ 為 Borel 集, R^1 中的開集或閉集都為 Borel 集,則 $\{x\in E\,|f(x)>c\}$ 與 $\{x\in E\,|f(x)\geqslant c\}$ 都為 Borel 集. 由此可知連續函數 f 必為 $[a,b]$ 上的 Borel 可測函數.

當 f 為 $[a,b]$ 上的單調函數時, $\{x\in E\,|f(x)\geqslant c\}$ 必為 $[a,b]$ 上的一個區間(包括退縮為一點的情形),當然為 Borel 集,則 f 為 $[a,b]$ 上的 Borel 可測函數.

當 f 為 $[a,b]$ 上的階梯函數時, $\{x\in E\,|f(x)\geqslant c\}$ 必為 $[a,b]$ 上的若干區間(包括退縮為一點的情形),當然為 Borel 集,則 f 為 $[a,b]$ 上的 Borel 可測函數.

(2) ① 當 $\alpha=0$ 時,則

$$\{x \mid f(0 \cdot x) = f(0) \geqslant c\} = \begin{cases} \mathrm{R}^1, & f(0) \geqslant c, \\ \varnothing, & f(0) < c \end{cases}$$

為 Lebesgue(或 Borel) 可測集,故 $f(0 \cdot x)$ 為 R^1 上的 Lebesgue(或 Borel) 可測函數.

當 $\alpha \neq 0$ 時,根據下面引理 Ⅰ,知

$$\{x \mid f(\alpha x) \geqslant c\} = \left\{\frac{u}{\alpha} \middle| f(u) \geqslant c)\right\}$$

為 Lebesgue(或 Borel) 可測集,故 $f(\alpha x)$ 為 R^1 上的 Lebesgue(或 Borel) 可測函數.

引理 Ⅰ 設 $\beta \neq 0$,記 $\beta E = \{\beta u \mid u \in E\}$.如果 E 為 Lebesgue(或 Borel) 可測集,則 βE 為 Lebesgue(或 Borel) 可測集.

② 因為

$$\begin{aligned} \{x \mid f(x^2) \geqslant c\} &= \{x \mid f(x^2) \geqslant c, x \geqslant 0\} \cup \{x \mid f(x^2) \geqslant c, x < 0\} \\ &= \{u^{\frac{1}{2}} \mid f(u) \geqslant c, u \geqslant 0)\} \cup \{-u^{\frac{1}{2}} \mid f(u) \geqslant c, u > 0\} \\ &= (\{u \mid f(u) \geqslant c\} \cap [0, +\infty))^{\frac{1}{2}} \cup \\ &\quad (-(\{u \mid f(u) \geqslant c\} \cap (0, +\infty))^{\frac{1}{2}}), \end{aligned}$$

所以根據下面引理 Ⅱ 知,如果 f 為 R^1 上的 Lebesgue(或 Borel) 可測函數,則 $\{x \mid f(x^2) \geqslant c\}$ 為 R^1 上的 Lebesgue(或 Borel) 可測集. 由此推得 $f(x^2)$ 為 R^1 上的 Lebesgue(或 Borel) 可測函數.

引理 Ⅱ 記 $E^\alpha = \{x^\alpha \mid x \in E, \alpha \in \mathrm{R}\}$,如果 E 為 Lebesgue(或 Borel) 可測集,則 $E^{\frac{1}{2}}$ 為 Lebesgue(或 Borel) 可測集.

③ 因為 $\{x \mid f(x^3) \geqslant c\} = \{u^{\frac{1}{3}} \mid f(u) \geqslant c)\} = \{u \mid f(u) \geqslant c)\}^{\frac{1}{3}}$,所以,根據引理 Ⅱ 知,如果 f 為 R^1 上的 Lebesgue(或 Borel) 可測函數,則 $\{x \mid f(x^3) \geqslant c\}$ 為 R^1 上的 Lebesgue(或 Borel) 可測集.由此推得 $f(x^3)$ 為 R^1 上的 Lebesgue(或 Borel) 可測函數.

④ 因為 $\left\{x \mid f(\frac{1}{x}) \geqslant c\right\} = \begin{cases} \left\{\frac{1}{u} \middle| f(u) \geqslant c, u \neq 0\right\} \cup \{0\}, & f(0) \geqslant c, \\ \left\{\frac{1}{u} \middle| f(u) \geqslant c, u \neq 0\right\}, & f(0) < c, \end{cases}$

所以根據引理 Ⅱ 知,如果 f 為 R^1 上的 Lebesgue(或 Borel) 可測函數,則 $\left\{x \mid f(\frac{1}{x}) \geqslant c\right\}$ 為 R^1 上的 Lebesgue(或 Borel) 可測集.由此推得 $f(\frac{1}{x})$ 為 R^1 上的 Lebesgue(或 Borel) 可測函數.

19. **證** 對任意的開集 $G \subset \mathrm{R}^n$,有 $(f \cdot T)^{-1}(G) = T^{-1}(f^{-1}(G))$. 由 6 題知,當 f 可測時,$f^{-1}(G)$ 可測. 由 3.3 節定理 13 知,存在 F_σ 型集 F 及零測集 N,使得

$f^{-1}(G) = F \cup N$. 則 $T^{-1}(f^{-1}(G)) = T^{-1}(F) \cup T^{-1}(N)$. 當 T 連續時,由 7 題知, $T^{-1}(F)$ 可測,從而$(f \cdot T)^{-1}(G)$ 可測. 再次由 7 題知結論成立.

(2) 由(1) 即可證得.

習題 4.2

1. (1) **解** 錯誤. 反例見本節例 1.

(2) **解** 錯誤. 反例見本節例 2.

(3) **解** 錯誤. 反例見本節例 2.

(4) **解** 正確. 由 Lusin 定理即得證,例子可參見 4.1 節習題 1 中(2) 題.

(5) **解** 下面來作 $E=[0,1]$ 上的可測函數 $f(x)$,使對任何連續函數 $g(x)$ 有 $mE[f \neq g] > 0$.作

$$f(x) = \begin{cases} -1, & x \in [0,\frac{1}{2}), \\ 1, & x \in [\frac{1}{2},1), \end{cases}$$

任取$[0,1]$ 上的連續函數 $g(x)$,則 $g(\frac{1}{2}) > 0$ 或 $g(\frac{1}{2}) < 0$ 或 $g(\frac{1}{2}) = 0$.

不妨設 $g(\frac{1}{2}) > 0$(其余兩種情形類似可證). 據 $g(x)$ 的連續性,存在 $\delta > 0$,當 $x \in (\frac{1}{2}-\delta,\frac{1}{2}+\delta)$ 時, $g(x) > 0$. 而當 $x \in (\frac{1}{2}-\delta,\frac{1}{2})$ 時,$f(x)=-1$,從而 $mE[f \neq g] \geqslant \delta > 0$.

註 此題可改敘為:設 $f(x)$ 是 R^1 上的實值可測函數,試問是否存在 $g(x) \in C(R^1)$. 或存在$[a,b]$ 上的可測函數 $f(x)$,與$[a,b]$ 上的任一連續函數不對等.

(6) **解** 正確. 證明見本節 Lebesgue 定理.

(7) **解** 正確. 因為 $|f_n(x) - g(x)| = |f_n(x) - f(x) + f(x) - g(x)| \leqslant |f_n(x) - f(x)| + |f(x) - g(x)|$,則對任意的 $\sigma > 0$,有包含關係

$$E[|f_n - g| \geqslant \sigma] \subset E[|f - g| \geqslant \sigma] \cup E[|f_n - f| \geqslant \sigma],$$

而 $mE[|f - g| \geqslant \sigma] = 0$,故

$$mE[|f_n - g| \geqslant \sigma] \leqslant mE[|f - g| \geqslant \sigma] + mE[|f_n - f| \geqslant \sigma] = mE[|f_n - f| \geqslant \sigma].$$

由 $f_n(x) \Rightarrow f(x)$ 知有 $\lim\limits_{n\to\infty}(mE[|f_n - f| \geqslant \sigma]) = 0$ 成立,從而有 $\lim\limits_{n\to\infty}(mE[|f_n - g|) \geqslant \sigma]) = 0$ 成立,即

$$f_n(x) \Rightarrow g(x) \quad (x \in E).$$

(8) **解** 錯誤. 應加上條件 $mE < +\infty$. 因 $mE = +\infty$ 時 Lebesgue 定理不一定成立,反例見例 1.

（9）**解**　錯誤. 反例見例3. 由 Rise 定理知：設$f_n(x)\Rightarrow f(x)$ 於 E,則一定有 $f_{n_k}(x)\to f(x)$, $a.e.$於 E.

2. **解**（1）$mE<+\infty$　（2）對於任意正數δ,恒有可測子集e,使$me<\delta$,而在$E_\delta=E-e$上$\{f_n(x)\}$一致地收斂於$f(x)$.

3.（1）D.　A 利用 Lebesgue 定理：$mE<+\infty$；B 利用 Egoroff 定理：$mE<+\infty$；C 利用 Rise 定理：$f_{n_k}\to f, a.e.$於 E.　（2）C

4. **解**　Egoroff **定理的逆定理**　設

（1）$mE<+\infty$,$\{f_n(x)\}$是E上的一串幾乎處處取有限值的可測函數序列.

（2）若對於任意正數δ,使$me<\delta$,而在$E_\delta=E-e$上$\{f_n(x)\}$一致地收斂於$f(x)$,且$|f(x)|<+\infty$,$a.e.$,則$\lim\limits_{n\to\infty}f_n(x)=f(x)$,$a.e.$於$E$.

下面來證明葉果洛夫的逆定理.

若$\{f_n(x)\}$在E_δ上一致地收斂於$f(x)$,則對任意的$\varepsilon>0$,恒有

$$\lim_{N\to+\infty}m\left[\bigcup_{n=N}^{\infty}E[|f_n-f|\geqslant\varepsilon]\right]=0.$$

令$B_N=\bigcup\limits_{n=N}^{\infty}E[|f_n-f|\geqslant\varepsilon]$,則$B_N\supset B_{N+1}(N=1,2,\cdots)$,且存在$N_0$,使$mB_{N_0}<+\infty$. 由測度的內極限定理得

$$\lim_{N\to+\infty}mB_N=m(\bigcap_{N=1}^{\infty}B_N)=m(\bigcap_{N=1}^{\infty}\bigcup_{n=N}^{\infty}E[|f_n-f|)\geqslant\varepsilon]=0,$$

從而$f_n\xrightarrow{a.e}f$於E.

5. **解**　葉果諾夫定理：當定義域為有限測度集時,幾乎處處收斂「基本上」是一致收斂(即：去掉一個小測度集,在留下的集合上一致收斂). 如$f_n(x)=x^n$在$(0,1)$上處處收斂於$f(x)=0$,但對任意的$\delta>0$,$f_n(x)=x^n$在$[0,1-\delta]$上一致收斂於$f(x)=0$.

葉果諾夫定理中定義域為有限測度集這個條件不可缺少,如$g_n(x)=\dfrac{x}{n}$在$(0,+\infty)$上處處收斂於$g(x)=0$,但不一致收斂於$g(x)=0$,並且去掉任意小測度集,在留下的集合上仍不一致收斂.

6. **解**　魯金定理的逆定理：設$f(x)$是可測集E上的函數,若對任意的$\delta>0$,存在閉子集$F_\delta\subset E$,使$f(x)$在F_δ上連續,且$m(E-F_\delta)<\delta$. 證明：$f(x)$是E上$a.e.$有限的可測函數.

下面來證明魯金定理的逆定理.

對每個自然數n,存在閉子集$E_n\subset E$,使$f(x)$在E_n上連續,且$m(E-E_n)<\dfrac{1}{n}$,令$E_0=E-\bigcup\limits_{n=1}^{\infty}E_n$,則對任何$n$,$mE_0=m(E-\bigcup\limits_{n=1}^{\infty}E_n)\leqslant m(E-E_n)<\dfrac{1}{n}$. 因而$mE_0=0$,且

$$E=(E-E_0)\cup E_0=(\bigcup_{n=1}^{\infty}E_n)\cup E_0=\bigcup_{n=0}^{\infty}E_n.$$

對任意的 $a\in \mathrm{R}$,$E[f>a]=E_0(f>a)\cup(\bigcup_{n=1}^{\infty}E_n[f>a])$,由 $f(x)$ 在 $E_n(n=1,2,\cdots)$ 上連續性知:$E_n[f>a](n=1,2,\cdots)$ 可測. 而 $E_0[f>a]\subset E_0$,則 $mE_0[f>a]=0$,所以 $E_0[f>a]$ 亦可測. 從而 $E[f>a]$ 可測,因此 f 是可測的. 又因為 f 在閉子集 E_n 上連續,從而 f 在閉子集 E_n 上有限,所以在 $\bigcup_{n=1}^{\infty}E_n$ 上有限,從而 $f(x)$ 在 E 上 $a.e.$有限.

*7. **證** 因為 $f(x+h)-f(x)=f(h)$ 以及 $f(0)=0$,所以只需證明 $f(x)$ 在 $x=0$ 處連續即可. 根據 Lusin 定理,可作有界閉集 $F:mF>0$,使 $f(x)$ 在 F 上(一致)連續,即對任意的 $\varepsilon>0$,存在 $\delta_1>0$,有 $|f(x)-f(x)|<\varepsilon,|x-y|<\delta_1,x,y\in F$.

對正測集 F 作向量差點集 $F-F:=\{x-y|x,y\in E\}$,則存在 $\delta_2>0$,使得 $F-F\supset(-\delta_2,\delta_2)$(參閱相關的參考書[12]). 取 $\delta=\min\{\delta_1,\delta_2\}$,則當 $z\in(-\delta,\delta)$ 時,由於存在 $x,y\in F$,使得 $z=x-y$,故有

$$|f(z)|=|f(x-y)|=|f(x)-f(y)|<\varepsilon,$$

這說明 $f(x)$ 在 $x=0$ 處連續的.

8. **解** 「幾乎處處收斂」蘊含了「依測度收斂」,見 *Lebesgue* 定理. 但「依測度收斂」不一定意味著「幾乎處處收斂」,見本節例 1.

*9. **證** (1) 注意$\{f_n(x)\}$,$\{g_n(x)\}$ 都是幾乎處處收斂於 0 的,所以是依測度收斂於 0 的.

(2) 由題設知,對任給的 $\varepsilon>0,\delta>0$,當 $k>K$ 時,總有

$$m(\{x\in E||f_k(x)-f(x)|\geqslant\varepsilon\})<\delta,$$

即這是依測度收斂的.

(3) 不一定. 例如在$[0,1]$上定義 $f_k(x)=1/k(k\in N)$,易知 $f_k(x)$ 在$[0,1]$上依測度收斂於 0,但

$$m(\{x\in[0,1]||f_k(x)|>0\})=1.$$

(4) (i) 注意 $m(\{x\in \mathrm{R}^n|\chi_{E_k}(x)>\varepsilon\})=mE_k$.

(ii) $\lim\limits_{k\to\infty}\chi_{E_k}(x)=0,a.e.x\in\mathrm{R}^n$ 相當於 x 屬於無窮多個 E_k 的全體是零測集.

10. **證** 據魯金定理,對任意的 k,存在 R^n 上的連續函數 $g_k(x)$,滿足 $mE[g_k\neq f]<\dfrac{1}{k}$. 故對任意的 $\sigma\geqslant 0$,有

$$0\leqslant\lim_{k\to\infty}E[|f-g_k|\geqslant\sigma]\leqslant\lim_{k\to\infty}\frac{1}{k}=0,$$

即 $g_k(x)\Rightarrow f(x)\ (x\in E)$.

11. **證** 記 $E_n=E(f_n\neq g_n)(n=1,2,\cdots)$,而 $f_n(x)=g_n(x)(n=1,2,\cdots)$,$a.e.$

於 E,則 $mE_n=0, n=1,2,\cdots$. 而 $m(\bigcup_{n=1}^{\infty} E_n) \leqslant \sum_{n=1}^{\infty} mE_n = 0$,所以 $m(\bigcup_{n=1}^{\infty} E_n)=0$.

因為 $|f(x)-g_n(x)| \leqslant |f(x)-f_n(x)| + |f_n(x)-g_n(x)|$,則對任意的 $\sigma > 0$,有包含關係

$$E[|f-g_n| \geqslant \sigma] \subset E\left[|f-f_n| \geqslant \frac{\sigma}{2}\right] \cup E\left[|f-f_n| \geqslant \frac{\sigma}{2}\right],$$

則 $mE[|f-g_n| \geqslant \sigma] \leqslant m\left[(\bigcup_{n=1}^{\infty} E_n) \cup E\left[|f-f_n| \geqslant \frac{\sigma}{2}\right]\right]$,所以

$$mE[|f-g_n| \geqslant \sigma] \leqslant m(\bigcup_{n=1}^{\infty} E_n) + mE\left[|f-f_n| \geqslant \frac{\sigma}{2}\right]$$
$$= mE\left[|f-f_n| \geqslant \frac{\sigma}{2}\right] \to 0 (n \to \infty),$$

故有 $g_n(x) \Rightarrow f(x)$.

12. **證** 因 $f_n \Rightarrow f$(或 $f_{n_j} \xrightarrow{a.e.} f$),記 $E_0 = \bigcup_{n=1}^{\infty} E(f_n > g)$,則 $mE_0=0$. 當 $x \in E - E_0$ 時,有 $f_{n_j}(x) \to f(x)$. 而 $f_{n_j}(x) \leqslant g(x)$,從而 $f(x) \leqslant g(x)$,即 $f(x) \leqslant g(x)$, *a.e.* 於 E.

13. **證** 分兩步證明.

第一步,先證當 $f_n(x) \Rightarrow 0$ 時,有 $f_n^{\ 2}(x) \Rightarrow 0$. 事實上, 對任意的 $\sigma \geqslant 0$,有

$$E[|f_n^{\ 2}-0| \geqslant \sigma] = E[|f_n|^2 \geqslant \sigma] = E[|f_n - 0| \geqslant \sqrt{\sigma}].$$

由 $f_n(x) \Rightarrow 0$,可得 $\lim_{n\to\infty}(mE[|f_n - 0| \geqslant \sqrt{\sigma}])=0$,從而

$$\lim_{n\to\infty}(mE[|f_n^{\ 2} - 0| \geqslant \sqrt{\sigma}])=0,$$

即 $f_n^{\ 2}(x) \Rightarrow 0$.

第二步,再證當 $f_n(x) \Rightarrow f(x)$ 時,有 $f_n^{\ 2}(x) \Rightarrow f^2(x)$. 事實上

$$f_n^{\ 2} - f^2 = (f_n - f)^2 + 2f \cdot (f_n - f)$$

因為 $f_n \Rightarrow f$,則 $f_n - f \Rightarrow 0$(其中 f_n, f, *a.e.* 有限),從而

$$(f_n - f)^2 \Rightarrow 0, 2f \cdot (f_n - f) \Rightarrow 2f \cdot 0 = 0 (n \to \infty).$$

故 $f_n^2 - f^2 \Rightarrow 0$,即 $f_n^2(x) \Rightarrow f^2(x)$.

* **註** 此題結論可推廣:$f_n^{\ p}(x) \Rightarrow f^p(x) (p > 0)$).

證 (i) 若 $0 < p \leqslant 1$,則由不等式 $|f_n^p(x) - f^p(x)| \leqslant |f_n(x) - f(x)|^p (n \in \mathrm{N}, x \in E)$ 可直接證得.

(ii) 若 $p > 1$,則由微分中值公式可知

$$|f^p(x) - f_n^p(x)| \leqslant p\ [\max\{f(x), f_n(x)\}]^{p-1} |f(x) - f_n(x)|,$$

從而對 $\sigma > 0, M > 0$,我們有

$$m\{x \in E \mid |f^p(x) - f_n^p(x)| > \sigma\}$$

$\leqslant m\{x\in E\mid |f(x)-f_n(x)|>\sigma/(pM^{p-1})\}+m\{x\in E\mid \max\{f(x),f_n(x)\}>M\}$.

注意到，如果 $\max\{f(x),f_n(x)\}>M$，那麼就有 $f(x)>M/2$ 或 $|f(x)-f_n(x)|>M/2$.（否則 $f_n(x)=f(x)+[f_n(x)-f(x)]\leqslant M/2+M/2=M$）因此得到

$$\begin{aligned}&m\{x\in E\mid |f^p(x)-f_n^p(x)|>\sigma\}\\&<m\{x\in E\mid |f(x)-f_n(x)|>\sigma/(pM^{p-1})\}\\&+m\{x\in E\mid |f(x)-f_n(x)|>M/2\}+m\{x\in E\mid f(x)>M/2\}.\end{aligned}$$

由此可知 $\overline{\lim_{n\to\infty}}m\{x\in E\mid |f^p(x)-f_n^p(x)|>\sigma\}\leqslant m\{x\in E\mid f(x)>M/2\}$.

因為 $\lim_{n\to\infty}\{x\in E\mid f(x)>M/2\}=0$，所以 $f_n^p(x)\Rightarrow f^p(x)\,(p>0)$.

14.（1）證　由於

$$|(f_n(x)+g_n(x))-(f(x)+g(x))|\leqslant|f_n(x)-f(x)|+|g_n(x)-g(x)|,$$

故對任意的 $\sigma\geqslant 0$，有包含關係

$$E[|(f_n+g_n)-(f+g)|\geqslant\sigma]\subset E\left[|f_n-f|\geqslant\frac{\sigma}{2}\right]\cup E\left[|g_n-g|\geqslant\frac{\sigma}{2}\right],$$

從而

$$mE[|(f_n+g_n)-(f+g)|\geqslant\sigma]\leqslant mE\left[|f_n-f|\geqslant\frac{\sigma}{2}\right]+mE\left[|g_n-g|\geqslant\frac{\sigma}{2}\right].$$

由於 $f_n(x)\Rightarrow f(x)\,(x\in E)$，$g_n(x)\Rightarrow g(x)\,(x\in E)$，則令 $n\to\infty$，即得

$$mE[|(f_n+g_n)-(f+g)|\geqslant\sigma]\to 0,$$

即 $f_n(x)+g_n(x)\Rightarrow f(x)+g(x)\,(x\in E)$.

*（2）證　對任一子列 $\{f_{k_i}(x)g_{k_i}(x)\}$，由題設知，存在 $f_{k_{i_j}}(x)$ 在 E 上 a.e.收斂於 $f(x)$，也存在 $g_{k_{i_{j_l}}}(x)$ 在 E 上 a.e.收斂於 $g(x)$. 從而可知 $f_{k_{i_{j_l}}}(x)g_{k_{i_{j_l}}}(x)$ 在 E 上 a.e.收斂於 $f(x)g(x)$，所以命題結論成立.

在 $mE=+\infty$ 時，反例：設 $E=[0,\infty)$，作函數

$$f_n(x)=\begin{cases}0, & x\in[0,n),\\ 1/x, & x\in[n,\infty),\end{cases}\quad g_n(x)=x\,(n\in\mathrm{N}),$$

則 $f_n(x)$，$g_n(x)$ 在 E 上各依測度收斂於 $f(x)\equiv 0$，$g(x)\equiv x$. 然而 $[f_n(x)+g_n(x)]^2$ 並不依測度收斂於 $[f(x)+g(x)]^2$，$f_n(x)g_n(x)$ 在 E 上也不依測度收斂於 $f(x)g(x)=0$，這是因為

$$\{x\in E\mid |f_n(x)g_n(x)|\geqslant 1\}=[n,\infty).$$

*（3）證　對任意的 $\varepsilon>0$，由下述包含關係

$$\{x\in E\mid |f_k(x)g_k(x)|\geqslant\varepsilon\}\subset\{x\in E\mid |f_k(x)|\geqslant\sqrt{\varepsilon}\}\cup\{x\in E\mid |g_k(x)|\geqslant\sqrt{\varepsilon}\},$$

即可證.

*（4）證　不妨假定 $f_k(x)\,(k\in\mathrm{N})$ 與 $f(x)$ 皆不為0. 依題設知，對任一子列

$\{f_{k_i}(x)\}$，均存在子列$\{f_{k_{i_j}}(x)\}$幾乎處處收斂於$f(x)$. 也就是說，對任一子列$\{1/f_{k_i}(x)\}$，均存在子列$\{1/f_{k_{i_j}}(x)\}$幾乎處處收斂於$1/f(x)$.

15. **證** 因為$f_n(x) \Rightarrow f(x)\ (x \in E)$，所以由 Riesz 定理知道，存在$\{f_n(x)\}$的子列$\{f_{n_i}(x)\}$，使得$\lim\limits_{i\to\infty} f_{n_i}(x) = f(x)$.

由$|f_n(x)| \leqslant K(n \geqslant 1)$知，$|f_{n_i}(x)| \leqslant K$. 從而$|f(x)| \leqslant K$.

*16. **證** 反證法. 假定當$f_n(x_0)$時不收斂於$f(x_0)$，則存在$\varepsilon_0 > 0$，以及$\{f_{n_k}(x_0)\}$，使得$f_{n_k}(x_0) \geqslant f(x_0) + \varepsilon_0$，或$f_{n_k}(x_0) \leqslant f(x_0) - \varepsilon_0$.

若$f_{n_k}(x_0) \geqslant f(x_0) + \varepsilon_0$成立，則由$x_0$是$f(x)$的連續點可知，存在$\delta > 0$，使得

$$f(x) < f(x_0) + \varepsilon_0/2 \ (x_0 \leqslant x < x_0 + \delta).$$

由於$f_{n_k}(x) \geqslant f_{n_k}(x_0) \geqslant f(x_0) + \varepsilon_0 > f(x)$，故得

$$m\{x \in [0,1] \mid f_{n_k}(x) > f(x)\} \geqslant \delta \ (k \in \mathrm{N}).$$

但這與$f_n(x)$在$[0,1]$上依測度收斂於$f(x)$矛盾.

第 5 章　積分理論

習題 5.1

1. (1) **解** 正確. 對任意的$\varepsilon > 0$和$\sigma > 0$，因$\lim\limits_{n\to\infty}\int_E f_n(x)\,\mathrm{d}x = 0$，則存在$N$，當$n \geqslant N$時，有

$$\int_E f_n(x)\,\mathrm{d}x < \sigma \cdot \varepsilon.$$

令$E_n = E[\,|f_n| > \sigma]$，有

$$\sigma \cdot mE_n = \int_{E_n} \sigma\,\mathrm{d}x \leqslant \int_{E_n} |f_n(x)|\,\mathrm{d}x \leqslant \int_E |f_n(x)|\,\mathrm{d}x < \sigma \cdot \varepsilon,$$

即$mE_n < \varepsilon$. 則由ε的任意性，必有$f_n \Rightarrow 0$.

(2) **解** 錯誤. 反例，$\int_0^{+\infty} x\,\mathrm{d}x \to +\infty$.

(3) **解** 錯誤. Fatou 引理中非負條件不可以去掉，比如，

$$f_n(x) = \begin{cases} -2n, & x \in [0, \frac{1}{n}], \\ n, & x \in [\frac{1}{2}, \frac{1}{2} + \frac{1}{n}], n = 3,4,\cdots, \\ 0, & \text{其他}, \end{cases}$$

則$\lim\limits_{n\to\infty} f_n(x) = 0 = f(x)$，*a.e.*於$[0,1]$，則$\int_0^1 f(x)\,\mathrm{d}x = 0$，但

$$\lim_{n\to\infty}\int_0^1 f_n(x)\,\mathrm{d}x=\lim_{n\to\infty}\left\{\left[\int_0^{\frac{1}{n}}+\int_{\frac{1}{n}}^{\frac{1}{2}}+\int_{\frac{1}{2}}^{\frac{1}{2}+\frac{1}{n}}+\int_{\frac{1}{2}+\frac{1}{n}}^{1}\right]f_n(x)\,\mathrm{d}x\right\}$$
$$=\lim_{n\to\infty}\left(-2n\cdot\frac{1}{n}+0+n\cdot\frac{1}{n}+0\right)$$
$$=-1$$
$$<0.$$

(4) **解**　錯誤. 由 Levi 定理知：$\{f_n\}$ 為 E 上非負單調不減可測函數列. 反例為：設 $E=(0,1)$. 在 E 上對每個 n,令

$$f_n(x)=\begin{cases}\dfrac{1}{x}, & x\in(0,\dfrac{1}{n}),\\ 0, & x\in[\dfrac{1}{n},1),\end{cases}$$

則 $\{f_n\}$ 為 E 上非負遞減可測函數列且處處收斂於 0,但是

$$\lim_{n\to\infty}\int_E f_h(x)\,\mathrm{d}x=+\infty\neq 0=\int_E f(x)\,\mathrm{d}x.$$

(5) **解**　正確. 反設 $mE>0$, 則由 $f(x)>0$, *a.e.* 於 E, 知 $mE[f>0]>0$. 對任意的正整數 k, 有 $E[f>0]=\bigcup_{k=1}^{\infty}E[f\geqslant\frac{1}{k}]$, 則存在 k, 使得 $mE[f\geqslant\frac{1}{k}]>0$. 從而有

$$\int_E f(x)\,\mathrm{d}x\geqslant\int_{E[f\geqslant\frac{1}{k}]}f(x)\,\mathrm{d}x\geqslant\frac{1}{k}mE[f\geqslant\frac{1}{k}]>0,$$

與已知矛盾.

(6) **解**　錯誤. 例如,

$$f(x)=\begin{cases}k, & x=k,\\ 0, & x\neq k,\end{cases}$$

其中 $k=1,2,\cdots$. 顯然, $\int_{(0,+\infty)}f(x)\,\mathrm{d}x=0$, 但 $\lim\limits_{x\to\infty}f(x)$ 不存在.

(7) **解**　錯誤. 例如,

$$f_n(x)=\begin{cases}-\dfrac{2}{n}, & x\in[0,\dfrac{1}{n}],\\ n, & x\in[\dfrac{1}{2},\dfrac{1}{2}+\dfrac{1}{n}],n=3,4,\cdots,\\ 0, & 其他,\end{cases}$$

則 $\lim\limits_{n\to\infty}f_n(x)=0=f(x)$, *a.e.* 於 $[0,1]$, 故 $\int_0^1 f(x)\,\mathrm{d}x=0$. 但

$$\lim_{n\to\infty}\int_0^1 f_n(x)\,\mathrm{d}x=\lim_{n\to\infty}\left\{\left[\int_0^{\frac{1}{n}}+\int_{\frac{1}{n}}^{\frac{1}{2}}+\int_{\frac{1}{2}}^{\frac{1}{2}+\frac{1}{n}}+\int_{\frac{1}{2}+\frac{1}{n}}^{1}\right]f_n(x)\,\mathrm{d}x\right\}=1\neq 0.$$

(8) **解** 正確. 設 $E=[0,1]$, $f_n(x)=nx^{n-1}$, 則 $f_n(x)$ 是 $[0,1]$ 上的非負可測函數, 由於 $(R)\int_0^1 f_n(x)\,\mathrm{d}x=1$, 故 $(L)\int_0^1 f_n(x)\,\mathrm{d}x=1\,(n\geqslant 1)$, 從而 $\lim\limits_{n\to\infty}\int_E f_n(x)\,\mathrm{d}x=1$. 顯然有 $\underline{\lim\limits_{n\to\infty}} f_n(x)=0\,(x\in E)$, 故 $\int_E \underline{\lim\limits_{n\to\infty}} f_n(x)\,\mathrm{d}x=0$, 所以 Fatou 引理中嚴格不等號可以成立.

2. (1) $\underline{\quad 5 \quad}$ **解** 因為 $\lim\limits_{n\to\infty} x^n \sin^5(\cos x)=0$, 所以原式 $=\int_0^1 5\mathrm{d}x=5$.

(2) $\underline{\quad mE_n\to 0 \quad}$ **解** 若結論不真, 則存在 $\varepsilon_0>0$ 和 $\{E_{n_k}\}$, 使得 $mE_{n_k}\geqslant \varepsilon_0>0$. 則有 $\inf\limits_{k\geqslant 1}\left\{\int_{E_n} f(x)\,\mathrm{d}x\right\}>0$, 矛盾.

*3. 證明略.

4. (1) **解** 被積函數可以展開為非負項級數 $\dfrac{(\ln x)^2}{1-x^2}=\sum\limits_{n=0}^{\infty} x^{2n}(\ln x)^2$, 根據 Lebesgue 基本定理, 此級數可以逐項積分 $\int_0^1 \dfrac{(\ln x)^2}{1-x^2}\mathrm{d}x=\sum\limits_{n=0}^{\infty}\int_0^1 x^{2n}(\ln x)^2\mathrm{d}x$. 而

$$
\begin{aligned}
\int_0^1 x^{2n}(\ln x)^2\mathrm{d}x &\overset{t=\ln x}{\underset{x=\mathrm{e}^t}{=}} \int_{-\infty}^0 \mathrm{e}^{2nt}\cdot t^2\mathrm{e}^t\mathrm{d}t=\int_{-\infty}^0 \mathrm{e}^{(2n+1)t}\cdot t^2\mathrm{d}t\\
&\overset{t=-x}{=}\int_0^{+\infty}\mathrm{e}^{-(2n+1)x}\cdot(-x)^2\mathrm{d}x\\
&=-\frac{1}{2n+1}\int_0^{+\infty}x^2\mathrm{d}\mathrm{e}^{-(2n+1)x}\\
&=-\frac{1}{2n+1}x^2\mathrm{e}^{-(2n+1)x}\Big|_0^{+\infty}+\frac{1}{2n+1}\int_0^{+\infty}2x\mathrm{e}^{-(2n+1)x}\mathrm{d}x\\
&=-\frac{2}{(2n+1)^2}\int_0^{+\infty}x\mathrm{d}\mathrm{e}^{-(2n+1)x}\\
&=-\frac{2}{(2n+1)^2}x\mathrm{e}^{-(2n+1)x}\Big|_0^{+\infty}+\frac{2}{(2n+1)^2}\int_0^{+\infty}\mathrm{e}^{-(2n+1)x}\mathrm{d}x\\
&=-\frac{2}{(2n+1)^3}\int_0^{+\infty}\mathrm{d}\mathrm{e}^{-(2n+1)x}\\
&=\frac{2}{(2n+1)^3},
\end{aligned}
$$

所以 $\int_0^1\dfrac{(\ln x)^2}{1-x^2}\mathrm{d}x=2\sum\limits_{n=0}^{\infty}\dfrac{1}{(2n+1)^3}$.

(2) **解** 對任意的 $n\in\mathrm{N}$, 構造函數序列

$$[f(x)]_n=\begin{cases} n, & x\in(0,\frac{1}{n^2}],\\ \frac{1}{\sqrt{x}}, & x\in(\frac{1}{n^2},1],\\ \frac{1}{x^2}, & x\in(1,+\infty),\end{cases}$$

則$\lim\limits_{n\to\infty}[f(x)]_n=f(x)$, a.e.於 $E=(0,+\infty)$.

取 $E_n=[\frac{1}{n^2},n]$，則$\{E_n\}$是以 E 為極限的單調遞增集列，所以由

$$\int_{E_n}[f(x)]_n\mathrm{d}x=(R)[\int_{\frac{1}{n^2}}^{1}\frac{1}{\sqrt{x}}\mathrm{d}x+\int_1^n\frac{1}{x^2}\mathrm{d}x]=3-\frac{3}{n}$$

得

$$(L)\int_E f(x)\mathrm{d}x=\lim_{n\to\infty}\int_{E_n}[f(x)]_n\mathrm{d}x=\lim_{n\to\infty}(3-\frac{3}{n})=3.$$

(3) **解**　因$\frac{x^2\mathrm{e}^x}{(1+x^2)^n}$在$[-1,1]$上非負連續可測，故由 Lebesgue 逐項積分定理，有

$$\begin{aligned}\sum_{n=1}^{\infty}(R)\int_{-1}^{1}\frac{x^2\mathrm{e}^x}{(1+x^2)^n}\mathrm{d}x&=\sum_{n=1}^{\infty}(L)\int_{[-1,1]}\frac{x^2\mathrm{e}^x}{(1+x^2)^n}\mathrm{d}x\\&=(L)\int_{[-1,1]}(\sum_{n=1}^{\infty}\frac{x^2\mathrm{e}^x}{(1+x^2)^n})\mathrm{d}x\\&=(L)\int_{[-1,1]}x^2\mathrm{e}^x(\sum_{n=1}^{\infty}(\frac{1}{1+x^2})^n)\mathrm{d}x\\&=(L)\int_{[-1,1]}x^2\mathrm{e}^x\cdot\frac{1}{x^2}\mathrm{d}x\\&=(L)\int_{[-1,1]}\mathrm{e}^x\mathrm{d}x\\&=(R)\int_{-1}^{1}\mathrm{e}^x\mathrm{d}x\\&=\mathrm{e}-\mathrm{e}^{-1}.\end{aligned}$$

5. **證**　記 $E_0=E[\lim\limits_{n\to\infty}f_n(x)=f(x)]$，則 $m(E-E_0)=0$，且$\lim\limits_{n\to\infty}|f_n(x)|=|f(x)|$, $x\in E_0$. 據法都引理，有

$$\int_{E_0}|f(x)|\mathrm{d}x=\int_{E_0}\lim_{n\to\infty}|f_n(x)|\mathrm{d}x\leqslant\varliminf_{n\to\infty}\int_{E_0}|f_n(x)|\mathrm{d}x\leqslant M.$$

由 $m(E-E_0)=0$ 知，$\int_{E-E_0}|f(x)|\mathrm{d}x=0$，故

$$\int_E |f(x)|\mathrm{d}x = \int_{E_0} |f(x)|\mathrm{d}x \leqslant M,$$

即 $f(x)$ 在 E 上可積.

6. 證　由 $\frac{1}{x+1} = (1-x) + (x^2 - x^3) + \cdots = \sum_{n=0}^{\infty}(x^{2n} - x^{2n+1})$，其中的 $x^{2n} - x^{2n+1}$ 在[0, 1]上連續非負，故 $x^{2n} - x^{2n+1}$ 在[0, 1]上可測. 而 $\frac{1}{x+1}$ 在[0, 1]上連續，故

$$(R)\int_0^1 \frac{1}{x+1}\mathrm{d}x = \int_{[0,1]} \frac{1}{x+1}\mathrm{d}x = \ln(x+1)\Big|_0^1 = \ln 2.$$

由 Lebesgue 逐項積分定理，有

$$\ln 2 = \int_{[0,1]} \left[\sum_{n=0}^{\infty}(x^{2n} - x^{2n+1})\right]\mathrm{d}x = \sum_{n=0}^{\infty}\int_0^1 (x^{2n} - x^{2n+1})\mathrm{d}x$$

$$= \sum_{n=0}^{\infty}\left(\frac{1}{2n+1} - \frac{1}{2n+2}\right) = 1 - \frac{1}{2} + \frac{1}{3} - \frac{1}{4} + \cdots.$$

7. 證　因 $|u_n(x)|$ 在 E 上非負可測，故由 Lebesgue 逐項積分定理，得

$$\sum_{n=1}^{\infty}\int_E |u_n(x)| = \int_E \left(\sum_{n=1}^{\infty}|u_n(x)|\right)\mathrm{d}x < +\infty,$$

從而 $\sum_{n=1}^{\infty}|u_n(x)|$ 在 E 上 L − 可積，從而 $\sum_{n=1}^{\infty}|u_n(x)|$ 在 E 上幾乎處處有限，即 $\sum_{n=1}^{\infty}u_n(x)$ 在 E 上幾乎處處絕對收斂，更有 $\sum_{n=1}^{\infty}u_n(x)$ 在 E 上幾乎處處收斂.

8. 證　由 Riesz 定理，必有子列 $f_{k_i}(x)$ 使 $\lim_{i\to\infty}f_{k_i}(x) = f(x)$，a.e. 於 E. 再由 Fatou 引理可得

$$\int_E \varliminf_{i\to\infty} f_{k_i}(x)\mathrm{d}x \leqslant \varliminf_{i\to\infty}\int_E f_{k_i}(x)\mathrm{d}x \leqslant \sup_k \int_E f_k(x)\mathrm{d}x,$$

而 $\lim_{i\to\infty}f_{k_i}(x) = f(x)$，a.e.，則

$$\int_E f(x)\mathrm{d}x = \int_E \varliminf_{i\to\infty} f_{k_i}(x)\mathrm{d}x \leqslant \sup_k \int_E f_k(x)\mathrm{d}x.$$

*9. 證　(1) 令 $f_n(t) = t^{1/n-1}\ (1 < t < x)$，則 $\int_1^x f_n(t)\mathrm{d}t = n(x^{1/n} - 1)$，$f_n(t) \geqslant f_{n+1}(t)\ (n \in \mathrm{N}, 1 < t < x)$. 注意到 $f_1(t) = 1$，$f_n(t) \geqslant 0 \geqslant 0$，我們有

$$\lim_{n\to\infty} n(x^{1/n} - 1) = \lim_{n\to\infty}\int_1^x f_n(t)\mathrm{d}t = \int_1^x \lim_{n\to\infty} f_n(t)\mathrm{d}t$$

$$= \int_1^x \frac{1}{t}\mathrm{d}t = \ln x\ (1 < x < +\infty).$$

(2) 令 $f_n(x) = (1 + x/n)^n \mathrm{e}^{-2x}\chi_{[0,n]}(x)\ (n \in \mathrm{N})$，則

$$\lim_{n\to\infty} f_n(x) = \mathrm{e}^{-x}, f_n(x) \leqslant f_{n+1}(x).$$

由此即知$\lim\limits_{n\to\infty}\int_0^n\left(1+\frac{x}{n}\right)^n e^{-2x}dx=\lim\limits_{n\to\infty}\int_0^{+\infty}f_n(x)dx=\int_0^{+\infty}e^{-x}dx=1.$

(3) 注意到$x^{m-1}/(1+x^n)$在$[0,1]$上連續，且有

$$\begin{aligned}x^{m-1}(1+x^n)^{-1}&=x^{m-1}(1-x^n+x^{2n}-x^{3n}+\cdots)\\&=x^{m-1}(1-x^n)(1+x^{2n}+\cdots)\\&=(1-x^n)\sum_{k=0}^{\infty}x^{m-1+2kn},\end{aligned}$$

而$(1-x^n)x^{m-1+2kn}\geqslant 0\ (0\leqslant x\leqslant 1)$，逐項積分得

$$\begin{aligned}\int_0^1\frac{x^{m-1}}{1+x^n}dx&=\sum_{k=0}^{\infty}\int_0^1(1-x^n)x^{m-1+2nk}dx\\&=\sum_{k=0}^{\infty}\left(\frac{1}{m+2nk}-\frac{1}{m+(2k+1)n}\right)\\&=\frac{1}{m}-\frac{1}{m+n}+\frac{1}{m+2n}-\frac{1}{m+3n}+\cdots.\end{aligned}$$

(4) 由 Taylor 展式，我們有

$$\frac{1}{2}\ln\left(\frac{1+x}{1-x}\right)=\frac{1}{2}[\ln(1+x)-\ln(1-x)]=\sum_{n=0}^{\infty}\frac{x^{2n+1}}{2n+1}\ (0\leqslant x\leqslant 1),$$

所以$\int_0^1\frac{1}{2}\ln\left(\frac{1+x}{1-x}\right)dx=\sum_{n=0}^{\infty}\int_0^1\frac{x^{2n+1}}{2n+1}dx=\sum_{n=0}^{\infty}\frac{1}{(2n+1)(2n+2)}.$

而$\int_0^1\frac{1}{2}\ln\left(\frac{1+x}{1-x}\right)dx=2\ln 2$，且

$$\begin{aligned}\sum_{n=0}^{m}\frac{1}{(2n+1)(2n+2)}&=\sum_{n=0}^{m}\left(\frac{1}{2n+1}-\frac{1}{2n+2}\right)\\&=1-\frac{1}{2}+\frac{1}{3}-\frac{1}{4}+\cdots+\frac{1}{2m+1}-\frac{1}{2m+2}\\&=\sum_{n=1}^{2m+2}(-1)^{n+1}/n,\end{aligned}$$

令$m\to\infty$，即得所證$\sum\limits_{n=1}^{\infty}(-1)^{n+1}/n=\ln 2.$

(5) 根據 Fatou 引理，可知

$$\begin{aligned}0=\varliminf_{n\to\infty}\int_{E_n}f(x)dx&=\varliminf_{n\to\infty}\int_0^1 f(x)\chi_{E_n}(x)dx\\&\geqslant\int_0^1 f(x)\varliminf_{n\to\infty}\chi_{E_n}(x)dx=\int_0^1 f(x)\chi_{\varliminf\limits_{n\to\infty}E_n}(x)dx,\end{aligned}$$

注意到$f(x)>0(0\leqslant x\leqslant 1)$，故$m(\varliminf\limits_{n\to\infty}E_n)=0.$

習題 5.2

1. (1) **解** 正確. 由 $|f(x)|=f^{+}(x)+f^{-}(x)$ 即證結論.

(2) **解** 錯誤. 反例為黎曼函數

$$R(x)=\begin{cases}0, & x=0,1\text{ 或}(0,1)\text{ 內無理數},\\ \dfrac{1}{q}, & x=\dfrac{p}{q}\text{ 或}(0,1)\text{ 內有理數}\end{cases}$$

在[0,1]上 R - 可積. 事實上, $R(x)$ 在[0,1]上有理點處, 處處不連續; 在[0,1]上無理點處, 處處連續. 所以 $R(x)$ 的不連續點是可數的, 則由定理10可知, $R(x)$ 在[0,1]上 R - 可積, 且 $\int_0^1 R(x)\,\mathrm{d}x=0$.

(3) **解** 錯誤. 比如[0, 1]上的 Dirichlet 函數 $D(x)$ 在[0, 1]上處處不連續, 但由 5.1 節例 1 知 $D(x)$ 在[0, 1]上是 L - 可積, 但不 R - 可積的.

(4) √

(5) **解** 錯誤. 比如取 $E=[-1,1]$,

$$f(x)=\begin{cases}-2, & x\in[-1,0),\\ 2, & x\in[0,1),\end{cases}$$

則 $\int_E f(x)\,\mathrm{d}x=0$, 但 $f(x)=0$, *a.e.* 於 E 不成立.

(6) **解** 正確. 改寫 $\left|\int_E f(x)\,\mathrm{d}x\right|=\int_E|f(x)|\,\mathrm{d}x$ 為

$$\left|\int^E f^{+}(x)\,\mathrm{d}x-\int^E f^{-}(x)\,\mathrm{d}x\right|=\int^E f^{+}(x)\,\mathrm{d}x+\int^E f^{-}(x)\,\mathrm{d}x.$$

由此即知上式右端的兩個積分必須有一個為 0.

2. A

3. (1) **解** 因為有理數集為零測集, 而零測集上任何實函數的積分值為 0, 所以

$$\int_0^1 f(x)\,\mathrm{d}x$$

$$=\int_0^{\frac{1}{3}} f(x)\,\mathrm{d}x+\int_{\frac{1}{3}}^1 f(x)\,\mathrm{d}x$$

$$=\int_{[0,\frac{1}{3}]\cap Q} f(x)\,\mathrm{d}x+\int_{[0,\frac{1}{3}]-[0,\frac{1}{3}]\cap Q} f(x)\,\mathrm{d}x+\int_{[\frac{1}{3},1]\cap Q} f(x)\,\mathrm{d}x+\int_{[\frac{1}{3},1]-[\frac{1}{3},1]\cap Q} f(x)\,\mathrm{d}x$$

$$=\int_0^{\frac{1}{3}} x\,\mathrm{d}x+\int_{\frac{1}{3}}^1 x^3\,\mathrm{d}x$$

$$=\frac{49}{162}.$$

(2) **解** $\int_0^1 f(x)\,\mathrm{d}x = \int_{[0,1]\cap Q} f(x)\,\mathrm{d}x + \int_{[0,1]-[0,1]\cap Q} f(x)\,\mathrm{d}x = \int_0^1 x\mathrm{d}x = \frac{1}{2}.$

(3) **解** $\int_{[0,1]} f(x)\,\mathrm{d}x = \int_{[0,1]\cap Q} f(x)\,\mathrm{d}x + \int_{[0,1]-[0,1]\cap Q} f(x)\,\mathrm{d}x$

$$= 0 + (L)\int_{[0,1]} x^2\mathrm{d}x$$

$$= \frac{1}{3}.$$

(4) **證** 設 $E_1 = [0, \frac{1}{3}]$, $E_2 = [\frac{1}{3}, 1]$, 定義$[0,1]$上的函數

$$g(x) = \begin{cases} x^3, & x \in E_1, \\ x^2, & x \in E_2, \end{cases}$$

顯然, $\frac{1}{3}$ 是 $g(x)$ 的間斷點, 因而 $g(x)$ 在$[0,1]$上 R - 可積, 且

$$(R)\int_0^1 g(x)\,\mathrm{d}x = \int_0^{\frac{1}{3}} g(x)\,\mathrm{d}x + \int_{\frac{1}{3}}^1 g(x)\,\mathrm{d}x = \frac{35}{108}.$$

又點集$\{x \in [0,1] \,|\, f(x) \neq g(x)\}$為零測集, 故 $f(x)$ 在$[0,1]$上 L - 可積且

$$(L)\int_0^1 f(x)\,\mathrm{d}x = (R)\int_0^1 g(x)\,\mathrm{d}x = \frac{35}{108}.$$

(5) **解** 因為$f(x)$僅在$x = 1$連續, 即不連續點為正測度集. 由定理10知, $f(x)$ 在$[0,1]$上不是 R - 可積的. 因為$f(x)$ 是非負有界可測函數, 則$f(x)$ 在$[0,1]$上是 L - 可積. 而$f(x)$ 與 $g(x) = x^2$ 幾乎處處相等, 則

$$(L)\int_0^1 f(x)\,\mathrm{d}x = (R)\int_0^1 x^2\mathrm{d}x = \frac{1}{3}.$$

(6) **解** 記 $Q \cap (0,1] = \{r_n\}$, 注意到曲線 $x \cdot y = r_n$ 或 $y = x/r_n (n \in N)$ 只有可數條, 故其全體是 R^2 中的零測集. 從而知$\int_E f(x,y)\,\mathrm{d}x\mathrm{d}y = 1$.

(7) **解** 記 $Q \cap [0,1] = \{r_n\}$, 注意到 $\cos x = r_n$ 的點 x 全體為可數集, 故是零測集, 由此知

$$\int_0^{\pi/2} f(x)\,\mathrm{d}x = \int_0^{\pi/2} \cos^2 x\mathrm{d}x = \frac{\pi}{4}.$$

(8) **解** 令$f_n(x) = \frac{nx}{1 + n^2x^2}\sin nx$, 則$\lim\limits_{n\to\infty} f_n(x) = \lim\limits_{n\to\infty} \frac{nx}{1 + n^2x^2}\sin nx = 0, a.e.$於$[0,1]$.

因 $1 + n^2x^2 \geqslant 2nx$, 所以 $|f_n(x)| = \left|\frac{nx}{1 + n^2x^2}\sin nx\right| \leqslant \frac{1}{2}$, 則由 R - 積分與

L - 積分的關係以及 Lebesgue 控製收斂定理知:

$$\lim_{n\to\infty}(R)\int_0^1 \frac{nx}{1+n^2x^2}\sin nx\mathrm{d}x = \lim_{n\to\infty}(L)\int_{[0,1]}\frac{nx}{1+n^2x^2}\sin nx\mathrm{d}x$$
$$= (L)\int_{[0,1]}\lim_{n\to\infty}\frac{nx}{1+n^2x^2}\sin nx\mathrm{d}x$$
$$= (L)\int_{[0,1]}0\mathrm{d}x$$
$$= 0.$$

(9) **解**　因為 $f_n(x) = \dfrac{f(x)}{(x^2+3x+1)^n} = \dfrac{f(x)}{\left[\left(x+\dfrac{3}{2}\right)^2-\dfrac{5}{4}\right]^n}$, 所以

$\lim\limits_{n\to\infty}f_n(x) = 0$, 且 $|f_n(x)| \leqslant |f(x)|(n=1,2,\cdots), x\in[a,b]$.

則由控製收斂定理, 有

$$\lim_{n\to\infty}\int_{[a,b]}f_n(x)\mathrm{d}x = \int_{[a,b]}\lim_{n\to\infty}f_n(x)\mathrm{d}x = 0.$$

4. **證**　記 $E_1 = E(f=+\infty), E_2 = E(f=-\infty)$, 由於

$$E_1 = \bigcap_{n=1}^{\infty}E(f\geqslant n), E_2 = \bigcap_{n=1}^{\infty}E(f\leqslant -n) = \bigcap_{n=1}^{\infty}E(-f\geqslant n),$$

故 E_1 和 E_2 均是 E 的可測子集. 假設 $mE_1 = \delta > 0$, 顯然對任意的 $n\in\mathrm{N}$, 在 E_1 上恒有 $f^+(x)\geqslant n$, 從而

$$\int_E f^+(x)\mathrm{d}x \geqslant \int_{E_1}f^+(x)\mathrm{d}x \geqslant \int_{E_1}n\mathrm{d}x = n\cdot mE_1,$$

則 $\int_E f^+(x)\mathrm{d}x = +\infty$. 這與 $f(x)$ 在 E 上可積矛盾, 所以 $mE_1 = 0$. 同理可證 $mE_2 = 0$.

故 $f(x)$ 在 E 上幾乎處處取有限值.

5. **證**　因為 $f(x)$ 在 E 上可積, 所以 $f(x)$ 在 E 上 $a.e.$ 有限, 即 $mE(|f| = +\infty) = 0$.

因為 $e_n = \{x\in E\,|\,|f(x)|\geqslant n\}$, 所以 $e_n \supset e_{n+1}$. 則 $\lim\limits_{n\to\infty}e_n = \bigcap\limits_{n=1}^{\infty}e_n = E[|f|=+\infty]$. 而 $me_1 \leqslant mE < +\infty$, 則利用內極限定理, 得

$$\lim_{n\to\infty}me_n = mE(|f|=+\infty) = 0.$$

由積分的絕對連續性知: 對任意的 $\varepsilon > 0$, 存在 $\delta > 0$, 使得對任意的 $e_n \subset E$, 且當 $me_n < \delta$ 時, 有 $\int_{e_n}|f(x)|\mathrm{d}x < \varepsilon$. 故對上述的 $\delta > 0$, 存在 N, 當 $n > N$ 時, $me_n = mE[|f|\geqslant n] < \delta$, 從而

$$n\cdot me_n \leqslant \int_{e_n}|f(x)|\mathrm{d}x < \varepsilon,$$

由 ε 的任意性，得 $\lim\limits_{n\to\infty} n \cdot me_n = 0$.

6. 證　充分性. 對任意的 $\sigma > 0$，記 $e_n = E[|f_n(x) - f(x)| \geqslant \sigma]$，其中 $f(x) = 0$.

由 $\lim\limits_{n\to\infty}\int_E \dfrac{|f_n(x)|}{1+|f_n(x)|}\mathrm{d}x = 0$ 知，對任意的 $\varepsilon > 0$，存在 N，當 $n > N$ 時，有

$$\left|\int_E \frac{|f_n(x)|}{1+|f_n(x)|}\mathrm{d}x\right| \leqslant \int_E \frac{|f_n(x)|}{1+|f_n(x)|}\mathrm{d}x < \varepsilon.$$

因為 $\dfrac{x}{1+x}$ 在 $(0, +\infty)$ 上是單增函數，所以

$$0 \leqslant \frac{\sigma}{1+\sigma}\cdot me_n \leqslant \int_{e_n}\frac{\sigma}{1+\sigma}\mathrm{d}x \leqslant \int_{e_n}\frac{|f_n(x)|}{1+|f_n(x)|}\mathrm{d}x < \int_E \frac{|f_n(x)|}{1+|f_n(x)|}\mathrm{d}x < \varepsilon.$$

由 ε 的任意性知 $\lim\limits_{n\to\infty} me_n = 0$，則 $f_n(x) \Rightarrow 0$.

必要性. 因為 $f_n(x) \Rightarrow 0$，則由 Riesz 定理知，存在 $\{f_n(x)\}$ 的子列 $\{f_{n_k}(x)\}$，使 $\lim\limits_{k\to\infty} f_{n_k}(x) = 0, a.e.$ 於 E，則 $\lim\limits_{k\to\infty}\int_E \dfrac{|f_{n_k}(x)|}{1+|f_{n_k}(x)|}\mathrm{d}x = 0, a.e.$ 於 E. 即對任意的 $\varepsilon > 0$，存在 K，當 $k > K$ 時，有 $\dfrac{|f_{n_k}(x)|}{1+|f_{n_k}(x)|} < \varepsilon$ 成立.

又因為 $mE < +\infty$，所以由 Lebesgue 有界收斂定理，得

$$\lim_{n\to\infty}\int_E \frac{|f_n(x)|}{1+|f_n(x)|}\mathrm{d}x = \lim_{k\to\infty}\int_E \frac{|f_{n_k}(x)|}{1+|f_{n_k}(x)|}\mathrm{d}x = \int_E \lim_{k\to\infty}\frac{|f_{n_k}(x)|}{1+|f_{n_k}(x)|}\mathrm{d}x = 0.$$

7. 證　由積分的絕對連續性知，對任意的 $\varepsilon > 0$，存在 $\delta > 0$，當 $A \subset E$，$mA < \delta$ 時，有 $\left|\int_A f(x)\mathrm{d}x\right| < \varepsilon$.

由 $\lim\limits_{n\to\infty}(mE_n) = mE < +\infty$ 知，對上述 $\delta > 0$，存在 K，當 $n > K$ 時，有 $m(E - E_n) < \delta$. 故

$$\left|\int_E f(x)\mathrm{d}x - \int_{E_n} f(x)\mathrm{d}x\right| = \left|\int_{E-E_n} f(x)\mathrm{d}x\right| < \varepsilon,$$

即 $\lim\limits_{n\to\infty}\int_{E_n} f(x)\mathrm{d}x = \int_E f(x)\mathrm{d}x$.

8. 證　必要性. 對任意的 $\sigma > 0$，記 $A = E[|f_n(x) - f(x)| \geqslant \sigma]$，$B = E - A$，其中 $f(x) = 0$.

因 $mE < +\infty$，$f_n(x) \Rightarrow 0$，則對上述的 σ，有

$$mE[|f_n(x)| \geqslant \sigma] = mA \to 0 (n \to \infty).$$

由於 $\dfrac{x}{1+x}$ 在 $(0, +\infty)$ 上是單增函數，則

$$\int_E \frac{f_n^{\ 2}(x)}{1+f_n^{\ 2}(x)}\mathrm{d}x = \int_A \frac{f_n^{\ 2}(x)}{1+f_n^{\ 2}(x)}\mathrm{d}x + \int_B \frac{f_n^{\ 2}(x)}{1+f_n^{\ 2}(x)}\mathrm{d}x$$

$$\leqslant mA + \frac{\sigma^2}{1+\sigma^2}\cdot mE$$

$$\leqslant mA + \sigma^2 mE.$$

由 σ 的任意性，有 $\lim\limits_{n\to\infty}\int_E \frac{f_n^{\ 2}(x)}{1+f_n^{\ 2}(x)}\mathrm{d}x = 0$

充分性. 對任意的 $\sigma > 0$，有

$$\int_E \frac{f_n^{\ 2}(x)}{1+f_n^{\ 2}(x)}\mathrm{d}x \geqslant \int_A \frac{f_n^{\ 2}(x)}{1+f_n^{\ 2}(x)}\mathrm{d}x \geqslant \frac{\sigma^2}{1+\sigma^2}\cdot mA \geqslant 0,$$

從而 $\lim\limits_{n\to\infty} mA = 0$，即在 E 上 $f_n(x) \Rightarrow 0$.

9. **解** Lebegue 控製收斂定理：設 $f_n(x)\,(n=1,2,\cdots)$ 在 E 上可測且 $F(x)$ 在 E 上可積，滿足對每一 $x \in E$，$|f_n(x)| \leqslant F(x)$，且 $\lim\limits_{n\to\infty} f_n(x) = f(x)$，$a.e.$ 於 E. 則 $f(x)$ 在 E 上可積且

$$\lim_{n\to\infty}\int_E f_n(x)\,\mathrm{d}x = \int_E f(x)\,\mathrm{d}x.$$

證 由條件 $\lim\limits_{n\to\infty} f_n(x) = f(x)$，$a.e.$ 於 E 和 $|f_n(x)| \leqslant F(x)$ 可知：$|f(x)| \leqslant F(x)$，$a.e.$ 於 E. 所以 $f(x)$，$f_n(x)\,(n=1,2,\cdots)$ 都在 E 上可積.

由 $|f_n(x)| \leqslant F(x)$ 和 $|f(x)| \leqslant F(x)$ 可知：$|f_n - f| \leqslant |f_n| + |f| \leqslant 2F$. 則 $2F - |f_n - f| \geqslant 0$，即 $\{2F - |f_n - f|\}$ 是非負可測函數列，故由 Fatou 引理得

$$\int_E \varliminf_{n\to\infty}(2F - |f_n - f|)\,\mathrm{d}x \leqslant \varliminf_{n\to\infty}\int_E (2F - |f_n - f|)\,\mathrm{d}x,$$

即 $\int_E 2F\mathrm{d}x - \int_E \varlimsup\limits_{n\to\infty}|f_n - f|\mathrm{d}x \leqslant \int_E 2F\mathrm{d}x - \varlimsup\limits_{n\to\infty}\int_E |f_n - f|\mathrm{d}x$. 則

$$0 = \int_E \varlimsup_{n\to\infty}|f_n - f|\mathrm{d}x \geqslant \varlimsup_{n\to\infty}\int_E |f_n - f|\mathrm{d}x \geqslant \varliminf_{n\to\infty}\int_E |f_n - f|\mathrm{d}x \geqslant 0.$$

故 $\lim\limits_{n\to\infty}\int_E |f_n - f|\mathrm{d}x = 0$. 從而

$$\lim_{n\to\infty}\int_E f_n(x)\,\mathrm{d}x = \int_E f(x)\,\mathrm{d}x.$$

10. **證** 因為 $E_n \subset E_{n+1}$ 以及 $mE_n < M < +\infty\,(n=1,2,\cdots)$，所以由外極限定理，有

$$\lim_{n\to\infty}(m(E - E_n)) = \lim_{n\to\infty}(mE - mE_n) = mE - \lim_{n\to\infty}(mE_n) = mE - m(\lim_{n\to\infty}E_n)$$

$$= mE - mE = 0,$$

於是

$$\lim_{n\to\infty}\left|\int_E f(x)\,\mathrm{d}x - \int_{E_n} f(x)\,\mathrm{d}x\right| = \lim_{n\to\infty}\left|\int_{E-E_n} f(x)\,\mathrm{d}x\right| = 0,$$

即$\lim\limits_{n\to\infty}\int_{E_n} f(x)\,\mathrm{d}x = \int_E f(x)\,\mathrm{d}x$.

11. **證** 令$E_n=(0,n\pi),n\in\mathbf{N}$，則$\{E_n\}$是以$E$為極限的單調遞增集列，即$E=\bigcup\limits_{n=1}^{\infty}E_n=\lim\limits_{n\to\infty}E_n$. 對任意的自然數$n$，構造函數序列

$$\{|f(x)|\}_n=\min\left\{\left|\frac{\sin x}{x}\right|,n\right\}=\frac{|\sin x|}{x}(x\in E_n).$$

由$x\in E_n$，有$0<x<n\pi$，即$\dfrac{1}{x}>\dfrac{1}{n\pi}$. 則

$$\begin{aligned}\int_{E_n}\{|f(x)|\}_n\mathrm{d}x &= \int_{E_n}\frac{|\sin x|}{x}\mathrm{d}x\\ &= \int_0^{\pi}\frac{|\sin x|}{x}\mathrm{d}x+\int_{\pi}^{2\pi}\frac{|\sin x|}{x}\mathrm{d}x+\int_{2\pi}^{3\pi}\frac{|\sin x|}{x}\mathrm{d}x+\cdots+\int_{(n-1)\pi}^{n\pi}\frac{|\sin x|}{x}\mathrm{d}x\\ &\geqslant \int_0^{\pi}\frac{|\sin x|}{\pi}\mathrm{d}x+\int_{\pi}^{2\pi}\frac{|\sin x|}{2\pi}\mathrm{d}x+\int_{2\pi}^{3\pi}\frac{|\sin x|}{3\pi}\mathrm{d}x+\cdots+\int_{(n-1)\pi}^{n\pi}\frac{|\sin x|}{n\pi}\mathrm{d}x\\ &= \frac{2}{\pi}+\frac{2}{2\pi}+\frac{2}{3\pi}+\cdots+\frac{2}{n\pi}\\ &= \frac{2}{\pi}\sum_{k=1}^{n}\frac{1}{k}\xrightarrow{n\to\infty}+\infty.\end{aligned}$$

由此可知:$f(x)$不是E上的Lebesgue可積函數.

習題 5.3

1. (1) √.

(2) **解** 正確. Fubini定理的逆否命題.

(3) **解** 正確. 見Fubini定理的證明步驟1.

2. **解** 對$y\neq 0$，有

$$\int_0^1 \mathrm{e}^{-y}\sin 2xy\,\mathrm{d}x=\mathrm{e}^{-y}\frac{\sin^2 y}{y},$$

上式右端是$(0,+\infty)$上的Lebesgue可積函數. 而$|\mathrm{e}^{-y}\sin 2xy|\leqslant \mathrm{e}^{-y}$，且$\mathrm{e}^{-y}$在$[0,1]\times[0,+\infty)$上可積，故

$$\int_0^{\infty}\mathrm{d}y\int_0^1\mathrm{e}^{-y}\sin 2xy\,\mathrm{d}x=\int_0^1\mathrm{d}x\int_0^{\infty}\mathrm{e}^{-y}\sin 2xy\,\mathrm{d}y.$$

但是$\displaystyle\int_0^{\infty}\mathrm{e}^{-y}\sin 2xy\,\mathrm{d}y=\frac{2x}{1+4x^2}$，從而

$$\int_0^{\infty}\mathrm{e}^{-y}\frac{\sin^2 y}{y}\mathrm{d}y=\int_0^1\frac{2x}{1+4x^2}\mathrm{d}x=\frac{1}{4}\ln 5.$$

3. **證** 因為$f(x),g(x)$均非負，所以有

$$\int_0^{+\infty} F(y)\,\mathrm{d}y = \int_0^{+\infty}\left(\int_{E_y} f(x)\,\mathrm{d}x\right)\mathrm{d}y = \int_0^{+\infty}\left(\int_E f(x)\chi_{E_y}(x)\,\mathrm{d}x\right)\mathrm{d}y$$

$$\overset{\text{Tonelli}}{=} \int_E f(x)\left(\int_0^{+\infty}\chi_{E_y}(x)\,\mathrm{d}y\right)\mathrm{d}x = \int_E f(x)\left(\int_0^{g(x)} 1\,\mathrm{d}y\right)\mathrm{d}x$$

$$= \int_E f(x)g(x)\,\mathrm{d}x.$$

4. **證** （1）$I = \int_0^1\left[\int_0^1 f(x,y)\cdot\chi_{\{(x,y)\mid y\leqslant x\}}(x,y)\,\mathrm{d}y\right]\mathrm{d}x$

$$= \int_0^1\left[\int_0^1 f(x,y)\cdot\chi_{\{(x,y)\mid y\leqslant x\}}(x,y)\,\mathrm{d}x\right]\mathrm{d}y$$

$$= \int_0^1\left[\int_y^1 f(x,y)\,\mathrm{d}x\right]\mathrm{d}y.$$

（2）$f(x,y)$ 除點 $(0,0)$ 外皆連續，且有 $|f(x,y)| \leqslant 1$ $((x,y)\in[0,1]\times[0,1])$，故 $f(x,y)$ 是 $[0,1]\times[0,1]$ 上的 $L-$ 可積函數，從而重積分可交換次序. 而 $f(x,y)=-f(x,y)$，故 $I=0$.

（3）記 $D=[-1,1]\times[-1,1]$. 注意到積分等式 $(y\neq 0)$

$$\int_{-1}^1 \frac{|x|\,\mathrm{d}x}{x^2+y^2} = 2\int_0^1 \frac{x\mathrm{d}x}{x^2+y^2} = \ln\frac{1+y}{y^2},$$

$$\int_{-1}^1 |y|\ln\frac{1+y^2}{y^2}\mathrm{d}y = \int_0^1 \ln\frac{1+y^2}{y^2}\mathrm{d}y^2 = \int_0^1 \ln\left(1+\frac{1}{t}\right)\mathrm{d}t = \int_0^{+\infty}\frac{\ln(1+x)}{x^2}\mathrm{d}x < +\infty,$$

取絕對值后，交換積分次序得 $\iint_D |f(x,y)|\,\mathrm{d}x\mathrm{d}y = \int_{-1}^1 |y|\,\mathrm{d}y\int_0^1 \frac{|x|\,\mathrm{d}x}{x^2+y^2} < +\infty$.

習題 5.4

1.（1）**解** 正確. 見 Lebesgue 微分定理.

（2）**解** 錯誤. 反例見本節例 6 中的 Cantor 函數就是單調遞增的連續函數 $\Theta'(x)=0, a.e.$ 於 $[0,1]$，但 $\Theta(x)\neq$ 常數.

（3）**解** 正確. 反例見本節例 7.

（4）**解** 正確. 由 Jordan 分解定理 2 和絕對連續函數的性質 2 可證得.

（5）**解** 錯誤. 反例 1：本節例 6 中的 Cantor 函數 $\Theta'(x)=0, a.e.$ 於 $[0,1]$，但 $\Theta(x)$ 不是 $[0,1]$ 上的絕對連續函數. 否則反設 $\Theta(x)$ 是 $[0,1]$ 上的絕對連續函數，則因 $\Theta'(x)=0, a.e.$ 於 $[0,1]$，有

$$\Theta(x) = \int_0^x \Theta'(x)\,\mathrm{d}x = 0,$$

這導致矛盾，所以 $\Theta(x)$ 不是 $[0,1]$ 上的絕對連續函數.

反例 2：設函數

$$f(x)=\begin{cases}1, & x\in(0,1],\\ 0, & x=0,\\ -1, & x\in[-1,0),\end{cases}$$

則$f(x)=0, a.e.$於$[-1,1]$，即$f(x)$是$[-1,1]$上的可微函數，不是絕對連續函數. 因為存在分割

$$\Delta: -1=a_1<b_1\leqslant a_2\leqslant b_2\leqslant\cdots\leqslant a_n<b_n=1,$$

且存在i_0，使得$a_{i_0}<0<b_{i_0}$；存在$\varepsilon_0=1/2$，對任意的$\delta>0$，當$\sum_{i=1}^{n}(b_i-a_i)<\delta$時，有

$$\sum_{i=1}^{n}|f(b_i)-f(a_i)|=|f(b_{i_0})-f(a_{i_0})|=2>\varepsilon_0=1/2,$$

所以$f(x)$不是$[-1,1]$上的絕對連續函數.

反例3：設函數

$$f(x)=\begin{cases}x^2\sin\dfrac{1}{x^2}, & x\neq 0,\\ 0, & x=0,\end{cases}$$

則$f(x)$在$[-1,1]$上處處可微，但不是絕對連續函數. 因

$$f'(x)=\begin{cases}2x\sin\dfrac{1}{x^2}-\dfrac{2}{x}\cos\dfrac{1}{x^2}, & x\neq 0,\\ 0, & x=0,\end{cases}$$

若取$a_n=\sqrt{\dfrac{2}{(2n+1)\pi}}, b_n=\sqrt{\dfrac{1}{n\pi}}$，則$\sum_{k=1}^{n}(b_k-a_k)=\dfrac{1}{\sqrt{\pi}}\sum_{k=1}^{n}\left(\sqrt{\dfrac{1}{k}}-\sqrt{\dfrac{2}{2k+1}}\right)$收斂. 而

$$\sum_{k=1}^{n}|f(b_k)-f(a_k)|=\sum_{k=1}^{n}\frac{2}{(2k+1)\pi}=+\infty,$$

故$f(x)$不是絕對連續函數.

反例4：$f(x)$不是有界變差的函數，從而它不是絕對連續函數.

(6) **解** 錯誤. 商下不一定是封閉的.

(7) **解** 錯誤. 本節例6中的Cantor函數就是單調遞增的連續函數，由例3知Cantor是有界變差函數，由定理2知$f'(x)$是L-可積的. 但由例7知$\int_0^x\Theta'(x)\mathrm{d}x=0<1=\Theta(1)-\Theta(0)$.

(8) **解** 錯誤. 反例見本節例6中的Cantor函數就是單調遞增的連續函數，從而是有界變差函數，且$\Theta'(x)=0, a.e.$於$[0,1]$，但$\Theta(x)\neq$常數.

(9) **解** 錯誤. 本節性質2：$V_a^b(f+g)\leqslant V_a^b(f)+V_a^b(g)$.

(10) **解** 錯誤. 本節例3、例7：有限閉區間上滿足Lipschitz條件的函數必為絕對連續函數，也是有界變差函數.

(11) **解** 錯誤. 反例1：本節例2中的奇異函數

$$f(x)=\begin{cases}1, & x\geqslant 0,\\ 0, & x<0,\end{cases}$$

雖然有$f'(x)=0(x\neq 0)$，但$f(x)\neq$常數.

反例2:例6中的Cantor函數$\Theta'(x)=0, a.e.$於$[0,1]$，但$\Theta(x)\neq$常數.

(12) **解** 錯誤. 反例:Cantor函數$\Theta(x)$是單調增加函數，所以是有界變差函數，但不是絕對連續的.

(13) **解** 正確. 由於$f(x)$在有限閉區間$[a,b]$上可導，則$f(x)$在$[a,b]$上連續，從而$f(x)$是$[a,b]$上的可測函數. 則可由4.1節習題16知:$f'(x)$在有限閉區間$[a,b]$上是有界可測函數，從而$f'(x)$在$[a,b]$上$L-$可積.

(14) **解** 正確. 因$f(x)$是$[a,b]$上的絕對連續函數，則$f(x)$是$[a,b]$上的有界變差函數，從而$f(x)$有界，即存在常數m,n，使得$m\leqslant f(x)\leqslant n$，從而$\dfrac{1}{f(x)}\leqslant\dfrac{1}{m}$.

再由$f(x)$的絕對連續性知:對任意的$\varepsilon>0$，存在$\delta>0$，使得對$[a,b]$上的任意分劃，只要$\sum\limits_{k=1}^{n}(x_k-x_{k-1})<\delta$，便有$\sum\limits_{k=1}^{n}|f(x_k)-f(x_{k-1})|<\varepsilon$. 從而有

$$\sum_{k=1}^{n}\left|\frac{1}{f(x_k)}-\frac{1}{f(x_{k-1})}\right|\leqslant\frac{1}{m^2}\sum_{k=1}^{n}|f(x_k)-f(x_{k-1})|<\frac{\varepsilon}{m^2},$$

即$[f(x)]^{-1}$絕對連續.

(15) **解** 錯誤. 作分劃$\Delta:0<\dfrac{2}{2n-1}<\dfrac{2}{2n-3}<\cdots<\dfrac{2}{3}<1$，則

$$V(\Delta,f)=\frac{2}{2n-1}+\left(\frac{2}{2n-1}+\frac{2}{2n-3}\right)+\cdots+\left(\frac{2}{5}+\frac{2}{3}\right)+\frac{2}{3}=2\sum_{k=2}^{n}\frac{2}{2k-1},$$

從而可知當$n\to\infty$時，$V(\Delta,f)\to\infty$，即$V_a^b(f)=+\infty$. 所以$f(x)$不是$[a,b]$上的有界變差函數.

(16) **解** 錯誤. $f(x)=|x|$在$[-1,1]$上顯然是絕對連續的；因為$\sqrt{x}=\dfrac{1}{2}\displaystyle\int_0^x t^{-1/2}\mathrm{d}t$，故$f(x)$是絕對連續的；但Cantor函數$\Theta(x)$不是絕對連續的. 否則如果假設Cantor函數$\Theta(x)$是絕對連續的，則因$\Theta'(x)=0, a.e.x\in[0,1]$，所以$\Theta(x)=\displaystyle\int_0^x\Theta'(x)\mathrm{d}t=0$，矛盾.

2. (1) **解**
$$f_1(x)=\begin{cases}\sin x, & 0\leqslant x\leqslant\dfrac{\pi}{2},\\ 2, & \dfrac{\pi}{2}<x\leqslant\dfrac{3\pi}{2},\\ 4+\sin x, & \dfrac{3\pi}{2}<x\leqslant 2\pi,\end{cases}$$

$$f_2(x)=\begin{cases}0, & 0\leqslant x\leqslant \dfrac{\pi}{2},\\ 2-\sin x, & \dfrac{\pi}{2}<x\leqslant\dfrac{3\pi}{2},\\ 4, & \dfrac{3\pi}{2}<x\leqslant 2\pi.\end{cases}$$

(2) $\underline{\quad 7 \quad}$

解 $V_0^{0+\varepsilon_1}(f)+V_{0+\varepsilon_1}^{1-\varepsilon_2}(f)+V_{1-\varepsilon_2}^{1}(f)=|(1-0)-0|+|(1-1)-(1-0)|+|5-(1-1)|=7.$

(3) $\underline{\quad 8 \quad}$

解 將$[0,4\pi]$分割成四個小區間$[0,\pi]$，$[\pi,2\pi]$，$[2\pi,3\pi]$，$[3\pi,4\pi]$，使$\cos x$在小區間上成為單調函數，則

$$\begin{aligned}V_0^{4\pi}(\cos x)&=V_0^{\pi}(\cos x)+V_{\pi}^{2\pi}(\cos x)+V_{2\pi}^{3\pi}(\cos x)+V_{3\pi}^{4\pi}(\cos x)\\&=|\cos\pi-\cos 0|+|\cos 2\pi-\cos\pi|+|\cos 3\pi-\cos 2\pi|\\&\quad+|\cos 4\pi-\cos 3\pi|\\&=8.\end{aligned}$$

(4) $\underline{\quad 8\sqrt{3}/9 \quad}$

解 用$(x-x^3)$的零點$-1,0,1$分割$[-1,1]$為三個小區間，極值點為$x=\pm\sqrt{3}/3$，再以其極小值$-2\sqrt{3}/9$，極大值$2\sqrt{3}/9$來計算變差，即$V_{-1}^{1}(x-x^3)=8\sqrt{3}/9$.

(5) <u>至多只有可數個</u>

(6) $\underline{V_a^b(f)=|f(a)-f(x_1)|+\sum\limits_{i=2}^{n}|f(x_i)-f(x_{i-1})|+|f(b)-f(x_n)|}$.

(7) **解** $\underline{D_+f(0)=D^+f(0)=D_-f(0)=D^-f(0)=+\infty}$；

$\underline{D_+f(0)=D^+f(0)=1,D_-f(0)=D^-f(0)=-1}$；

<u>對$x\in Q$，$D_+f(x)=0,D^+f(x)=+\infty,D_-f(x)=-\infty,D^-f(x)=0$；對$x\notin Q$，$D^+f(x)=D_-f(x)=0,D_+f(x)=-\infty,D^-f(x)=+\infty$</u>.

(8) $\underline{f'(x)=\sum\limits_{r_n<x}\dfrac{1}{n^2}-\sum\limits_{r_n\geqslant x}\dfrac{1}{n^2},a.e.x\in \mathrm{R}^1}$.

解 由於$f(x)=\sum\limits_{r_n<x}^{\infty}(x-r_n)/n^2+\sum\limits_{x\leqslant r_n}(r_n-x)/n^2$，以及$\varphi(x)=(x-r_n)$，$\psi(x)=-(r_n-x)$均為遞增函數，則由Fubini定理可知$f'(x)=\sum\limits_{r_n<x}\dfrac{1}{n^2}-\sum\limits_{r_n\geqslant x}\dfrac{1}{n^2}$，$a.e.x\in\mathrm{R}^1$.

3. **證** 必要性. 設$a=x_0<x_1<\cdots<x_n=b$是$[a,b]$的一個分割，則

$$\sum_{i=1}^{n}|f(x_i)-f(x_{i-1})|\leqslant L\sum_{i=1}^{n}|x_i-x_{i-1}|\leqslant L(b-a),$$

這說明$f(x)$是有界變差的，從而$f(x)$幾乎處處有導數$\alpha(x)$，即$f'(x)=\alpha(x)$.

由4.1節習題16知：$\alpha(x)$在有限閉區間$[a,b]$上是可測函數，從而$\alpha(x)$在$[a,b]$上L－可積. 則有不定積分

$$f(x)=f(a)+\int_a^x\alpha(t)\mathrm{d}t,\ x\in[a,b].$$

而對任意的$x,y\in[a,b]$，有

$$\left|\int_x^y\alpha(t)\mathrm{d}t\right|=|f(x)-f(y)|\leqslant L(y-x)=\int_x^y L\mathrm{d}t,$$

所以$|\alpha(x)|\leqslant L,a.e.$.

充分性. 設$f(x)$是$\alpha(x)$的不定積分，$|\alpha(x)|\leqslant L,a.e.$於$[a,b]$. 顯然有

$$|f(x)-f(y)|=\left|\int_x^y\alpha(t)\mathrm{d}t\right|\leqslant\int_x^y|\alpha(t)|\mathrm{d}t\leqslant L|x-y|,\ x,y\in[a,b],$$

即$f(x)$滿足Lipschitz條件.

4. **證**　由Jordan分解定理2知：任何有界變差函數可表示為兩個單增函數之差，而單調函數可測，故有界變差函也可測.

5. **證**　因$f(x)$是$[a,b]$上的有界變差函數，則對$[a,b]$的任一個分割$\Delta:a=x_0<x_1<\cdots<x_n=b$，有

$$\sum_{i=1}^{n}\big||f(x_i)|-|f(x_{i-1})|\big|\leqslant\sum_{i=1}^{n}|f(x_i)-f(x_{i-1})|\leqslant V_a^b(f),$$

則$V_a^b(|f|)\leqslant V_a^b(f)<+\infty$. 即$|f(x)|$是$[a,b]$上的有界變差函數.

反之，設函數

$$f(x)=\begin{cases}-1, & x\text{ 為}[0,1]\text{中無理數},\\ 1, & x\text{ 為}[0,1]\text{中有理數},\end{cases}$$

則$|f(x)|\equiv1$，則$|f(x)|$是$[0,1]$中的有界變差函數.

現在$[0,1]$中取一列點$0=x_0<x_1<\cdots<x_{2n}=1$，使$x_0,x_2,x_4,\cdots$為有理數，$x_1,x_3,x_5,\cdots$為無理數，從而

$$\sum_{i=1}^{2n}|f(x_i)-f(x_{i-1})|=2\times2n=4n\to\infty\ (n\to\infty),$$

故$f(x)$不是$[0,1]$上的有界變差函數.

6. **證**　只需指出$V_a^b(f)\leqslant V_a^b(|f|)$. 為此對分割$\Delta:a=x_0<x_1<\cdots<x_n=b$，有

$$V(\Delta,f)=\sum_{i=1}^{n}|f(x_i)-f(x_{i-1})|.$$

若$f(x_i)$與$f(x_{i-1})$同號，則有$\big||f(x_i)|-|f(x_{i-1})|\big|=|f(x_i)-f(x_{i-1})|$.

若$f(x_i)$與$f(x_{i-1})$反號，則取$\xi_i\in(x_{i-1},x_i)$，使得$f(\xi_i)=0$，從而可知

$$|f(x_i)-f(x_{i-1})|\leqslant ||f(x_i)|-|f(\xi_i)||+||f(x_{i-1})|-|f(\xi_i)||.$$

再作分割Δ'：$a=x_0<x_1<\cdots<x_{i-1}<\xi_i<x_i<\cdots<x_n=b$，有

$$V(\Delta',f)=V(\Delta,f)\leqslant V_a^b(|f|),$$

則$V_a^b(f)\leqslant V_a^b(|f|)$，即$|f(x)|$是$[a,b]$上的有界變差函數.

7. **證** 由$M(x)=\max\{f(x),g(x)\}=[f+g+|f-g|]/2$即可證.

8. **解** 因為$F(x)\equiv 0$，所以由$F'(x)=0=\chi_{\mathrm{Q}}(x),a.e.x\in[0,1]$可知：$F'(x)\neq\chi_{\mathrm{Q}}(x)\ (x\in\mathrm{Q})$.

9. **證** 任取$x_1,x_2\in[a,b],x_1<x_2$. 因為$f(x)$在$[a,b]$上絕對連續，所以

$$f(x_1)=f(a)+\int_a^{x_1}f'(t)\mathrm{d}t,f(x_2)=f(a)+\int_a^{x_2}f'(t)\mathrm{d}t,$$

於是$f(x_2)-f(x_1)=\int_{x_1}^{x_2}f'(t)\mathrm{d}t$.

因為$f'(x)=0,a.e.x\in[a,b]$，所以$\int_{x_1}^{x_2}f'(t)\mathrm{d}t=0$. 則$f(x_2)=f(x_1)$，即$f(x)$在$[a,b]$上等於一個常數.

10. **證** 令$F(x)=\int_a^x f(t)\mathrm{d}t$，因為$f(x)$為$[a,b]$的$L$-可積函數，則由積分的絕對連續性知：對任意的$\varepsilon>0$，存在$\delta>0$，使得當$e\subset[a,b]$且$me<\delta$時，有

$$\int_e|f(x)|\mathrm{d}x<\varepsilon,$$

則對$[a,b]$中任意有限個互不相交的開區間$(x_i,y_i)(i=1,2,\cdots,n)$，只要$\sum_{i=1}^n(y_i-x_i)<\delta$，就有

$$\sum_{i=1}^n|F(y_i)-F(x_i)|=\sum_{i=1}^n\left|\int_{x_i}^{y_i}f(x)\mathrm{d}x\right|\leqslant\sum_{i=1}^n\int_{x_i}^{y_i}|f(x)|\mathrm{d}x$$
$$=\int_{\bigcup_{i=1}^n[x_i,y_i]}|f(x)|\mathrm{d}x<\varepsilon.$$

11. **證** 依題意知：存在$M>0$，滿足$|f'(x)|\leqslant M$. 對任意的$\varepsilon>0$，可取$\delta=\varepsilon/M$. 設$(x_1,y_1),\cdots,(x_n,y_n)$為$[a,b]$中任意有限個互不相交的開區間，且$\sum_{i=1}^n(y_i-x_i)<\delta$. 而$f(x)$在$[a,b]$上滿足Lagrange中值定理，則存在$\xi_i\in(x_i,y_i)$，使得

$$\sum_{i=1}^n|f(y_i)-f(x_i)|=\sum_{i=1}^n|f'(\xi)|(y_i-x_i)<M\cdot\sum_{i=1}^n(y_i-x_i)<M\delta<\varepsilon,$$

所以$f(x)$是$[a,b]$上的絕對連續函數.

12. **解** 在$[0,1]$中作點集E，使得$[0,1]$中任一區間I都有$m(I\cap E)>0$，$m(I\cap E^C)>0$（參閱相關的參考書[12]），並作$[0,1]$上的絕對連續函數

$$f(x)=\int_0^x[\chi_E(t)-\chi_{E^C}(t)]\,\mathrm{d}t.$$

對區間[0,1]中任一區間 I，存在 $x_1\in I\cap E, x_2\in I\cap E^C$，使得

$$f'(x_1)=\chi_E(x_1)-\chi_{E^C}(x_1)=1>0,$$
$$f'(x_2)=\chi_E(x_2)-\chi_{E^C}(x_2)=-1<0,$$

這說明了 $f(x)$ 在區間 I 上不是單調函數.

13. **解** 令

$$f_n(x)=\begin{cases}0, & 0\leqslant x\leqslant \dfrac{1}{n},\\ x\sin\dfrac{\pi}{x}, & x=0,\end{cases}$$

則 $f_n(n\in\mathrm{N})$ 是[0,1]上的絕對連續函數列，顯然 $f_n(x)$ 在[0,1]上一致收斂於

$$f_n(x)=\begin{cases}0, & x=0,\\ x\sin\dfrac{\pi}{x}, & 0\leqslant x\leqslant 1,\end{cases}$$

而 $f(x)$ 在[0,1]上不是有界變差的.

14. **證** (1) 依題意知，存在 $M>0$，使得 $|f(x)-f(y)|\leqslant M|x-y|$ $(x,y\in\mathrm{R}^1)$. 對任給的 $\varepsilon>0$，存在 $\delta>0$，當 $[a,b]$ 中互不相交的區間組滿足 $\sum_{i=1}^n(y_i-x_i)<\delta$ 時，有 $\sum_{i=1}^n|g(y_i)-g(x_i)|<\varepsilon$. 從而

$$\sum_{i=1}^n|f[g(y_i)]-f[g(x_i)]|\leqslant M\sum_{i=1}^n|g(y_i)-g(x_i)|<M\varepsilon.$$

(2) 因為 $g(y)$ 在區間 $[f(a),f(b)]$ 上絕對連續，則對任給的 $\varepsilon>0$，存在 $\delta_1>0$，當互不相交的區間組 $\{[c_i,d_i]\}_{n\geqslant1}$ 滿足 $\{[c_i,d_i]\}_{n\geqslant1}\subset[f(a),f(b)]$ 且 $\sum_{i=1}^n(d_i-c_i)<\delta_1$ 時，有

$$\sum_{i=1}^n|g(d_i)-g(c_i)|<\varepsilon.$$

又因為 $f(x)$ 是 $[a,b]$ 上的絕對連續函數，所以存在 $\delta>0$，當 $[a,b]$ 中互不相交的區間組 $\{[x_i,y_i]\}_{n\geqslant1}$ 滿足 $\sum_{i=1}^n(y_i-x_i)<\delta$ 時，有

$$\sum_{i=1}^n|f(y_i)-f(x_i)|<\delta_1.$$

再由 $f(x)$ 的嚴格遞增性，易知區間組 $\{[f(x_i),f(y_i)]\}_{n\geqslant1}$ 也是互不相交的. 從而當 $[a,b]$ 中互不相交的區間組滿足

$$\sum_{i=1}^n(y_i-x_i)<\delta\text{時，有}\sum_{i=1}^n|g[f(y_i)-g[f(x_i)]|<\varepsilon.$$

15. **解**　參考答案:(1) 可積函數的範圍;(2) 積分與極限次序的交換;(3) 微積分基本定理.

* 第 6 章　L^p 空間及抽象測度與積分

習題 6.1

1. **解**　由距離 ρ_1,ρ_2,ρ_3 的定義,顯然 ρ_1,ρ_2,ρ_3 滿足非負性和對稱性. 下面驗證它們分別滿足三角不等式. 事實上,對任意的 $x,y,z\in \mathrm{R}^n$,有

$$\begin{aligned}\rho_1(x,y) &= \left(\sum_{i=1}^{n}(x_i-y_i)^2\right)^{\frac{1}{2}}\\ &= \sqrt{(x_1-z_1+z_1-y_1)^2+\cdots+(x_n-z_n+z_n-y_n)^2}\\ &\overset{\text{Minkowski}}{\leqslant} \sqrt{(x_1-z_1)^2+\cdots+(x_n-z_n)^2}+\sqrt{(z_1-y_1)^2+\cdots+(z_n-y_n)^2}\\ &\leqslant \rho_1(x,z)+\rho_1(z,x),\end{aligned}$$

$$\begin{aligned}\rho_2(x,y) &= \sum_{i=1}^{n}|x_i-y_i| = |x_1-z_1+z_1-y_1|+\cdots+|x_n-z_n+z_n-y_n|\\ &\leqslant |x_1-z_1|+|z_1-y_1|+\cdots+|x_n-z_n|+|z_n-y_n|\\ &= \rho_2(x,z)+\rho_2(z,x),\end{aligned}$$

$$\begin{aligned}\rho_3(x,y) &= \max_{1\leqslant i\leqslant n}|x_i-y_i| = \max_{1\leqslant i\leqslant n}|x_i-z_i+z_i-y_i|\\ &\leqslant \max_{1\leqslant i\leqslant n}|x_i-z_i|+\max_{1\leqslant i\leqslant n}|z_i-y_i|\\ &= \rho_3(x,z)+\rho_3(z,x),\end{aligned}$$

故 R^n 按 ρ_1, ρ_2 或 ρ_3 均為距離空間.

2. **證**　(1) 有理數集不是完備空間. 例如,{1,1.4,1.41,1.414,1.4142,1.41421,…} 是有理數的柯西序列,但沒有有理數極限. 實際上,它有個實數極限 $\sqrt{2}$,所以實數是有理數的完備化 —— 這亦是構造實數集合的一種方法.

(2) 顯然 $\bar{\rho}$ 是 R 中的一個度量,並與 R 的通常度量 ρ 等價. (R,ρ) 是一個完備度量空間,但 $(\mathrm{R},\bar{\rho})$ 卻不是. 這是因為其中的序列 $\{i\}_{i\in \mathrm{Z}^+}$ 雖是一個 Cauchy 序列,卻不收斂. 驗證如下:對任意的 $\varepsilon>0$,取 $N>1/\varepsilon$,則當 $k,j>N$(不妨設 $k<j$) 時,有

$$\begin{aligned}\bar{\rho}(i,j) &= \left|\frac{i}{1+|i|}-\frac{j}{1+|j|}\right| = \left|\frac{i}{1+i}-\frac{j}{1+j}\right|\\ &= \left|\frac{i-j}{(1+i)(1+j)}\right| < \frac{1}{1+i} < \frac{1}{i} < \varepsilon,\end{aligned}$$

所以 $\{i\}_{i\in \mathrm{Z}^+}$ 是一個 Cauchy 序列. 但對於任意給定的 x,取 $i=x+p,p>x$ 時,

$$\bar{\rho}(x,i) = \left|\frac{x}{1+x}-\frac{x+p}{1+x+p}\right| = \frac{p}{(1+x)(1+x+p)} > \frac{p}{2p(1+x)} = \frac{1}{2+2x}$$

是一個確定的數，即無論 x 怎麼選取，當 $i > 2x$ 時，$\bar{\rho}(x,i)$ 總是大於固定的數 $\frac{1}{2+2x}$，及 $\{i\}_{i\in Z^+}$ 不收斂於 x.

3. **證** 將 $(0,1)$ 上全體有理數排成序列 $\{r_n\}$，對每一 n 作包含於 $[0,1]$ 內的開區間 I_n，使 $r_n \in I_n$ 且長度 $|I_n| < 1/2^n$，然后作函數

$$f(x)=\begin{cases}1, & x\in\bigcup_{n=1}^{\infty} I_n,\\ 0, & x\in E_0=[0,1]-\bigcup_{n=1}^{\infty} I_n\end{cases}$$

及函數序列 $\{f_n(x)\}$

$$f_n(x)=\begin{cases}1, & x\in\bigcup_{k=1}^{n} I_k,\\ 0, & \text{其他}\end{cases}$$

其中，$n=1,2,\cdots$. 易知，在 $[0,1]$ 上處處有 $\lim\limits_{n\to\infty} f_n(x)=f(x)$. 若 $m>n$，則

$$f_m(x)-f_n(x)=\begin{cases}1, & x\in\bigcup_{k=n+1}^{m} I_k,\\ 0, & \text{其他},\end{cases}$$

而 $m\left(\bigcup\limits_{k=n+1}^{m} I_k\right)\leqslant\sum\limits_{k=n+1}^{m}|I_k|<\sum\limits_{k=n+1}^{m}1/2^k\to 0(m,n\to\infty)$，則 $\lim\limits_{n,m\to\infty}\rho(f_n,f_m)=0$.

一方面，由定理 3，可得 $f_n(x)\Rightarrow f(x)$，由 Riesz 定理，有 $\{f_n(x)\}$ 的子序列 $\{f_{n_i}(x)\}$，使 $\lim\limits_{i\to\infty} f_{n_i}(x)=f(x)$，$a.e.$ 於 $[0,1]$. 另一方面，由定理 5，知存在 $g\in L^2[0,1]$，使 $\lim\limits_{n\to\infty}\|f_n\|_2=\|g\|_2$. 則 $f(x)=g(x)$，$a.e.$ 於 $[0,1]$.

下面我們來證明任一這樣的 g 都不可能在 $[0,1]$ 上 Riemann 可積. 設 E_1 是 $[0,1]$ 中測度為零的子集，使

$$f(x)=g(x), x\in[0,1]-E_1,$$

則 $m(E_0-E_1)>0$. 現設 $x_0\in E_0-E_1$，對每一正整數 n，取充分大的 k_n，使

$$|x_0-r_{k_n}|<1/2^{n+1}, |I_{k_n}|<1/2^{k_n}<1/2^{n+1}.$$

由於 $mE_1=0$，$I_{k_n}-E_1$ 非空，我們可取 $x_n\in I_{k_n}-E_1$. 於是

$$|x_n-x_0|\leqslant|x_n-r_{k_n}|+|r_{k_n}-x_0|<1/2^{n+1}+1/2^{n+1}=1/2^n,$$

即 $\lim\limits_{n\to\infty} x_n=x_0$.

而 $x_n\in I_{k_n}$，$x_n\notin E_1$，所以 $f(x_n)=g(x_n)=1$；由於 $x_0\in E_0-E_1$，所以 $f(x_0)=g(x_0)=1$. 由此可見，$\lim\limits_{n\to\infty} g(x_n)=1\neq g(x_0)$，即 $g(x)$ 在 x_0 點不連續. 由 x_0 的任意性，知 $C[0,1]$ 是不完備的空間.

4. **證**　設 $p>0,q>0,\dfrac{1}{p}+\dfrac{1}{q}=1$，應用 Jensen 不等式，可證得 Hôlder 不等式：

$$\sum_{i=1}^{n} x_i y_i \leqslant \left(\sum_{i=1}^{n} x_i{}^{p}\right)^{1/p}\left(\sum_{i=1}^{n} y_i{}^{q}\right)^{1/q}, x_i \geqslant 0, y_i \geqslant 0, i=1,2,\cdots,n.$$

令 $n\to+\infty$，得 $\sum_{i=1}^{\infty} x_i y_i \leqslant \left(\sum_{i=1}^{\infty} x_i{}^{p}\right)^{1/p}\left(\sum_{i=1}^{\infty} y_i{}^{q}\right)^{1/q}, x_i \geqslant 0, y_i \geqslant 0, i=1,2,\cdots.$

(1) 根據線性空間的定義，易驗證(R，+，數乘) 為一個線性空間. 從而有

$\|x\|_p=\left(\sum_{i=1}^{\infty}\|x_i\|^{p}\right)^{1/p}\geqslant 0,$

$\|x\|=0$ 當且僅當 $\|x_i\|=0, i=1,2,\cdots$ 當且僅當 $x=0$,

$\|\lambda x\|_p=\left(\sum_{i=1}^{\infty}\|\lambda x_i\|^{p}\right)^{1/p}=|\lambda|\left(\sum_{i=1}^{\infty}\|x_i\|^{p}\right)^{1/p}=|\lambda|\cdot\|x\|, \lambda\in\mathrm{R},$

$$\begin{aligned}
\|x+y\|_p^p &= \sum_{i=1}^{\infty}\|x_i+y_i\|^{p}\\
&= \sum_{i=1}^{\infty}\|x_i+y_i\|^{p-1}\cdot\|x_i+y_i\|\\
&\leqslant \sum_{i=1}^{\infty}\|x_i+y_i\|^{p-1}\cdot\|x_i\|+\sum_{i=1}^{\infty}\|x_i+y_i\|^{p-1}\cdot\|y_i\|\\
&\underline{\underline{\text{Hölder}}}\left(\sum_{i=1}^{\infty}\|x_i+y_i\|^{q(p-1)}\right)^{1/q}\left(\sum_{i=1}^{\infty}\|x_i\|^{p}\right)^{1/p}\\
&\qquad+\left(\sum_{i=1}^{\infty}\|x_i+y_i\|^{q(p-1)}\right)^{1/q}\left(\sum_{i=1}^{\infty}\|y_i\|^{p}\right)^{1/p}\\
&=\left(\sum_{i=1}^{\infty}\|x_i+y_i\|^{p}\right)^{1/q}\left(\sum_{i=1}^{\infty}\|x_i\|^{p}\right)^{1/p}\\
&\qquad+\left(\sum_{i=1}^{\infty}\|x_i+y_i\|^{p}\right)^{1/q}\left(\sum_{i=1}^{\infty}\|y_i\|^{p}\right)^{1/p}\\
&=\|x+y\|_p^{p/q}\ \|x\|_p+\|x+y\|_p^{p/q}\ \|y\|_p\\
&=\|x+y\|_p^{p-1}(\|x\|_p+\|y\|_p).
\end{aligned}$$

如果 $\|x+y\|_p\neq 0$，則在上式兩端用 $\|x+y\|_p^{p-1}$ 除之，得

$$\|x+y\|_p\leqslant\|x\|_p+\|y\|_p.$$

如果 $\|x+y\|_p=0$，顯然有 $\|x+y\|_p=0\leqslant\|x\|_p+\|y\|_p$.

綜上所述，(R，$\|\cdot\|_p$) 為一個模空間.

(2) 依據(1)，有

$\rho(x,y)=\|x-y\|_p\geqslant 0,$

$\rho(x,y)=\|x-y\|_p=0$ 當且僅當 $x-y=0$ 當且僅當 $x=y$,

$\rho(x,y)=\|x-y\|_p=\|-(y-x)\|_p=|-1|\cdot\|y-x\|_p=\rho(y,x),$

$$\rho(x,y) = \| x - y \|_p = \| (x - z) + (z - y) \|_p$$
$$\leqslant \| x - z \|_p + \| z - y \|_p = \rho(x,z) + \rho(z,y).$$

綜上所述，(R, ρ) 為一個度量（距離）空間.

定理（Jensen 不等式） 設 $\omega(x)$ 是 $E \subset \mathrm{R}^1$ 上正值可測函數，且 $\int_E \omega(x)\,\mathrm{d}x = 1$；$\varphi(x)$ 是區間 $I = [a,b]$ 上的（下）凸函數；$f(x)$ 在 E 上可測，且值域 $R(f) \subset I$，若 $f\omega \in L(E)$，則

$$\varphi\left(\int_E f(x)\omega(x)\,\mathrm{d}x\right) \leqslant \int_E \varphi(f(x))\omega(x)\,\mathrm{d}x.$$

5. **證** 作為第 4 題的特例（$R_i = \mathrm{R}, i = 1,2,\cdots$）知：

(1) $(l^p, +, 數乘)$ 為一個線性空間.

(2) $(l^p, \| \cdot \|_p)$ 為一個模空間.

(3) (l^p, ρ) 為一個度量空間.

下面只需證明 (l^p, ρ) 為完備空間. 設 $\{x_k\}$ 為 l^p 中的 Cauchy（基本）點列. 對任意的 $\varepsilon > 0$，存在 N，使得當 $k,j \geqslant N$ 時，有

$$\| x_k - x_j \|_p < \frac{\varepsilon}{2}.$$

因為 $|x_k^{(i)} - x_j^{(i)}| \leqslant \| x_k - x_j \|_p < \frac{\varepsilon}{2}, i = 1,2,\cdots$，所以 $\{x_k^{(i)} \mid k = 1,2,\cdots\}$ 為 Cauchy（基本）點列，故它必收斂，記為 $x_0^{(i)} = \lim\limits_{k \to +\infty} x_k^{(i)}, i = 1,2,\cdots$.

由於

$$\left(\sum_{i=1}^{N} |x_k^{(i)} - x_j^{(i)}|^p\right)^{1/p} \leqslant \left(\sum_{i=1}^{\infty} |x_k^{(i)} - x_j^{(i)}|^p\right)^{1/p} = \| x_k - x_j \|_p < \frac{\varepsilon}{2},$$

在上式中，令 $j \to +\infty$，得 $\left(\sum\limits_{i=1}^{N} |x_k^{(i)} - x_0^{(i)}|^p\right)^{1/p} \leqslant \frac{\varepsilon}{2}$.

再在上式中，令 $N \to +\infty$，得

$$\| x_k - x_0 \|_p = \left(\sum_{i=1}^{\infty} |x_k^{(i)} - x_0^{(i)}|^p\right)^{1/p} \leqslant \frac{\varepsilon}{2} < \varepsilon,$$

$$\lim_{k \to +\infty} x_k = x_0, x_0 = x_k - (x_k - x_0) \in l^p.$$

這就證明了 (l^p, ρ) 為一個完備度量空間. 因而 $(l^p, \| \cdot \|_p)$ 為一個 Banach 空間.

6. **證** 對 $p' = 4, p = 2, f(x) = \frac{1}{(x^2+1)^{1/4}}$，有

$$\int_{-\infty}^{+\infty} \left(\frac{1}{(x^2+1)^{1/4}}\right)^4 \mathrm{d}x = \int_{-\infty}^{+\infty} \frac{1}{x^2+1}\mathrm{d}x = \arctan x \Big|_{-\infty}^{+\infty} = \pi < +\infty,$$

則 $f(x) \in L^4(\mathrm{R}^1)$. 而 $\int_{-\infty}^{+\infty} \left(\frac{1}{(x^2+1)^{1/4}}\right)^2 \mathrm{d}x = \int_{-\infty}^{+\infty} \frac{1}{(x^2+1)^{1/2}}\mathrm{d}x = +\infty$，則 $f(x)$

$\notin L^2(\mathrm{R}^1)$, 因而 $L^4(\mathrm{R}^1) \not\subset L^2(\mathrm{R}^1)$.

同時, 我們構造函數 $f(x)$ 滿足

$$f(x)=\begin{cases} n, & x\in\left(n-\dfrac{1}{2n^4},n+\dfrac{1}{2n^4}\right), n\in \mathrm{N}, \\ 0, & (0,+\infty)-\bigcup\limits_{n=1}^{\infty}\left(n-\dfrac{1}{2n^4},n+\dfrac{1}{2n^4}\right), \end{cases}$$

則 $\int_{-\infty}^{+\infty} f^4(x)\,\mathrm{d}x = 2\sum\limits_{n=1}^{\infty} n^4\cdot\dfrac{1}{n^4} = 2\sum\limits_{n=1}^{\infty} 1 = +\infty$, 從而 $f(x)\notin L^4(\mathrm{R}^1)$. 但

$$\int_{-\infty}^{+\infty} f^2(x)\,\mathrm{d}x = 2\sum_{n=1}^{\infty} n^2\cdot\frac{1}{n^4} = 2\sum_{n=1}^{\infty}\frac{1}{n^2} = \frac{\pi^2}{3} < +\infty,$$

則 $f(x)\in L^2(\mathrm{R}^1)$. 故 $L^2(\mathrm{R}^1)\not\subset L^4(\mathrm{R}^1)$.

7. **證** 因為 $1\leqslant p,q<+\infty$, 所以 $0<\dfrac{1}{r}=\dfrac{1}{p}+\dfrac{1}{q}-1\leqslant 1+1-1=1, r\geqslant 1$. 於是

$$|h(x)|^r = \left|\int_{\mathrm{R}^n} f(t)g(x-t)\,\mathrm{d}t\right|^r.$$

對上式應用兩次 Hôlder 不等式, 得

$$|h(x)|^r \leqslant \|f\|_p^{r-p}\ \|g\|_q^{r-q}\left[\int_{\mathrm{R}^n}|f(t)|^p\ |g(x-t)|^q\mathrm{d}t\right].$$

由此可得

$$\begin{aligned}
\|h\|_r^r &= \int_{\mathrm{R}^n}|h(x)|^r\mathrm{d}x \\
&\leqslant \|f\|_p^{r-p}\ \|g\|_q^{r-q}\int_{\mathrm{R}^n}\mathrm{d}x\int_{\mathrm{R}^n}|f(t)|^p\ |g(x-t)|^q\mathrm{d}t \\
&= \|f\|_p^{r-p}\ \|g\|_q^{r-q}\int_{\mathrm{R}^n}\mathrm{d}t\int_{\mathrm{R}^n}|f(t)|^p\ |g(x-t)|^q\mathrm{d}x \\
&= \|f\|_p^{r-p}\ \|g\|_q^{r-q}\int_{\mathrm{R}^n}|f(t)|^p\mathrm{d}t\int_{\mathrm{R}^n}|g(x-t)|^q\mathrm{d}x \\
&= \|f\|_p^{r-p}\ \|g\|_q^{r-q}\int_{\mathrm{R}^n}|f(t)|^p\mathrm{d}t\int_{\mathrm{R}^n}|g(u)|^q\mathrm{d}u \\
&= \|f\|_p^{r-p}\ \|g\|_q^{r-q}\ \|g\|_q^q\ \|f\|_p^p \\
&= \|f\|_p^r\ \|g\|_q^r.
\end{aligned}$$

故 $\|h\|_r \leqslant \|f\|_p\ \|g\|_q$.

習題 6.2

1. **證** 由內積定義 $\langle f,g\rangle = \int_E f(x)g(x)\,\mathrm{d}x$ 及積分的性質, 結論易證.

2. **證** 由標準正交系定義, 且 $\|\varphi_k\|_2 = 1$, 結論易證.

3. **證** （i）設$f(x)$是$[-\pi,\pi]$上的連續函數，若其一切 Fourier 系數都是零，則$f(x)\equiv 0$.

事實上，如果$f(x)\neq 0$，那麼存在$x_0\in[-\pi,\pi]$，使得$|f(x_0)|$為最大值，不妨設$f(x_0)=M>0$，從而可得充分小的區間$I=(x_0-\delta,x_0+\delta)$，使得$f(x)>\frac{M}{2},x\in I\cap[-\pi,\pi]$.

對三角多項式$t(x)=1+\cos(x-x_0)-\cos\delta$，由於$t^n(x)$仍是一個三角多項式，所以根據假定我們有

$$\int_{-\pi}^{\pi}f(x)t^n(x)\mathrm{d}x=0,n=1,2,\cdots,$$

但這是不可能的. 一方面，因為當$x\in[-\pi,\pi]\setminus I$時，有$|t^n(x)|\leqslant 1$，所以

$$\int_{[-\pi,\pi]\setminus I}f(x)t^n(x)\mathrm{d}x\leqslant M\cdot 2\pi.$$

另一方面，令$J=(x_0-\delta/2,x_0+\delta/2)$時，存在$r>1$，使得$t(x)\geqslant r,x\in J\cap[-\pi,\pi]$，所以

$$\int_{I\cap[-\pi,\pi]}f(x)t^n(x)\mathrm{d}x\geqslant\int_{I\cap[-\pi,\pi]}f(x)t^n(x)\mathrm{d}x\geqslant\frac{1}{2}Mr^n\cdot\frac{\delta}{2}.$$

合併上述兩個積分不等式，得$\lim\limits_{n\to\infty}\int_{-\pi}^{\pi}f(x)t^n(x)\mathrm{d}x=\infty$，矛盾. 這個矛盾說明必有$f(x)\equiv 0$.

（ii）設$f(x)\in L^2(E)$，我們作函數$g(x)=\int_{-\pi}^{x}f(t)\mathrm{d}t$. 則$g(x)$是$[-\pi,\pi]$上的絕對連續函數且$g(-\pi)=g(\pi)=0$，所以通過分部積分公式可得

$$\begin{aligned}\int_{-\pi}^{\pi}g(x)\begin{pmatrix}\sin nx\\ \cos nx\end{pmatrix}\mathrm{d}x&=\frac{1}{n}\int_{-\pi}^{\pi}g(x)\mathrm{d}\begin{pmatrix}-\cos nx\\ \sin nx\end{pmatrix}\\&=\frac{1}{n}g(x)\begin{pmatrix}-\cos nx\\ \sin nx\end{pmatrix}\Bigg|_{-\pi}^{\pi}-\frac{1}{n}\int_{-\pi}^{\pi}f(x)\begin{pmatrix}-\cos nx\\ \sin nx\end{pmatrix}\mathrm{d}x\\&=0,\ n\geqslant 1.\end{aligned}$$

令$B=\frac{1}{2\pi}\int_{-\pi}^{\pi}g(x)\mathrm{d}x,G(x)=g(x)-B$，則有

$$\int_{-\pi}^{\pi}G(x)\begin{pmatrix}\cos nx\\ \sin nx\end{pmatrix}\mathrm{d}x=0,n=0,1,2,\cdots,$$

即$G(x)$的一切 Fourier 系數都是零，由（i）知$G(x)\equiv 0$，即$g(x)\equiv B$. 從而可知$f(x)=g'(x)=0,\ a.e.\ x\in E$.

4. **證** 因為$1,\cos x,\sin x,\cdots,\cos nx,\sin nx,\cdots$是$L^2[-\pi,\pi]$中的一完全正交系，所以$\frac{1}{\sqrt{2\pi}},\frac{1}{\sqrt{\pi}}\cos x,\frac{1}{\sqrt{\pi}}\sin x,\cdots,\frac{1}{\sqrt{\pi}}\cos nx,\frac{1}{\sqrt{\pi}}\sin nx,\cdots$為$L^2[-\pi,\pi]$中的

一標準正交完全系. 下面我們來驗證三角函數系在 $L^2[-\pi,\pi]$ 中是完備的(同第 3 題), 為此只需證明下列命題.

(P) 若 $L^2([-\pi,\pi])$ 中的元 f 與式(6.2.1) 中所有函數正交, 則幾乎處處有 $f(x)=0$.

先設 f 連續. 假設(P) 的結論不成立, 則有 $x_0\in[-\pi,\pi]$, 使

$$|f(x_0)|=\max\{|f(x)|\,|\,x\in[-\pi,\pi]\}>0.$$

不失一般性, 設 $f(x_0)>0$. 則有充分小的 $\delta>0$, 使

$$f(x)>\frac{1}{2}f(x_0),x\in I=(x_0-\delta,x_0+\delta)\cap[-\pi,\pi].$$

令 $t(x)=1+\cos(x-x_0)-\cos\delta$, 則對每一 $n\geqslant 1$, $t^n(x)$ 是一個三角多項式, 所以由(P) 的條件, 有 $\int_{-\pi}^{\pi}f(x)t^n(x)\mathrm{d}x=0,n\geqslant 1.$

當 $x\in[-\pi,\pi]-I$ 時, $-2\leqslant\cos(x-x_0)-\cos\delta\leqslant 0$, 從而 $|t^n(x)|\leqslant 1$, 並且

$$\left|\int_{[-\pi,\pi]\setminus I}f(x)t^n(x)\mathrm{d}x\right|\leqslant 2\pi f(x_0).$$

此外由於 $t(x_0)=2-\cos\delta>1$, 從而有 $0<\delta_1<\delta$ 及 $r>1$, 使當 $x\in J=(x_0-\delta_1,x_0+\delta_1)\cap[-\pi,\pi]$ 時, $t(x)\geqslant r$, 於是

$$\int_I f(x)t^n(x)\mathrm{d}x\geqslant\int_J f(x)t^n(x)\mathrm{d}x\geqslant\frac{1}{2}f(x_0)r^n\delta_1.$$

綜合上述兩個不等式, 得 $\int_{-\pi}^{\pi}f(x)t^n(x)\mathrm{d}x\to\infty\ (n\to\infty)$, 矛盾. 這樣在 f 連續時, 我們證明了命題(P).

對於一般的 $f\in L^2[-\pi,\pi]$, 我們取常數 B 使 $g(x)=\int_{-\pi}^{x}f(t)\mathrm{d}t-B$, $\int_{-\pi}^{\pi}g(x)\mathrm{d}x=0$, 則 $g(x)$ 是絕對連續的, 並且幾乎處處有 $g'(x)=f(x)$. 利用分部積分公式及(P) 的條件, 容易驗證 $g(x)$ 與式(6.2.1) 所有函數正交. 從而由前述所證, $g(x)\equiv 0$, 即幾乎處處有 $f(x)=g'(x)=0$, 命題(P) 得證.

根據命題(P) 及定理6, 對任何 $f\in L^2[-\pi,\pi]$, 在 $L^2[-\pi,\pi]$ 中收斂的意義下, 我們有 f 的 Fourier 級數展開式

$$f(x)=\frac{a_0}{2}+\sum_{n=1}^{\infty}(a_n\cos nx+b_n\sin x),$$

其中

$$a_n=\frac{1}{\pi}\int_{-\pi}^{\pi}f(x)\cos nx\mathrm{d}x,n=0,1,2,\cdots,$$

$$b_n=\frac{1}{\pi}\int_{-\pi}^{\pi}f(x)\sin nx\mathrm{d}x,n=0,1,2,\cdots,$$

並且 $\|f\|_2^2 = \int_{-\pi}^{\pi} |f(x)|^2 \mathrm{d}x = \frac{\pi a_0^2}{2} + \pi \sum_{n=1}^{\infty} (a_n^2 + b_n^2)$.

5. 證　因為

$$\left\langle 1, \frac{1}{\sqrt{\pi}}\cos nx \right\rangle = \int_{-\pi}^{\pi} 1 \cdot \frac{1}{\sqrt{\pi}}\cos nx \mathrm{d}x = \frac{1}{k\sqrt{\pi}}\sin nx \Big|_{-\pi}^{\pi} = 0,$$

$$\left\langle 1, \frac{1}{\sqrt{\pi}}\sin nx \right\rangle = \int_{-\pi}^{\pi} 1 \cdot \frac{1}{\sqrt{\pi}}\sin nx \mathrm{d}x = -\frac{1}{k\sqrt{\pi}}\cos nx \Big|_{-\pi}^{\pi} = 0, n = 1,2,\cdots,$$

故 1 與 $\left\{\frac{1}{\sqrt{\pi}}\cos nx, \frac{1}{\sqrt{\pi}}\sin nx \mid n = 1,2,\cdots\right\}$ 中每個元素都正交，因此 $\left\{\frac{1}{\sqrt{\pi}}\cos nx, \frac{1}{\sqrt{\pi}}\sin nx \mid n = 1,2,\cdots\right\}$ 不是 $L^2[-\pi,\pi]$ 的完全系.

6. 證　任取 $\{\varphi_k\}$ 中的有限個並假定

$$a_1\varphi_{k_1}(x) + a_1\varphi_{k_2}(x) + \cdots + a_i\varphi_{k_i}(x) = 0,\ a.e.\ x \in E,$$

上式兩端各乘以 $\varphi_{k_1}(x)$，且在 E 上對 x 進行積分，由 $\{\varphi_k\}$ 的正交性可知 $a_1 = 0$.

同理可證

$$a_2 = a_3 = \cdots = a_i = 0.$$

7. 證　記 $a_0, a_n, b_n (n \in \mathrm{N})$ 是 $f(x)$ 在 $[0,2\pi]$ 上的 Fourier 系數，令

$$r_n^2 = a_n^2 + b_n^2, a_n\cos nx + b_n\sin nx = r_n\cos(nx + \theta_n),$$

反設當 $n \to \infty$ 時，r_n 不趨於 0，則存在 $\sigma > 0$ 以及 $\{n_k\}: r_{n_k} > \sigma (k \in \mathrm{N})$. 由此即知

$$\lim_{k\to\infty}\cos(n_kx + \theta_{n_k}) = 0\ (x \in E).$$

而 $|\cos^2(n_kx + \theta_{n_k})| \leqslant 1$，則 $\lim_{k\to\infty}\int_E \cos^2(n_kx + \theta_{n_k})\mathrm{d}x = \int_E \lim_{k\to\infty}\cos^2(n_kx + \theta_{n_k})\mathrm{d}x = 0$. 同時，我們還有

$$\int_E \cos^2(n_kx + \theta_{n_k})\mathrm{d}x = \frac{1}{2}mE + \cos 2\theta_n\int_E \cos 2nx\mathrm{d}x - \sin 2\theta_n\int_E \sin 2nx\mathrm{d}x$$

$$\to \frac{1}{2}mE (n \to \infty),$$

矛盾，所以其 Fourier 系數必收斂於零.

附錄：各章知識點概要

第 1 章　集合及其基數

本章所討論的集合的基本知識是集合論的基礎，包括集合的運算和集合的基數兩部分.

一、內容小結

本章首先回顧了集合的概念、表示方法、集合的運算(並、交、差、補)；給出了集簇和集列的並與交的定義；對集合的系列運算性質作了詳細的討論，特別是德摩根公式；介紹了怎樣用集合的運算來表述函數列的收斂性和一般函數性質；介紹笛卡爾乘積集的定義；給出了域、σ-域的定義及其性質；引入了集列的上極限與下極限和極限的運算；引入了集合對等的概念，證明了判別兩個集合對等的有力工具——伯恩斯坦定理；引入了集合基數的概念，深入地研究了可數基數和連續基數.

二、知識點及學法概要

(1) 集合的包含和相等關係，並、交、差、補等概念，以及集合的運算律.

關於概念的學習，讀者應該注意概念中的條件是充分必要的，比如，$A \subset B$ 當且僅當 $x \in A$ 時必有 $x \in B$.有時也利用它的等價形式：$A \subset B$ 當且僅當 $x \notin B$ 時必有 $x \notin A$.在證明兩個集合包含關係時，這兩種證明方法可視具體問題而選擇其一.

還要注意對一列集合併與交的概念的理解和掌握. $x \in \bigcup_{n=1}^{\infty} A_n$ 當且僅當 x 屬於這一列集合中的「某一個」(即存在某個 A_n，使 $x \in A_n$)，而 $x \in \bigcap_{n=1}^{\infty} A_n$ 當且僅當 x 屬於這一列集合中的「每一個」(即對每個 A_n，都有 $x \in A_n$).要熟練地進行集合間的各種運算，這是學習本章必備的基本技能. 讀者要多做些這方面的練習.

特別要注意集合運算既有和代數運算在形式上有許多類似的公式，但也有許多本質不同的公式，讀者千萬不要不加證明地把代數恒等式搬到集合運算中來. 例如，在代數運算中有等式 $(a+b)-a=b$，但對集合 A 與 B，等式 $(A\cup B)-A=B$ 卻不一定成立，這個等式成立的充要條件為 A 與 B 不相交.

（2）深刻體會用集合的運算來表述函數列的收斂性和一般的函數性質的技巧，這在第四章和第五章的學習是特別重要的；瞭解笛卡爾乘積集的定義；掌握域、σ − 域的定義，掌握域的性質，深刻理解定理 7.

（3）理解集列的上、下極限集及極限集的定義並能正確求解；瞭解集列的可數並、可數交和上、下極限集之間的關係. 一列集合的上、下極限集及極限集是用集合運算來解決分析中許多問題的基礎，所以讀者應該很好地掌握. 對上、下極限集有兩種不同的描述方法：一種是用語言描述，一種是用集合運算描述，前者便於分析問題，后者便於用集合運算解決問題. 讀者應該學會把一些分析問題轉化為用上、下極限集表述，這在第四章是特別重要的.

（4）映射是數學中一個基本概念，要弄清單射、滿射和一一對應之間的區別與聯繫. 深刻理解一一對應、兩集合對等及集合的基數等概念，能構造兩個對等集合間的一一映射，會利用對等的定義及 Bernstein 定理證明兩集合對等.

對集合基數部分的學習，應注意論證兩個集合對等技能的訓練，其方法主要有下面三種：

一是依對等的定義直接構造兩集間的一一對應；二是利用對等的傳遞性，如欲證 $A\sim C$，已知 $A\sim B$，此時只需證 $B\sim C$；三是應用有關定理，特別是伯恩斯坦定理，即欲證 $A\sim B$，只要證 A 和 B 各自都與對方的一子集對等即可，這是判斷兩個集合對等的常用的有效方法.

（5）掌握可數集的定義和運算性質；掌握常見可數集的例子，記住相關結論和論述；掌握可數集的有關性質；有理數集是可數的並且在直線上處處稠密，這是有理數集在應用中的兩條重要性質. 可數集是無限集中最重要的一類集合，它是所有無限集中基數最小者，所以從一無限集中去掉一個可數子集后，若剩下的仍為無限集，則剩下無限集的基數與原無限集的基數相等，類似地，無限集並上一可數集后，其基數也不變. 學會證明一個集合是可數集，其方法一是將集合 A 中元素排成一個無窮序列；二是設法使 A 與有理數集或有理端點區間所成集對等；三是利用有限或可數個可數集的並仍為可數集等可數集的運算性質；四是可證該集為可數集的子集.

（6）連續勢集及其運算性質. 掌握不可數集、連續勢集的定義；掌握常見的連續勢集的例子，記住相關結論和論述；掌握連續勢集的有關性質並能證明，證明一集合的基數為 $\aleph$ 時常常用到區間、R^n、R^∞ 的基數為 $\aleph$，也常常設法證明 A 與 p − 進位無限小數對等；知道基數無最大者，並瞭解不存在最大基數定理的證明.

（7）瞭解 p − 進位表數法.

第 2 章　n 維空間中的點集

本章討論特殊的集合 ——n 維歐氏空間 R^n 中的點集理論，著重研究實數直線 R^1 上開集、閉集和完備集的構造與它們的性質，這不僅是以后學習測度理論和新積分理論的基礎，也為一般的抽象空間的研究提供了具體的模型.

一、內容小結

本章引入了集合的內點、外點、邊界點、聚點和孤立點等概念，特別是對聚點作了深入的討論，並證明了聚點原理；引入了疏朗與稠密、開集、閉集、閉包、完備集、波雷爾集、緊集等概念，並且討論了開集與閉集的運算性質及兩者之間的對偶關係，證明了有限覆蓋定理；證明了直線上非空開集的構造定理；深入討論了直線上閉集及完備集的結構；介紹了著名的康托爾集，並證明了康托爾集是一基數為 $\aleph$ 的疏朗完備集；引入了點集上連續函數的定義；介紹了點集間的距離，在此基礎上給出了距離可達定理、隔離性定理.

二、知識點及學法概要

(1) 我們從 R^n 中的距離和鄰域的概念出發，首先定義了相對於某個給定集 $E \subset \mathrm{R}^n$ 的幾種不同類型的點：內點、聚點、孤立點、邊界點. 理解聚點、孤立點、內點、邊界點、外點的意義及有關性質，它們彼此之間的關係可用圖示如下：

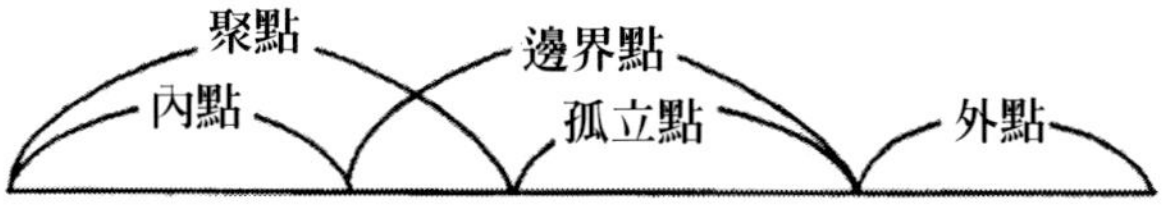

其中內點和聚點更常用些. 關於聚點，我們在定理 1 中給出了幾個等價條件，讀者要熟練地掌握和運用；會求解給定點集的內點、導集、邊界、閉包，掌握它們的有關性質.

(2) 瞭解疏朗與稠密集的定義及其結論.

(3) 開集、閉集和完備集是本章的重要內容.

理解開集、閉集、完備集的意義，熟練掌握其所有性質及其論述；開集與閉集是兩類重要的集合，讀者必須學會判斷一個集合是否是開集或閉集的方法：一般說來，除了從定義出發來判斷外，對於閉集，則還有一些其他的技巧，例如，一是可證 $E = \overline{E}$；二是利用 E 為閉集的充要條件是 E 中收斂點列必收斂於 E 中的點；三是利用開集與閉集的對偶性，相互對證等方法.

(4) 掌握一維開集、閉集及完備集的構造. 直線上開集和閉集的構造定理是本章重點之一，讀者必須掌握. 在開集、閉集和完備集的性質和直線上開集構造的討論中，開集是基礎，因為閉集是開集的補集，完備集是一種特殊的閉集，所以弄清了開集的性質，閉集和完備集的性質和構造也就自然得到了. 請注意，只有直線上的非空開集才可以唯一地表示成至多可數個互不相交的開區間的並集. 這一結論當 $n \geqslant 2$ 時，R^n 中的任何非空開集可表示成可數個互不相交的半開半閉區間的並集，但這種表示不唯一. 而直線上的閉集或是全直線，或是從直線上去掉有限多個或可數個互不相交的開區間(稱為該閉集的余區間)后所成的集，完備集則是它的任何兩個余區間都沒有公共端點的閉集.

(5) 康托集是本章給出的一個重要例子. 不應將 Cantor 集視為一般的例題，應深刻理解其構造、特性. 對它的一些特殊性質，在直觀上是難以想像的，比如它既是不包含任何區間的完備集，同時它還具有連續基數 $\aleph$，第3章中我們還將證明它的測度為零. 它的巧妙構思和奇特性質常常為構造一些重要的反例提供啟示.

(6) 掌握 Borel 集的定義及性質；瞭解緊集的定義及其性質；瞭解點集上連續函數的定義及其相關結論；掌握點集間的距離的定義及其性質.

(7) 本章還介紹了聚點存在定理(即波爾察諾一維爾斯特拉斯定理)、有限覆蓋定理、距離可達定理和隔離性定理，要弄清這些定理條件，並會靈活運用.

第3章　測度理論

本章主要討論 R^n 中點集的勒貝格測度，並且討論它們的性質，它是建立勒貝格積分的基礎.

一、內容小結

本章首先引入了特徵函數的定義，在此基礎上對開集的體積進行了簡單的討論；引入了 R^n 中點集的外側度、可測集及測度等基本概念；深入地討論了可測集的運算性質；指出了 R^n 中勒貝格可測集全體所成的集類是一 σ - 域；勒貝格測度具有非負性、可數可加性；由可數可加性推出了內、外極限定理 —— 單調可測集列極限的測度等於它們測度的極限(減少時，要求 $mE < +\infty$)；討論了勒貝格可測集的結構(即 Borel 集與可測集的關係)；簡單介紹了勒貝格測度的平移、旋轉不變性；構造了不可測集的實例；討論了乘積空間中有關乘積測度的結論.

二、知識點及學法概要

(1) 讀者要熟練掌握特徵函數的定義及其性質，這將為第四章和五章解決實際問題提供極大的方便，正是「特徵函數是個寶，測度積分架金橋，不同區域可劃一，積分號下見分曉」.

(2) 讀者要熟練掌握外測度的意義及其有關性質，深刻理解可測集的 Carathéodory 條件，掌握可測集的性質及其相關等價命題.因為可測集的測度等於其外測度，所以外測度性質對可測集都適用，因而對外測度的性質要熟練掌握.

(3) 外測度和可測集是本章的兩個主要概念，外測度的基本性質和勒貝格可測集的運算性質是本章的主要內容之一，尤其是外側度的次可加性和勒貝格測度的可數可加性，它們在今后的學習中將起著重要的作用. 可測集類在有限次或可數次並、交、補運算之下是封閉的.單調可測集列極限的測度的結果在后面的學習中會時常用到，所以讀者要深刻理解並熟練掌握可測集列的內、外極限定理.

(4) 關於可測集的構造是本章的又一重要內容. 通過一系列討論得到：勒貝格可測集全體為由波雷爾集全體和勒貝格測度零集全體所構成的集類，而每個勒貝格可測集是波雷爾集與一勒貝格測度零集的並或差集；我們還討論了勒貝格可測集同開集、閉集、G_δ 型集和 F_σ 型集之間的關係. 這些關係一方面從不同的角度劃分了勒貝格可測集，另一方面也提供了用較簡單的集合近似取代勒貝格可測集的途徑. 對這些相關定理及其證明過程，讀者應有深刻的理解並熟練掌握. 特別是教材中定理 11 告訴我們：對任何 $E \subset \mathrm{R}^n$，都存在 E 的可測包，即存在 G_δ 型集 $G \supset E$，使得 $mG = m^* E$. 利用可測包，常常可把尚不知是否可測的集合的測度問題轉化為可測集的測度問題.

(5) 在測度論這一章中論證的基本方法和基本技巧方面，一是要熟練掌握利用可測集的定義，即利用卡氏條件以及它的等價條件去判斷一個集合是否是可測的方法；二是要善於運用可測集的性質和構造去證明問題. 由於外側度和測度都是廣義實數，所以本章許多問題的討論和定理的證明最終都歸結為證明兩個廣義實數相等，但值得注意的是，必須符合廣義實數運算的規定，不能出現$(+\infty)-(+\infty)$等情況，所以等式的兩邊不可隨意同時加減一個廣義實數，這就是為什麼在有的定理中必須添加條件 $mE < +\infty$ 的原因. 此外，在定理的證明中要善於利用第一章中給出的各種集合恒等式.

(6) 應瞭解並掌握並不是 R^n 中任何集合都是勒貝格可測集. 事實上，任何正測集中都必含有一勒貝格不可測子集. 由於不可測集的構造，具有太多的技巧，所以讀者只須知道這一結論即可.

(7) 零測集的子集都是可測集，且測度為零. 零測集上有關測度、函數的可測性、函數的可積性的相關性質和結論，請讀者不僅要記住，還必須會證明！

(8) 掌握乘積空間中有關乘積測度的結論，瞭解其證明步驟；掌握截口、幾乎處處成立的定義及其相關結論.

第 4 章　可測函數

為了建立勒貝格積分理論, 本章討論一類重要的函數 —— 可測函數的性質、可測函數與連續函數的關係及可測函數列的極限, 可測函數在理論上和應用上都已成為足夠廣泛的一類函數. 本章最后還討論了可測函數列的收斂問題.

一、內容小結

本章首先介紹 $\pm\infty$ 作為數的運算的規定; 引入了可測函數的概念, 並指出了可測函數經四則運算(在運算有意義的條件下)后所得的函數仍為可測函數, 可測函數列取上、下確界, 取上、下極限, 取極限后均為可測函數; 討論了複合函數的可測性; 論述了函數的可測性與函數的正部、負部、絕對值的可測性間的關係; 引入了簡單函數並討論其可測性; 引入了可測函數下方圖形的概念, 討論了可測函數可用簡單函數列逼近的等價命題; 介紹了可測函數列的收斂問題, 主要是指幾乎處處收斂、依測度收斂、基本上一致收斂, 這三者的關係分別由黎斯定理、勒貝格定理和葉果洛夫定理聯繫著; 深入地討論了可測函數與連續函數及簡單函數之間的聯繫:可測集上的連續函數與簡單函數均為可測函數, 反之可測函數可用連續函數或簡單函數逼近.

二、知識點及學法概要

(1) 可測函數的概念及其運算性質是本章的重要內容.可測函數的定義及給出的一些等價命題是判斷函數可測的有力工具, 應該熟練地掌握和應用它們.讀者應該具備熟練判斷一個函數是否是可測函數的能力.牢記常用函數的可測性,熟練掌握可測函數的性質及其證明.

可測函數關於加、減、乘、除四則運算和極限運算都是封閉的, 可測函數列的上、下確界函數和上、下極限函數還是可測的, 所有這些性質反應了可測函數類在施行以上這些運算后不會出現不可測函數的情形.可測函數類的這些廣泛運算性質對以后建立比黎曼積分更為廣泛的勒貝格積分提供了一個極其有利的條件.

(2) 能論述函數的可測性與函數的正部、負部、絕對值及其方冪的可測性間的關係.

(3) 可測函數的構造是本章的又一重要內容. 利用已知的、熟悉的函數類去研究未知的、不熟悉的函數類, 是數學研究中常被人們採用的一條途徑. 一般常見的函數, 如連續函數, 單調函數和簡單函數都是可測函數,然而, 可測函數卻未必是連續的, 甚至可以是處處不連續的(如狄利克雷函數),所以, 可測函數類比連續函數類要廣泛得多.而魯金定理指出了可測函數與連續函數之間的關係，通過這個定理，常常能把可測函數的問題轉化為關於連續函數的問題來討論，從而使問題得以簡化. 魯金定理的逆定理也成立，所以有的編者用魯金定理所反應的重要性質來定義可測函數.

(4) 可測函數列的收斂性也是本章的重要內容之一. 本章討論了幾乎處處收斂、基本上一致收斂和依測度收斂. 幾乎處處收斂和依測度收斂是勒貝格積分理論中經常使用的兩種收斂形式.

葉果洛夫定理揭示了可測函數列幾乎處處收斂與基本上一致收斂(即除去一勒貝格零測集后，在剩下的子集上一致收斂，但並非幾乎處處一致收斂) 之間的關係. 通過這個定理，可以在除去測度任意小的子集后，在剩下的子集上使幾乎處處收斂的可測函數列成為一致收斂的，即把幾乎處處收斂的函數列部分地「恢復」一致收斂，而一致收斂在許多問題的研究中都起著重要作用.

魯津定理的證明正是葉果洛夫定理最典型的應用，讀者應該深刻的體會. 需注意的一點是，葉果洛夫定理中的條件 $mE < +\infty$ 是不能缺少的，否則定理不成立. 勒貝格定理告訴我們:在測度有限的集合上，幾乎處處有限且幾乎處處收斂的可測函數列必定依測度收斂，反之並不成立. 但黎斯定理指出:依測度收斂的可測函數列必有幾乎處處收斂的子序列.利用這個結果，我們可以把有關依測度收斂的問題轉化為幾乎處處收斂的問題加以解決.

(5) 本章中對定理條件的討論和所舉反例都是很有啓發性的，讀者必須學會這種研究問題的方法.

(6) 關於論證方法和技巧方面也有不少值得注意的.本章所採用的集合分析的論證方法是實變函數論中的基本論證方法之一，讀者應學會這種論證方法，特別是用集合的運算來表示函數列的收斂性的技巧，是本章許多定理證明的關鍵所在. 比如，在葉果洛夫定理的證明中，把函數列的不收斂點全體用集合的運算表示；在黎斯定理的證明中，把子列一致收斂點集通過集合運算表示；諸如這樣的思想和分析的方法在教材中還有多處應用，讀者一定要深刻領會.

本章除了集合分析的基本技巧外，還有兩點必須引起讀者注意:一是在魯金定理證明中，首先考慮簡單函數，然后通過定理再往一般的可測函數過渡，這種由特殊到一般的證明方法在許多場合都是行之有效的；二是判斷可測集上函數(包括複合函數) 的可測性. 這些都是學習本章后，讀者應該熟練掌握的.

(7) 利用可測函數下方圖形的可測性，討論了可測函數可用簡單函數列逼近的相關結論.關於收斂性，讀者能清楚地敘述一致收斂、處處收斂、幾乎處處收斂與依測度收斂之間的關係，瞭解 Lebesgue 定理、Riesz 定理. 本章教材中的最后一個定理說明了測度收斂極限唯一性是幾乎處處成立的.

第5章　積分理論

本章的中心內容是建立一種新的積分 —— 勒貝格積分理論.它也是實變函數論研究的中心內容. 本章的主要目的是把微積分的基本定理推廣到勒貝格積分的場合, 建立起勒貝格積分的牛頓 - 萊布尼茲公式.

一、內容小結

本章在前四章準備工作的基礎上建立了 R^n 中可測集上的勒貝格積分, 深入地討論了勒貝格積分的線性性、單調性、可數可加性、絕對可積性與絕對連續性; 證明了勒貝格積分的三個極限定理:勒貝格控製收斂定理、列維定理和法都引理. 本章中各極限定理的推導過程為:

$$\text{勒貝格控製收斂定理} \Rightarrow \text{列維定理} \Rightarrow \text{法都引理}$$
$$\Downarrow$$
$$\text{勒貝格逐項積分定理}$$

在可測函數下方圖形的概念基礎上, 證明了:非負可測函數勒貝格積分的幾何意義是它的下方圖形的測度; 引入絕對連續性及等度絕對連續性定義, 推證了勒貝格控製收斂定理及其推論、Vitali 定理; 論證了區間上有界函數 R - 可積的充要條件是函數在區間上幾乎處處連續的這一結論, 從而區間上 R - 可積的函數一定 L - 可積, 且 L - 積分值等於 R - 積分值; 論述了函數的可積性與函數的正部、負部、絕對值的可積性間的關係; 證明了富比尼積分號交換定理; 證明了 $[a,b]$ 上單調函數在 $[a,b]$ 上幾乎處處有有限導數, 並且其導數在 $[a,b]$ 上勒貝格可積; 引入了 Dini 導數,即右上、右下、左上、左下導數的定義, 論證了單調函數的 Lebesgue 微分定理及其推論; 引入有界變差函數的定義, 利用定義判斷了常用函數的有界變差性, 且會求解給定函數的總變差, 詳細討論了有界變差函數的性質; 證明了 Jordan 分解定理及有界變差函數的可微性定理; 在康托集上構造了 一個 Cantor 函數, 詳細論證了它是一個單調增加的連續函數, 其導數幾乎處處為 0, 但其牛頓 - 萊布尼茲公式仍不成立; 引入絕對連續函數的概念, 利用定義判斷了常用函數的絕對連續, 並詳細討論了絕對連續函數的性質; 論述了絕對連續函數是有界變差函數, 絕對連續函數是它的導函數的不定積分, 即一個函數 $F(x)$ 為絕對連續函數的充要條件是成立牛頓 - 萊布尼茲公式 $F(x) - F(a) = \int_a^x F'(x)\,\mathrm{d}x$, 由此導出了絕對連續函數一定是某個可積函數的不定積分, 反之可積函數的不定積分一定是絕對連續函數; 最后介紹了分部積分法和換元積分法.

二、知識點及學法概要

(1) 勒貝格積分理論的基本思想：為了使在每個分割下振幅不大，便對其值域區間作分割，這等價於對其定義域作了可測分割.

(2) 勒貝格積分的建立.

首先引入測度有限可測集上有界函數的積分，這是全章的基礎. 建立有界函數的積分時應注意兩點：一是黎曼積分意義下的積分區間，現已被一般點集所代替；二是分割的小區間長度，現已被點集的測度所代替.所以在每一步的證明中，儘管命題的內容和黎曼積分類似，但其證明方法與技巧已完全不同，讀者在學習時，必須把兩者加以比較，以便深刻領會.

再討論一般集上非負可測函數的積分.最后再建立一般可測函數的積分.一般集合上一般函數的積分是通過兩步完成的.第一步是建立非負函數的積分.它是通過把非負函數表示為有界函數列的極限、把無窮測度集合表示為測度有限集列的極限來完成的.第二步是建立一般函數的積分，它是通過將其分解為兩個非負函數(正部與負部)的差來完成的.

(3) 勒貝格積分的性質.勒貝格積分的性質主要反應在以下幾個方面：

① 勒貝格積分是一種絕對收斂積分. 若 $f(x)$ 在 E 上可測，則 $f(x)$ 在 E 上可積當且僅當 $|f(x)|$ 在 E 上可積，這是它與黎曼積分重要區別之一.

② 勒貝格積分的絕對連續性.設 $f(x)$ 在 E 上可積，則對任意 $\varepsilon > 0$，存在 $\delta > 0$，使當 $e \subset E$ 且 $me < \delta$ 時，恒有 $\left|\int_e f(x)\,\mathrm{d}x\right| < \varepsilon$. 這個性質黎曼積分也有(只要把 e 改為子區間)，但對勒貝格積分顯得更為重要和有用. 本章中許多定理都是建立在這個性質的基礎上的.

③ 勒貝格積分的唯一性.即 $\int_E |f(x)|\,\mathrm{d}x = 0$ 的充要條件是 $f(x) = 0, a.e.$ 於 E. 由此可知，若 $f(x)$ 與 $g(x)$ 在 E 上幾乎處處相等，則它們的可積性與積分值均相同.所以改變一個函數在某個零測度集上的值，並不影響其可積性與積分值.

④ 可積函數可用連續函數積分逼近.設 $f(x)$ 是可積函數，對任意 $\varepsilon > 0$，存在 $[a,b]$ 上的連續函數 $\varphi(x)$，使 $\int_{[a,b]} |f(x) - \varphi(x)|\,\mathrm{d}x < \varepsilon$.

此外尚有許多與黎曼積分類似的性質，如線性性、單調性、介值性等，望讀者自己總結、比較.

(4) 關於積分極限定理.積分極限定理是本章的重要內容，這是由於積分號下取極限和逐項積分，無論在理論上還是應用上都有著十分重要的意義，所以讀者必須對定理本身與證明過程深刻領會和掌握，並能熟練運用這些極限定理.其中勒貝格控製收斂定理、列維漸升函數列積分定理和法都引理在現代數學中都有著廣泛的應用，這三個定理隨便哪一個定理先被建立都可以推出其他兩個定理.讀者不難發現，與黎曼積分相比較，勒貝格積分與極限換序的條件大大減弱，這也是勒貝格積分優越於黎曼積分的重要之處.

(5) 關於勒貝格積分同黎曼積分之間的關係.我們知道，若$[a,b]$上的有界函數$f(x)$黎曼可積，則一定有勒貝格可積且二者積分值相等.但其逆不真，比如狄利克雷函數.這表明，勒貝格積分的確是黎曼積分的推廣.但上述結論對於廣義黎曼積分並不成立.實際上，廣義黎曼可積函數成為勒貝格可積的充要條件是它的絕對值廣義黎曼可積.因此勒貝格積分是常義黎曼積分的推廣，而不是廣義黎曼積分的推廣.關於勒貝格積分的計算，一般是應用積分的定義借助於積分的性質將其轉化為黎曼積分.

(6) 勒貝格重積分換序的富比尼定理是本章主要內容之一.該定理分非負可測函數和可積函數兩種情形，對非負可測函數，不管是否可積，積分號總能無條件交換；而對一般的函數，只要$f(x,y)$在$\mathrm{R}^p \times \mathrm{R}^q$上可積，即可將重積分化為累次積分；這是勒貝格積分較黎曼積分的又一優越之處，讀者應深入理解這個定理，並能熟練應用.

(7) 本章引入右上、右下、左上、左下導數(統稱為Dini導數)的定義是為了更仔細地研究函數在一點的導數，$f(x)$在x_0處存在導數$f'(x_0)$的充要條件是$f(x)$在x_0處的Dini導數均存在且相等，但此時允許$f'(x_0)$等於$+\infty$或$-\infty$.

(8) 本章的最后一節介紹了勒貝格積分理論中的「原函數」存在定理和牛頓－萊布尼茲公式.在這些關係的研究中，有界變差函數和絕對連續函數的概念起著重要作用.

首先證明了$[a,b]$上單調函數在$[a,b]$上幾乎處處有有限導數，並且其導數在$[a,b]$上勒貝格可積；對增函數，一般成立$\int_a^b f'(x)\mathrm{d}x \leqslant f(b)-f(a)$，此式中的不等號的確可以成立，比如在康托集上的Cantor函數就有不等式$\int_0^1 \Theta'(x)\mathrm{d}x = 0 < 1 = \Theta(1) - \Theta(0)$成立.

仿照數學分析中牛頓－萊布尼茲公式的建立過程，要建立勒貝格積分的牛頓－萊布尼茲公式，就必須討論具有變上限的積分$\int_a^x f(t)\mathrm{d}t$.由於$\int_a^x f(t)\mathrm{d}t = \int_a^x f^+(t)\mathrm{d}t - \int_a^x f^-(t)\mathrm{d}t$是兩個增函數之差，所以我們需要討論兩個增函數之差——有界變差函數.關於有界變差函數，教材上有它自己的定義，但Jordan定理指出有界變差函數必為兩個增函數之差.對Jordan定理的證明，讀者應很好地掌握，從中也更好地掌握變差、全變差等概念及其性質.

絕對連續函數是有界變差函數，但反之不然.$F(x)$為絕對連續函數的充要條件是它是勒貝格可積函數的不定積分，所以有關絕對連續函數的問題往往可以通過牛頓－萊布尼茲公式化為相應的積分問題加以解決.

(9) 讀者在學習積分與微分關係時，可與數學分析中相應的內容與定理作比較，以掌握它們之間的異同之處. 比如，在數學分析中，當 $f'(x)$ 在 $[a,b]$ 上恒為 0 時，$f(x)$ 在 $[a,b]$ 上恒為常數，而本教材在這裡要求 $f(x)$ 是 $[a,b]$ 上的絕對連續函數，並且 $f'(x)=0, a.e.$ 於 $[a,b]$，則 $f(x)$ 在 $[a,b]$ 上恒為常數. 這裡要求 $f(x)$ 在 $[a,b]$ 上絕對連續是重要的，因為我們可在康托集上構造 Cantor 函數 $\Theta(x)$，滿足 $\Theta'(x)=0, a.e.$ 於 $[0,1]$. 再如，在數學分析中，我們已證明只有在 $f(x)$ 的連續點

$$\frac{\mathrm{d}}{\mathrm{d}x}\int_a^x f(t)\,\mathrm{d}t = f(x)$$

才成立，而在勒貝格積分中，只要求 $f(x)$ 在 $[a,b]$ 上勒貝格可積，則上式在 $[a,b]$ 上幾乎處處成立. 由此可見，實變函數較之數學分析的討論更細緻、更深刻.

此外尚有許多與黎曼積分類似的性質，如積分中值定理、分部積分法和換元積分法等，望讀者自己總結、比較.

國家圖書館出版品預行編目(CIP)資料

實變函數論 / 朱文莉 主編. -- 第二版.
-- 臺北市 : 崧博出版 : 財經錢線文化發行, 2018.10

面 ; 公分

ISBN 978-957-735-561-4(平裝)

1.實變數函數

314.51 107017074

書 名：實變函數論
作 者：朱文莉 主編
發行人：黃振庭
出版者：崧博出版事業有限公司
發行者：財經錢線文化事業有限公司
E-mail：sonbookservice@gmail.com
粉絲頁 網 址：
地 址：台北市中正區延平南路六十一號五樓一室
8F.-815, No.61, Sec. 1, Chongqing S. Rd., Zhongzheng Dist., Taipei City 100, Taiwan (R.O.C.)
電 話：(02)2370-3310 傳 真：(02) 2370-3210
總經銷：紅螞蟻圖書有限公司
地 址：台北市內湖區舊宗路二段 121 巷 19 號
電 話：02-2795-3656 傳真：02-2795-4100 網址：
印 刷 ：京峯彩色印刷有限公司（京峰數位）

定價：550元
發行日期： 2018 年 10 月第二版
◎ 本書以POD印製發行